Google AppSheetではじめるノーコード開発入門

新装改訂版

掌田津耶乃 著

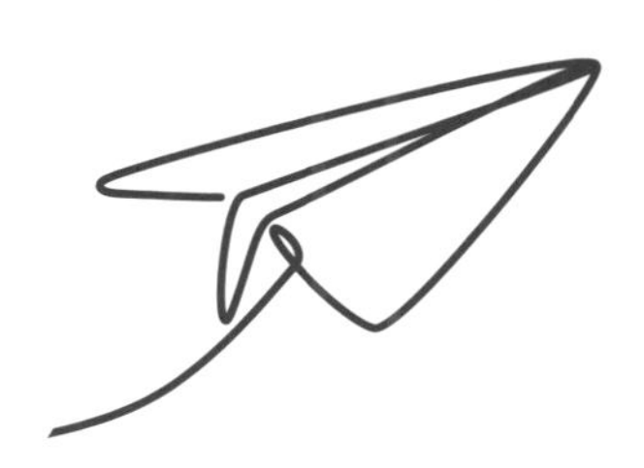

Rutles

本書に掲載されているソースコードは、サポートサイト（https://www.rutles.co.jp/download/555/index.html）からダウンロードすることができます。

光のように高速に！

ここ数年、コンピュータ界に吹き荒れる「AI」という名の嵐。この嵐は、思いもよらないところに爪痕を残していきます。「AIによる効率化でゆとりある業務が実現」のはずだったのに、実際に到来したのは「より一層の効率化、低コスト化、スケジュールの短縮」だった、なんて人も多いんじゃないでしょうか。

騙された、こんなはずじゃなかった。そう嘆いているあなた。こんなとき、役に立つのは「AI」じゃありません。「ノーコード」です。

本書は、2021年6月に出版された「Google AppSheetではじめるノーコード開発入門」の改訂版です。

本書が出版された当初は、「ノーコードって何？」という人が大半でしたが、今では多くの人がノーコードを理解するようになりました。不思議なことに、ノーコードが広まるにつれ、それまであった多くのノーコードサービスは次第に縮小し、たった1つのサービスへと収斂しつつあります。それが「Google AppSheet」です。

AppSheetが選ばれる理由、それは「スピード」です。今すぐ業務をアプリ化しないといけない。そんなとき、AIに質問して返される長々とした応答を読んでいる間に、AppSheetはアプリを完成させます。データソースさえあれば、アプリ作成は1分、細かい調整も1時間あれば、実際に使えるアプリが完成します。そのスピードは他に真似できるものなどありません。

AppSheetさえあれば、無理ゲーなほどに低予算短期間のアプリ化要求も余裕でかわせます。今、あなたに必要なことは「AIに質問すること」ではありません。一刻も早く、AppSheetを導入することです。

本書は、進化したAppSheetに合わせて内容を大幅に変更しています。特にデータソースはAppSheet Databaseを利用する形に書き換え、大幅に変わったオートメーションなども最新の状態に更新しました。とりあえず本書をざっと斜め読みしながらAppSheetを触って下さい。最初の3章を読み終えた頃には、もうあなたは業務をアプリ化できています。

AI時代を生き抜くには、強力な武器が必要です。あらゆる業務を、光のように高速にアプリ化する武器が。

2025年2月　掌田津耶乃

C o n t e n t s

Google AppSheet ではじめるノーコード開発入門　新装改訂版

Chapter 1

AppSheetを使おう

まずはAppSheetの基本的な使い方を頭に入れておきましょう。
簡単なサンプルアプリを作り、
基本的な設定からアプリの実行までを一通り経験してみましょう。
また有料と無料のプランの違い、
アプリのデプロイについても説明しましょう。

Chapter 1 1.1. AppSheetの基本を覚えよう

ノーコードとは何か？

アプリ開発について興味を持って情報を収集すると、必ずと言っていいほど遭遇するのが「ノーコード」です。ノーコードとは、その名の通り「コードをまったく書かずにアプリケーションを開発するサービス」のことです。ここでの「コード」というのは、プログラミング言語で記述するプログラムリスト（ソースコード）のことを示します。

アプリケーションの開発というのはプログラミング言語を使い、ソースコードを記述して作るのが一般的です。開発ツールによっては、例えば画面表示の部分などを専用のツールで作成したりするものもありますが、最終的には「ソースコードを書いて処理を行う」というのが当たり前でした。

では、ノーコード開発というのは、ソースコードを書かずにどうやってアプリケーションを開発するのでしょうか。それは、あらかじめさまざまな機能を設定する仕組みを用意しておき、それらの設定を行うことでアプリケーションが完成するようにしているのです。

業務用アプリは「データ」がすべて

「アプリケーション」というと非常に漠然としていますが、この種のノーコード開発がターゲットとするのは、「業務用アプリ」の開発です。

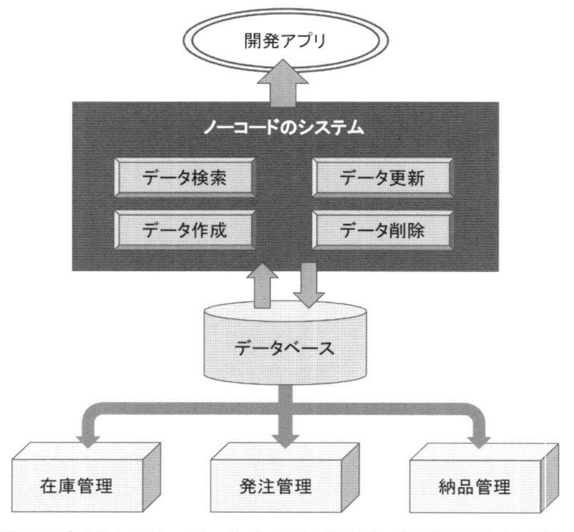

図1-1：業務用アプリの多くは、データベースにあるデータを操作できれば作成できる。

多くの業務用アプリは、基本的に「データをいかに扱うか」がすべてです。さまざまなデータを表示し、必要に応じて更新したり新規に作成したり削除したりする、それらができればもう実用になるのです。

あらかじめ基本的な操作を行うための仕組みを用意しておき、それらを設定していくだけで、基本的な業務データを扱うアプリは作成できてしまうでしょう。こうした考えのもとに設計されているのがノーコードなのです。

ノーコードアプリはスタンドアロンではない

ノーコード開発環境で作られるアプリは、あらかじめデータアクセスのためのシステムが用意されており、それを元にして個々のアプリが作られています。つまり、一般的なアプリのように完全にスタンドアロンで動いているわけではありません。

基本的なシステムはノーコードサービスのクラウド上にあり、アプリはそこにアクセスして必要な処理を呼び出しているのです。したがって、アプリ自体にはそれほど高度な処理は必要ないのです。

もちろん、ノーコード開発環境と一口に言ってもさまざまなものがありますから、違った形態のものも存在します。が、だいたいにおいてこういうやり方をとっている、と考えて間違いないでしょう。

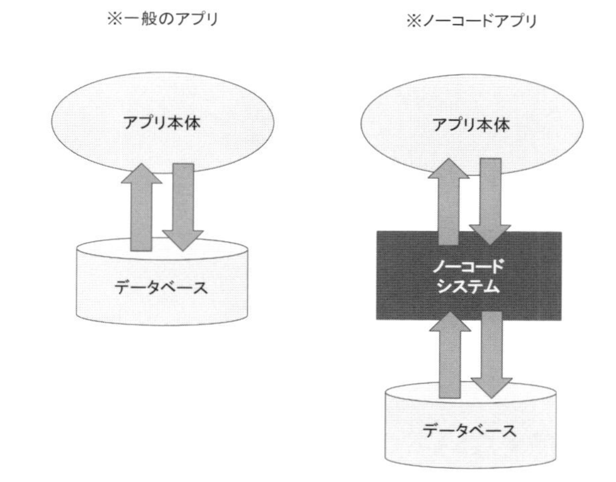

図1-2：一般のアプリはアプリ内から直接データベースなどにアクセスし処理を行うが、
ノーコードアプリはノーコードのシステムにアクセスするだけで、具体的な処理はノーコードシステム側で行う。

ノーコードは使えるか？

2025年には世界的なノーコード市場がGartnerによれば552.5億ドルに達し、Research and Marketsでは283.4億ドルと予想されています。これらの予測は、ノーコードとローコード開発の市場が引き続き急速に成長を遂げることを示しています。

2025年における日本のノーコード市場は、909億円規模に拡大する見込みです。市場の拡大には、デジタルトランスフォーメーション（DX）を推進するための需要増加が要因となっています。

このように世界だけでなく、日本においても急速に浸透しつつあるノーコードですが、しかし誰もが簡単に受け入れ移行できるというわけではないでしょう。本当にノーコードに移行しても大丈夫なのか？　と不安に思う人も多いはずです。本当にノーコードは使えるのか？　ノーコードのメリットと欠点は？　こうした点について整理してみましょう。

最大の長所は「圧倒的な開発スピード」

ノーコード利用の最大のメリットは、「非常に短い時間でアプリを開発できる」という点にあります。通常のアプリ開発にどれだけ時間がかかるかを知っていれば、あまりの違いに絶句するでしょう。

多くのノーコード開発環境では、基本的なデータ操作を行うようなシンプルなものならば、開発にかかる時間は数分～数時間程度です(開発環境によります)。「用意したデータを表示し、新たに作成したり編集したり削除したりする」というだけのものなら、ほとんど作業らしい作業をすることもなく完成してしまうでしょう。

プログラミング言語を使った一般のアプリで、ここまで短期間で開発することは不可能です。どんなにがんばっても、数週間から月単位で開発期間が必要になるはずです。ノーコードならば、昼休み前に「じゃあ、これアプリ化しようか」と決まったら、昼休みが終わるまでに作って配布する、なんてことも不可能ではないのです。

アプリのクオリティは高い

アプリの開発でもっとも重要となるのが、「クオリティ」です。作ったアプリがバグだらけだったり、外部からの攻撃に弱くデータが流出してしまったりすると、もう作ったアプリは使われなくなってしまうでしょう。

ノーコードは、作成する側がコードを一切書きません。すべては、あらかじめノーコードの運営側が開発するシステムによって動いています。

サービスによっては世界中で数十万、数百万ものアプリがサービスを使っているわけで、それらすべてが問題なく動くよう非常に質の高いシステムを構築しています。

こうしたノーコードのサービスでデータ流出や大きな問題となるバグが発生すれば、これはサービスの存続に関わる事態になるため速やかに対処されます。

ノーコードのアプリは、実は自分でコードを書いて作るアプリよりも遥かにクオリティも高く、問題も少ないのです。

用意されている機能しか使えない

逆に、ノーコード利用の欠点は「使える機能が限られている」という点でしょう。ノーコードの開発は、基本的に「すでに業務などで使っているデータがあり、それをアプリ化して利用したい」という場合に使うものです。

もっと柔軟な処理が必要となるもの、例えばゲームのようなものはノーコードでは作れません。またデータベースを使うにしても、利用するノーコードの環境が利用したいデータベースに対応していなければ使えません。開発を行う技術者ならば「できないことも工夫してなんとかする」ことが求められますが、ノーコードでは「できないことは、どうやってもできない」のです。

サービスに縛られる

もう1点、ノーコード利用する場合の注意点として「利用するサービスに縛られ、他に移行できない」ということが挙げられます。

ノーコードのアプリは、先に述べたように「ノーコードのシステムにアプリからアクセスして動く」のが基本です。このため、アプリの運用にはノーコードのサービスが必須になっています。

これには多くの場合、月額いくらかの費用がかかります。アプリを使っている限り、この費用は発生し続けるのです（ただし、無料でサービスを使えるところもあります）。通常のアプリは、開発には費用がかかりますが、作ったアプリを利用するために費用が発生することはあまりないでしょう。

互換性がない

ノーコードのサービスはそれぞれまったく内容が異なるため、作成したアプリには互換性がありません。「あるサービスで作ったアプリを別のノーコードサービスに移行する」ということは、まずできません（新たに作り直すことになります）。

先の「サービスに縛られる」という点と、互換性の問題から、ノーコードを利用する際は「どのサービスを使うべきか」をよく検討する必要があります。「ノーコードで業務アプリを作って全社員が利用していたところ、ノーコードの運営会社が倒産していきなり使えなくなった」などということも、絶対にないとは言い切れません。

ノーコードの本命「AppSheet」

ノーコードはとにかく短期間で質の高いアプリを作れるが、利用するサービスを厳選しなければ後々困ったことになるかもしれません。「どのノーコードサービスを選ぶか」が非常に重要なのです。

ノーコードの開発環境は、すでに多くの企業からリリースされています。ノーコードについて調べれば調べるほど「いったい、どれを使えばいいんだ？」とわけがわからなくなってくることでしょう。

本書では、ノーコード開発のツールとして「AppSheet」を取り上げ、説明していきます。AppSheetはGoogleが提供するノーコードサービスです。「IT界の最大手であるGoogleが運営している」ということも大きな理由ですが、それ以外にも理由があります。

●他を圧倒する開発スピード

信じがたいかもしれませんが、すでにデータがあり、それらを表示したりデータの作成·更新·削除を行ったりするだけのシンプルなアプリならば、開発にかかる時間は「1分～数分」です。なんの設定も作業も必要なく、ただ新しいアプリを作成するだけで、もうアプリを使ってデータを処理できるようになるのです。ノーコードの世界で、これ以上に短期間でアプリを開発できるサービスは他にない、と言っても過言ではないでしょう。

●安心のクオリティ

とにかく世界有数のIT企業であるGoogleですから、サービスに対する安心感は絶大なものがあります。ノーコードの世界は参入する企業が非常に多く、数年で消えてしまうようなサービスもありますが、その点、AppSheetは安心です。

●Googleサービスとの連携

AppSheetではGoogleが提供するGoogleスプレッドシートや、Googleフォームと連携することができます。またExcelやCSVファイル、クラウド上にあるSQLサーバーやDropboxなどのクラウドストレージサービスとも連携が可能です。こうしたさまざまなデータを元にアプリの作成が行える点もAppSheetの大きな特徴でしょう。

●無料で使える!

ノーコードのサービスは、アプリの運用に費用がかかります。多くの場合、無料で使えるのは「アプリ○○個まで」「データ数が○○個まで」というように限定されています。

しかしAppSheetは、ただ作って自分で使うだけならば、アプリをいくつ作ろうがすべて無料です。さらには専用のデータベースも持っており、レコード数が1000以下なら無料で使うことができます。

すでに多くの企業が利用

AppSheetは2020年に登場した後、日本国内でも着実に浸透し、導入が広がっています。例えば浴室やキッチン、トイレなど水回りの製品で広く知られているLIXIL（リクシル）ではAppSheet導入により、全社員がシチズンデベロッパーとしてアプリ開発に参加するようになりました。その結果、2万個以上ものアプリが作成され、そのうちの800以上が実際の業務で運用されています。AppSheetの導入により、「あれ、ちょっと不便だな」と社員が思ったら、その場でさっとアプリ化して使う、といった究極のDX化が実現されたのです。

ノーコードの導入を考えているのであれば、とりあえず実際にAppSheetを試してみましょう。試すだけならコストもかかりません。触ってみて、「なんか違うな」と思ったらやめればよいのですから。

AppSheet利用に必要なもの

では、AppSheetを使うためには、何が必要でしょうか。どんなものを用意しておく必要があるのでしょうか。簡単にまとめておきましょう。

●Googleアカウント

これは必須と考えて下さい。AppSheetにアカウント登録をするとき、Googleアカウントをそのまま利用すると何かと便利なのです。AppSheetで広く利用されているGoogleスプレッドシートなどもGoogleアカウントで利用しますから、Googleアカウントは必須と言ってよいでしょう。

●最新のWebブラウザ

AppSheetは、ソフトウェアのインストールなどは行いません。WebブラウザでWebサイトにアクセスし、アプリ開発を行います。したがって、最新のWebブラウザが必要です。できればChromeを用意しておきましょう(Firefox、Microsoft Edgeでも問題なく使えます)。

●スマートフォン(Android/iPhone)

AppSheetは、作成したアプリをスマホで利用することを前提に作られています。ですから、実際のアプリ利用で使うスマホは用意しておくべきでしょう。

とりあえずこれらがあれば、もうAppSheetを使えるようになります。ソフトのインストールなどは一切不要です。

AppSheetの利用を開始しよう

では、AppSheetのWebサイトにアクセスをしましょう。Webブラウザから、以下のURLにアクセスをして下さい。

https://www.appsheet.com

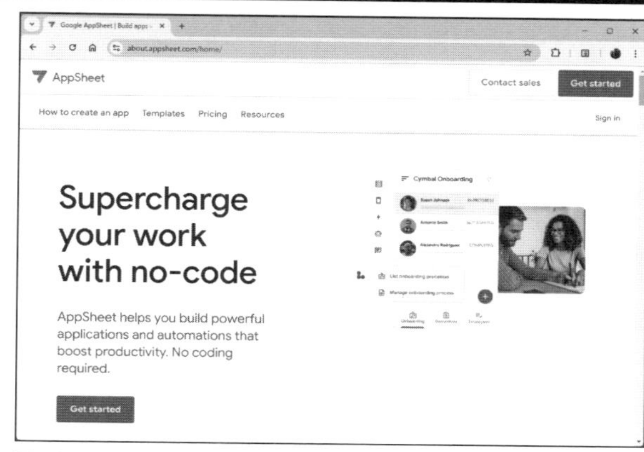

図1-3：AppSheetのWebサイト。

AppSheetを開始する

AppSheetの利用を開始しましょう。アクセスすると、画面に「Get Started」というボタンが表示されています。これをクリックして下さい。

画面に「Sign in with」という表示が現れ、サインインに使うアカウントの種類を選択する表示が現れます。ここから「Google」をクリックして選びます。

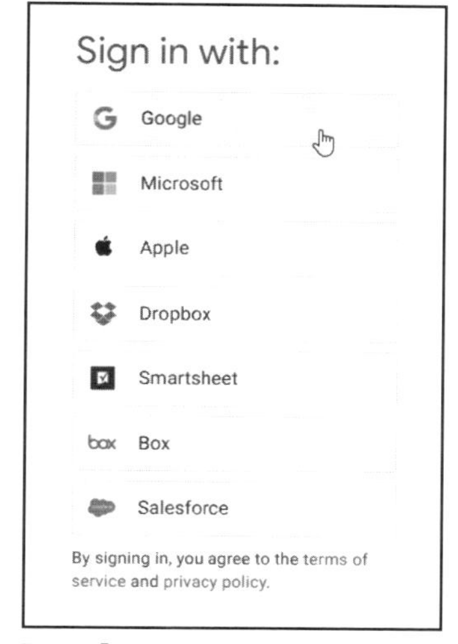

図1-4：「Google」を選択する。

自分が利用しているGoogleアカウントを選択する表示が現れます。ここで、AppSheetを利用するのに使うアカウントを選択します。

図1-5：AppSheetで利用するアカウントを選択する。

「Google AppSheetにログイン」という表示が現れます。「次に」ボタンをクリックし、アクセスの内容を確認して「許可」ボタンをクリックすれば、指定のGoogleアカウントでサインインし、AppSheetが使えるようになります（次ページの図1-6）。

画面に「Tell us about you...」という表示が現れます。これは、利用者に関する情報を送信するためのフォームです。利用者の職種や用途などを入力しますがアンケートであり、必須ではありません。入力したくない人は、右上の「×」をクリックして閉じればよいでしょう（図1-7）。

図1-7：利用者情報のフォーム。「×」をクリックして閉じればよい。

図1-6：Googleアカウントへのアクセスがリクエストされる。「許可」ボタンをクリックする。

AppSheetのサイトについて

Googleアカウントへのアクセスが許可されると、AppSheetのサイトにアクセスします。これは、最初にアクセスしたページではなく、以下のアドレスになります。

https://www.appsheet.com/home/apps

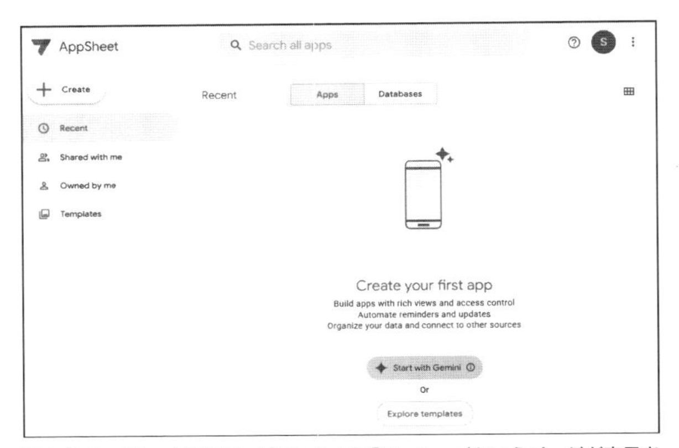

図1-8：AppSheetの画面。デフォルトで「My Apps」というページが表示される。

このページは「My Apps」という画面です。作成したアプリが一覧表示されるところで、ここで作ったアプリを開いて編集したり削除したりできます。ただし、現時点ではアプリはありません。画面には「Create your first app」という表示がされているでしょう。この「My Apps」は、AppSheetに用意されている基本ページの1つです。AppSheetでは左側にいくつかのリンクをまとめたリストがあり、ここから項目を選択すると、そのページに移動するようになっています。デフォルトでは「Recent」という項目が選択された状態になっており、これが「My Apps」のページへのリンクになっています。

My Accountページについて

アプリの作成に入る前に、AppSheetサイトの重要なページについて簡単に触れておきましょう。まずは「My Account」ページです。上部右側に、アカウント名の最初の文字を表示した丸いアイコンのようなものが表示されていますね。これをクリックすると、移動するメニューのリストがプルダウンして現れます。ここから自分のGoogleアカウント（メールアドレス）の項目を選択すると、「My Account」のページが新たに開かれます。

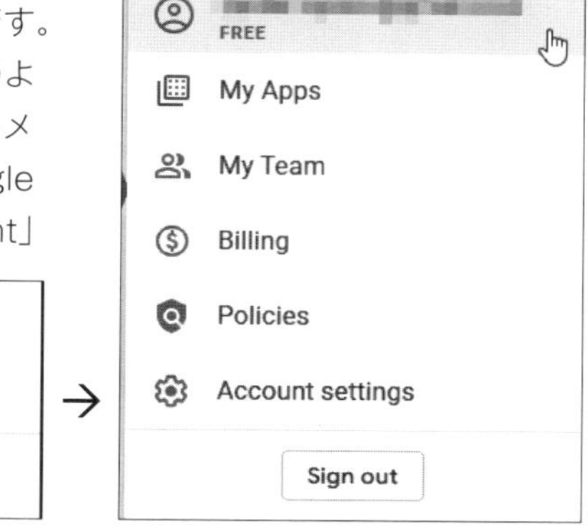

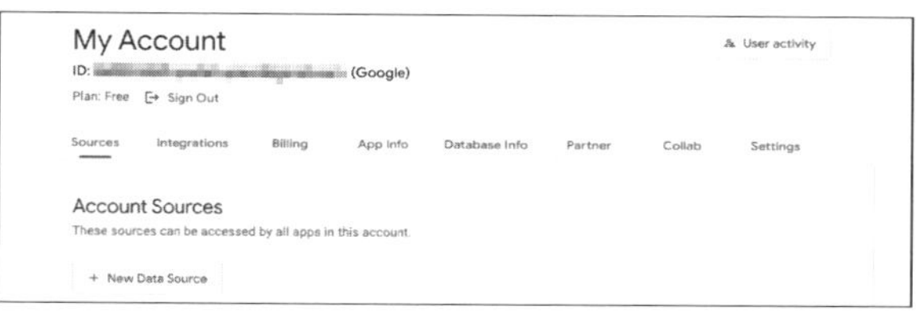

図1-9：アカウントのアイコンをクリックし、自身のアカウントをクリックして移動する。

このページは、自身のアカウントに関する管理ページです。「アカウントの管理」といっても、例えば名前やパスワードの変更などといったものばかりではありません。外部のサービスとの連携や契約プランと支払いの設定など、AppSheetのサービス利用に関連する項目がいろいろと用意されています。

これらは、今すぐ内容を理解する必要はありません。外部サービスとの連携など、利用する必要が生じたらそのつど説明をしていくことにします。「My Accountにこうした機能がまとめてある」ということだけ頭に入れておきましょう。

図1-10：My Accountには、アカウントに関する各種の設定がまとめてある。

Templatesページについて

「My Apps」ページを閉じてトップページに戻り、左側のリストから「Templates」をクリックしてみて下さい。AppSheetに用意されているサンプルアプリが一覧表示されます。ここで、さまざまなアプリをその場で動かして動作を見ることができます。各アプリには「Explorer」というボタンが用意されており、これをクリックするとその場でアプリが開き、使ってみることができるのです。

また、これらのアプリはテンプレートになっているため、使ってみたいものを自分のアプリとして作成することもできます。アプリの「Copy」ボタンをクリックすると、そのアプリを自分のアカウントにコピーしてくれます。AppSheetで作ったアプリがどんなものかいろいろと動かしてみると、今後の学習の参考になるでしょう。

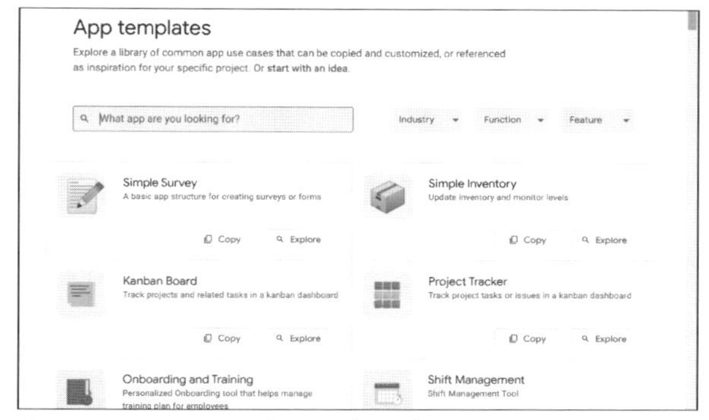

図1-11：Templatesページ。サンプルアプリの一覧があり、実際に作成したりできる

Chapter 1

1.2.

サンプルアプリを作ろう

アプリを作ろう

実際に簡単なアプリを作成して、AppSheetにどのような機能が用意されているのかを見ていくことにしましょう。通常、アプリの作成はまずデータを用意し、それを元にアプリの作成を行っていきます。が、今回は別のアプローチをとることにします。

では、「My Apps」ページにある「Create」というボタンをクリックして下さい。その下に「App」「Database」という項目がプルダウンして現れます。後述しますが、AppSheetではアプリの他にデータベースの作成も行えるようになっています。この「App」というところにマウスボタンを移動すると、さらにサブメニューとして次のような項目が現れます。

Start with Gemini	GoogleのAIチャット「Gemini」を使ってアプリを作ります。
Start with existing data	用意されているデータをもとにアプリを作ります。
Start with a template	「Templates」に用意されたアプリをコピーして作ります。
Blank app	空のアプリを作ります。

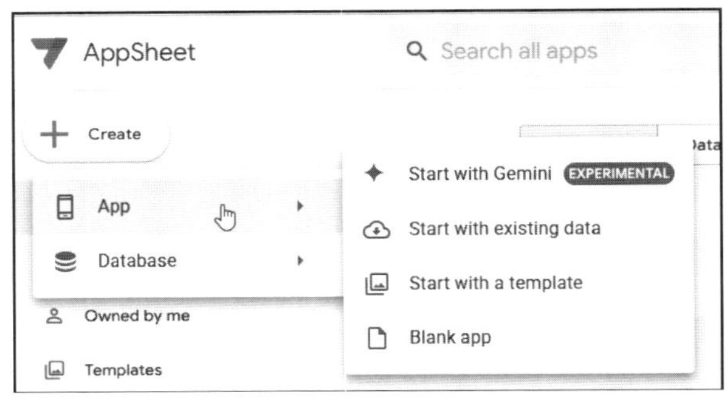

図1-12：「New App」ボタンをクリックする。「App」にアプリ作成のメニューがある。

テンプレートからアプリを作る

では、もっとも単純なやり方として、テンプレートからアプリを作りましょう。「Start with a template」メニューを選ぶと、先の「Templates」ページに移動します。ここから、「Simple Survey」というアプリの「Copy」ボタンをクリックして下さい。

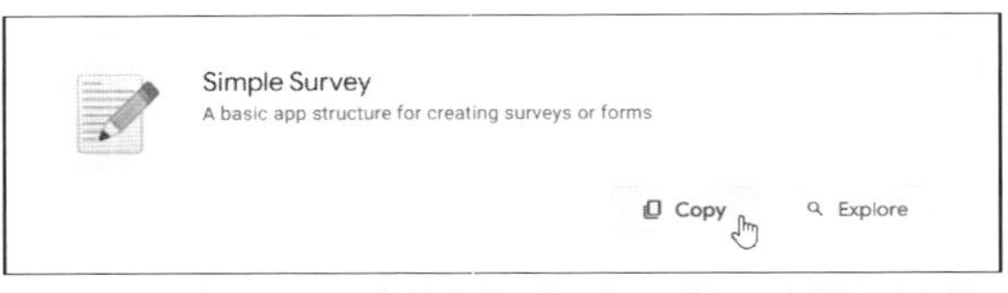

図1-13：テンプレートのアプリから使いたいものの「Copy」ボタンをクリックする。

「Clone your App」という表示になります。ここで、アプリ名とアプリのジャンルを選びます。デフォルトのままでもかまいません。そして、「Copy app」ボタンをクリックすれば、アプリが作成されます。

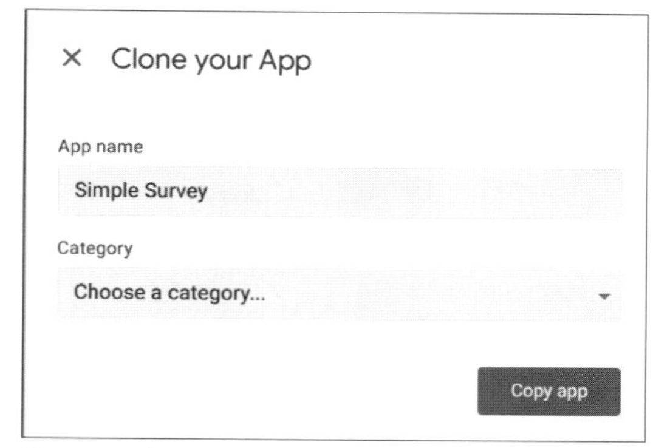

図1-14：アプリ名と、作成するアプリのジャンルを選ぶ。

アプリの編集画面について

しばらく待つと画面が変わり、左上に「Simple Survey」と表示された画面が現れます。この画面が、アプリの作成を行うための編集画面です。画面は大きく3つのアリアに分かれています。簡単にまとめておきましょう。

左側のアイコンバー	AppSheetのアプリに用意されている各種機能をまとめたものです。ここから項目をクリックすると、その編集画面に切り替わります。
中央の編集エリア	左側のリストから選択した項目の編集画面が中央に表示されます。
右側のエミュレータ	画面右側にはアプリのエミュレータが表示されます。ここで現在編集中のアプリが実行されます。そのままマウスでアプリを操作することもできます。

右側のエミュレータは、エミュレータと編集エリアの間の仕切り部分の中央にある▶マークをクリックすることでON/OFFできます。不要ならばOFFにして編集し、必要に応じて表示して動作確認する、といった使い方もできます。

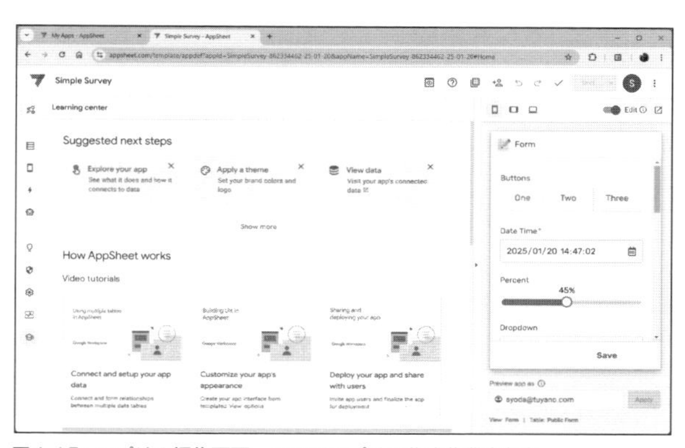

図1-15：アプリの編集画面。ここでアプリの作成作業を行う。

AppSheetに用意される主な機能

編集画面のうち、もっとも重要なのが左側のアイコンバーでしょう。ここで、使いたい項目を選んで表示を切り替える作業をします。ということは、「どういう機能が用意されているのか」がわかっていないといけないことになります。

といっても、1つ1つの機能の具体的な使い方などまで今ここで理解する必要はありません。だいたいどういう機能が用意されているのか、ざっと頭に入れておきましょう。

Not Deploy	デプロイの状況を表すアイコンです。
Data	アプリで使用するデータの管理や設定を行います。
Views	アプリの表示（ユーザーインターフェイス）を設定します。
Actions	アプリの操作などに伴い実行する処理を設定します。
Automation	アプリで実行する処理を作成します。
Intelligence	アプリの高度な機能に関するものです。
Security	ログインやデータへの安全なアクセスなどを設定します。
Settings	アプリのさまざまな設定のための機能です。
Manage	アプリのデプロイ（公開）やバージョンなどを管理します。
Learn	学習用のページへのリンクです。

※Google Workspaceアカウントの場合、この他にチャットアプリを作る「Chat apps」というアイコンが追加されます。

図1-16：画面左端のアイコンバー。

サンプルアプリの動作

では、作成されたサンプルアプリがどのようなものか、エミュレータから動かしてみましょう。編集画面の右側にあるエミュレータは開いた直後から自動的に動作していますから、特別何かを行う必要はありません。表示されている画面をそのままマウスで操作するだけです。

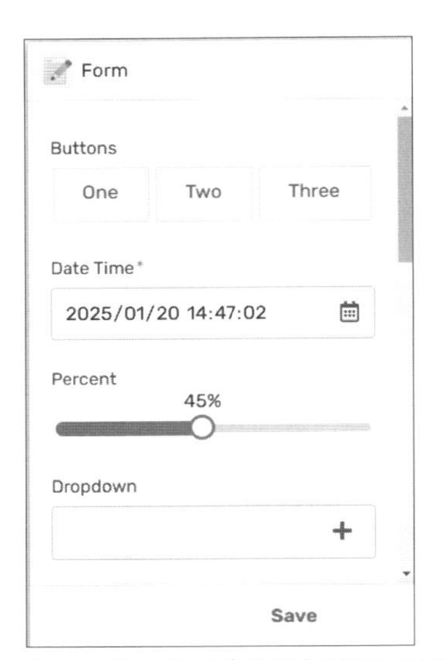

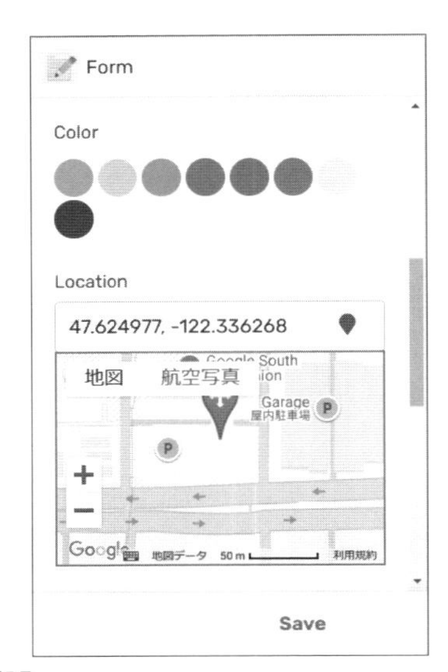

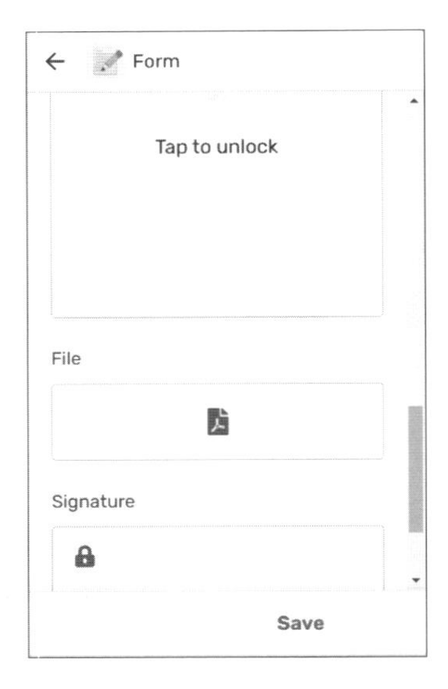

図1-17：サンプルアプリに用意されているUI部品。

このサンプルアプリは、AppSheetに用意されているUIコントロール類のサンプルです。上から多数の入力項目が用意されており、スクロールして表示されるようになっています。

これらを一通り入力し、「Save」ボタンをクリックすると、それらの値が保管されます。用意されているUI項目は次のようになります。

Buttons	「One」「Two」「Three」の選択式ボタン
Text	テキストを直接入力するフィールド
Date Time	日時の選択をする専用パネル
Percent	0 ～ 100%までの数値を入力するスライダー
Dropdown	ドロップダウンメニュー
Location	マップによる位置の指定
Image	イメージの描画
File	ファイルアップロード
Signature	サインのイメージ

「Save」ボタンで保存すると、UIコントロール類はすべて初期状態に戻ります。このため、「本当に保存ができているのか？」と疑問を感じるかもしれません。これは、保存されているデータを確認すればわかるでしょう。

データの保管について

作成されたアプリで使われるデータは、さまざまな形で保存ができます。今回のアプリデータは、デフォルトでGoogleに保管されるようになっています。

「Googleに保管される」というのは、具体的にどういうことか？　これは、「Googleドライブに用意される専用フォルダに保管される」ということです。

Googleドライブにアクセスをしてみると、そこに「appsheet」というフォルダが作成されていることに気がつきます。その中に「data」というフォルダがあり、さらにその中に「MySampleApp番号」といったフォルダが作成されていることがわかるでしょう(「番号」部分にはランダムな数値が指定されます)。これが、アプリのデータを保管する場所です。この中に、アプリで使われるデータ類がまとめられているのです。

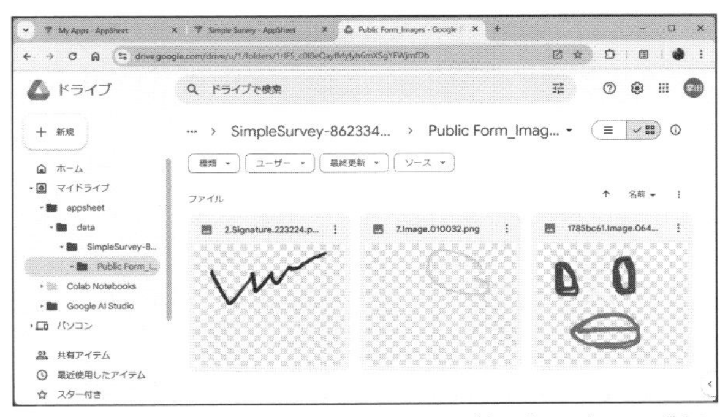

図1-18：Googleドライブの「appsheet」フォルダ内の「data」フォルダ内に、各アプリのフォルダが用意されている。

このフォルダ内を見ると、そこに「Public Form」というGoogleスプレッドシートのファイルが保存されています。これが、フォームから送信された情報が記録されているところです。このファイルを開くといくつもの列のシートが用意され、そこにいくつかのデータが書き込まれているのがわかります。

これらの列は送信したフォームの各コントロールの値を示しています。「Buttons」「Text」というように、フォームの各項目の値と同じ名前の列が用意されていることがわかるでしょう。

フォームの「Save」ボタンをクリックするとフォームの値が送られ、このPublic Formファイルに追記されるようになっています。実際にフォームを送信して、データが増えていくことを確認しましょう。

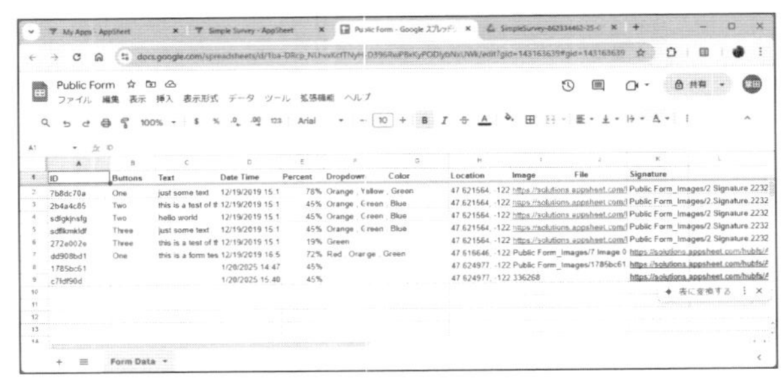

図1-19：Public Formスプレッドシートにデータが保管されていく。

レコードについて

このように、送信したデータはテーブルに1行ずつ書き込まれていきます。各行が1つのデータセットになっており、それがいくつも蓄積されていくわけですね。AppSheetでは、この1行のデータセットのことを「レコード」と呼びます。これはデータベースなどで使われている用語です。

AppSheetのアプリではデータを送信すると、用意してあったスプレッドシートの新しい行にレコードが記録されます。送信するたびに新しいレコードがどんどん溜まっていくようになっているのですね。

アプリを構成する要素

では、サンプルアプリの内容がどのようになっているのか、編集画面で見ていくことにしましょう。といっても、まだ各機能の細かな設定や使い方などまで覚える必要はありません。サンプルアプリをベースに、「アプリの中ではこういうことをやっているんだ」ということを大まかに把握しておこう、というわけです。

主な機能について簡単に説明をしていきますので、ざっと頭に入れておいて下さい。具体的な使い方などは次章から説明していくので、今は考える必要はありません。

基本は「Data」と「Views」

AppSheetには、左側のリストにたくさんの項目が用意されていました。これらすべてを使いこなさないといけないのか、と思って焦った人も多かったのではないでしょうか。

もちろん、これらをすべて使いこなせればベストですが、別に「すべてわからないとアプリを作れない」というわけではありません。というより多くのアプリは、これらの項目の半分も使っていないでしょう。

アプリの作成でもっとも重要になる項目は、わずか2つです。それは「Data」と「Views」です。

「Data」は、アプリで利用するデータを管理するためのものです。AppSheetは「はじめにデータありき」ですから、これは何よりも重要です。そして「Views」は、アプリの画面表示に関するものです。AppSheetでは、一般のアプリ開発環境のように画面の表示を自分で完全にカスタマイズすることはできませんが、「どういうものをどういうスタイルで表示するか」といった基本的な設定は行えます。

この「Data」と「Views」さえわかれば、アプリの基本はだいたい作ることができるのです。では、サンプルアプリを使って、どのような内容が用意されているのかざっと見てみましょう。なお、それぞれの機能の具体的な利用は次章から改めて説明をしますので、今は「どういう機能があるのか」をざっと頭に入れておくだけで十分です。

「Data」について

まずは、「Data」です。アイコンバーから「Data」を選択すると、その右側の上部に「Data」という項目が表示され、そこに「Public Form」というテーブルが1つだけ用意されています。これは、アプリに用意されているデータのリストです。この「Public Form」は、フォーム送信されたデータを保管しておくテーブルです。

テーブルには多数の列が用意されており、それらの列情報（列名、値の種類、設定された数式など）が一覧表示されます。列情報は、基本的にテーブルを読み込んだ段階で自動的に設定されるので、通常はこれらを自分で設定する必要はありません。設定の変更が必要になったときのみ使うものと考えておけばよいでしょう。

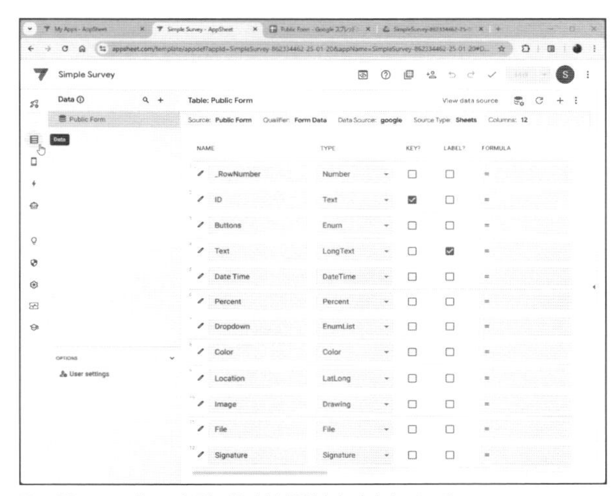

図1-20：テーブルの各列の設定情報がまとめられている。

「Views」について

「Data」と並び、もう1つの重要な機能が「Views」です。左側のアイコンバーから「Views」のアイコン上にマウスポインタを移動して下さい。「Views」「Format rules」という2つのメニューがポップアップして現れます。ここから「Views」をクリックして選択して下さい。

アイコンバーの右側に「Views」という項目が用意され、アプリに用意されている画面（「ビュー」と呼ばれます）がここにまとめられます。デフォルトでは、「PRIMARY NAVIGATION」というところに「Form」という項目が用意されているでしょう。これが、アプリにあるビューです。デフォルトではこの「Form」ビューが選択されており、その内容が右側の広いエリアに表示されています。

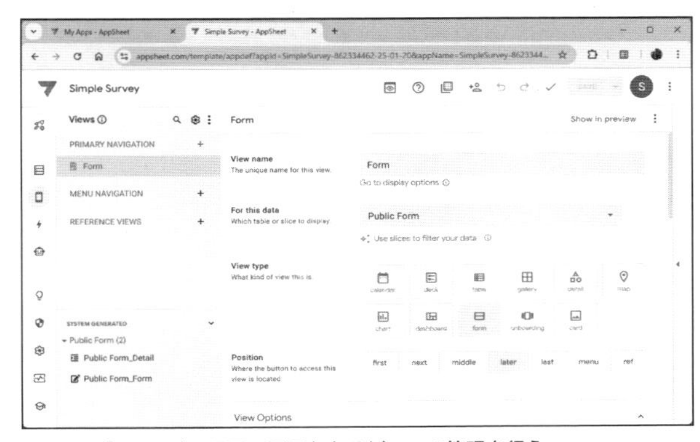

図1-21：「Views」の画面。画面となるビューの管理を行う。

「Views」には、画面の使い方ごとにいくつかの項目が用意されています。簡単にまとめておきましょう。

PRIMARY NAVIGATION	もっとも一般的に使われるビューです。
MENU NAVIGATION	メニューとして用意されるビューです。
REFERENCE VIEWS	別のビューから関連して呼び出されるようなものです。
SYSTEM GENERATED	さらに下にある項目で、AppSheetのシステムにより自動静止されたビューがまとめられています。

ビューは、「どこで使われるか」によって整理されています。アイコンをクリックして表示されるビュー、メニューから呼び出されるビュー、といった具合ですね。これらは、ビューの内容そのものに違いはありません。

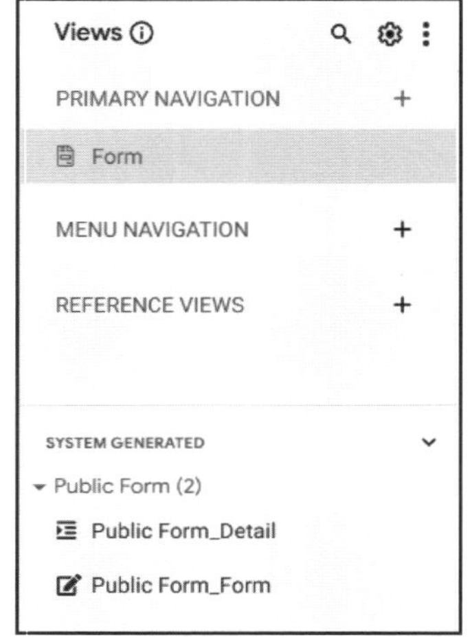

図1-22:「Views」には、ビューの使い方ごとにビューが整理されている。

「Actions」について

これで「Data」と「Views」がどんなものか、ざっとわかりました。細かな内容は、実際にアプリを作成するようになったら説明をします。今は深く考えず、「データを扱うのにData、画面表示を扱うのにViewsがあるんだ」ということだけわかれば十分です。

この2つの他にもう1つ、「Actions」についても触れておきましょう。これは動作に関する設定です。アイコンバーからこれをクリックすると、アイコンバーの右側に「Actions」という項目が表示されます。ここに、作成されたアクションが一覧表示されます。

デフォルトでは、「Add」「Delete」「Edit」といったいくつかの項目が並んでいます。これらはデフォルトで用意されているアクションです。ここから項目をクリックすると、その設定内容が右側の広いエリアに表示されます。

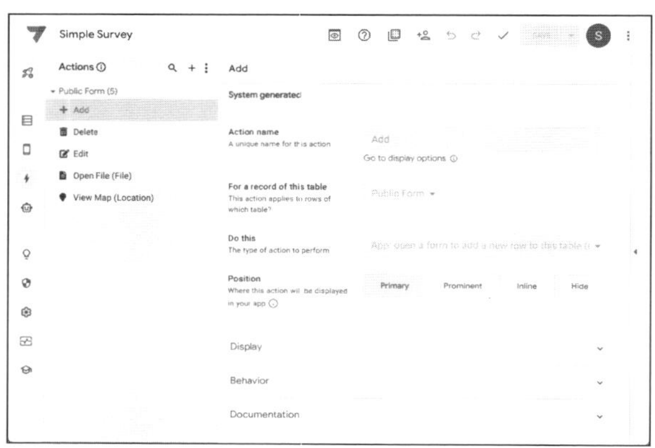

図1-23:「Actions」ではシステムが用意したアクションがまとめてある。

このアクションはシステムにより自動生成されたもので、データの作成・編集・削除などを行うためのものです。アクションはこの他に、ユーザーが自分で作成し追加することもできます。ただし、それほど複雑な機能は用意されていません。「あらかじめ用意されている機能の中から選んだものを実行できる」という程度のものです。

「AppSheet」アプリの利用

作成したアプリは、どのようにして利用すればよいのでしょうか。これにはいくつかの方法があります。

もっとも簡単で、かつ無料で利用できるのが、スマホ向けに配布されている「AppSheet」アプリを使った方法です。AppSheetアプリは、Android版とiOS版がリリースされています。アプリのストアからAppSheetアプリを検索してインストールしておきましょう。

図1-24：Google PlayのAppSheetアプリ。これをインストールする。

アプリを起動する

AppSheetアプリをスマートフォンで起動すると、まずソーシャルアカウントでログインするための表示が現れます。ここから「Google」をクリックし、アプリを作成したGoogleアカウントでログインして下さい。なお、このログイン作業は、最初にアプリを起動したときのみ必要です。2回目以降は自動的にログインして使えるようになります。

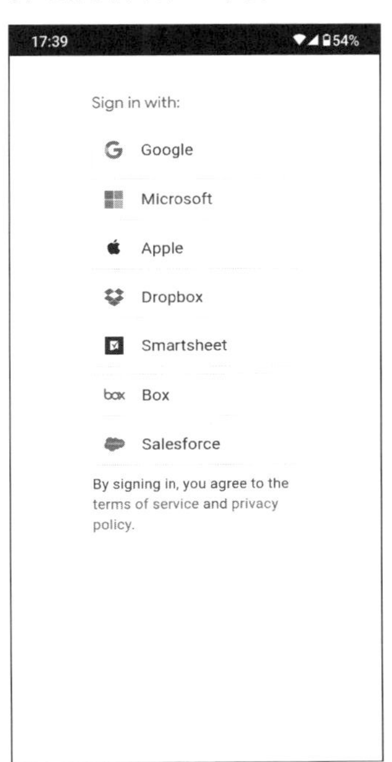

図1-25：ソーシャル認証の画面が現れる。ここから、アプリ作成に使ったGoogleアカウントでログインする。

ログインできると、AppSheetアプリが開かれます。AppSheetアプリには「Recent」と「Shared with me」という表示があります。Recentはそれまで使ったアプリの履歴で、Shared with meが自分の利用するアプリの表示です。これらは、アプリ左上のアイコンをクリックすると現れるメニューから選択して切り替えることができます。

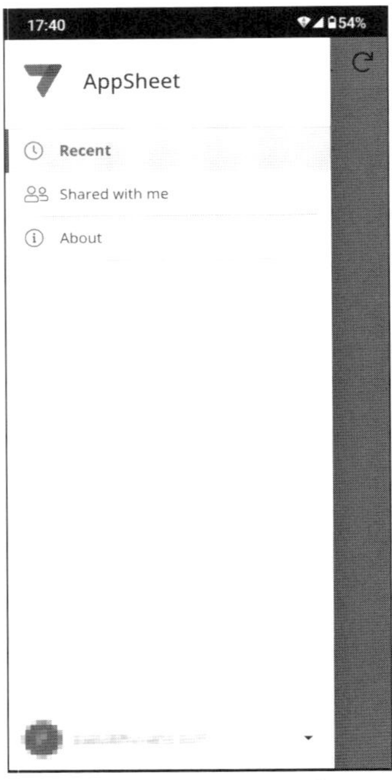

図1-26：メニューから「Recent」と「Shared with me」を切り替える。

では、「Shared with me」を選んで下さい。作成した「Simple Survey」アプリが表示されます。このように、AppSheetで作成したアプリは「AppSheet」アプリに追加され、いつでも開いて利用できるようになっているのです。

図1-27：Shared with meの画面。作成したアプリが一覧表示される。

アプリを開いて使おう

「Simple Survey」をタップして開いてみて下さい。アプリが開かれ、フォームに入力し送信できるようになります。AppSheetのプレビューの表示と同様にアプリが使えることがわかるでしょう。

このように、AppSheetで作ったアプリをスマートフォンで利用するのは非常に簡単なのです。

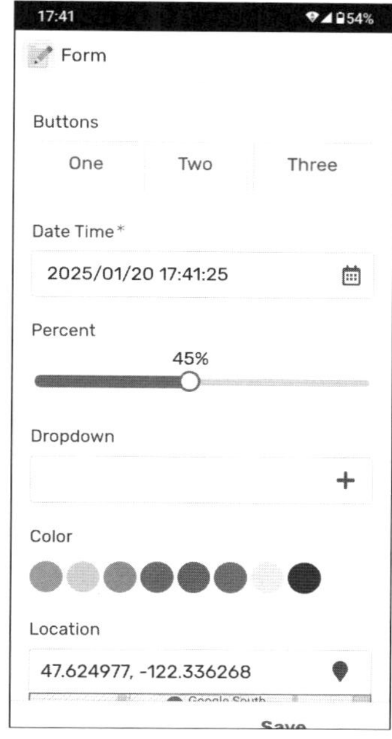

図1-28：スマートフォンでアプリを実行したところ。

C O L U M N

起動画面に戻れない！

「Simple Survey」を開いて動かしてみた人は、Simple Surveyの画面から元のアプリの画面（「Shared with me」の画面など）に戻れなくなって困ったことでしょう。Simple Surveyには、左上に表示されるメニューアイコンがありません。このため、開くと「Shared with me」に戻れないのです。
この場合は面倒ですがアプリ情報を呼び出し、ストレージを消去して下さい。これで初期状態に戻すことができます。

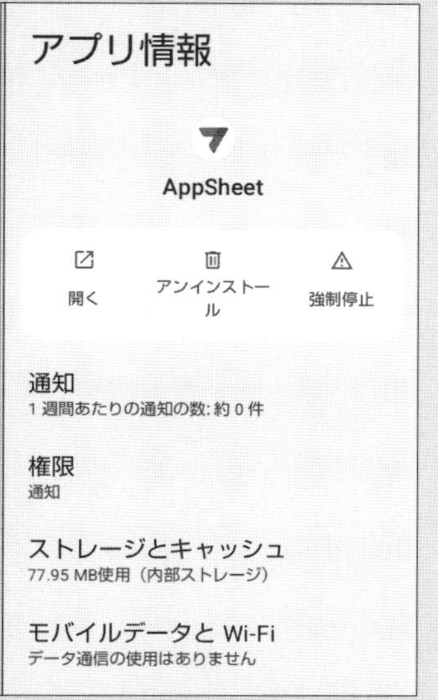

図1-29：アプリ情報で、ストレージを消去する。

アプリを共有する

作成したアプリは自分だけで使うならこれで十分ですが、何人かのチームで利用するような場合は、アプリを共有する必要があります。

アプリの共有は、AppSheetで作成するアプリ側（Webサイト側）で作業が必要です。作成したSimple Surveyアプリの編集画面で、右上に見えるアイコンの中から「Share」というものをクリックして下さい。

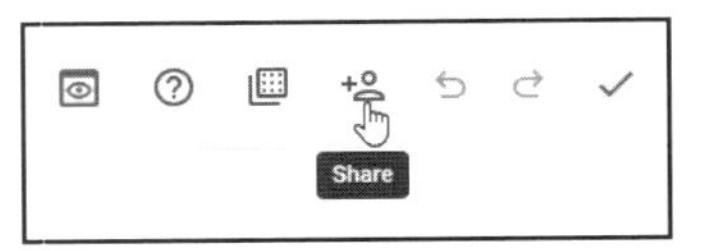

図1-30:「Share」アイコンをクリックする。

画面に「Share app」というパネルが現れます。これは、アプリを共有するユーザーを管理するところです。デフォルトで自分のアカウント（メールアドレス）が表示され、その右側に「Owner」とあるのがわかるでしょう。現状では、自分自身だけしか利用できないようになっているのですね。

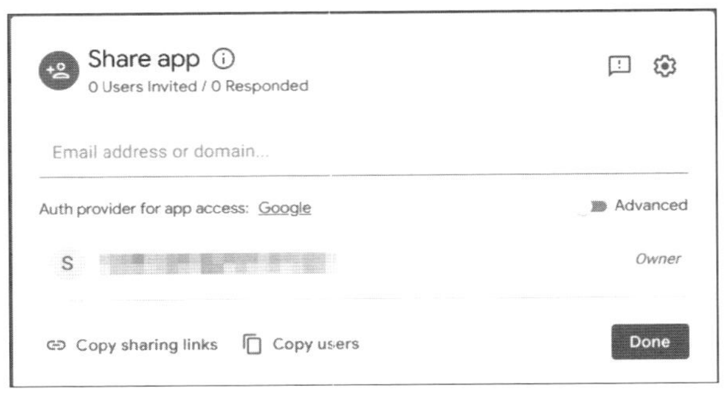

図1-31:「Share app」の表示。ここで利用するユーザーを管理する。

ユーザーを追加する

では、他のユーザーと共有をしてみましょう。「Email address or domain...」という入力フィールドに、共有したいアカウントのメールアドレスまたは自身が所有するドメインを入力し、Enterすると、入力したユーザーが追加ユーザーとして設定されます。そのまま「私はロボットではありません」のチェックをONにし「Share」ボタンをクリックすると、シェアを実行します。

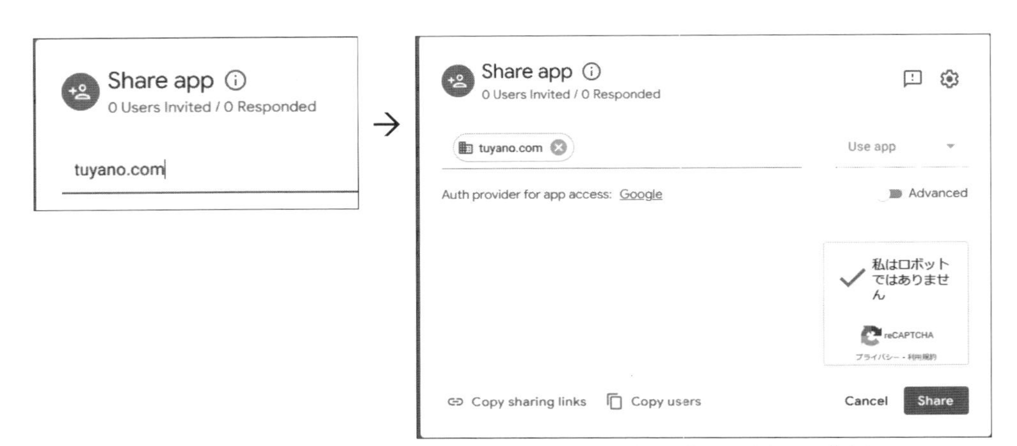

図1-32：ドメインを入力し確定し、「Share」ボタンで共有する。

これで、「Share app」にユーザーが追加されます。追加されたことを確認し、「Done」ボタンでパネルを閉じれば作業完了です。

共有したアプリは、スマートフォンのAppSheetアプリで「Share with me」のところに追加されます。ここから、自分のアプリと同様に開いて利用することができます。

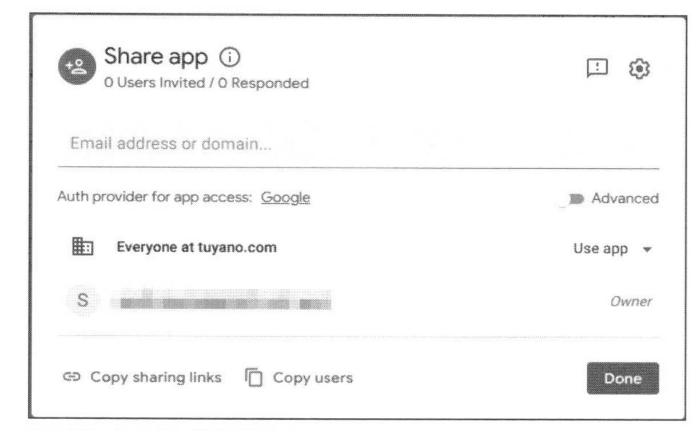

図1-33：ドメインが追加された。

使うだけなら無料！

これでアプリを作成し、スマートフォンで利用するところまで一通りできました。一通り作業して気がつくのは、「ここまで一切、費用がかかっていない」という点でしょう。

ノーコードのアプリ開発は、作るのは無料でも、それを利用するには費用がかかるのが一般的です。AppSheetも作ったアプリをデプロイし、一般的なアプリとして配布できるようにするとなると有料のプランを契約しなければいけません。

が、AppSheetは、スマートフォン用に配布されている専用アプリ内から実行するだけなら、すべて無料で使えます。また共有機能により、複数メンバーでアプリを共有して使うのも無料で行えます。

無料でここまで使えれば、これだけでもう十分実用的な使い方ができるでしょう。業務などで本格的な導入を考えている人も、まずは「無料で使う」ことを考えてみて下さい。案外、それで十分だったりすることも多いはずですから。

契約プランの変更

実際に試してみて「本格的に使おう」となったら、契約プランを無料から有料のものに変更する必要があるでしょう。「無料でほとんどの機能が使えるならそれで十分じゃ？」と思うかもしれません。が、無料では使えない機能というのもあります。

例えば、アプリ内からショートメッセージを送信するような機能は無料プランでは使えません。こうした機能までフル活用したい場合は、有料プランに変更する必要があるのです。

プランの変更は、AppSheetホーム画面の右上にある「Account」アイコンをクリックして行います。これは、アカウントの設定や管理を行うためのものです。クリックするとメニューがプルダウンして現れるので、その中から「Eilling」という項目をクリックして下さい。プランと支払い方式を設定する画面に切り替わります。

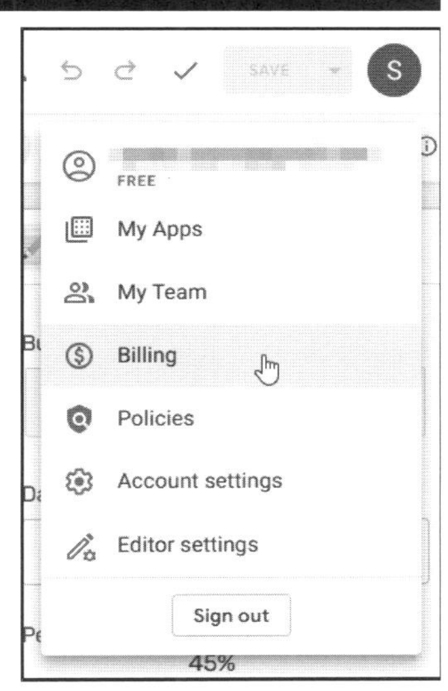

図1-34：「Account」の「Billing」を選択する。

「Billing」の画面には「Plan class」という表示があり、そこに「Free」と表示されています。これは、無料プランであることを示します。ここから「Upgrade」ボタンを使って有料プランにアップグレードすることができます。

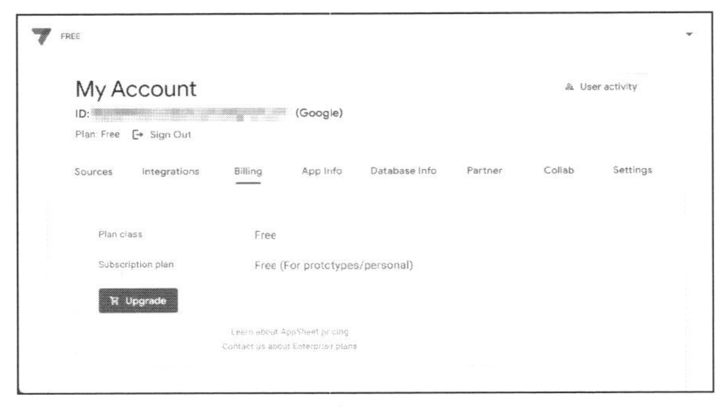

図1-35:「Billing」の画面。Freeプランになっている。

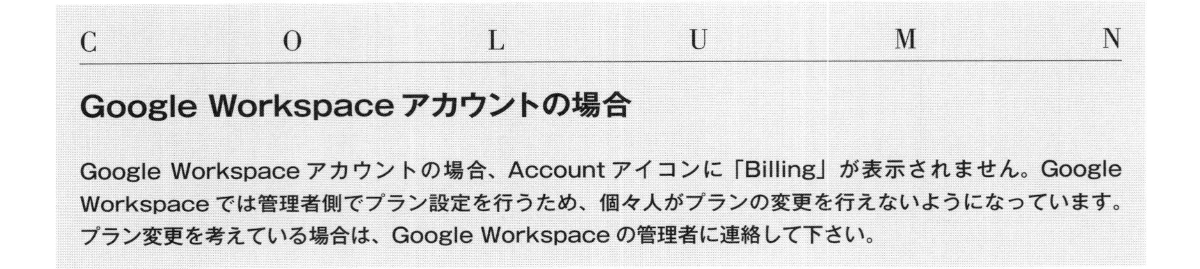
C O L U M N

Google Workspaceアカウントの場合

Google Workspaceアカウントの場合、Accountアイコンに「Billing」が表示されません。Google Workspaceでは管理者側でプラン設定を行うため、個々人がプランの変更を行えないようになっています。プラン変更を考えている場合は、Google Workspaceの管理者に連絡して下さい。

プランを変更する

では、プランの変更を行いましょう。これは、画面にある「Upgrade」というボタンをクリックして行います。Plan Classというところにプルダウンメニューが現れ、ここからプランを変更できるようになります。

AppSheetは「アプリを購入して使う」というものではなく、「サブスクリプションサービス」である、ということをよく理解して下さい。契約するプランによって、受けられるサービスの内容が変わります。したがって、自分が作成するアプリがどのように利用されるかをよく考えた上で、契約するプランを選ぶ必要があります。

プランはいつでも変更することができるので、無料プランである程度利用し、AppSheetで作ったアプリをどのように利用するかがはっきりしてから変更すればよいでしょう。

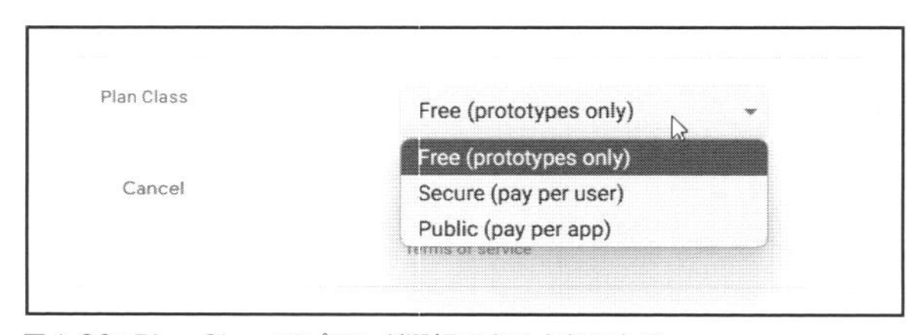

図1-36:Plan Classでプランが選択できるようになる。

「Secure(pay per user)」プラン

有料プランには2つのものがあります。「Secureプラン」は、利用するユーザーごとに支払う方式です。これを選ぶと、次のような設定項目が現れます。

Subscription Plan	サブスクリプションプランの設定です。「AppSheet Starter」と「AppSheet Core」が用意されています。
Number of user licenses	ライセンス購入するユーザー数です。
Billing Period	支払いの期間を指定します。「Annual（1年ごと）」と「Monthly（毎月）」があります。Annualにすると10%の割引を受けられます。
Promo Code	プロモーションコード（AppSheet関連のプロモーションで配布されるクーポンのコード）を持っている場合はここに入力します。

わかりにくいのは、Subscription Planでしょう。これにはStarterプランとCoreプランがあり、両者は利用できる機能と料金が違います。Starterプランは1人当たり5ドル、Coreプランは10ドル（2025年2月現在）となっています。

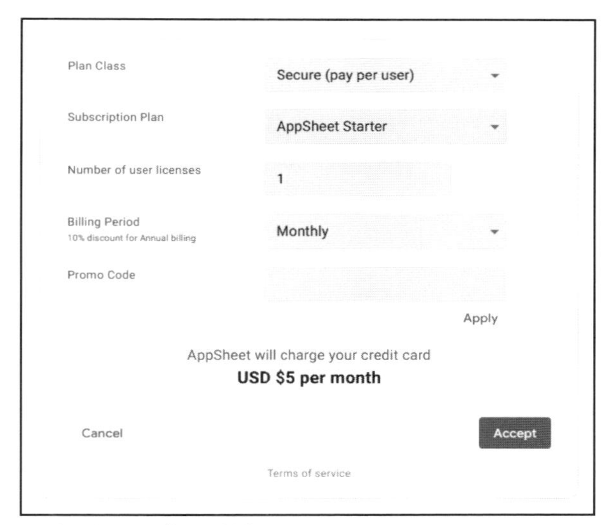

図1-37：Secureプランの設定。

「Public(pay per app)」プラン

もう1つのプランが、「Publicプラン」です。Secureプランが「限られたユーザーにサービスを提供するセキュアなプラン」であるのに対し、「アプリを不特定多数に利用してもらうためのプラン」です。こちらは一般のアプリと同様、作ったアプリを配布して自由に使えるようにするためのものと考えてよいでしょう。

このPublicプランには次のような設定が用意されています。

Subscription Plan	サブスクリプションプランの設定です。「AppSheet Publisher Pro」固定です。
Number of app licenses	ライセンスするアプリの数を指定します。
Billing Period	支払いの期間を指定します。
Promo Code	プロモーションコードを入力します。

サブスクリプションプランは1つしかありません。Publicプランでは、Number of app licensesで契約するアプリ数を指定します。その下の設定はSecureプランのときと同じです。

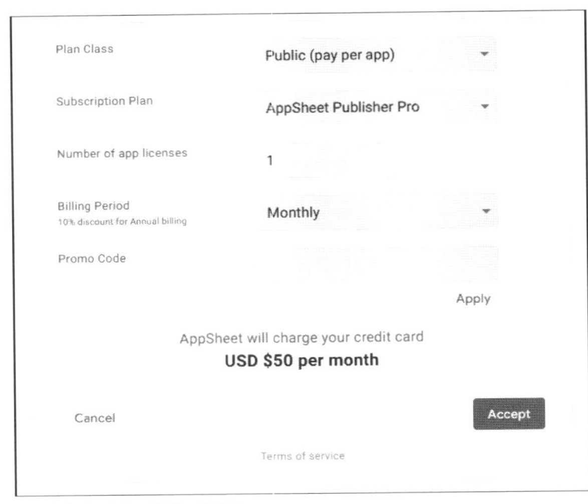

図1-38：Publicプランの設定。

支払い方式の設定

プランを変更したら、次に支払いに関する設定を行う必要があります。プラン設定の下には「Payment Method」という項目があり、ここで支払いの設定を行います。「Payment Method」ボタンをクリックすると、新しい支払い方式を追加できます。支払い方法は、基本的にクレジットカード利用になります。それ以外の方法は現在のところ用意されていないので注意して下さい。

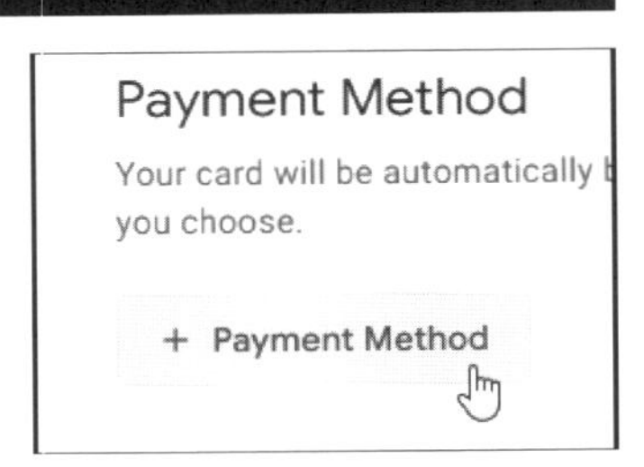

図1-39：Payment Methodの項目。ボタンをクリックして支払い方式を追加する。

ボタンをクリックすると、画面に名前と住所を入力するパネルが現れます。これらに記入をして、「決済情報入力へ」ボタンをクリックします。

図1-40：名前と住所を入力する。

カード情報を入力する画面になります。ここでカード番号、月年、セキュリティコードといったものを入力し、「Add Card」ボタンをクリックします。これで信販会社にアクセスしてカードの利用が許可されれば、支払い方法として設定されます。

図1-41：カード情報を入力する。

カードが登録されると、Payment Methodにカード情報が表示されます。登録できるカードは基本的に1つで、カードが利用できなくなった場合は「REPLACE」をクリックして別のカードを登録し直す形になります。

Payment Method

VISA ENDING IN 9001 (7/2025)　REPLACE　REMOVE

Payment status	active
Current balance	USD $0
Most recent invoice	none

図1-42：カードが登録されると、カード情報がPayment Methodsに表示される。

アプリのデプロイについて

有料プランにすると、アプリをデプロイして利用できるようになります。「デプロイする」というのは、一般には「スタンドアロンなアプリを生成して公開する」というような意味で使われますが、AppSheetの場合、ただデプロイしただけではスタンドアロンなアプリにはなりません。ここでのデプロイは、「正式公開する」といった意味で考えるとよいでしょう。

デプロイしない状態というのは、基本的に「無料プランで動かしている」という状態です。したがって、有料プランでサポートされている機能などはすべて動作しません。これらの機能を利用するためには、デプロイしてアプリを正式公開する必要があります。

※正式公開といっても、別にアプリストアなどで自動的に公開されるわけではありません。アプリの「App Gallery」で公開されアプリを実行するという点はこれまでと同じです。

デプロイのチェック

デプロイを行うためには、デプロイチェックを実行する必要があります。デプロイチェックは、そのアプリがデプロイ可能な状態にあるかどうかを確認する作業です。

まず、AppSheetでデプロイしたいアプリを開いて下さい。そしてアプリの編集画面で、左上のアイコンバーの一番上にあるアイコン（Not Deployと表示されるもの）をクリックして下さい。これで、デプロイ関連の表示が現れます。アイコンバーの右隣に表示される「Manage」というところから「Deploy」という項目をクリックします。これで、デプロイ関係の表示がその右のエリアに表示されます。ここから「Deployment Check」という項目をクリックすると、デプロイのチェックを開始します。

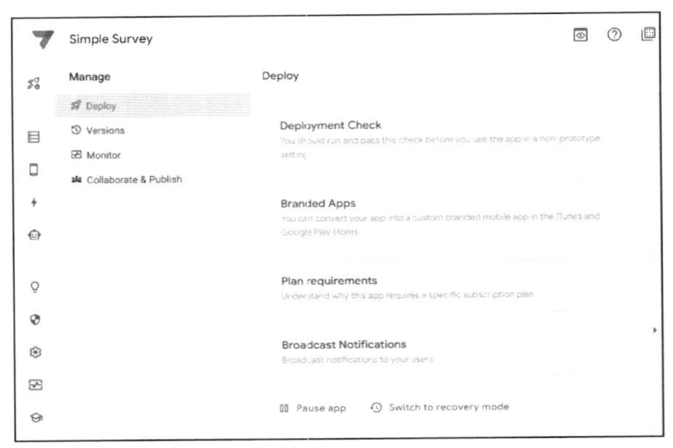

図1-43：デプロイの管理画面。「Deployment Check」をクリックする。

デプロイチェックが実行されると、アプリの状態をチェックし、それぞれの結果を一覧表示します。各項目には、右端に「PASSED」「WARNING」といった結果が表示されます。ここに「ERROR」と表示された項目が1つでもあると、デプロイはできません。エラーになった項目をチェックし、アプリを修正する必要があります。

デプロイチェックにより、デプロイが可能と判断された場合は、「Move app to deployed state」というボタンが表示されます。このボタンをクリックすると、アプリがデプロイされます。

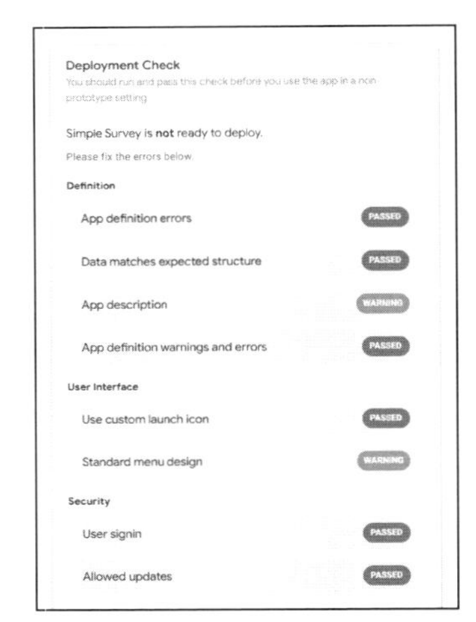

図1-44：デプロイチェックの結果。各項目の右側に結果が表示される。

ブランドアプリの設定

アプリをAppSheetのApp Galleryで開くのではなく、スタンドアロンなアプリとしてアプリストアなどで公開したい場合もあるでしょう。これもAppSheetでは可能です。

ただし、スタンドアロンなアプリを作成し公開するためには、以下のいずれかの条件を満たす必要があります。

- Secureプランで利用可能なユーザー数が10人以上であること。
- Publicプランでデプロイされていること。

これらのいずれかであれば、アプリをスタンドアロンにできます。

これには、アプリを「ブランドアプリ」として設定する必要があります。先ほどデプロイを行った画面では、Deployment checkの下に「Branded Apps」という設定が用意されています。ここにあるチェックをONにして、アプリをブランドアプリに設定します。

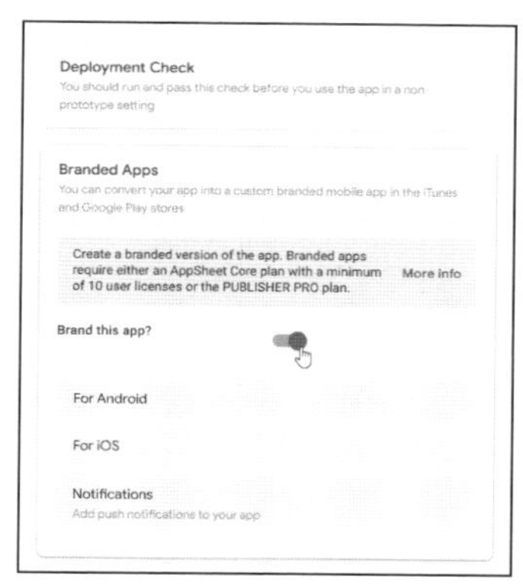

図1-45：ブランドアプリの設定をONにする。

ブランドアプリに設定すると、下に「For Android」「For iOS」といった項目が追加されます。これらをクリックすると、アプリ公開のための設定が表示されます。Androidの場合、特に必要なものはありませんが、iOSの場合はアプリ作成に必要なものが多数あります（認証情報のファイル、プロビジョンファイルなど）。このあたりは一般的なiOSアプリの公開で必要となるものなので、詳細はiOSアプリの開発情報について調べてみて下さい。

表示された設定の下部には、「Create a branded version of this app for Android/iOS devices」というボタンが表示されています。これをクリックするとブランド化されたアプリの生成が開始され、そのダウンロードURLが表示されます。アプリの生成には時間がかかるので、じっくり待って下さい。

こうして作成されたアプリをダウンロードし、後はGoogle PlayストアやAppleのApp storeに申請し、公開をすればよいのです。これらのストアへの申請は一般的なアプリと同じです。開発者登録をし、必要な申請を行う必要があります。

図1-46：ブランドアプリの設定と作成ボタンが表示される。

デプロイは必要か？

AppSheetではアプリのデプロイと、ブランドアプリ化してスタンドアロンアプリの作成も行うことができます。

が、もし「普通のアプリのようにアプリストアで自由に配布したい」という考えでこれらを行うとしたら、もう一度、本当にそうすべきか考えたほうがよいでしょう。

AppSheetのアプリは、データソースと連携して動きます。

アプリと呼んではいますが、基本的には「データソースに、表示と操作のUIをつ付けただけ」と考えればよいでしょう。重要なのはデータソースのデータであり、このデータを操作するのがアプリの役目なのです。

不特定多数の人間に公開した場合、肝心のデータが果たして問題なく利用されるでしょうか。どんどん改竄され使えない状態になったりすることはないでしょうか。また膨大なデータが送信され、処理がみるみる重くなってしまう、ということはありませんか。

デプロイするには有料のプランが必要です。そしてこれはアプリを利用している間、常に費用がかかります。このことを忘れないで下さい。

まずは、無料で限られたメンバーのみの間で共有して利用しましょう。その段階でアプリがどの程度使えるか、どういう利用の仕方が最適かがわかってくるはずです。アプリの公開を考えるのは、それからでもまったく遅くはありません。

Start with Geminiについて

最後に、AppSheetに用意されているAI利用のアプリ作成機能「Start with Gemini」についても触れておきましょう。

AppSheetでアプリを作成するための「Create」ボタンをクリックすると、「Apps」のサブメニューに「Start with Gemini」という項目が用意されているのがわかります。これは、Googleの生成AIである「Gemini」を使ってアプリを作成する機能です。

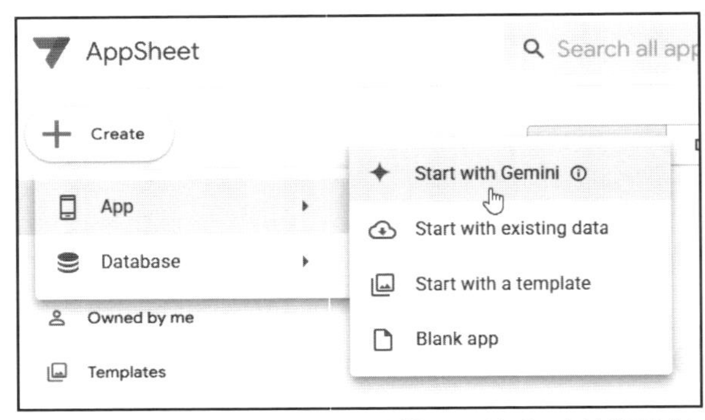

図1-47：「Create」ボタンのメニューには「Start with Gemini」が用意されている。

このメニューを選ぶと、アプリ作成のプロンプトを入力する画面が現れます。

この入力フィールドにプロンプトを入力してEnterすれば、それを元にアプリの生成を開始します。非常に単純ですね！

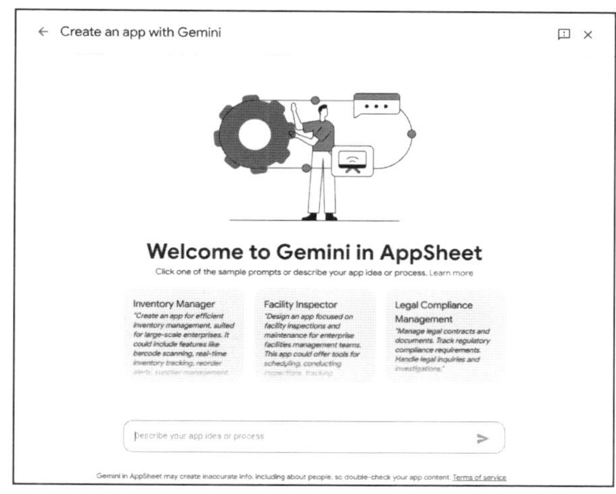

図1-48：Start with Geminiの画面。

契約書マネージャを作る

実際に試してみましょう。ここでは、契約書などの文書を管理するアプリを作ってみます。プロンプトの入力フィールドに、次のように記入します。

" 契約書や文書を管理します。文書はファイルとしてアップロードし、契約するクライアントやその要約を管理します。データは、契約するクライアントや文書の種類ごとに管理します。契約に関する問い合わせや調査依頼を受付処理します。 "

記述したら、Enterして下さい。画面の表示が変わり、作成するテーブルの内容が表示されます。ここで内容を確認し、「これでよい」と思ったら、「Create app」ボタンをクリックして下さい。ちょっと違うと思ったなら、「Start over」で再度試すことができます。

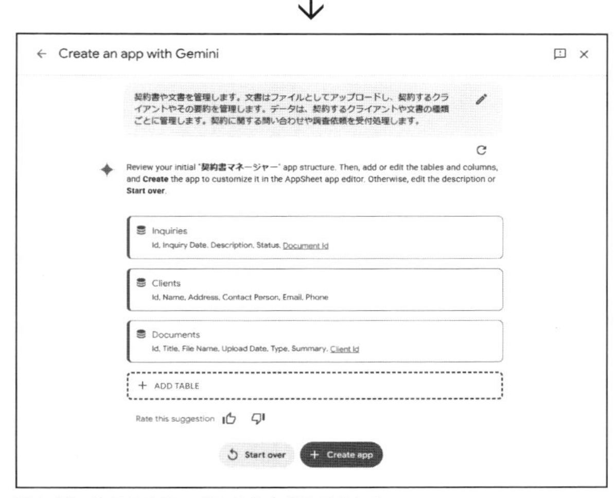

図1-49：生成するテーブルの内容が表示される。

「Create app」ボタンをクリックすると、しばらくしてアプリが作成されました。作成されてしまえば後は通常のアプリと同様に編集したり修正したりして、使いやすく改良していくことができます。

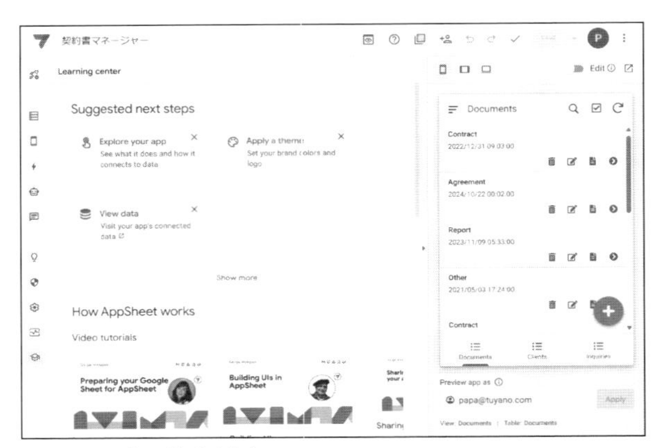

図1-50：アプリが作成された。

アプリの概要

作成されたアプリがどのようなものか見てみましょう。ただし！　注意してほしいのは、「これは、あくまで筆者の環境で作られたものだ」という点です。みなさんが同じプロンプトを実行しても、同じアプリが作られるとは限りません。AIは同じプロンプトを実行しても、返される応答はさまざまです。Start with Geminiで作られるアプリも基本的な概要はだいたい同じはずですが、細かな点でいろいろと違いはあるでしょう。

では、簡単にアプリを説明しましょう。作成されるアプリには3つの画面が用意されています。

Documents	文書を管理するところです。
Clients	クライアントを管理します。
Inquiries	さまざまな問い合わせを管理します。

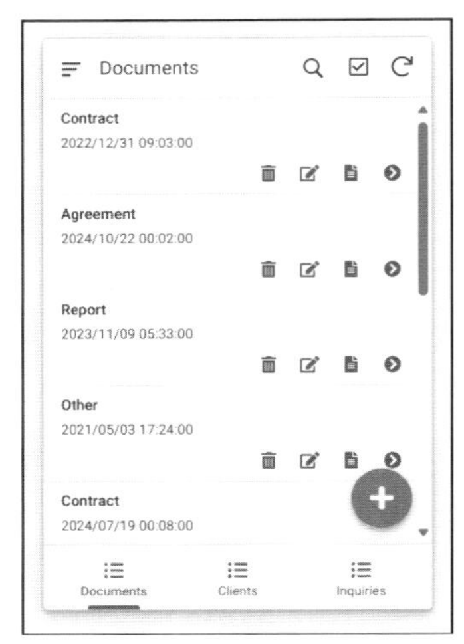

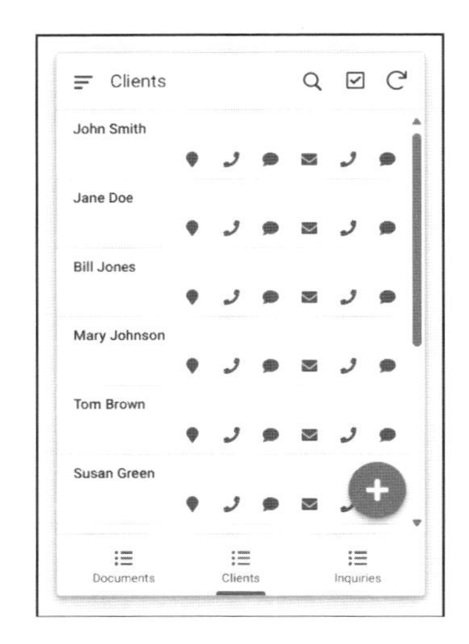

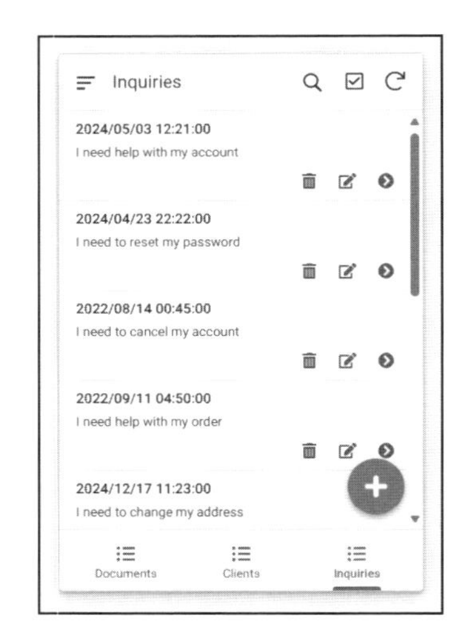

図1-51：作成された3つの画面。

それぞれの画面では登録されているレコードが一覧表示され、項目をタップすると、その詳細が表示されます。また、右下にある「＋」ボタン（フローティングアクションボタンと言います）をタップすれば、新たにレコードを作成するフォームが現れます。それぞれのフォームは、他のテーブルと連携して機能するように作られています。

使ってみると、基本的な機能は一通り用意されており、細かな調整などをしなくともすぐに実務に利用できそうなことがわかります。作られるアプリのレベルは非常に高いのです。

図1-52：文書登録、クライアント登録、問い合わせの作成フォーム。

どんなアプリが作られるかはわからない！

このStart with Geminiでは、作りたいアプリの概要がはっきりと決まっているなら、非常に簡単にアプリ作成を行えます。

最初に入力するプロンプトで、極力細かく正確にアプリの内容を記述して下さい。プロンプト次第で、どのようなアプリが作られるのかが決まります。

逆に言えば、「プロンプトが明確でないと、思ったようなアプリは作れない」ということになります。また、こちらで作りたいアプリの内容を細かく指定することはできません。「こういうテーブルを作成して、こういう表示にして」といったことを説明することはできますが、それが具体的にどのようにして実装されるかはGemini任せになります。

また、Start with Geminiはデータベースとアプリを一式まとめて作成します。したがって、すでにデータがあって、それを使ってアプリ化したいような場合にも向きません。

AppSheetはそれ自体が非常に簡単にアプリを作成できるように作られているので、「Geminiで自動的にアプリを作ってくれる」というのが「ものすごく便利！」とは感じられないかもしれません。データさえあれば、AIに送るプロンプトの内容を考えている間にアプリ化できてしまうのですから。Start with Geminiは「何もないところから、考えたイメージに近いアプリを適当に作ってもらう」という場合に役立つものと考えるとよいでしょう。

C　O　L　U　M　N

Start with Geminiが使えない！

Google Workspaceアカウントの場合、「Start with Gemini」のメニューが表示されない場合があるかもしれません。これはチームの設定で、Geminiの利用がOFFになっていることが考えられます。
Google Workspaceアカウントではアカウントアイコンに「My Team」という項目があり、そこでチームの設定を行えます。My Team画面の「Core Settings」というところに「Disable Gemini app creation」という設定項目があります。これをOFFにすると、Start with Geminiが使えるようになります。

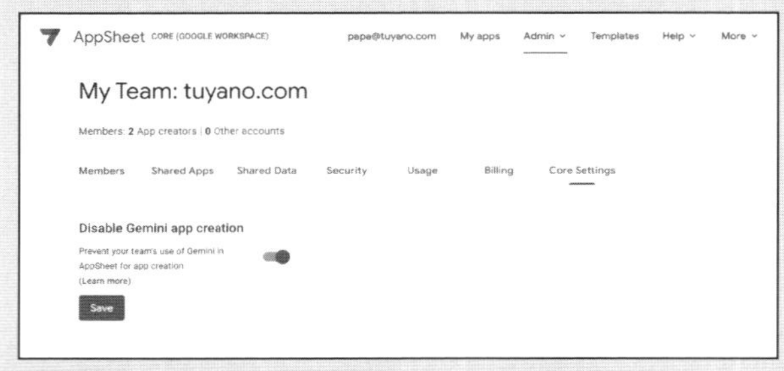

図1-53：「Disable Gemini app creation」をOFFにする。

Chapter 2

データを元にアプリを作成する

AppSheetは「はじめにデータありき」です。
この章ではAppSheet内臓のデータベース機能を使いデータを作成します。
データのアプリ化の手順と、
テーブルとビューの調整の基本についても学んでいきます。
またGoogleスプレッドシートや、
Googleフォームなどからアプリを作成する手順についても説明します。

Chapter 2

2.1.

AppSheet Databaseを使おう

AppSheet Databaseを使おう

前章でサンプルアプリを作って、AppSheetの開発と利用がどのようなものか、ざっと流れを見てみました。一応、これでアプリを動かしたりはできるようになりましたが、しかし「アプリを作る」という点では、まだまだ十分ではありません。

AppSheetにおけるアプリ開発の中心は、「データ」です。まずデータありき、です。データを用意し、そのデータを元にアプリを作成する、これがAppSheetのスタンダードな開発スタイルです。

では、データはどのようなもので用意するのか。これは、さまざまです。Googleスプレッドシートを使ったり、Microsoft Excelを使ったりすることもできます。が、まず最初に覚えておきたいのは、AppSheetに内蔵のデータベース機能の使い方です。

AppSheetには簡単なデータベースの作成機能があります。これを利用することで、ExcelやGoogleスプレッドシートなどを使ったことがない人でも簡単にデータを作成することができるのです。

Databaseの作成

AppSheetのホーム画面(「My Apps」の画面)を開いて下さい。「Recent」や「Shared with me」などの表示では、アプリのリストを表示しているところの上部に「App」「Database」という切り替えボタンが見つかります。

これはアプリの一覧と、データベースの一覧の表示を切り替えるものです。ここで「Database」を選択すれば、作成したデータベースが一覧表示されるようになっているのです。

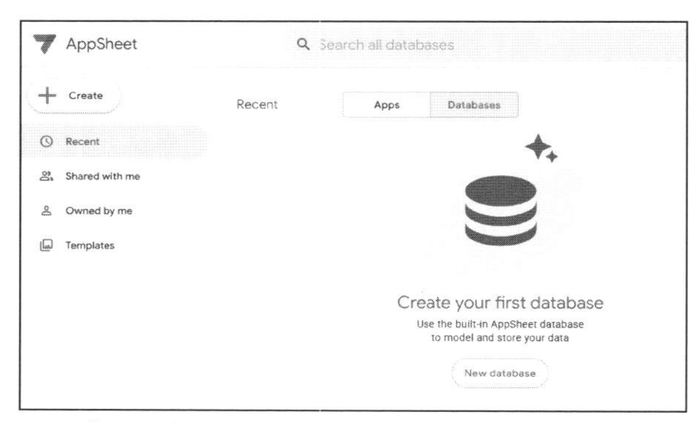

図2-1:「Recent」には、「App」と「Database」の切り替えボタンがある。

では、新しいデータベースを作成しましょう。「Create」ボタンをクリックし、プルダウンして現れた「App」「Database」というメニュー項目から、「Database」のところにある「New Database」というメニューを選んで下さい。

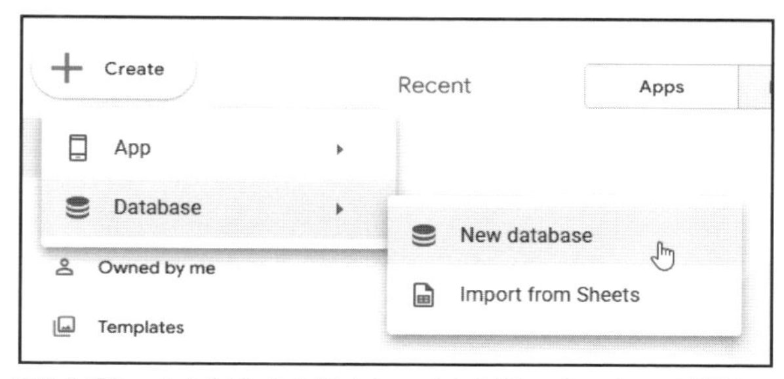

図2-2：「Create」ボタンから「Database」内の「New Database」を選ぶ。

データベースの編集画面について

表示が変わり、いきなり新しいデータベースが作成されます。データベースの内容などに関する細かな設定などは一切なし。いきなりデータベースができてしまいました。

データベースは、表計算ソフト等と同じような表示になっています。この編集画面で、データベースの基本的な設計やデータの編集などを行っていくのです。

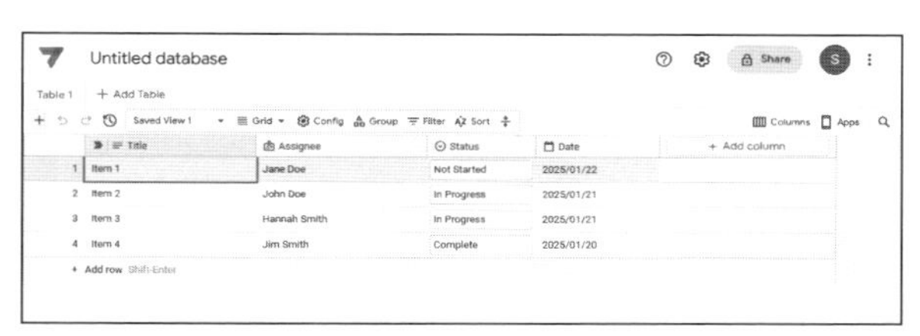

図2-3：データベースの編集画面。

表示の一番上には、データベースのタイトルが表示されています。これは、クリックして値を変更できます。わかりやすいように名前を入力しておきましょう。ここでは「Sample1 Database」としておきます。

タイトルの下には、「Table 1」「Add Table」といった表示があります。「Table 1」は、すでに作成されているテーブルです。

テーブルは、データベースに用意されている「テーブル」です。このテーブルが、データを管理するためにデータベースに用意されるものです。このテーブルは、データベースに複数用意することができます。「Table 1」という表示の横にある「Add table」をクリックすると、新しいテーブルを追加することができます。

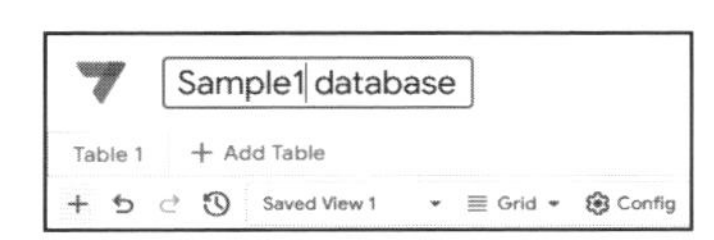

図2-4：タイトルを「Sample1 Database」と書き換えておく。

テーブルは列と行でできている

テーブルにはデータの項目（「列」、英語では「Column」と言います）が必要に応じて用意され、データを追加するときは、用意されている各列に値を用意していきます。このデータは一般に「行」、英語では「Row」と言います。

また、データベースでは、テーブルに保存されるデータは一般に「レコード」と呼びます。データベースでは、この呼び方をすることが多いでしょう。

テーブルを見ると、「Title」「Assignee」「Status」「Date」といった項目（列）が用意されていて、ここにレコード（行）がサンプルとしていくつか用意されているのがわかるでしょう。これが、AppSheet Databaseの基本的な形なのです。まずは、この「テーブル」「列」「行」というものの役割をしっかりと理解しましょう。

C O L U M N

データベースの制限について

AppSheet Database のデータベースは、無制限に使えるわけではありません。一定の枠内でのみ無料で使えます。
無料アカウントの場合、作成できるデータベース数は 5 個まで、各データベースのレコード数は最大 1000 個までです。Google Workspace アカウントの場合、Core プランというプランが適用されるため、データベース数は最大 10 個まで、レコード数は最大 2500 個までになります。
またプランに関わらず、データベースには以下の制限があります。

データベースのテーブル数：20
テーブルの列数：100
セルの文字数：2000
LongText の文字数：5000

データの基本操作

用意されているテーブルには、デフォルトでサンプルとなる列が用意されています。これをそのまま使って、データの基本操作を覚えましょう。

●レコードの作成

新しいレコードを作成するには、テーブル表示の下部に見える「Add row」というボタンをクリックします。これで、テーブルの一番下に新しい行が追加されます。

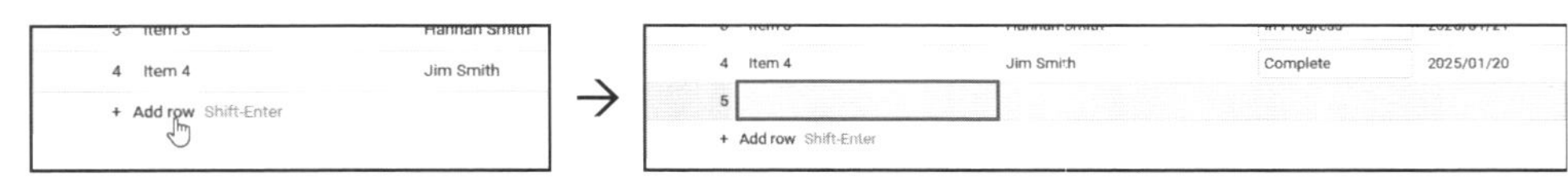

図2-5：「Add row」で行が追加される。

そのまま各列のフィールドをクリックして記入していけば、新しいレコードを入力できます。各項目は、Tabキーまたは Shiftキー＋Tabキーで左右に選択位置を移動できます。

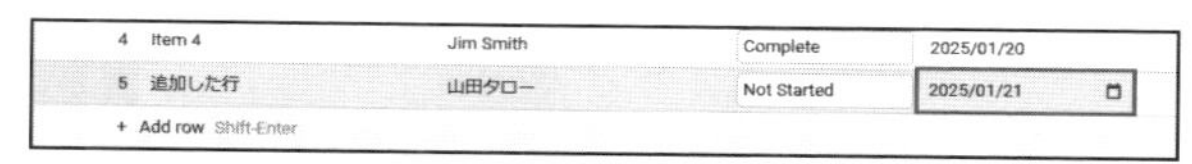

図2-6：各列に値を入力する。

なお、各項目の入力フィールドは、値の種類によって入力方式が変化します。テキストなどはそのまま記入するだけですが、種類ごとに通常とは異なる入力の仕方をするものもあります。

「Status」列は、あらかじめ用意した値から選ぶようになっています。クリックするとメニューがポップアップして現れるので、その中にある「Not Started」「In Progress」「Complete」のいずれかを選択して選びます。

「Date」は直接値を記入することもできますが、入力フィールドの右端に表示されるカレンダーのアイコンをクリックするとカレンダーがプルダウンして現れるので、そこで日付を選択することもできます。

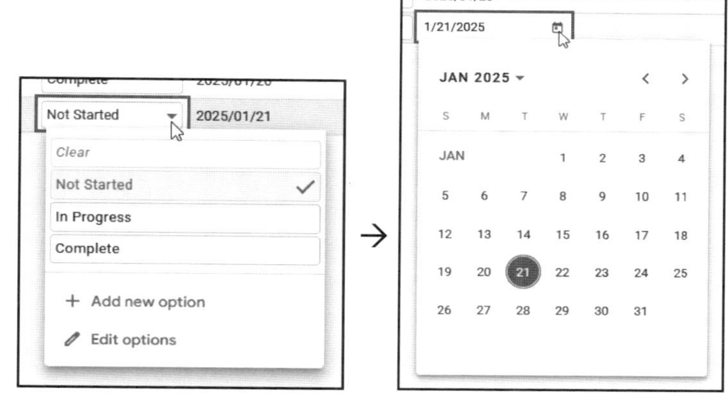

図2-7：Status や Date の列は、専用の入力表示が用意されている。

値の編集

すでに入力してあるデータの編集は簡単です。値を変更したい項目をダブルクリックすれば、値を編集できるようになります。そのまま書き換えてEnterで確定すればよいのです。

データベースの値は、どれもすべて「ダブルクリックで編集モードにし、値を編集する」というやり方で修正できます。

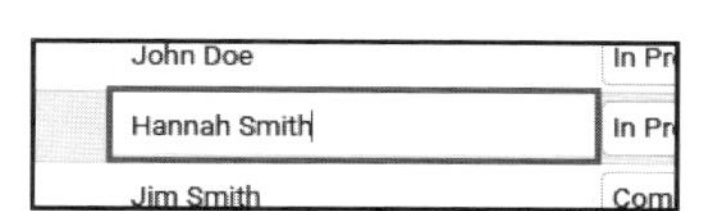

図2-8：項目をダブルクリックすると、値を編集できるようになる。

列の削除

作成したデータは、列単位（レコード単位）で削除することができます。列をクリックして選択し、その列をマウスで右クリックして下さい。その場にメニューがポップアップして現れます。そこから「Delete rows」メニューを選べば、その列を削除できます。

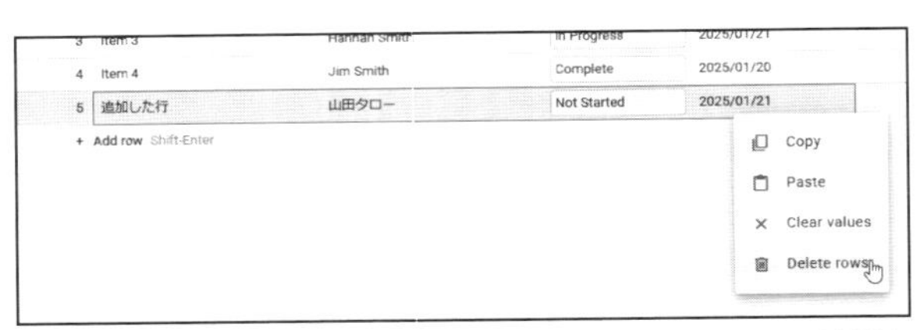

図2-9：列を右クリックして「Delete row」メニューを選ぶと行が削除される。

列の基本設定

行は、必要に応じてどんどん追加していくものですから、基本的な操作は使っていればすぐに覚えるでしょう。

しかし列は、最初に設計する段階でしっかりと設定してあれば、その後は操作することはほとんどありません。あまり頻繁に使うものではないので、最初にきちんと使い方を覚えておく必要があります。

まずは、「列の作成」からです。これは、列の一番右端にある「Add column」というボタンをクリックして行います。

クリックすると、その横に新しい列の設定を行うパネルが現れます。ここで必要な設定をして「Save」ボタンをクリックすれば、列が追加されます。

このパネルには、以下の2つの項目が用意されています。

Name	列の名前
Type	値の種類

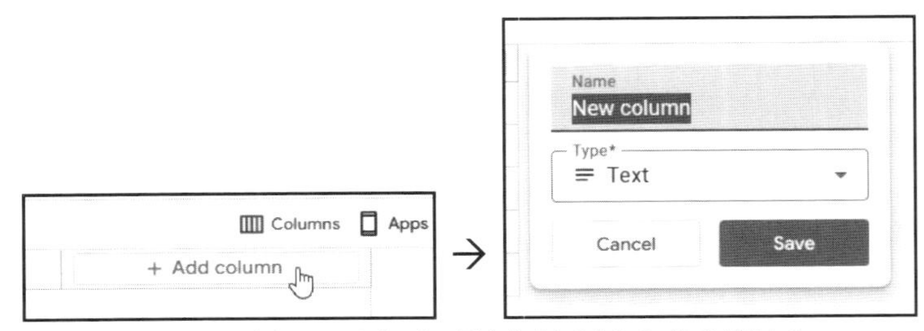

図2-10：「Add column」をクリックすると、列を作成するためのパネルが現れる。

Nameは、それぞれでわかりやすい名前を入力すればよいでしょう。問題は、Typeです。Typeには多数の種類が用意されており、プルダウンして現れるリストから使いたい種類を選びます。用意されている種類には次のようなものがあります。

Color	色の値
Decimal	実数
Email	メールアドレス
Enum	選択肢
EnumList	選択肢のリスト
LongText	長い（複数行に渡る）テキスト
Name	名前
Number	整数
Percent	パーセント
Phone	電話番号
Price	金額
Progress	進行状況（プログレスバー）
Text	テキスト
Url	URL
Yes/No	「はい」「いいえ」の選択
※以下は複数項目あり	
Attachments	添付ファイル
Date and time	日時関係
Location	位置情報
Link to table	テーブルのリンク
App specific	アプリの特殊な情報
Meta data	メタデータ（行IDや更新日時など）

列の編集

すでに作成されている列を再編集することもできます。列の一番上に表示されているラベル（列の名前の部分）にマウスポインタを移動すると、項目の右側に「：」というアイコンが表示されます。これをクリックするとメニューが現れるので、その中から「Edit column」を選びます。

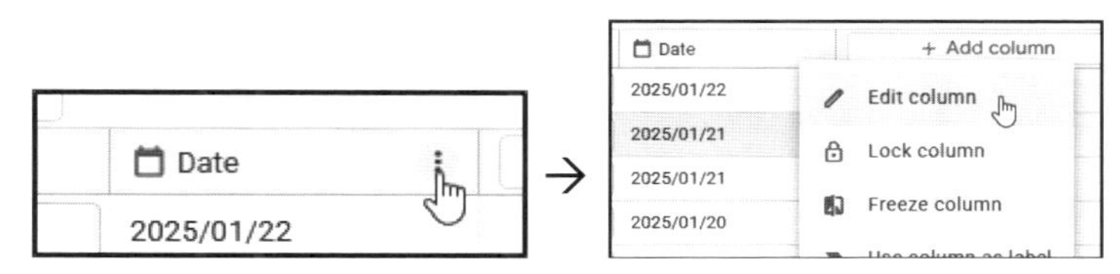

図2-11：列名の「：」をクリックし、「Edit column」メニューを選ぶ。

これで、列の編集を行うパネルが現れます。といっても、これは「Add column」で現れるパネルと同じ物です。列名と値の種類をこれで変更できます。

注意したいのは「値の種類を変更すると、それまで入力した値が消える場合がある」という点でしょう。値の種類を変更すると、AppSheetはすでに入力されている値を新しい種類に変換できない場合、消去してしまうのです。列の種類の変更は慎重に行いましょう。

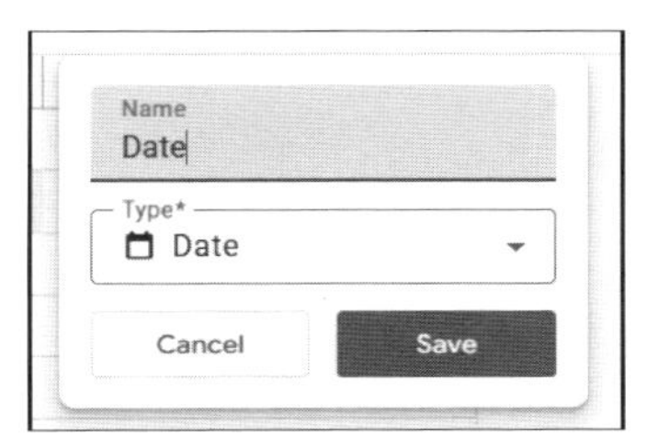

図2-12：列の編集を行うためのパネル。

列の削除

続いて、すでにある列の削除です。これも列名の「⋮」アイコンからメニューを選んで行います。メニューの一番下にある「Delete column」を選びます。

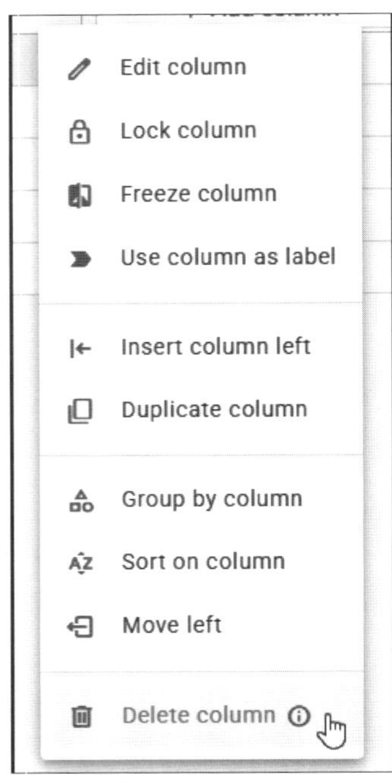

図2-13：「⋮」アイコンのメニューから「Delete column」を選ぶ。

画面に、「Delete "○○" column?」という確認のアラートが現れます。ここで削除する列名を確認し、「Delete column」ボタンをクリックすれば、その列が削除されます。削除は取り消しができませんから、慎重に行うようにして下さい。

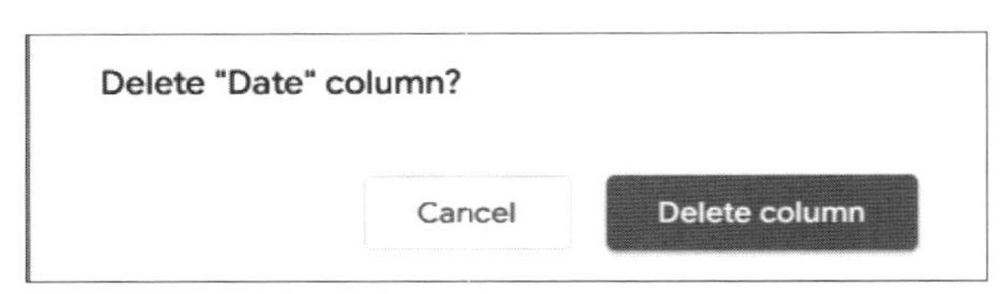

図2-14：アラートで「Delete column」ボタンをクリックすれば列が削除される。

行と列の基本操作

テーブルは列と行で構成されます。これらは、ただ「作成したら終わり」というものではありません。より使いやすくしたり、見やすくするためにさまざまな操作を行えます。

まず、「並び順の調整」からです。行や列は、並び順を簡単に調整できます。それぞれのラベル部分（列ならば一番上の列名が表示された部分、行ならば一番左側の行番号が表示された部分）をマウスでドラッグして左右あるいは上下に動かせば、並び順を変更できます。

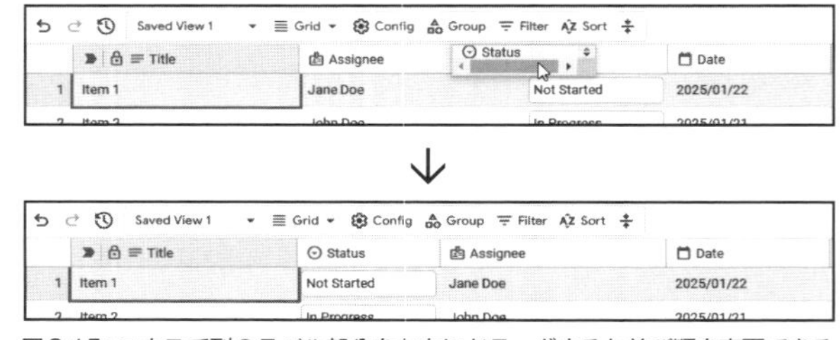

図2-15：マウスで列のラベル部分を左右にドラッグすると並び順を変更できる。

レコードのソート

保存されているレコード（行）については個別にドラッグして並べ替えるよりも、「ソート」機能を利用して並び順を整えることが多いでしょう。

レコードのソートは、テーブル表示の上部にある「Sort table rows」というボタンをクリックして行います。これをクリックすると、画面にソートの設定を行うパネルが現れます。ここで次のように設定をします。

Select a column	ソートの基準となる列を選択します。
Asc. / Desc.	昇順（Asc.）か降順（Desc.）かを指定します。

これらを設定して「Apply」ボタンをクリックすれば、指定した列の値を元にデータ（行）をソートします。ソートする列は1つだけでなく、複数設定できます。パネルにある「Add sort column」ボタンをクリックするとソートする列の設定が追加されるので、それでさらに列を指定すればよいのですね。

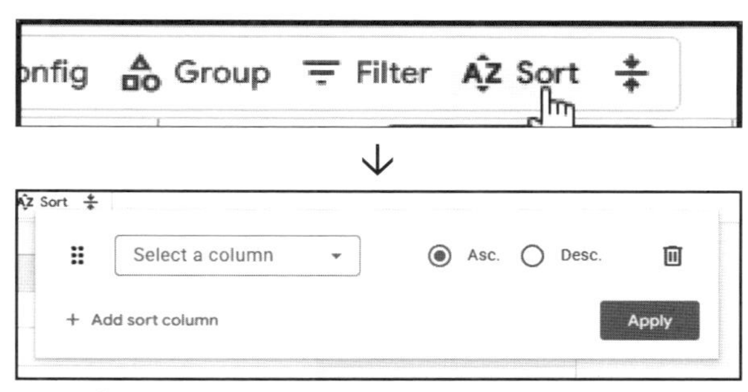

図2-16：「Sort table rows」ボタンをクリックすると、ソートの設定を行うパネルが現れる。

レコードのグループ化

テーブルに保存されているレコードは、基本的にすべて別々のものです。しかし、場合によっては「こういう形でレコードをひとまとめにして扱いたい」ということはあります。

例えば、サンプルでは「Status」という選択肢の列が用意されていました。「Not Started」「In Progress」「Complete」の3つの値のいずれかを選ぶものでした。ならば、「StatusがCompleteのものだけまとめたい」と思うことはあるでしょう。

このようなときに用いられるのが「グループ化」の機能です。グループ化というのは、指定した列の値が同じレコードを1つにまとめるためのものです。これは、テーブルの上部にある「Group table rows」ボタンをクリックして行います。

クリックすると列の一覧メニューが現れるので、ここでグループ化する列を選択すれば、その列の値を元にデータがグループ化されます。

図2-17：「Group table rows」ボタンをクリックし、グループ化する列を選ぶ。

試しに、「Group table rows」のメニューから「Status」を選択してみましょう。すると、Statusの値に応じてデータが3つに別れて表示されるようになります。

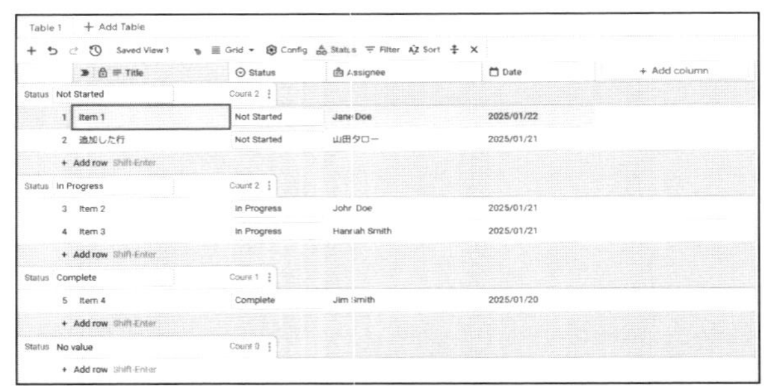

図2-18：Statusでグループ化したところ。Statusの値ごとにデータがまとめられる。

グループ化を解除するには、再度「Group table rows」ボタンをクリックし、メニューから「Cancel grouping」を選びます。これでグループ化がキャンセルされ、元の表示に戻ります。

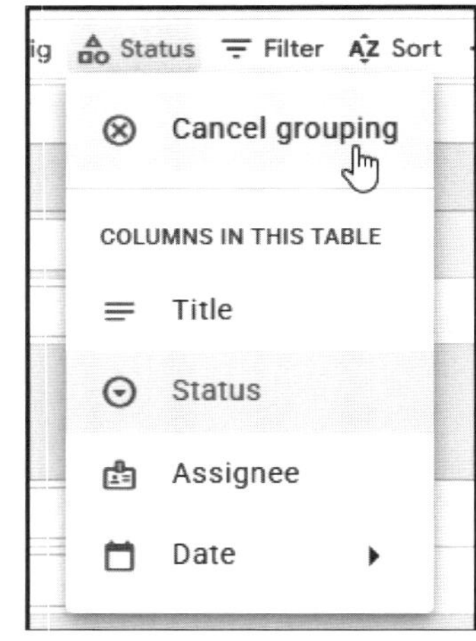

図2-19：「Cancel grouping」メニューでグループ化を取り消せる。

フィルターの利用

データは、基本的に追加したものすべてが表示されています。しかし特定の条件を元に、必要なレコードだけをピックアップし表示させることもできます。これを行うのが「フィルター」です。

フィルターは、テーブルの上部にある「Filter table rows」ボタンを使って設定します。これをクリックするとその下にスペースが空き、「Status」「Add filter」といったボタンが表示されます。ここで、フィルターの設定を行います。「Status」というのは、Status列によるフィルターを設定するためのボタンです。Statusのように選択肢の列があると、その列を使った設定を行うボタンが自動生成されます。もう1つの「Add filter」が、自分でフィルターを設定するためのボタンになります。

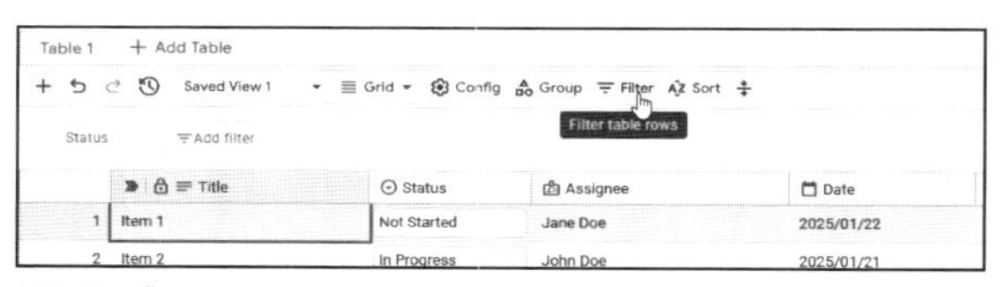

図2-20：「Filter table rows」をクリックすると、フィルターの設定を行うための表示が現れる。

Statusフィルターを使う

実際にフィルターを使ってみましょう。ここでは、デフォルトで用意されている「Status」のフィルターを使ってみます。

Statusは、3つの値のいずれかを選ぶ選択肢の列です。フィルターも、「どの値のレコードを表示するか」を指定するようになっています。「Status」ボタンをクリックすると、下にパネルがプルダウンして現れます。ここに次のような項目が表示されます。

Matches	値をどうチェックするかを指定します。Matchesは「完全一致」を示します。
Not Started/In Progress/Complete	Statusの値を指定します。

図2-21:「Status」で現れるフィルターの設定パネル。

「Matches」と表示された項目は、メニューでいくつかの値が用意されています。これで、「一致」「一致しない」「空（未入力）」「空でない」といったチェックを選択できます。その下にある3つの項目は、Statusに用意されている選択肢です。これらを組み合わせてフィルターの指定を行います。

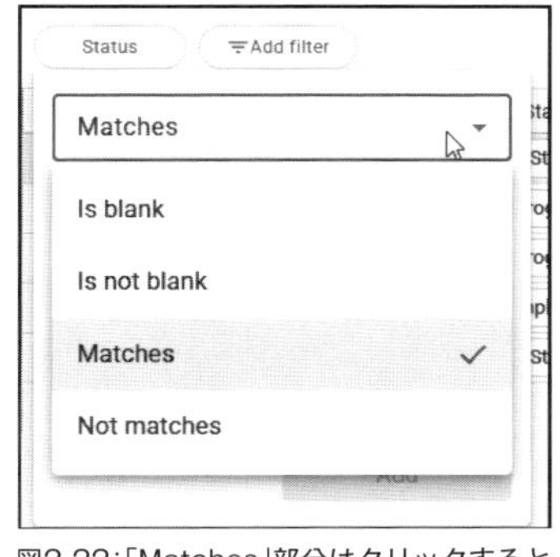

図2-22:「Matches」部分はクリックするとメニューが現れる。

では「Matches」を選択し、「Complete」のチェックをONにして「Add」ボタンをクリックしてみましょう。これで、Statusの値が「Complete」のものだけを取り出すようフィルター設定されます。

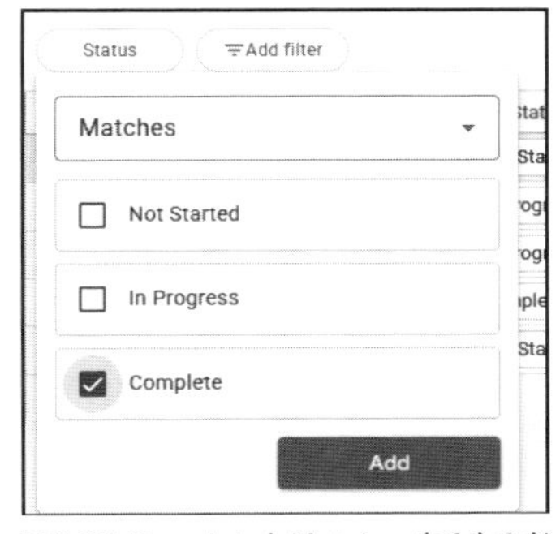

図2-23:CompleteとMatchesするものだけを表示するように設定する。

「Add」ボタンをクリックしてパネルが消えると、テーブルに表示されるレコードが変わります。Statusの値が「Complete」のものだけが表示されるようになっていることがわかるでしょう。これが、フィルターです。フィルターを指定することで、設定した条件に合致するレコードだけが表示されるようになるのです。

また、フィルターの設定エリアにあった「Status」というボタンは「Status matches: Complete」と表示が変わり、青いボタンに変わります。これは、このフィルターがONになっていることを表します。

図2-24：Statusが「Complete」のもののみ表示される。

フィルターをOFFにするには、フィルターを設定したボタンをクリックし、再びフィルター設定のパネルを呼び出します。ここに「Remove」というボタンが追加されているので、これをクリックすれば設定したフィルターが取り外されます。

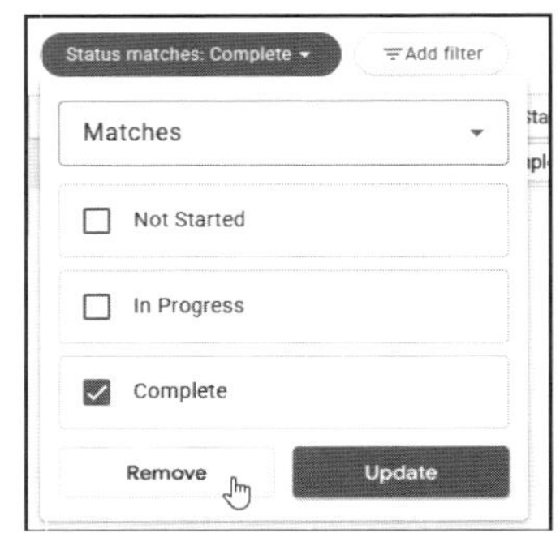

図2-25：フィルター設定のパネルから「Remove」ボタンをクリックするとフィルターを取り外せる。

フィルターの作成

ここでは「Status」フィルターを使いましたが、自分でフィルターを設定する場合も基本的な作業の流れは同じです。まず、フィルター設定のエリアにある「Add filter」ボタンをクリックします。これでフィルター設定のパネルが現れます。

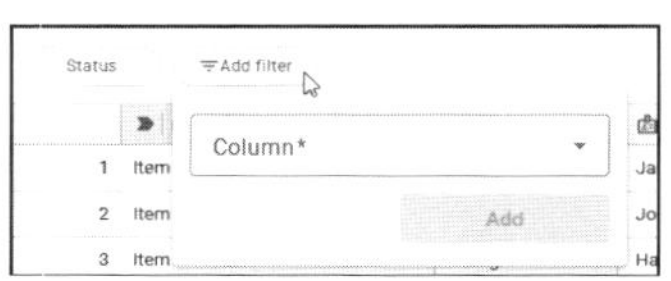

図2-26：「Add filter」ボタンをクリックするとフィルター設定のパネルが現れる。

最初に行うのは、フィルターに使う列の選択です。「Column*」と表示されている項目をクリックすると、テーブルに用意されている列がプルダウンメニューで現れます。ここから、フィルターに使う列を選択します。例として「Date」を選んでおきましょう。

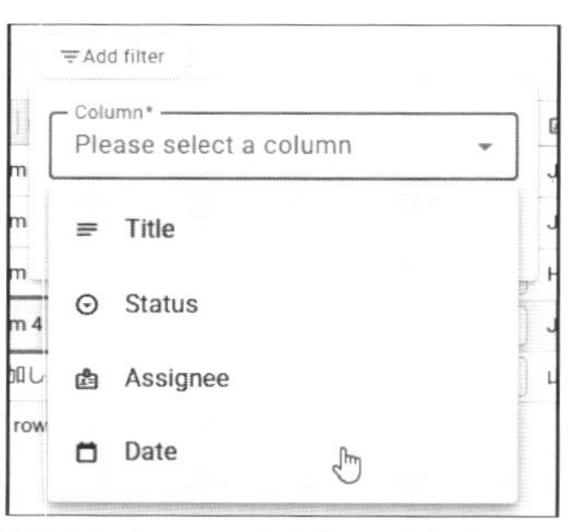

図2-27：Column*から「Date」を選択する。

「Column*」の下に、値をチェックする方式を指定する項目が追加されます。これをクリックすると、さまざまなチェック方式がプルダウンメニューで現れます。

ここでは、「Relative to today」という項目から「Is today」というメニュー項目を選んで下さい。これで、Date列の値が今日の日付のものだけを取り出すようになります。

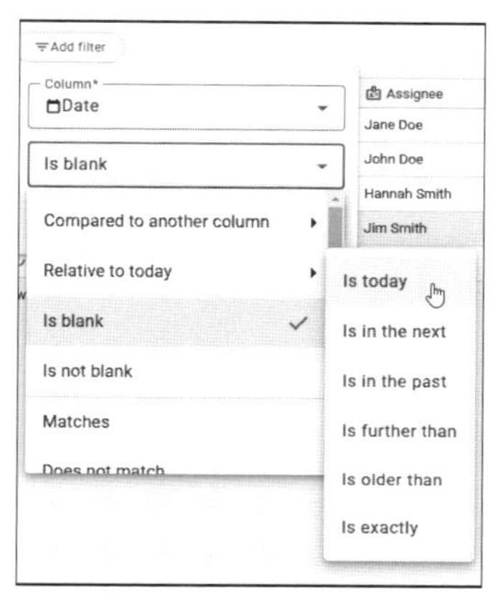

図2-28：「Relative to today」から「Is today」メニューを選ぶ。

選択したら、「Add」ボタンをクリックして下さい。これでフィルターが設定され、Dateの値が今日の日付のものだけをピックアップして表示するようになります。

このようにフィルターを設定することで、多量のレコードから必要なものだけを抜き出すことが簡単に行えるようになります。ただし、フィルターによるレコードの取得は、このテーブルを元に作成したAppSheetのアプリでは機能しません。これはあくまで「データベースでの表示」のためのものであり、このデータベースを利用したアプリでは、基本的に（フィルター設定されていない）すべてのレコードが利用できるようになります。

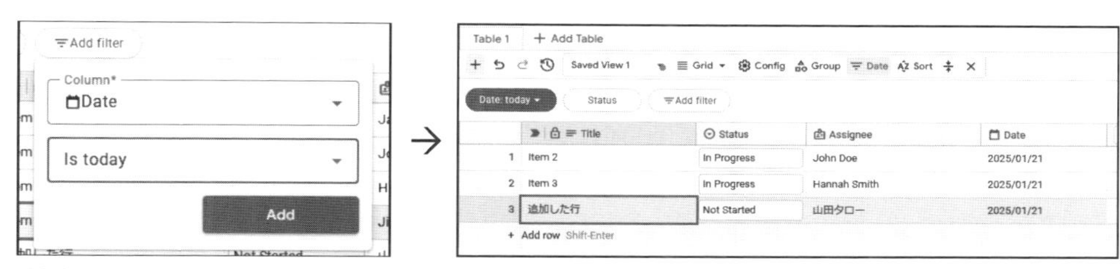

図2-29：フィルターにより、Dateが今日の日付のものだけが表示される。

テーブルのビューについて

グループ化やフィルターなどを設定することで、さまざまな表示を行えることがわかりました。しかし、これらを毎回細かく設定したり解除したりするのは面倒ですね。

テーブルには「ビュー」という機能があります。これは、テーブルの表示（グループ化やソート、フィルターなどを設定した表示）を作成するものです。ビューを複数作成し、それぞれにフィルターやグループ化などを設定しておくことでさまざまな表示を用意し、簡単に切り替えることができるようになります。

このビューは、テーブル上部にある「Switch between saved views」ボタン(「Saved View 1」と表示されたもの)をクリックすると現れるパネルで管理されています。ここに「Saved View 1」と表示されているのが、デフォルトで用意されているビューです。

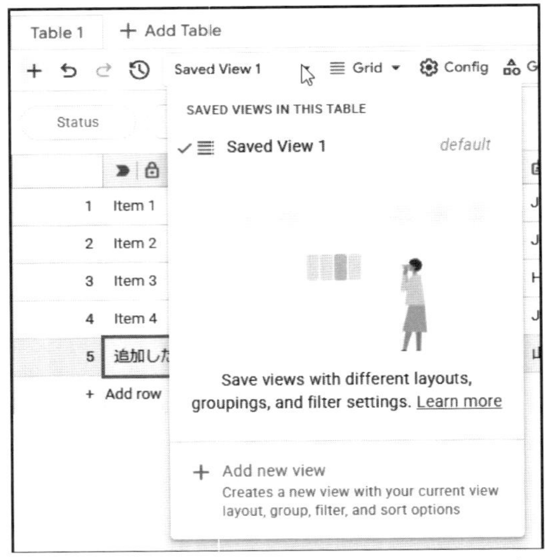

図2-30:「Switch between saved views」ボタンをクリックすると、ビューの管理パネルが現れる。

ビューを追加する

では、ビューを追加してみましょう。パネルにある「Add new view」というボタンをクリックしてみて下さい。ビューの名前を入力するフィールドが現れます。個々に名前を記入しましょう(ここでは「Filter View」としました)。そして「Save new view」ボタンをクリックすれば、新しいビューが作成されます。

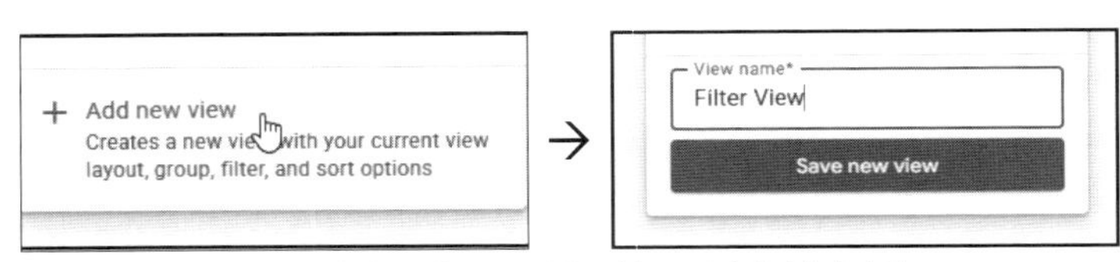

図2-31:「Add new view」ボタンをクリックし、ビューの名前を入力する。

ビューが作成されたら、「Switch between saved views」ボタンをクリックして管理パネルを呼び出して下さい。「Saved Views 1」の他に、作成したビュー(「Filter View」)の名前が追加されているのがわかるでしょう。

ここで、使いたいビューを選択することで表示を切り替えられるようになっているのです。

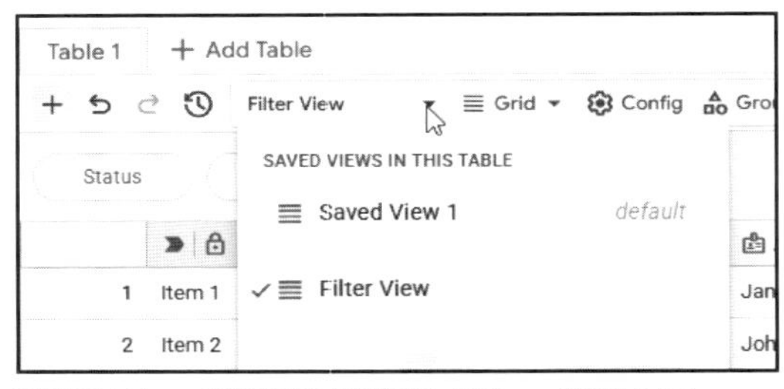

図2-32:ビューの管理パネルに作成したビューが追加された。

作成したビューを開き、フィルターやグループなどを設定してみましょう。「Filter table rows」ボタンをクリックしてフィルターのパネルを開き、「Status」フィルターで特定の値のものだけを表示するようにしておきます。

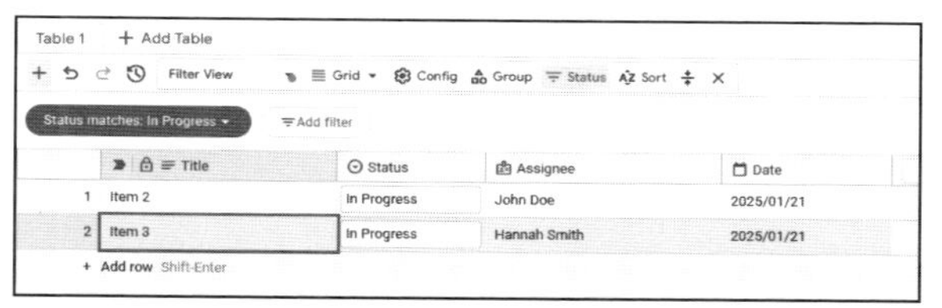

	Title	Status	Assignee	Date
1	Item 2	In Progress	John Doe	2025/01/21
2	Item 3	In Progress	Hannah Smith	2025/01/21

図2-33：Statusフィルターでln Progressのレコードだけを表示させた。

設定したら、「Switch between saved views」をクリックし、現れたパネルから「Saved View 1」を選んでビューを切り替えます。

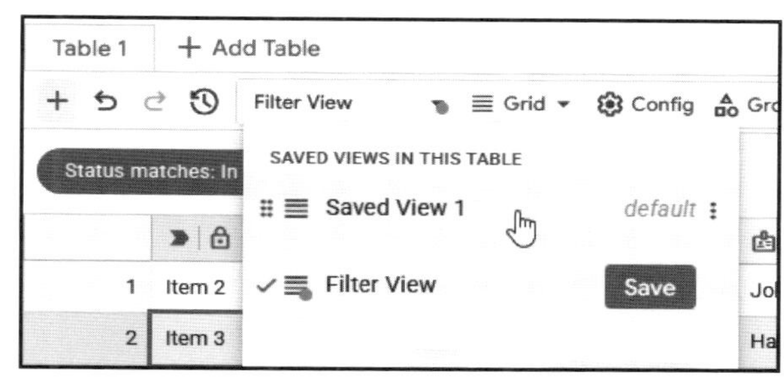

図2-34：「Saved View 1」を選択する。

ビューが切り替わり、同時にテーブルの表示も切り替わります。やり方がわかったら、2つのビューを交互に切り替えてみましょう。Saved View 1ではすべてのレコードが表示されますが、新しく作ったビューではフィルター設定された表示になることがわかります。

このように、ビューを作成しておけばさまざまな形の表示を用意し、いつでも切り替えることが可能になります。

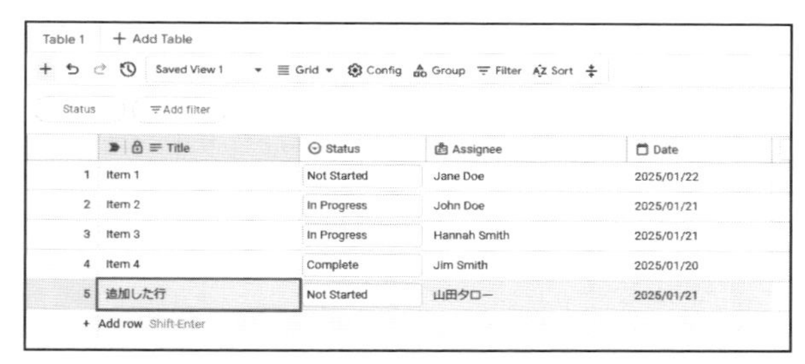

	Title	Status	Assignee	Date
1	Item 1	Not Started	Jane Doe	2025/01/22
2	Item 2	In Progress	John Doe	2025/01/21
3	Item 3	In Progress	Hannah Smith	2025/01/21
4	Item 4	Complete	Jim Smith	2025/01/20
5	追加した行	Not Started	山田タロー	2025/01/21

図2-35：Saved View 1に切り替えると、すべてのレコードが表示される。

フィルターやビューはアプリで使われない

フィルターやビューの説明を読んで、「これがそのままアプリで使われるのか。それは便利だな」と思った人。それは違います。

ここで説明したフィルターやビューは、データベースに保管される大量のデータを的確に把握し管理するためのものです。これらは、アプリ側では使われません。アプリにも同様の機能はありますが、それらはアプリ側で新たに設定する必要があります。

これらの機能は、あくまで「データベースを使う上で利用するもの」です。AppSheet DatabaseはAppSheetの機能の１つですが、データベースとしても十分活用することができます。データの内容によっては数百、あるいは1000以上のレコードを保管することもあるでしょう。このようなとき、データベースでデータを構築していく際に多量のデータを管理していく上で役立つのがフィルターやビューなのです。

Databaseにある機能はアプリ化のために用意されているものばかりではありません。純粋に「データベースとして便利に使うための機能」というのもいろいろ用意されているのです。「データベースと、それを使って作られたアプリ」は別のものだ、ということをしっかり理解しておきましょう。

Chapter 2

2.2. Databaseをアプリ化する

データベースからアプリを作る

データベースの基本的な使い方はだいたいわかってきましたね。では、作成したデータベースをもとにアプリを作ってみましょう。といっても、作成は非常に簡単です。画面の右上に見える「Apps」のアイコンをクリックするだけです。

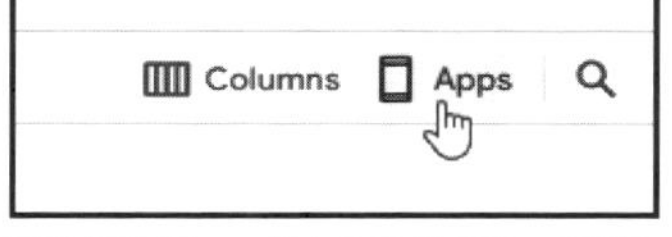

図2-36：「Apps」アイコンをクリックする。

クリックすると、右側に「Apps using Table 1」というサイドパネルが現れます。ここにある「New AppSheet app」ボタンをクリックして下さい。

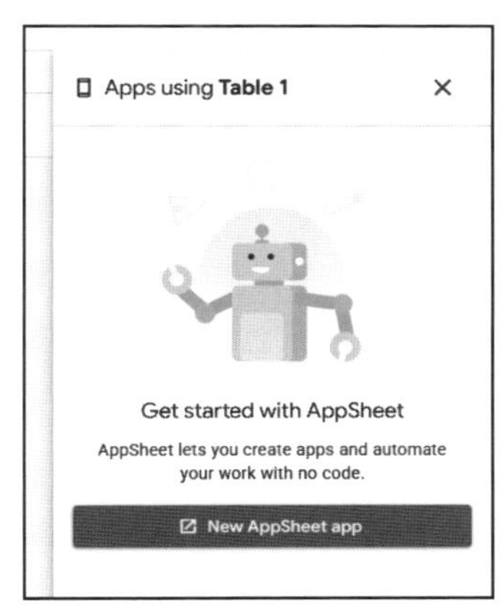

図2-37：サイドパネルの「New AppSheet app」ボタンをクリックする。

新しいタブが開かれ、AppSheetで新しいアプリが作られて編集画面が開かれます。あっという間に、アプリが作れてしまいました！

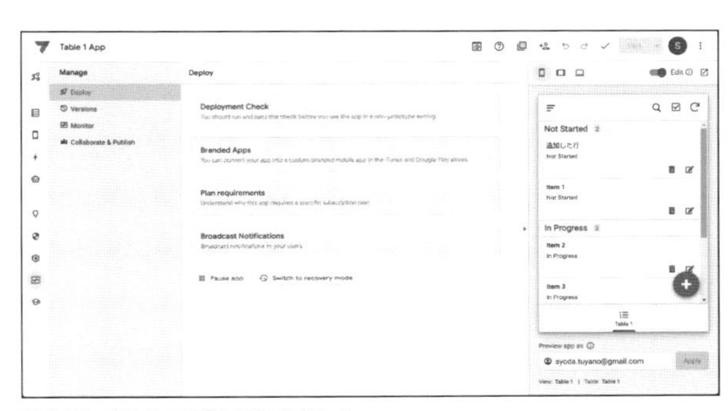

図2-38：新しいアプリが作成された。

「Data」をチェックする

では、作成されたアプリの内容を確認していきましょう。まずは、左側のアイコンバーから「Data」アイコンをクリックして選択して下さい。「Data」に表示が切り替わります。

アイコンバー右側の「Data」エリアには、「Table 1」という項目が表示されていますね。これは、先ほど作成したデータベースの「Table 1」テーブルを扱うテーブルです。これが現在、アプリで使われているテーブルになります。

データベースからアプリを生成すると、レコードが書かれているテーブルと同名のテーブルが作られるようになっているのですね。

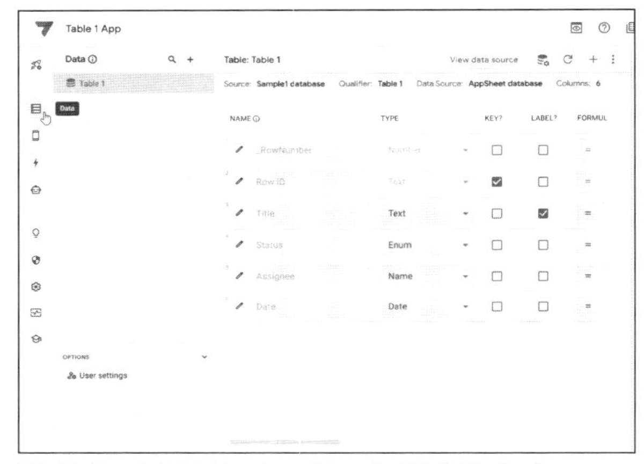

図2-39：Dataには「Table 1」というテーブルが用意されている。

テーブルの列を設定する

選択されている「Table 1」の内容を見てみましょう。「Data」エリアの右側の広いエリアには、「Data」で選択されたテーブル（「Table 1」）の内容が表示されています。テーブルの各列ごとに、さまざまな設定項目がズラッと横一列に並んでいるのですね。

一番左側の「NAME」の項目を見ると、次のような列の項目が用意されていることがわかります。

_RowNumber	行番号の項目です。これは自動的に追加されます。
Row ID	各レコードに割り振られるIDの項目です。
Title, Status, Assignee, Date	「Table 1」テーブルに用意された列です。

基本的にSample1 Databaseのテーブルに用意された列ですが、それ以外の項目も追加されていますね。「_RowNumber」や「Row ID」という項目は、自動的に追加された列です。

各列の項目は、非常に多くの設定が用意されています。これらの設定内容について一通り理解しておく必要があるでしょう。

まず、一番左側にある「NAME」は列の名前です。これはテーブルに記述した各列の値から自動的に設定されています。

「TYPE」の設定

「TYPE」は、保管する値の種類を指定するものです。これは、非常に重要です。このTYPEの設定により、レコードを作成編集するフォームに用意されるUIの表示が決まります。例えばTextならばテキストを入力する項目になりますし、Numberならば数値を入力する項目が用意されるのです。

ここでは、各列のTYPEが次のように設定されています。

_RowNumber	Number
Row ID	Text
Title	Text
Status	Enum
Assignee	Name
Date	Date

Statusの「Enum」は、複数の選択肢から1つを選ぶものです。Nameはテキストですが名前を扱うための専用の種類、Dateは日付の値になります。

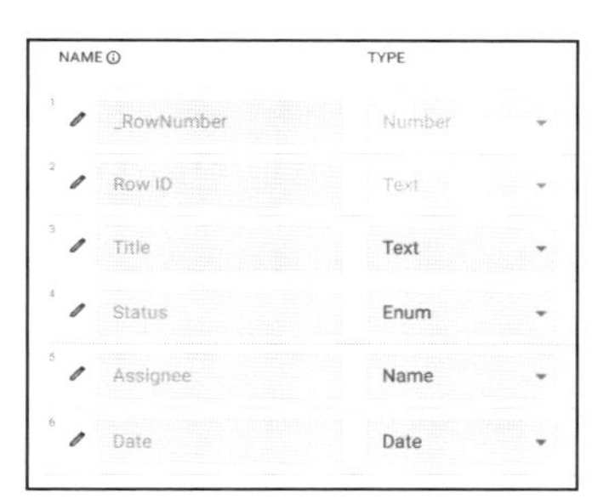

図2-40：各列のNAMEとTYPEの値。

このTYPEはAppSheetによって自動生成される_RowNumberとRow IDは固定であり、変更できません。それ以外のテーブルから生成されたものは変更することが可能です。

TYPEの値部分をクリックすると、利用可能なTYPEがポップアップメニューとして現れます。ここから設定したいものを選べば、そのTYPEに変わります。

ただし、このTYPEを変更しても、データベースのテーブルにある列の種類は変わりません。あくまで、AppSheetのアプリ側で使う値の種類が設定されるだけです。したがって、データベース側の値がTYPEの値に変換できないような場合は、正しく値を受け渡せなくなるので注意が必要です。

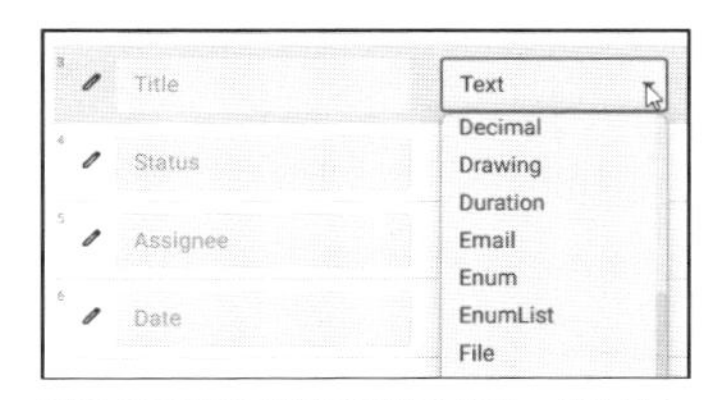

図2-41：列のTYPEの値をクリックすると、TYPEの一覧がメニューで現れる。

キーとラベル

NAME、TYPE以降にもたくさんの設定が用意されていますね。これらについても順に説明しておきましょう。まずは「KEY?」と「LABEL?」についてです。

これらは、そのレコードを代表する値として利用する項目を指定するためのものです。これらはそれぞれ次のような役割を果たします。

●KEY?

これは「キー」という各レコードを識別するための指定です。キーは、すべてのレコードで異なる値が設定されている項目です。これをONにすることで、レコードの識別にこの列の値を使います。

●LABEL?

これは「ラベル」と言って、レコードを代表する値として表示などに使われるものです。例えばレコードをポップアップメニューから選ぶような場合、キーの値を表示してもそれがどういう値かわかりません。こういうときにラベルで指定した値を使うのです。

KEY?は、デフォルトで「Row ID」がONになっています。IDはレコードの識別用に用意した項目ですので、まさにキーとして指定するためのものです。LABEL?はデフォルトで「Title」がONになっています。

KEY?	LABEL?
☐	☐
☑	☐
☐	☑
☐	☐
☐	☐
☐	☐

図2-42：KEY?はRow IDがON、LABEL?はTitleがONになっている。

式（FORMULA）について

その右側にある「FORMULA」は、「式」の設定に関する項目です。列に値を直接記入するのではなく、あらかじめ用意しておいた式を使って値を自動的に設定させたいような場合にこれを使います。ExcelやGoogleスプレッドシートではセルに式を記入して結果を表示させることができますが、それと同じことを行うためのものと考えてよいでしょう。

デフォルトではすべて「=」が表示されており、式が設定されていないことを示します。なお、自動生成される列（_RowNumberやRow IDなど）ではFORMULAは設定できません。

この「式」は書き方をしっかり理解していないと使えないので、今ここで詳しいことを理解する必要はありません。このFORMULAのように「式を値として設定する」という方式は、他にもさまざまなところで用いられています。特に、画面の表示を行うビューの設定では随所にこの「式」が登場しますので、登場するたびに少しずつ慣れていけばOK、と考えましょう。

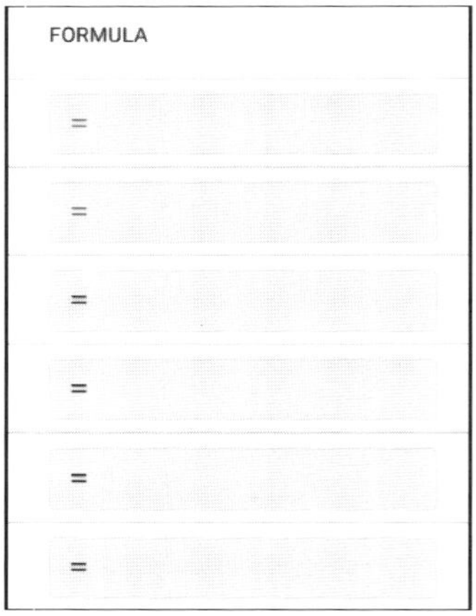

FORMULA
=
=
=
=
=
=

図2-43：FORMULAは値の代りに式を使って設定する。

SHOW?/EDITABLE?/REQUIRE?

その右側には、3つのチェックボックスが用意されています。これらはそれぞれ次のような働きをするものです。

SHOW?	値を表示させるかどうかを指定します。
EDITABLE?	値が編集可能かどうかを指定します。
REQUIRE?	値が必須項目かどうかを指定します。

SHOW?とEDITABLE?は、_RowNumberとRow IDはOFF、それ以外はONになっています。_RowNumberとRow IDはシステムによって自動で用意される項目なので、レコードとして表示したり編集したりすることはないでしょう。

Title、Status、Assignee、Dateといったデータベースのテーブルに用意されている列の項目は、SHOW?とEDITABLE?をONにして値の表示と編集が可能にしてあります。またREQUIRE?をONにすると、必ず値を設定しないといけないようになります。このあたりは作成するアプリの機能に合わせてON/OFFすればよいでしょう。

図2-44 :SHOW?、EDITABLE?、REQUIRE?のチェックを設定する。

INITIAL VALUE/DISPLAY NAME/DESCRIPTION

さらに右側には、3つのテキスト入力フィールドが並んでいます。これらはそれぞれ次のような働きをします。

INITIAL VALUE	項目の初期値です。
DISPLAY NAME	項目の表示用の名前です。
DESCRIPTION	この列についての説明テキストです。

ここではまず、INITIAL VALUEに値が設定されている列がありますね。「Row ID」の値で、ここでは「=UNIQUEID("PackedUJID")」と値が表示されています。これは、ユニークなIDの値(すべてのレコードに異なる値を割り当てるためのもの)を設定するためのものです。このUNIQUEIDを指定することで、自動的に値が設定されるようになります(この=UNIQUEID ～というものも、先ほどFORMULAのところで登場した「式」の一種です)。

またDESCRIPTION（説明）では、「_RowNumber」に「= Number of this row」と、「Row ID」には「=ID of this row」とそれぞれ値が設定されています。これにより、自動生成される_RowNumberとRow IDは、それぞれ「このレコードの行番号ですよ」「このレコードのIDですよ」ということを教えているのですね。これらは、式ではありません。単なるテキストです。

それ以外は、これらはすべて未入力（「=」のみ表示された状態）になっています。特に理由がない限り、これらは値を設定する必要はありません。

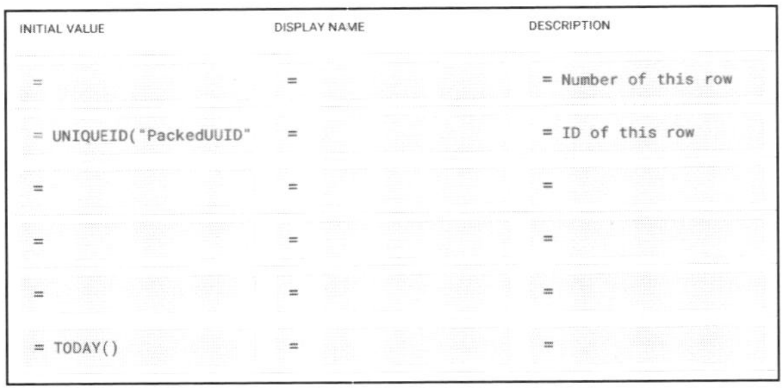

図2-45：INITIAL VALUEとDESCRIPTIONでは、Row IDと_RowNumberに値が設定されている。

SEARCH?/SCAN?/NFC?/PII?

最後にあるこれらのチェックボックスは、その列の値について付加情報を設定するためのものです。これらは次のような役割を果たします。

SEARCH?	検索可能にするためのものです。
SCAN?	QRコードによるスキャンを可能にします。これをONにするとスキャンのアイコンがフォームに追加され、それによりQRコードを読み取れるようになります。
NFC?	NFCによるデータ取得を可能にします。これをONにするとNFC利用のアイコンがフォームに追加され、それによりNFC経由で情報を読み取れるようになります。
PII?	この項目がPersonally Identifiable Information（個人を特定できる情報）であることを示します。これをONにすると、その情報は機密情報となりシステムログなどに記録されなくなります。

SEARCH?については、SHOW?と連動しています。SHOW?をOFFにすると、SEARCH?もOFFにする必要があります。先ほどIDのSHOW?をOFFにしたので、SEARCH?についてもOFFにしておく必要があります（SHOW?をOFFにすると保存時にSEARCH?も自動的にOFFに変更されるので、変更し忘れても大丈夫です）。

QRコードやNFCを利用してデータを入力できるようになるのはかなり嬉しい機能ですね。ただし、これらの機能は有償プランでのみ利用可能です。また、テキストなどの種類の列でなければデータを正しく扱えない場合もあるので注意が必要です。

図2-46：SEARCH?/SCAN?/NFC?/PII?のチェックボックス。

テーブルの設定

これで、テーブルに用意されている各列にどのような設定や情報が用意されているのかがわかりました。が、これがすべてではありません。列ごとの情報の他に、テーブル全体に関する設定も用意されているのです。

テーブルの設定は、画面の右上にある「Table settings」のアイコン(データベースに歯車が付いた形のもの)をクリックすると、そのためのパネルが開かれます。

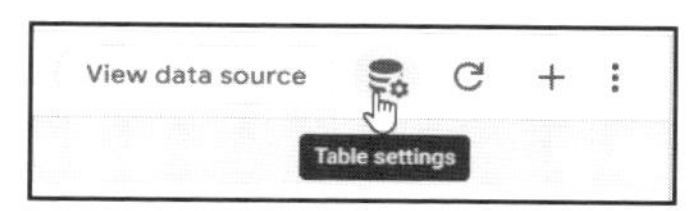

図2-47:「Table settings」のアイコンをクリックする。

このパネルには、基本の設定として次のような項目が用意されています。

Table name	テーブル名です。この名前がビューなどで使われます。日本語も問題なく使えます。
Are updates allowed?	このテーブルにどのような操作を許可するかを指定するものです。ここでは次のような項目が用意されています。 • Updates:内容の更新(編集) • Adds:新しいレコードの作成 • Deletes:レコードの削除 • Read-Only:変更する操作を禁止し、表示するだけにする

これらはテーブルのもっとも基本的な設定です。名前(Table name)はビューでテーブルを扱う際に表示されるため、わかりやすい名前を付けておくようにします。

それ以上に重要なのが、「Are updates allowed?」の設定です。ここで、どの操作を許可するかによって、そのテーブルに生成されるビューが変わるのです。例えば「Adds」や「Updates」をONにしておくと、レコードの作成や更新を行うためのフォームビューが自動生成されます。「Read-Only」を選ぶと表示以外の機能はOFFとなり、操作するためのビューも作られなくなります。したがって、アプリでそのテーブルをどう利用するかをよく考えておく必要があります。

今回は、「Updates」「Adds」「Deletes」の3つがONになった状態で使うことにしましょう。これはデフォルトで設定されている状態で、更新・作成・削除のすべてを許可します。

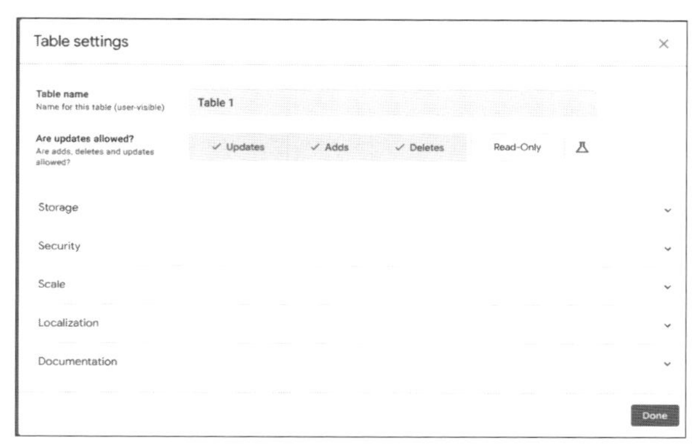

図2-48:テーブルの設定パネル。Table nameとAre updates allowed?を確認する。

「Storage」の設定

その下には、いくつかの項目が並んでいますね。まずは「Storage」から見てみましょう。この項目をクリックすると、テーブルが保管されているファイルに関する設定や情報が表示されます。これらはすべて変更できるわけではなく、値の表示のみが可能なものもあります。

●Source Path

テーブルのパスを指定します。参照するデータベースやファイルに1つのテーブルがあるだけなら、ファイル名のみになります。複数のファイルをアプリから利用するときなどは、ここから使うファイルを選択できます。

●Worksheet name/Qualifier

使用するワークシートの名前を指定します。複数のテーブルやワークシートに異なるデータがある場合は、ここで使うものを指定できます。

●Data Source

データの提供元のサービスが表示されます。AppSheetのデータベース利用の場合は、「AppSheet database」と表示されます。

●Source Id

データ源に割り当てられているIDです。Googleスプレッドシートなど外部データの場合、各ファイルには割り当てられているIDが使われます。IDは変更はできません。

●Store for image and file capture

イメージやファイルを保管する場所に関する設定です。「Default」が設定されており、ファイル類はすべてGoogleドライブに保管されます。

これらは基本的に、変更することはまずありません。「どのファイルが使われているか」を確認するのに利用する程度でしょう。

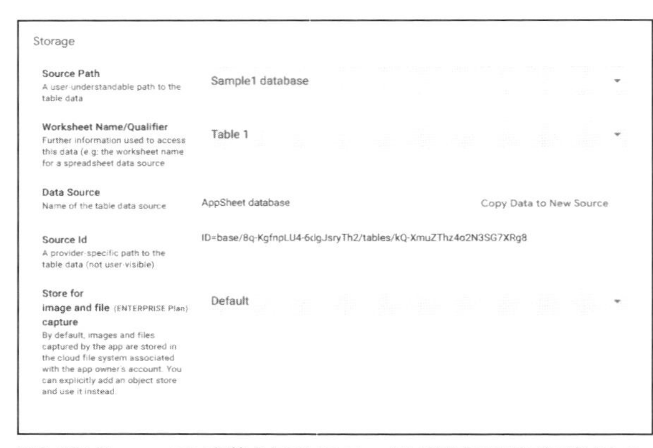

図2-49：Storageでは保管されているファイルに関する設定が用意される。

「Security」の設定

「Security」は、データのセキュリティに関する設定を行うものです。この項目をクリックすると、次のような設定内容が表示されます。

Filter out all existing rows?	すでに保管されているデータを表示させないもの
Security filter	データの表示を行うためのフィルターを設定するためのもの（AppSheet Coreプラン以上）
Access mode	データがどのような形でアクセスされるかを指定するもの（AppSheet Coreプラン以上）
Shared?	データの共有を許可するかどうかを指定（AppSheet Coreプラン以上）

このSecurityの項目は、データ保護のために用意されている機能です。何らかの理由で特定のデータを保護する必要があるとき、ここでの設定が重要となるでしょう。ただし、そのほとんどはAppSheet Coreプラン以上でのみ使うことができるものです。現段階では、特に使うことはないでしょう。

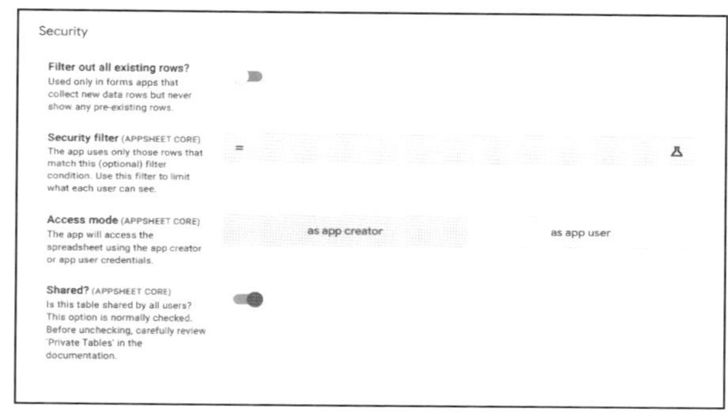

図2-50：Securityに用意されている設定。

「Scale」の設定

「Scale」はスケーリングと呼ばれる機能に関するものです。スケーリングというのは、アクセスの増加などに対応する機能のことです。ここでは、データを分散して保存するための設定が用意されています。

Partitioned across many files/sources?	データを複数のファイルに分散して保存する
Partition across many worksheets or qualifiers	データを複数のシートに分散して保存する

これらは、当面は設定などを考える必要はありません。多量のデータを保管するようになったときに、はじめて検討する機能と言えるでしょう。

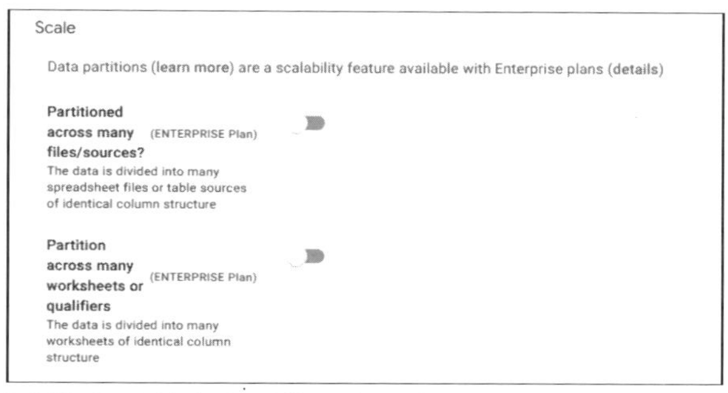

図2-51：Scaleはデータの分散に関する設定。

「Localization」と「Documentation」

「Localization」は、ローカライズに関する設定です。ここには「Data locale」という項目が1つ用意されているだけです。ここでデータのロケール（使用言語とその地域）を指定します。日本語の場合は「Japanese(Japan)」を選択すればよいでしょう。この設定は、データを読み込んで表示するようなときに必要となります。

「Documentation」は、データに関するドキュメントを用意するためのものです。このドキュメント自体は、どこかに表示されたりするわけではありません。例えばアプリを複数のメンバーが利用するような場合、このテーブルに関する説明やヘルプなどの情報を記述しておくのに利用します。

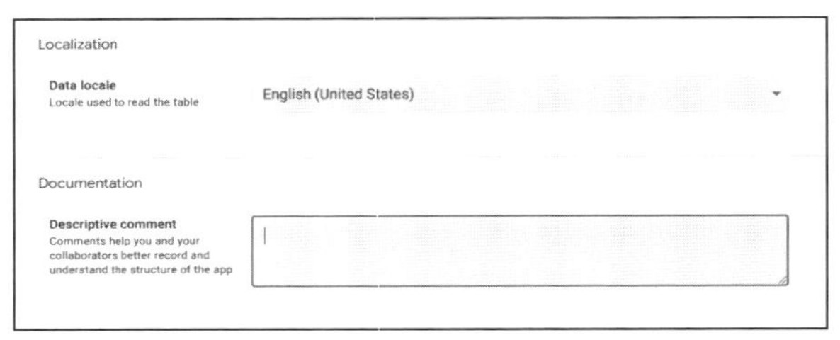

図2-52：LocalizationとDocumentationの設定。

「Views」をチェックする

「Data」の内容が一通りわかったところで、次は「Views」を見ていきましょう。左側のアイコンバーから「Views」アイコンをクリックして下さい。画面のデザインを行う「Views」の表示に切り替わります。

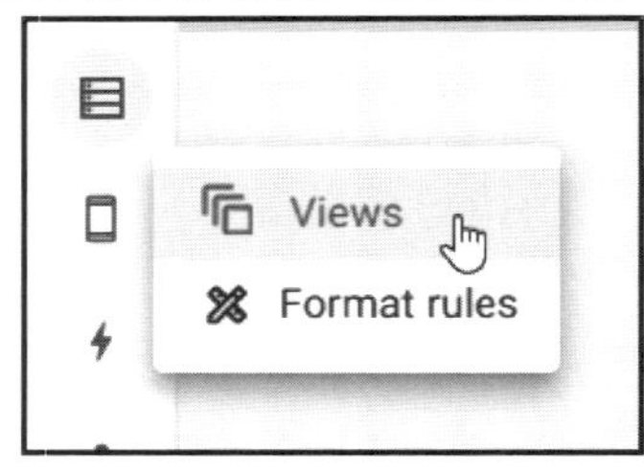

図2-53:「Views」アイコンをクリックする。

アイコンバーの右側にリストが表示されます。ここに、アプリに用意されているビューが整理されます。このリストでは、ビューの種類ごとにいくつかにグループ分けして表示されます。用意されているグループには以下のものがあります。

PRIMARY NAVIGATION	基本的なナビゲーションバー（アプリの下部や上部に表示される）で表示されるビューです。テーブルを元に作成されるビューや、自分で作ったビューなどがここに配置されます。
MENU NAVIGATION	アプリのサイドバーに表示されるメニューから呼び出されるビューです。
REFERENCE VIEWS	他のビューから必要に応じて呼び出されるビューです。これはテーブルの設定などを元に自動生成されます。
SYSTEM GENERATED	エリアの下部に表示されます。これはシステムによって自動生成されたビューです。

今回、作成したアプリではMENU NAVIGATIONやREFERENCE VIEWSはありません。これらは常に3つの種類が用意されているわけではなくて、アプリの状況などによって必要なものが作られていきます。

今回のアプリでは、PRIMARY NAVIGATIONに「Table 1」というビューが用意されています。これが、アプリの実質的なメイン画面と言ってよいでしょう。「Table 1」ビューは「Data」に用意されている「Table 1」テーブルを表示するもので、アプリ作成時にシステムによって用意されています。また、SYSTEM GENERATEDには「Table 1_Detail」「Table 1_Form」といったビューが用意されています。これらは「Data」に用意されている「Table 1」テーブルの設定により、レコードの詳細表示や作成編集用のフォームとして自動生成されたものです。

したがって、PRIMARY NAVIGATIONの「Tabel 1」さえしっかりと理解しておけば、このアプリの画面表示は自分で設定できるようになる、と言ってよいでしょう。

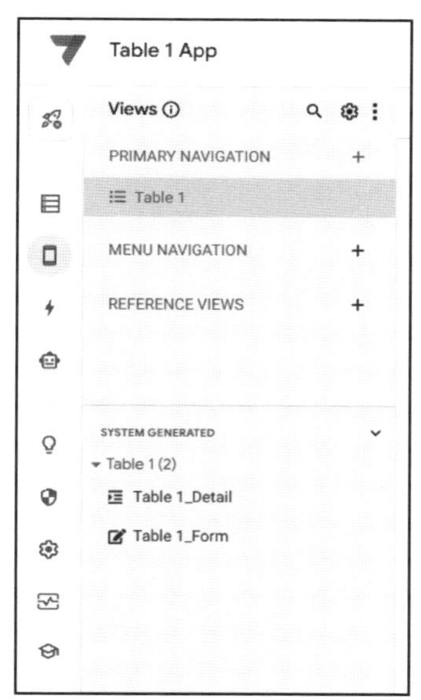

図2-54:「Views」に用意されているビューのリスト。

「Table 1」ビューをチェックする

では、PRIMARY NAVIGATIONにある「Table 1」というビューの設定を見ていきましょう。右側のエリアには、ビューの設定内容が表示されていますね。最初のところに、ビューのもっとも重要な基本情報として以下のものがあります。

View name	ビューの名前です。
For this data	どのデータ(テーブル)のビューかを指定します。
View type	レコードの表示の種類を選びます。
Position	ビューを開くボタンをどの位置に用意するかを選びます。

これらの中でもっとも重要なのが「View type」でしょう。これが実質的に「どういう画面を表示するか」を決定します。

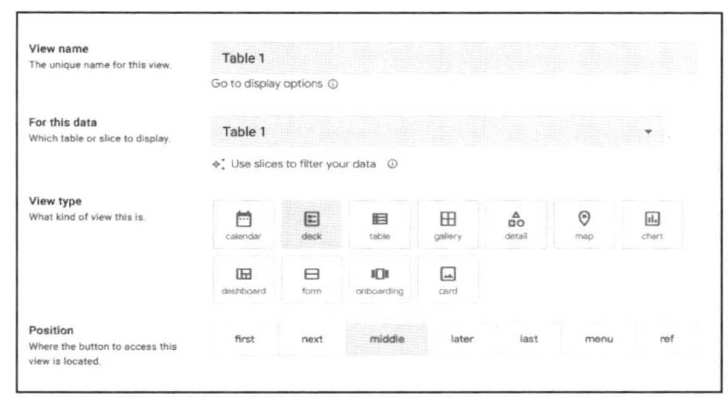

図2-55:「Table 1」ビューの基本設定。

View typeについて

View typeにはさまざまなものが用意されており、種類によって表示の形式がガラリと変わります。以下に簡単に説明しておきましょう。特に使い方が難しいものについては改めて説明をしますので、だいたいの役割をざっと頭に入れておけば今は十分です。

●calendar

カレンダーを表示するビューです。テーブルの中に日時の列がある場合、それを使ってカレンダーで日時データを表示させることができます。

図2-56：calendarの例。日時データをカレンダーで表示できる。

●deck

テーブルの各レコードの内容と操作（レコードの編集や削除）のアイコンをコンパクトにまとめたものです。

図2-57：deckの例。レコードの操作アイコンがひとまとめになっている。

●table

　テーブルをそのまま一覧表示するものです。スプレッドシートのような形で表示します。

column	column 2	
Taro	123	›
Hanakok	456	›
Sachiko	789	›
Jiro	1213	›

図2-58：tableの例。全データを一覧表示できる。

●gallery

　イメージを扱うテーブルで用いられます。各レコードのラベルとイメージを整列して表示するものです。イメージがないと、ただラベルが表示されたような状態になります。

Taro
Hanakok
Sachiko
Jiro

図2-59：galleryの例。イメージを整列表示するもの。

●detail

　レコードの詳細を1レコード＝1画面にまとめたものです。1つ1つのレコードを順番に表示していきます。

図2-60：detailの例。各レコードの内容を1つの画面にまとめる。

●map

　Googleマップを表示するビューです。テーブルに位置情報のデータが含まれている場合は、それをマップ上にマーカーとして表示させることができます。

図2-61：mapの例。一データはマーカーとして表示できる。

●chart

　テーブルのレコードをグラフとして表示するためのものです。数値データを含むテーブルで利用します。

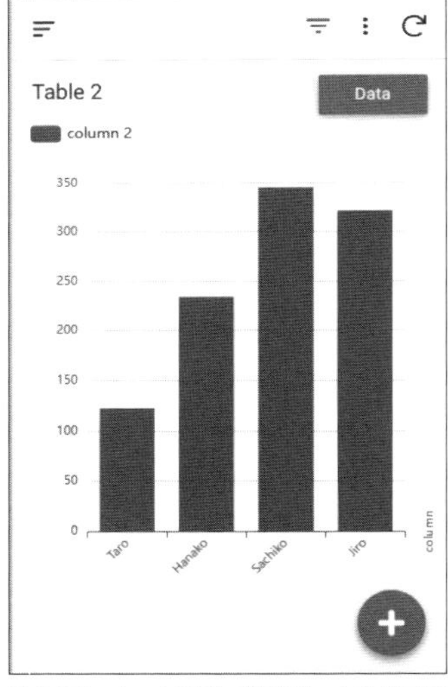

図2-62：chartの例。数値データをグラフ化する。

●dashboard

　複数の表示（レコードの詳細を表示するタイプのもの）を1つにまとめて表示するビューです。必要に応じてビューやフォームなどを追加し並べていくことができます。

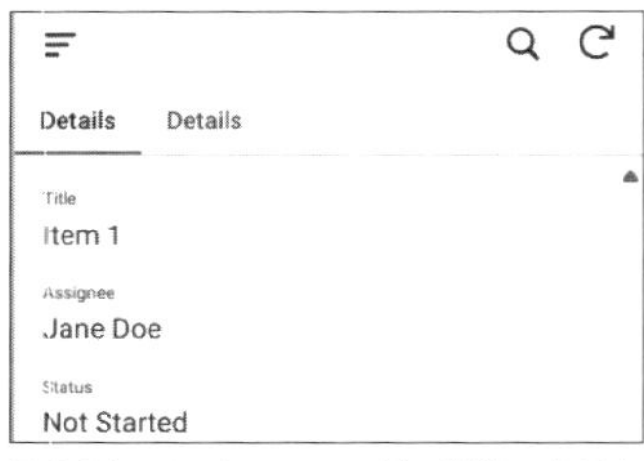

図2-63：dashboardの例。複数の表示をひとまとめにできる。

●form

レコード作成のフォームを表示するビューです。テーブルのフォームは別途システムによって用意されるので、あまり使うことはないでしょう。

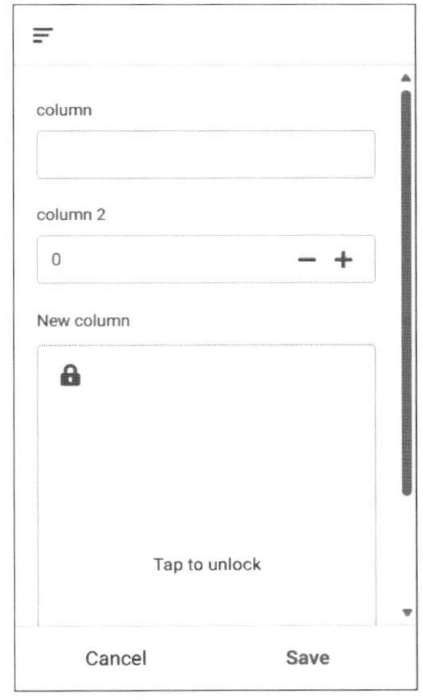

図2-64：formの例。システムが使うフォームを利用することが多い。

●onboarding

レコードを1画面にまとめ、次々に表示していくものです。detailをより使いやすくしたものと言えます。

図2-65：onboardingの例。レコードを次々に表示する。

●card

レコードを１枚のカードにまとめ、それをスクロール表示します。主なデータがわかりやすく整理されて表示されます。

図2-66：cardの例。わかりやすい形でデータをまとめられる。

「Table 1」のView typeを設定する

では、「Table 1」のView typeを設定しましょう。今回は「Card」という種類を使うことにします。Cardは重要な情報だけをピックアップして表示するのに適した種類です。

その下にある「Position」は、デフォルトの「Center」のままでよいでしょう。今回はビューは１つだけなので、どれを選んでも同じです。

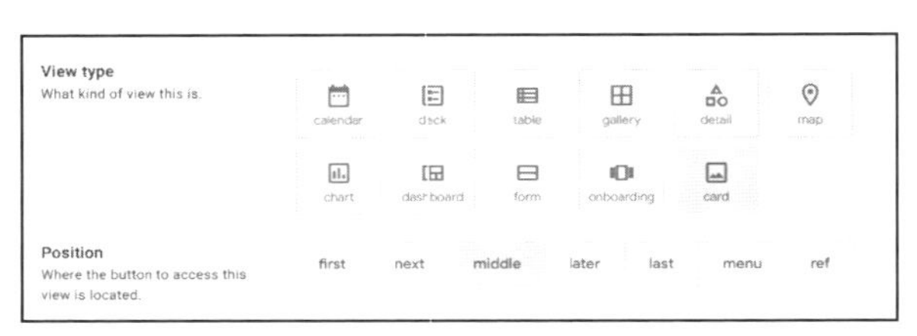

図2-67：View typeから「Card」を選び、Positionを「center」にする。

ソートについて

その下には「View Options」という項目があります。ここでビューの表示に関するオプション設定を行います。

ここには「Sort by」という設定が用意されていますね。これは、ソート（並べ替え）の設定です。「Add」というボタンをクリックすると、ソートの設定が追加されます。

これは２つの選択項目で構成されており、「ソートに使う列」「並び順」をそれぞれ選ぶようになっています。

ここでは、「Date」という項目に「Ascending」が設定されています。「Ascending」は昇順、「Descending」は降順を示します。Ascendingならば数値は小さいものから順に、日時は古いものから順に並び、Descendingではその逆になります。つまり、これは「Dateの古いものから順に並べる」ということを示します。

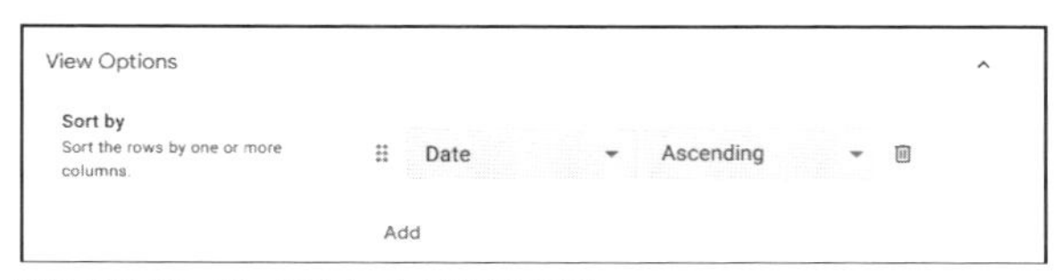

図2-68：「Sort by」でソートの設定を行う。

グループの設定

その下には「Group by」という項目が用意されています。これは、レコードをグループ分けするためのものです。グループ分けは、先にAppSheet Databaseでテーブルを編集したときにも登場しましたね。特定の列の値を元にレコードをいくつかにまとめるものでした。これにより多数のレコードを整理し、仲間となるものをまとめて表示することができます。これも「Add」ボタンで設定を追加することができます。

ここでは「Status」という項目に「Ascending」が設定されています。これにより、Statusの値ごとにレコードがグループ分けして表示されるようになります。

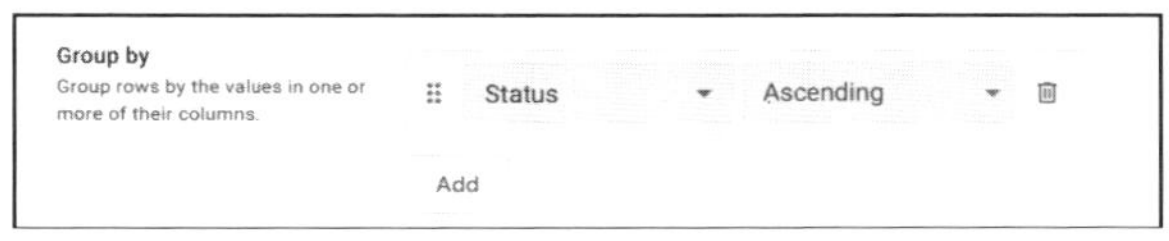

図2-69：「Group by」でグループ化の設定を行う。

listのレイアウトを設定する

View typeで「Card」を選ぶと、その下の「Layout」というところにレイアウトの選択肢が現れます。Cardは、より細かくレイアウトを設定できます。まず、カードに表示する内容をどのように配置するか、そのレイアウトを以下から選びます。

list	レコードをリスト表示します。
photo	写真をリスト表示します。
backdrop	イメージにレコードを重ねて表示します。
large	レコード全体を大きなカードにまとめます。

今回は「list」を使うことにしましょう。レコードを一覧表示するのに比較的適したレイアウトです。その他のものは、イメージを含むレコードで利用するのが一般的です。「list」はテキストだけのレコードでもわかりやすくまとめられます。

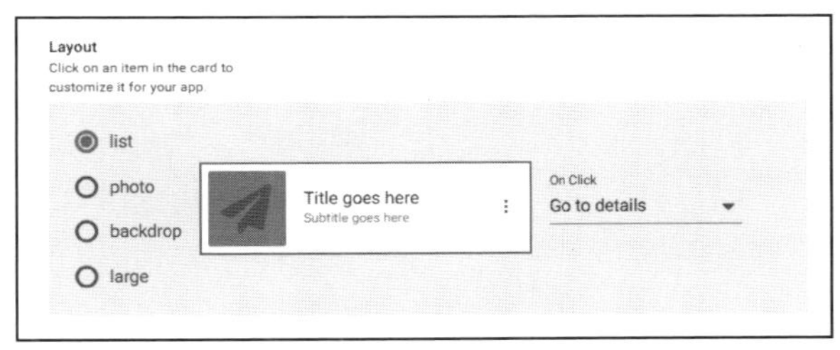

図2-70：レイアウトから「list」を選ぶ。

listの表示を設定する

続いて、「Layout」のところに表示されるプレビューの部分をクリックしてみましょう。クリックする場所によって、カード内のレイアウトが設定できるようになっています。順に設定していきましょう。

- カード全体をクリックすると、右側にカードをクリックした際の動作を選ぶ「On Click」プルダウンメニューが現れます。これは「Go to details」にしておきます(デフォルトでこれが選ばれています)。これで、項目をクリックすると詳細表示ビューに移動するようになります。
- カードの上のテキスト部分をクリックすると、そこに表示する列を指定できます。ここでは「Assignee」を選んでおきます。
- カードの下のテキスト部分をクリックすると、そこに表示する列を指定できます。これは「Date」を選びます。

これでカードの上にAssignee、下にDateが表示されるようになります。これで「Table 1」の基本的な表示は完成しました。

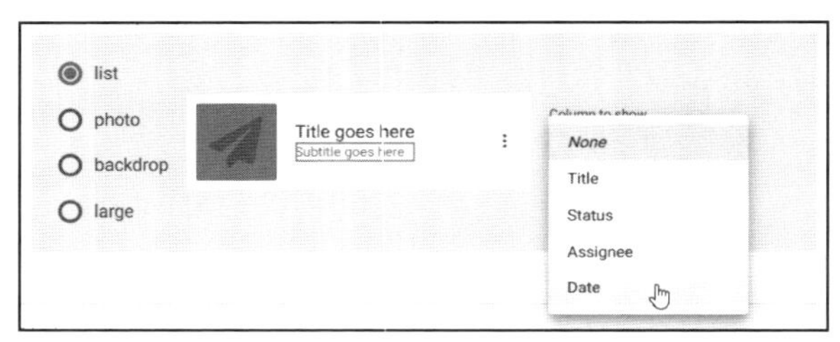

図2-71:「list」のプレビュー部分をクリックし、クリック時の操作と2つのテキストで表示する列を設定する。

「Display」で表示名とアイコンを設定

その下にある「Display」という部分をクリックすると、ビューを起動するボタンの表示に関する設定が現れます。ここでは以下の項目が用意されています。

Icon	使用するアイコンを選びます。
Display name	ボタンに表示するラベルを入力します。
Show If	このビューの表示に関する設定を行うものです。

ここで、アイコンとラベルを入力しましょう。それぞれ自分でわかりやすいと思うものを選べばよいでしょう。右上の「SAVE」ボタンをクリックすると、画面右側のエミュレータで表示されるボタンが変更されます。

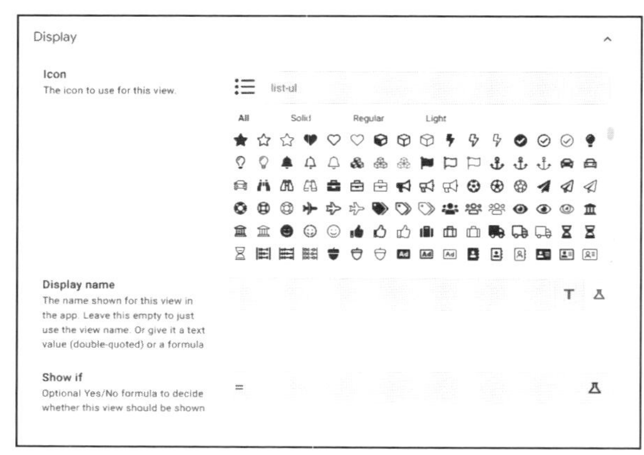

図2-72:表示する名前とアイコンを選択するとボタンの表示が変わる。

アプリの動作を確認しよう

これで、「Table 1」のビューの設定はできました。「Data」と「Views」が設定できれば、もうアプリはほぼ完成です。では、実際にエミュレータを使ってアプリを利用してみましょう。

起動して表示されるのは、先ほどまで編集していた「Table 1」ビューです。まだ何もレコードは表示されていません。

画面の上部には左側にサイドバーを呼び出すためのアイコンがあり、右側には検索と更新のアイニンがあります。下部にはビューの切り替えを行うボタンが用意されており、このアプリでは「Table 1」ビューのアイコンが1つだけ表示されています。画面右下あたりには「+」アイコンのボタン(フローティングアクションボタン)が表示されており、これで新しいレコードを作成できます。

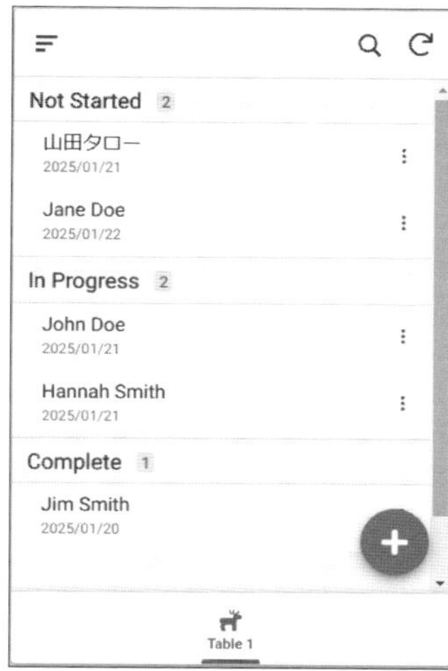

図2-73:エミュレータで表示されるアプリ画面。これは「Table 1」ビューのもの。

サイドバーについて

では、アプリの左上に見えるアイコンをクリックしてみて下さい。すると、画面の左側からサイドバーが現れます。ここにはいくつかのメニューが用意されています。

About	アプリのアバウト表示です。
Feedback	フィードバックを送信するダイアログを呼び出します。
Share	共有のメールを送信します。
App Gallery	スマホのAppSheetアプリにある「App Gallery」のリンクです。
アカウント表示	現在のアカウント。「Log out」でログアウトできます。

ずいぶんいろいろな機能がありますが、これらはすべてAppSheetによって自動生成されるものです。このアプリ独自のビューなどは含まれていません(自分で作成して追加することもできます)。

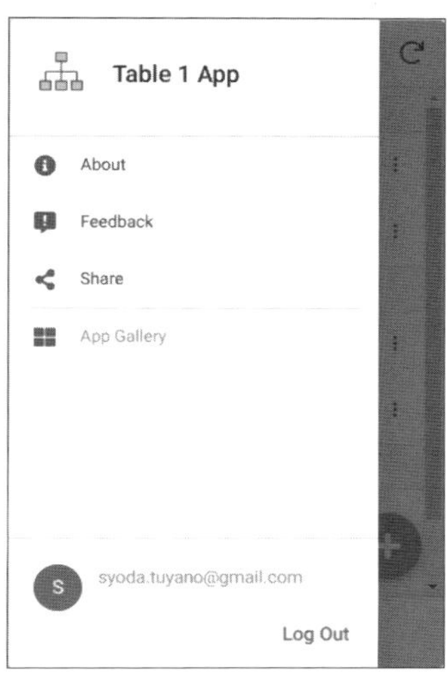

図2-74:サイドバーには各種機能のメニューが用意されている。

レコードを作成する

では、レコードを作成してみましょう。「Table 1」ビューの右下にあるフローティングアクションボタン(「+」アイコンの丸いボタン)をクリックして下さい。レコード入力のためのフォーム画面が現れます。

これは、システムが自動生成した「Table 1_Form」というビューです。ここで項目を入力して「SAVE」ボタンをクリックすれば、レコードが送信され保存されます。

図2-75：レコード作成のフォーム。

実際にいくつかレコードを作成してみましょう。すると、画面にレコードが整列されて表示されるようになります。レコードは「Status」が「Not Started」のものが上に表示され、次に「In Progress」、最後に「Complete」のレコードが表示されます。追加したレコードがどこに配置されているか確認してみましょう。

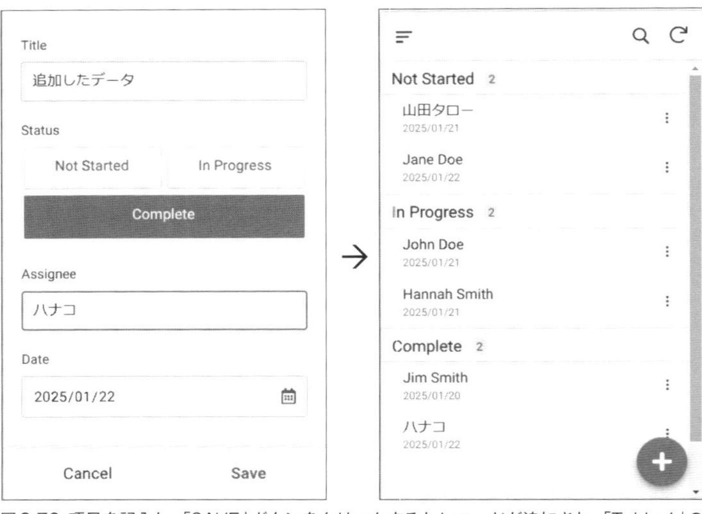

図2-76：項目を記入し、「SAVE」ボタンをクリックするとレコードが追加され、「Table 1」のビューに表示される。

レコードの内容を表示する

一覧表示されている項目に、クリックするとレコードの詳細を表示する画面に移動します。ここで、タイトルと作成日以外の情報を確認できます。

画面上部にあるゴミ箱アイコンをクリックすると、このレコードを削除することができます。右下のフローティングアクションボタンをクリックすると、このレコードの編集フォームが表示され、内容を編集できるようになります。

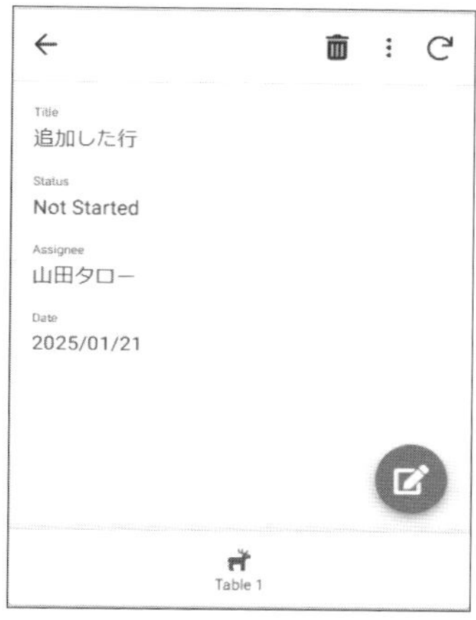

図2-77：レコードの詳細表示画面。ここから削除や編集も行える。

レコードの更新と削除

また、レコードの一覧表示画面で、表示されている項目の右端の「⋮」アイコンをクリックすると、画面下に「Edit」「Delete」といったメニューが現れます。これらを選択して、レコードの編集や削除を行うこともできます。

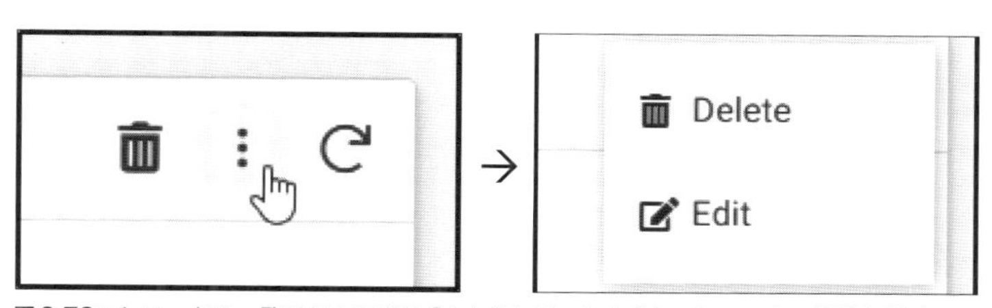

図2-78：レコードの一覧リストにある「⋮」をクリックすると、レコードの編集と削除のメニューが現れる。

Chapter
2

2.3.

その他のデータソースからのアプリ作成

Googleスプレッドシートを使おう

AppSheetのデータはさまざまなものを利用できます。AppSheetに用意されているDatabase以外のものを使ったアプリ作成についても簡単にまとめておきましょう。

おそらく、Database以外でもっとも多用されるデータソースは「Googleスプレッドシート」でしょう。Googleスプレッドシートは、Googleが提供するWebベースのスプレッドシートアプリです。スマホのアプリもありますし、PCではWebブラウザからアクセスして使えるので、広く利用されています。

スプレッドシートではマイクロソフトのExcelも広く利用されていますが、GoogleスプレッドシートではExcelのファイルをそのまま開いて（Excelファイルのまま）編集できるので、Excel派の人も使って損はないでしょう。

では、実際にGoogleスプレッドシートを使ってデータを作成し、それを元にアプリを作成してみることにしましょう。

Googleスプレッドシートを開く

Googleスプレッドシートを利用するにはいくつかの方法があります。1つは、GoogleスプレッドシートのWebサイトに直接アクセスする、というものです。Webブラウザから以下のアドレスにアクセスして下さい。

https://docs.google.com/spreadsheets

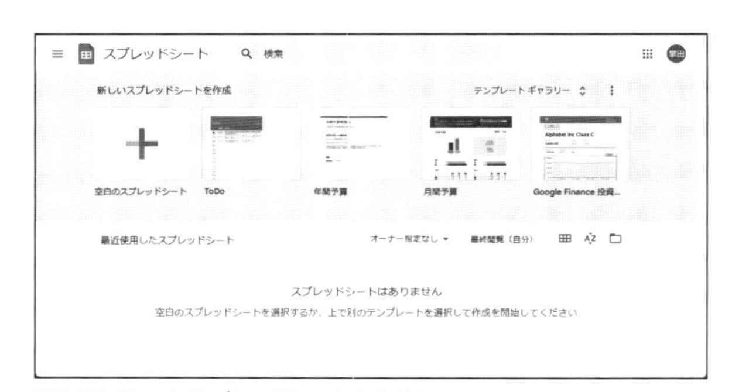

図2-79：Googleスプレッドシートのサイト。

アクセスすると、それまで作成してきたスプレッドシートファイルが一覧表示されます。上部には、いくつかのテンプレートを元にファイルを作成するためのボタンが用意されています。ここから「空白」をクリックすると新しいスプレッドシートファイルが作成され、Googleスプレッドシートで開かれます。

Googleドライブから開く

もう1つの方法は、Googleドライブからスプレッドシートを開く方法です。Googleドライブにアクセスすると、上部に「新規」ボタンが表示されています。これをクリックし、プルダウンして現れたメニューから「Googleスプレッドシート」を選択すれば、新しいスプレッドシートを作成して開きます。

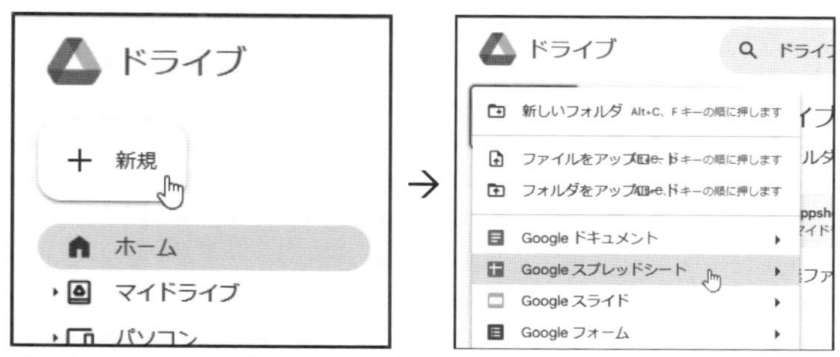

図2-80：Googleドライブから Googleスプレッドシートを開く。

※この他、スマートフォンやタブレット、Chromebookなどでは Googleスプレッドシートのアプリを起動して利用することもできます。これらは起動の仕方が異なるだけで、Googleスプレッドシートの表示や使い方はWebベースのものと基本的に同じです。

Googleスプレッドシートについて

Googleスプレッドシートを開くと、新しいスプレッドシートファイルが設定されます。図2-81が、その画面です。上部にメニューバーとツールバーがあり、その下にシートが広がっています。ここに値を記入してレコードを作成していくわけですね。

新しいスプレッドシートが表示されたら、まず一番上の「無題のスプレッドシート」という部分をクリックし、名前を設定しておきましょう。ここでは「sample_data」としておきました。

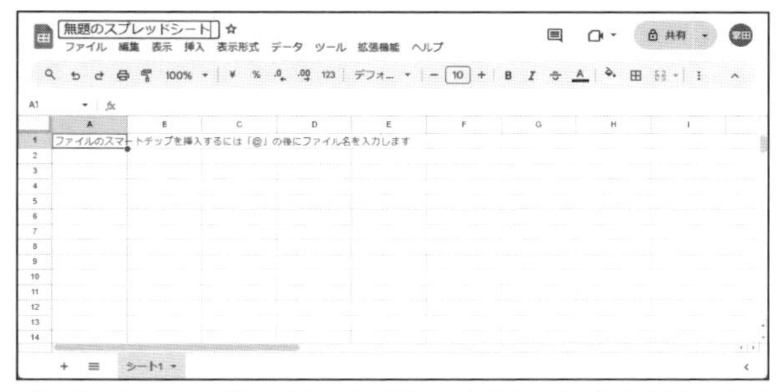

図2-81：Googleスプレッドシートの画面。まずファイル名を設定しておく。

レコードの構造について

スプレッドシートは、縦横に自由に値を入力していけます。ただし、AppSheetで利用することを考えるなら、適当に入力すればよいというわけにはいきません。どのようにレコードを作成するかを考えておく必要があります。

レコードは、基本的に「各列ごとにレコードの項目を用意し、行単位で蓄積していく」という形になります。つまり、下に下にとレコードが増えていくように作るわけですね。「右に追加していく」は厳禁です。

ToDoデータを作成する

では、実際に簡単なデータを作成してみましょう。今回は、シンプルな「ToDo」のデータを作成してみます。シートの一番上の行に次のように記述していきましょう。

ID	タイトル	説明	日時	終了

これは、各列に入力していく項目の名前です。IDは各レコードに割り当てるランダムな値で、タイトル、説明、日時が具体的なToDoの内容になります。終了は、すでに終了したかどうかをチェックするためのものです。

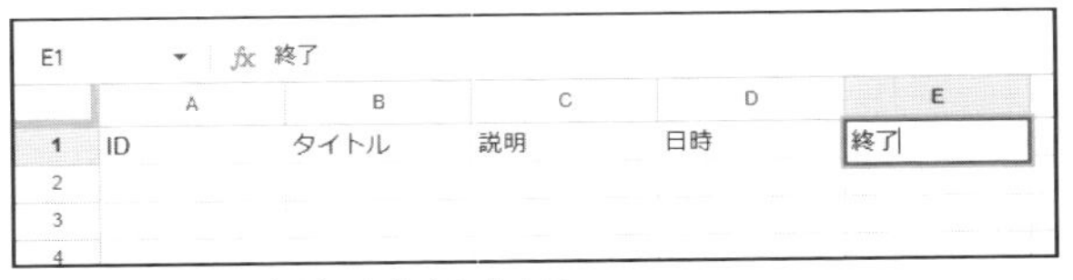

図2-82：1行目に各列の名前を入力する。

データの作成は、これでおしまいです。具体的なレコードは、まだ用意する必要はありません。「どういう項目が必要か」さえわかればそれでよいのです。

AppSheetアプリを作成する

作成したスプレッドシートファイルを使ってAppSheetのアプリを作成しましょう。これは、非常に簡単です。

スプレッドシートの上部にあるメニューバーから、「拡張機能」という項目をクリックして下さい。ここに現れるメニューから、「AppSheet」内の「アプリを作成」メニューを選ぶだけです。

図2-83：「機能拡張」メニューの「AppSheet」内にある「アプリを作成」を選ぶ。

新しいタブが開かれ、アプリ作成が実行されます。しばらく待っているとアプリの準備が整い、画面に「Your sample_data app is ready!」とパネルが表示されます。これは、作成されたアプリのプレビューです。この場で実際に操作してアプリを試してみることもできますし、必要なければそのままパネルを閉じればアプリの編集画面になります。実に簡単にアプリが作れるんですね！

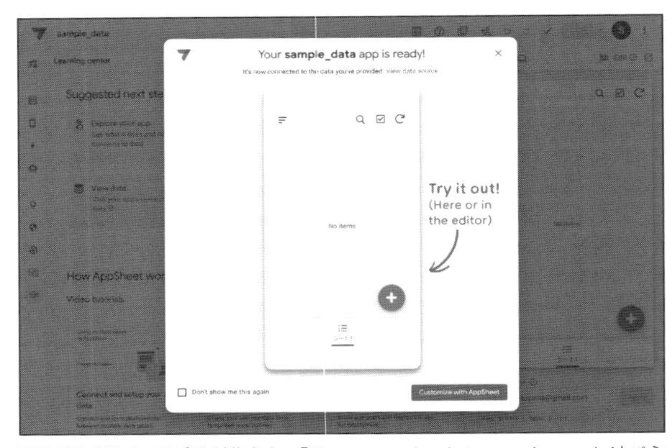

図2-84：新しいアプリが作られ、「Your sample_data app is ready!」パネルが表示される。

Dataを確認する

作成できたら左側のアイコンバーから「Data」をクリックし、Dataの表示に切り替えましょう。そして、作成されているテーブルの内容を見て下さい。

「シート1」というテーブルが作られ、その中に項目が用意されています。自動生成される「_Row Number」と「ID」の後に、先ほどシートに記述した項目が作成されているのがわかります。

Googleスプレッドシートから自動生成されたアプリでは、テーブルのTYPEはすべてTextになっているため、実際の利用には修正が必要です（「日時」の項目はDateに変更するなど）。しかし、スプレッドシートに用意した項目は、すべて自動的にテーブルの列として組み込まれていることがわかります。

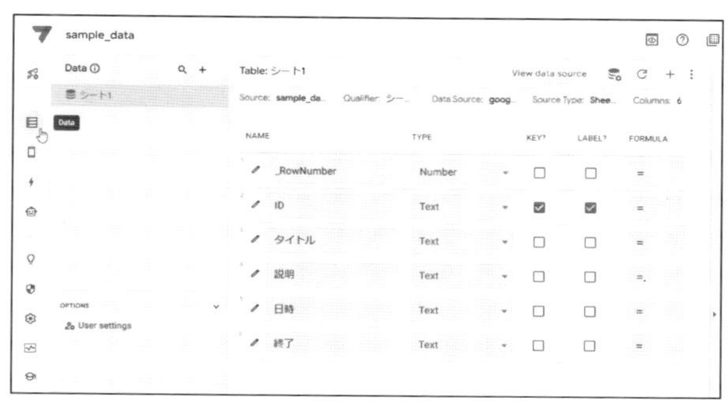

図2-85：「Data」でテーブルの内容を確認する。

AppSheetサイトでアプリを作る

Googleスプレッドシートを利用したアプリの作成方法はもう1つあります。AppSheetのWebサイトでアプリを作成する際に、Googleスプレッドシートを利用するのです。

では、AppSheetのWebサイトで左上の「Create」をクリックして「App」内の「Start with existing data」メニューを選んで下さい。

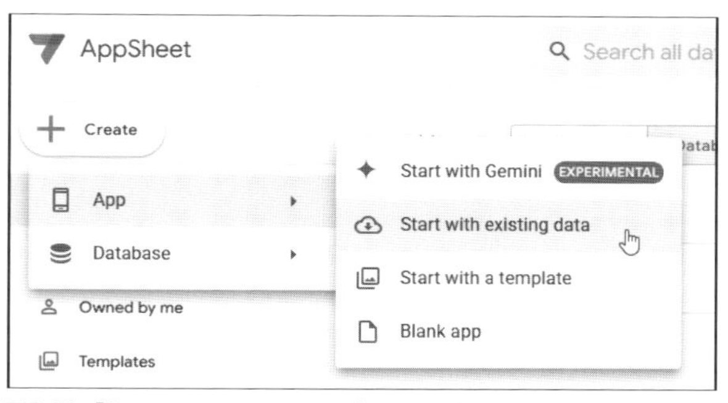

図2-86：「Start with existing data」メニューをクリックする。

「Create a new app」パネルが画面に現れたら、アプリ名とカテゴリを入力します。アプリ名には「MyToDo」と記入しておきましょう。カテゴリは未選択のままでOKです。そして、その下にある「Choose your data」というリンクをクリックします。

図2-87：アプリ名を入力し、「Choose your data」リンクをクリックする。

画面に「Select a data Source」というパネルが現れます。ここから「Google Sheets」をクリックして選択します。

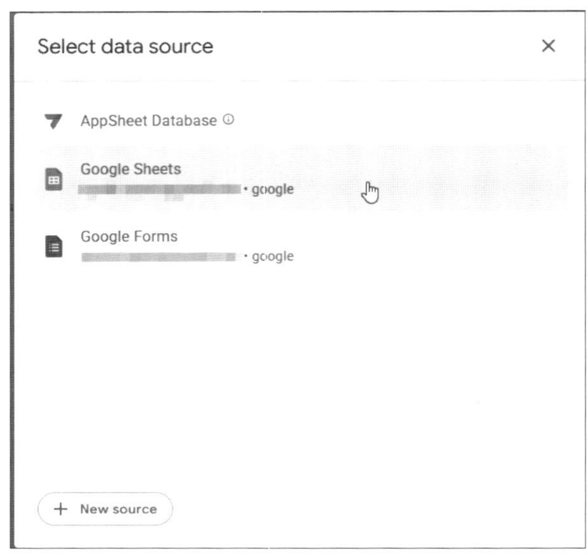

図2-88：Select a data SourceでGoogle Sheetsを選ぶ。

Googleドライブに保管されているファイル類が表示されます。この中から、先ほど作成したスプレッドシートのファイル（sample_data）を探して選択し、「Select」ボタンをクリックします。

これで、選択したデータファイルを元にアプリが生成されます。なお、ここで作成したアプリ（「MyToDo」アプリ）はこの後の章でも使うので、削除などしないでそのまま置いておいて下さい。

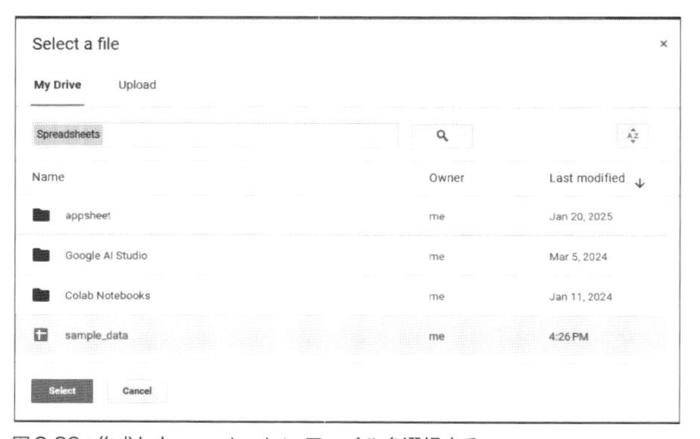

図2-89：作成したsample_dataファイルを選択する。

作成されたアプリを使おう

アプリが作成できたら、実際に使えるようにするために少し修正を行いましょう。まずは「Data」で、列の項目のTYPEを修正します。作成されたアプリでは、_RowNumber以外の項目はすべて「Text」になっていました。これを次のように変更しておきます。

日時	DateTime
終了	Yes/No

また、LABEL?の値は「タイトル」をONにしておきましょう。そして、右上の「SAVE」ボタンで保存をして下さい。

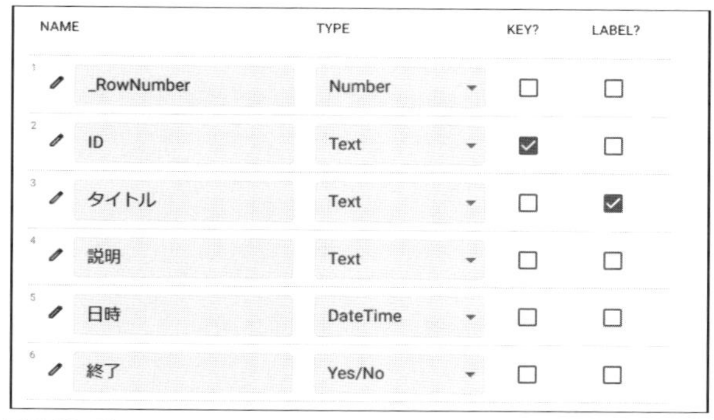

図2-90：列のTYPEとLABEL?を修正する。

データを追加する

では、画面の右側に表示されるプレビューを使ってアプリを操作しましょう。デフォルトでは、何も項目は用意されていません。右下のフローティングアクションボタン（「＋」アイコン）で、新しい項目を追加できるようになります（図2-91）。

「＋」アイコンをタップすると、入力のフォームが現れます。ここで、各項目に値を入力していきましょう。そして「SAVE」ボタンをタップすれば、レコードが追加されます（図2-92）。

図2-91：デフォルトの表示。まだなにもない。

図2-92：フォームに入力しデータを追加する。

いくつかデータを入力して表示を確認しましょう。入力したデータは、入力した順に一覧表示されます。各項目は、タイトルとID番号が表示されるようになっているのがわかります。とりあえず、ちゃんと動くアプリが作れていますね。

もちろん、このままではまだまだ使えないでしょう。例えば、「終了」をYesにしたものだけが表示されるようにしたり、日付の新しいものから順にソートされるようにしたり、作成時にIDや終了の項目は自動設定されるようにしたり、いろいろと修正したいところはあります。けれど、とりあえずアプリを動かして使えることはわかりました。後は細かな調整をして、より使いやすくしていけばよいだけです。

図2-93：いくつかデータを入力したところ。一応は使えそうだ。

Excelファイルを利用するには？

おそらく多くの人にとっては、Googleスプレッドシートより Excelのほうが馴染みがあるかもしれません。「Excelのスプレッドシートを直接アプリ化できたほうが便利だ」という人も多いことでしょう。

AppSheetではGoogleスプレッドシートのファイルと同様に、Excelのファイルを選んでアプリを作成することもできます。AppSheetの「Create」ボタンから「Create with existing data」メニューを選び、アプリ名を入力してから「Select a data Source」のパネルでExcelのファイルを選択します。そして、このパネルの下部にある「New source」ボタンをクリックします。

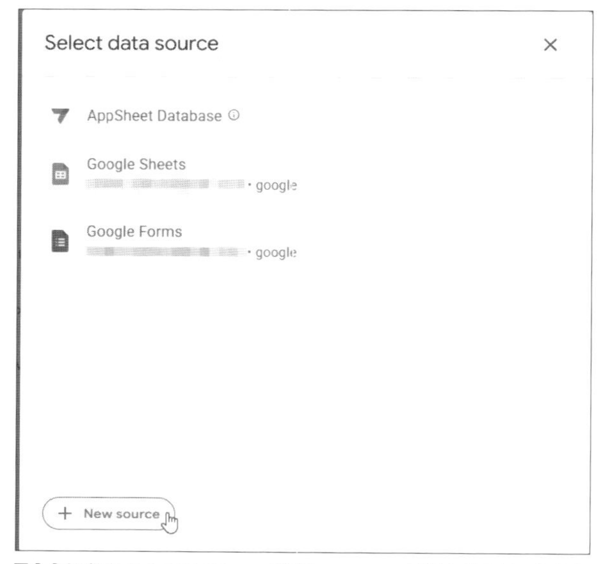

図2-94：Select a data Sourceで「New source」ボタンをクリックする。

データの取得先となるサービスを選択する画面になります。ここで、ファイルが置かれているサービスを選択します。Googleドライブに Excelファイルをアップロードしてあるなら、「Google」を選べばよいでしょう。

Excelを利用している場合、ファイルはデフォルトでOneDriveに保存されます。このOneDriveにあるファイルを利用するならば、「Microsoft」を選択し、使用しているMicrosoftアカウントでサインインして下さい。

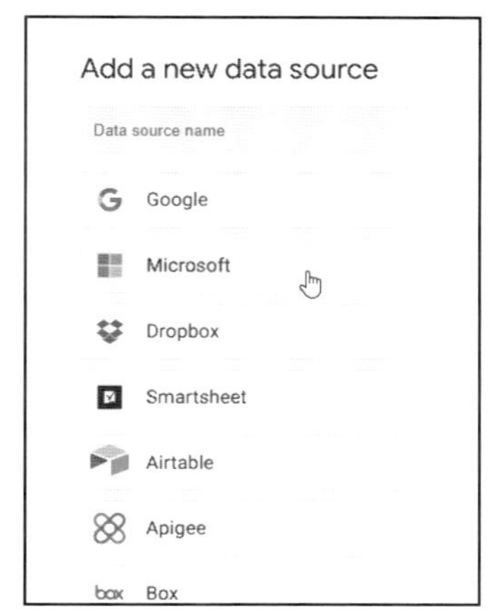

図2-95：「Microsoft」を選択する。

これで、データソースにMicrosoftが追加されます。再び「Select a data Source」のパネルに戻るので、ここで追加した「Microsoft」を選択しましょう。

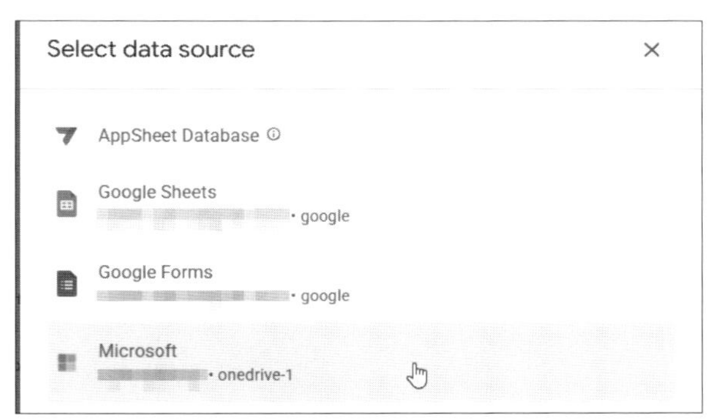

図2-96：データソースに「Microsoft」を選択する。

サインインしたアカウントのOneDriveの内容が表示されます。ここからExcelのファイルを選択すれば、そのファイルでアプリが作成されます。

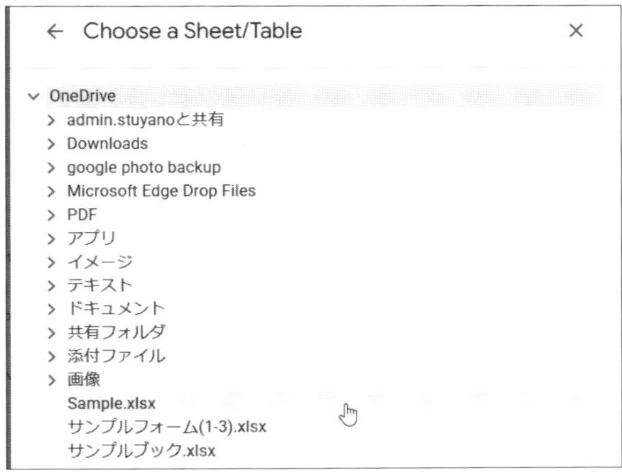

図2-97：OneDriveにあるExcelファイルを選択する。

Googleフォームを利用するには？

AppSheetでは、Googleスプレッドシートの他に「Googleフォーム」をデータのソースとして使うこともできます。Googleフォームというのは、Webからデータを入力し送信するフォームページを作成しデータを収集できるサービスです。以下のアドレスで公開されています。

https://docs.google.com/forms/

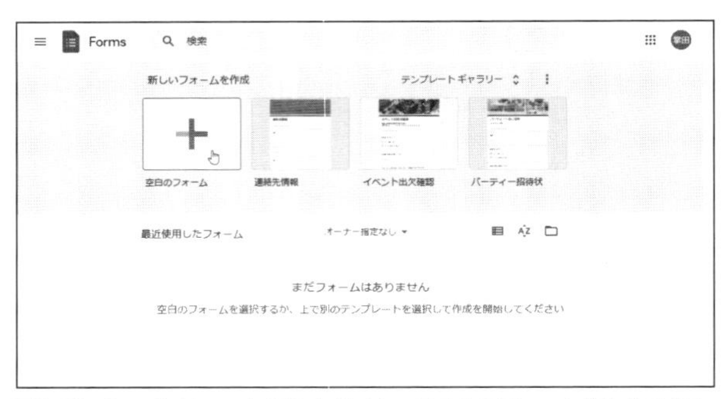

図2-98：GoogleフォームのWebサイト。ここからフォームを作成できる。

ここでは作成したフォームが一覧表示され、そこからフォームを開いて編集したり、新しいフォームを作成したりできます。ここにある「空白」というボタンをクリックすれば新しいタブが開かれ、新たなフォームが作成されます。

あるいは、Googleドライブからフォームを作ることもできます。Googleドライブの「新規」ボタンをクリックし、ポップアップして現れるメニューから「フォーム」を選ぶと、新しいフォームが開かれます。

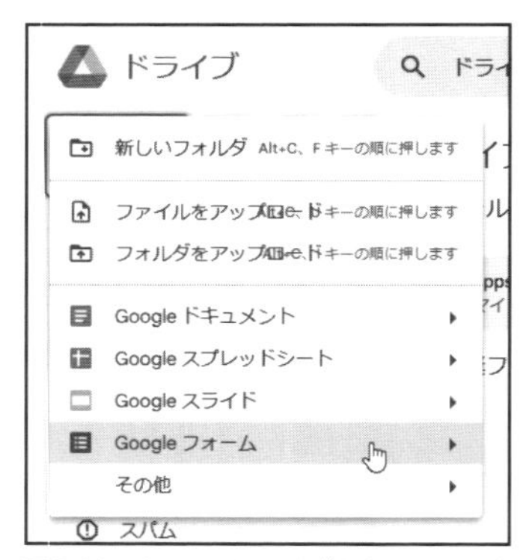

図2-99：Googleドライブからフォームを作ることもできる。

フォームの編集画面について

新しいフォームが開かれた画面が図2-100です。最上部にはフォームのファイル名が表示されています。ここをクリックし、名前を付けておきましょう（ここでは「SampleForm」としておきます）。

その下にはフォームのタイトルが表示される欄があり、その下に「無題の質問」と表示された欄があります。これが、フォームに用意される質問です。フォームは、この質問の欄を必要なだけ作成して作っていきます。

質問の欄は左上に質問のタイトルがあり、その右横に質問の種類を選ぶ項目が用意されています。種類というのは、「どういう形で回答するか」の指定です。テキストを入力したり、ラジオボタンやプルダウンメニューから答えを選んだり、というようにさまざまな回答の仕方が用意されています。

Googleフォームの使い方は、本書では特に説明しないのでそれぞれで別途学習し、フォームを作成して下さい。そしてフォームを用意できたら、右上の「公開」ボタンで公開しておきましょう。

図2-100：フォームの画面。名前は「SampleForm」としておいた。

AppSheetアドオンを準備する

では、GoogleフォームからAppSheetアプリを作成するにはどうすればよいのでしょうか。これには、AppSheetが提供するGocgleフォーム用のアドオン・プログラムを利用します。

Googleフォームの画面で、右上に見える「：」アイコンをクリックして下さい。メニューがプルダウンして現れるので、そこから「アドオンを取得」メニューを選びます。

図2-101：「アドオンを取得」メニューを選ぶ。

アドオンを検索する

画面にアドオンが一覧表示されたパネルが現れます。これは、アドオンプログラムを配布するマーケットプレースの表示です。ここから使いたいアドオンを探してインストールできるのです。

では、上にある検索フィールドから「app sheet」と入力し検索をして下さい。GoogleによるAppSheetのアドオンが見つかります。これをクリックして下さい。

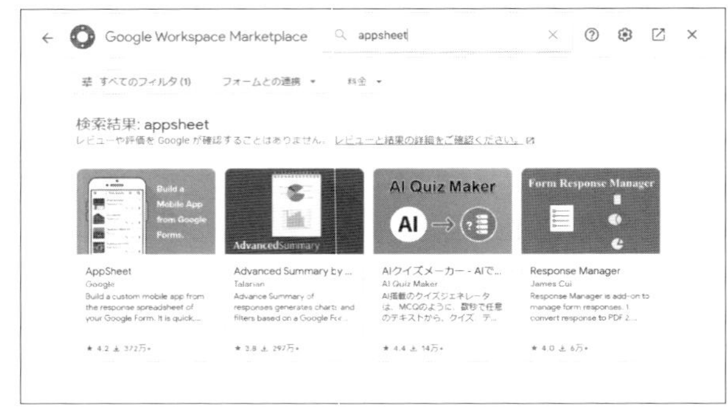

図2-102：appsheetのアドオンを検索する。

画面にAppSheetアドオンの説明が現れます。そこにある「インストール」ボタンをクリックしましょう。アドオンがインストールされます。

図2-103：「インストール」ボタンをクリックする。

「インストールの準備」というパネルが現れます。ここで必要な権限を要求してきますので、「続行」をクリックし、Googleアカウントによるアクセスを許可しましょう。

図2-104：権限が要求される。「続行」を選んでアクセスを許可する。

インストールが実行されたら、マーケットプレースのパネルを閉じて下さい。

図2-105：インストールが完了した。

AppSheetアドオンを使う

アドオンをインストールすると、画面の右下にパネルのようなものが現れます。これが、アドオンで追加された機能です。ここにあるボタンをクリックするだけで、現在開いているフォームをアプリ化することができます。ただし！　まだ現時点ではこれは使えません。

このアドオンでアプリを作成するためには、あらかじめフォームデータを記録するスプレッドシートを作成しておく必要があるのです。

図2-106：アドオンで追加されるパネル。まだ使えない。

スプレッドシートを生成する

では、フォームの投稿データを記録するスプレッドシートを作成しましょう。フォームの編集画面の上部に「質問」「回答」という2つのリンクが表示されていますね？　現在は「質問」が選択されています。これは、フォームの質問の編集モードであることを示します。

この「回答」リンクをクリックしましょう。表示が切り替わり、フォームから投稿されたデータの回答が集計表示される画面になります。もちろん、現時点ではまだデータはありません。

ここに表示される「0件の回答」という部分の右側に、Googleスプレッドシートのアイコンが表示されています。これをクリックして下さい。

図2-107：「回答」に表示を切り替え、スプレッドシートアイコンをクリックする。

回答先を選択する

「回答の送信先を選択」というパネルが現れます。ここで新しくスプレッドシートを作るか、すでにあるスプレッドシートにデータを書き出すかを指定できます。

今回は、新たに作ることにしましょう。そのまま「新しいスプレッドシートを作成」が選択された状態にしておいて下さい。その横にはファイル名が入力できる欄があります。デフォルトで「SampleForm（回答）」と設定されているので、そのままにしておきましょう。そして、「作成」ボタンをクリックして下さい。これで、フォームの投稿データを記録するスプレッドシートが作成されます。1行目には、各質問のタイトルが設定されているのがわかるでしょう。

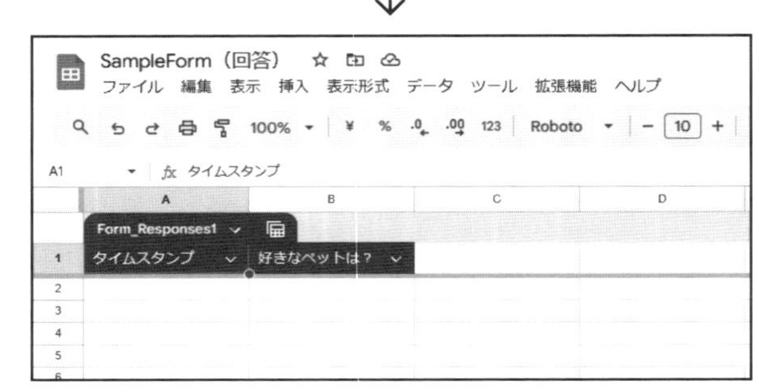

図2-108：「新しいスプレッドシートを作成」を選び、ファイルを作成する。

アドオンでアプリを作成する

では、アプリ化を行いましょう。アドオンのパネルにある「PREPARE」というボタンがあります。これをクリックして下さい。フォームの内容をチェックし、アプリ化できるかを確認します。これには少し時間がかかります。

チェックが終了すると、その下の「LAUNCH!」ボタンが選択可能になります。このボタンをクリックしましょう。アプリ化が実行されます。作業が完了したら、「LAUNCH!」ボタンをクリックするとアプリを起動できます。

図2-109：「PREPARE」ボタンをクリックする。

アプリを使う

アプリが作成されたら、AppSheetの編集画面で内容を確認しましょう。左側のアイコンバーから「Data」を選んで、作成されたテーブルの内容を見てみましょう。すると、フォームの項目以外にいろいろと用意されているのがわかります。

_RowNumber	おなじみの行番号の値です。
Response ID	これが各列に割り当てられるIDになります。
Email Address	入力したユーザーのメールアドレスです。
Timestamp	フォーム送信された日時の値です。

メールアドレスやタイムスタンプなどは、フォーム送信したユーザーも知らないうちに情報収集されているのですね。

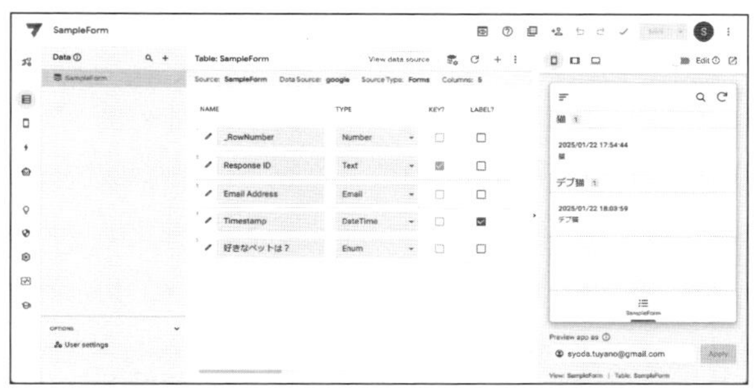
図2-110：作成されたアプリのData画面。

できるのはブラウズのみ

右側のプレビュー画面を見ると、投稿された回答がリストにまとめられて表示されているのがわかります。これらの項目をタップすれば、その詳しい内容が表示されるようになっています。

しかし、それ以外の機能は？　実は、デフォルトでは用意されていません。アプリでできるのは、投稿された内容を見ることだけです。新規に作成したり、投稿内容の編集や削除は行えないのです。

これは、ユーザーが投稿した内容を勝手に編集してはまずいだろう、ということでそうなっているのでしょう。もちろん、アプリを修正することでデータの作成や編集削除も行えるようにできます。「デフォルトではそうなっている」ということなのですね。

図2-111：すべての投稿を表示する。

C O L U M N

アドオンでアプリが作れない！

Google フォームの「AppSheet」アドオンでアプリを作成するとき、いつまでたっても PREPARE の作業が終了しない、という問題が確認されています。もし同様の症状が発生したら、AppSheet の Web サイト側でアプリを作成して下さい。Create with existing data でアプリを作成し、データソースとして「Google Forms」を選択すれば、Google ドライブから Google フォームのファイルを選択することができます。

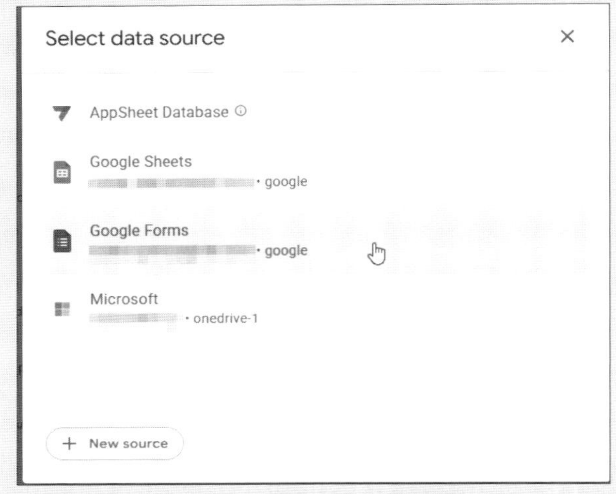

図2-112：データソースに「Google Forms」を選択する。

どんなデータでもアプリの編集は同じ！

以上、AppSheet Databaseの他、GoogleスプレッドシートやExcel、Googleフォームといったものからアプリを作成する手順を説明しました。いずれも非常にシンプルなので、アプリの作成そのものは簡単に行えます。後はアプリ側の作業ですが、これはデータソースが何でも作業はまったく同じです。

「さまざまなデータソースを利用できる」といっても、実は「データソースを指定してファイルを指定してアプリを作る」という1つの手順だけ知っていれば、どんなファイルでも同じように扱い、アプリを作れるのです。

Chapter 3

ビューとデータを使いこなす

アプリの基本は「ビュー」と「データ」です。
ここではビューとデータに用意されているアプリを活用するための機能として、
ソートとグループ化、アクションボタンの表示、フォーマットルールなどについて説明します。
また、テーブルの活用に必須となる「スライス」の使い方についても説明していきます。

Chapter
3

3.1.
アプリに機能を追加する

アプリの不満点

これまでの説明で、データを使ったアプリの基本部分は作れるようになりました。これらのアプリでは、レコードの入力や編集などを簡単に行うことができます。とりあえず、使うだけならこれで十分使えますね。

ただ、「レコードの表示」についてはまだまだ不満足でしょう。こうしたデータを利用するアプリは、入力や編集については必要最低限のものが揃っていれば十分ですが、表示に関してはそれでは不十分です。作成されたデータを利用してさまざまな形で表示する。それができて初めて「使えるアプリ」となるのですから。

そこで、作成したアプリの「ここをこうすればもっと便利になる」といった部分を少しずつ改良していくことにしましょう。例として、先ほどGoogleスプレッドシートをもとに作成した「MyToDo」アプリをベースにして、アプリの改良を行うことにします。MyToDoはごく単純なToDoアプリですが、表示の仕方などをいろいろと改良していけば十分使えるものになるでしょう。

ソートとグループ化を設定する

まず最初に行うのは、データの並べ替えを行う「ソート」と、同じ条件のものをまとめて表示する「グループ化」です。

では、左端のアイコンバーから「Views」をクリックして選択し、PRIMARY NAVIGATIONのところにある「シート1」を選択してビューの設定画面を呼び出しましょう。そして、「View Options」にある「Sort by」「Group by」のところに、「Add」ボタンで次のように設定を追加します。

Sort byに追加	「日時」「Descending」
Group byに追加	「終了」「Ascending」

View Options
Sort by
Sort the rows by one or more columns.
日時 Descending
Add
Group by
Group rows by the values in one or more of their columns.
終了 Ascending
Add

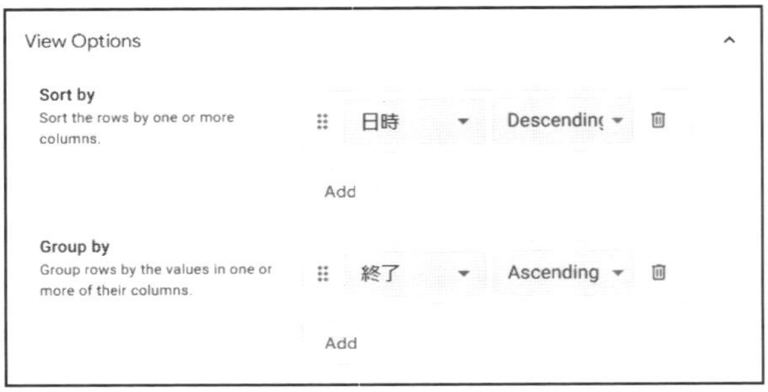

図3-1：Sort byとGroup byに設定を追加する。

設定を追加したら、右側のプレビュー画面で「シート1」の表示を確認しましょう。データは「N」と「Y」のグループに分かれて表示されるようになりました。「N」にはまだ終了していないデータが、「Y」にはすでに終了したデータがまとめられています。それぞれのグループのデータは、設定した日時の新しいものから順に並べられるようになります。

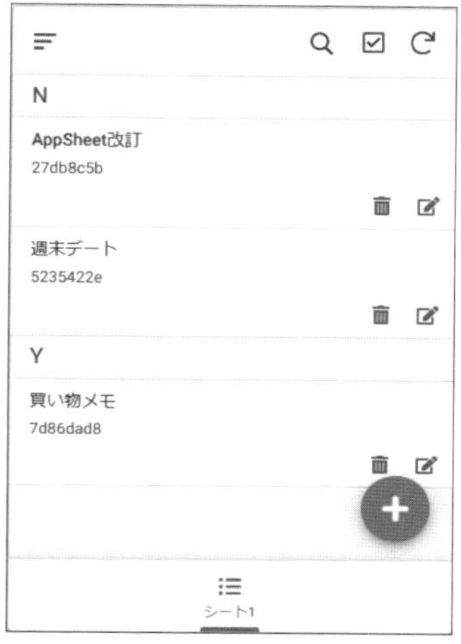

図3-2:データはNとYで分けられ、新しい日時からソートされる。

アクションとアクションバー

デフォルトで表示されている「シート1」の画面は、「deck」というタイプが設定されていました(他のタイプになっている場合もあるかもしれません)。この場合、それぞれのデータごとに削除と編集の小さなアイコンが表示されています。

この小さな編集用アイコンは、「アクションバー」と呼ばれるものです。データの一覧を表示するビューでは、それぞれのデータの削除や編集といった基本操作をワンタップで行えるよう、アクションバーに基本的な機能が用意されているのですね。

ただ、実際に使っていると、例えば「編集のアイコンはいらない」とか、「削除は間違ってタップするといけないから表示したくない」というように調整したいこともあるでしょう。また、そもそもアクションバー自体がいらないということもあるかもしれません。

このアクションバーの表示は、View Optionsにある「Show action bar」で設定されています。これをON/OFFすることでアクションバーの表示をON/OFFできます。

バーに表示されるアクションは「Actions」というところで設定されます。ここには「Automatic」「Manual」という切り替えボタンが用意されています。

Automatic	システムによって自動的にボタンが用意されます。
Manual	ユーザーが自分でボタンを設定します。

デフォルトではAutomaticが選択されています。ここでは「Delete」「Edit」というアクションが組み込まれていますね。これらが、削除と編集のアイコンとして表示されるものです。

これらの項目にマウスポインタを移動すると、項目の右端に「Edit this action」というアイコンが表示されます。これにより、アクションの設定を行えます（アクションの詳細については改めて説明をします）。

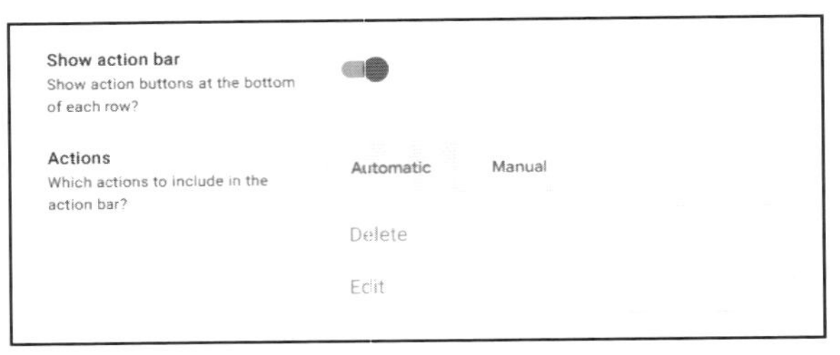

図3-3：アクション関係の設定。

アクションバーの編集

Automaticの場合、操作できることは特にありません（自動で用意されますから）。カスタマイズしたい場合は「Manual」に切り替えます。

Manualにすると、その下に「Delete」「Edit」といったチェック項目が現れます。これは、利用可能なアクションのリストです。ここに追加された項目がアクションバーに表示されます。

●項目のアイコン

それぞれの項目には、「Edit this action」「Add」「Remove this action」といったアイコンが用意されており、これらで項目の編集や削除が行えます。

●チェックの操作

各項目のチェックは、その上にある「Move to」「Remove」などの操作のためのものです。項目をチェックして「Move to」をクリックすると、その項目を移動できます（移動場所を選ぶメニューが現れます）。また、「Remove」で削除することもできます。

●アクションの追加

それ以外のアクションを追加したい場合は、「Add」ボタンをクリックするとアクションを選択するパネルが現れるので、ここで選ぶことができます。アクションはユーザーが自分で作ることもできます。こうした自作アクションをアクションバーに追加したいようなときは、この「Add」ボタンで追加するとよいでしょう。

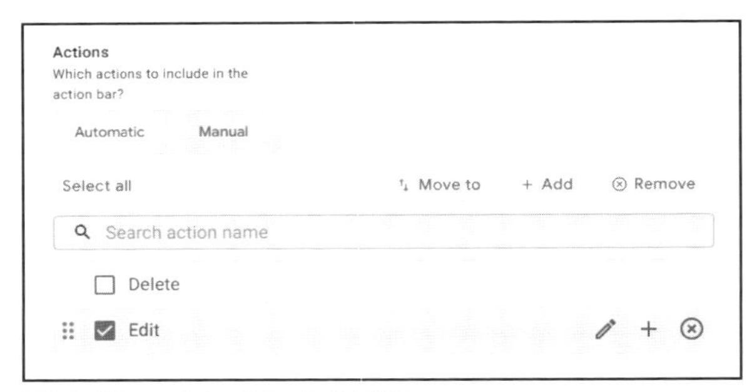

図3-4：「Manual」のアクション設定表示。

フローティングアクションボタンはどこに?

操作用のボタンはアクションバー以外にもあります。それは、「フローティングアクションボタン」です。「シート1」のビューの場合、画面の右下に「+」というアイコンの丸いボタンが表示されますね。これのことです。

このフローティングアクションボタンは、実はユーザーが設定することはできません。使用しているテーブルの設定内容からシステムが自動的にアクションを選択し、ボタンに割り当てるようになっています。

左側のアイコンバーから「Data」を選択して、シート1のテーブルを表示して下さい。そして、上部にある「Table settings」アイコンをクリックして設定パネルを呼び出します。ここにある「Are updates allowed?」で、テーブルに許可される操作(編集、追加、削除)が設定されましたね。

ここで許可されている操作を元に、フローティングアクションボタンの表示は自動生成されるのです。

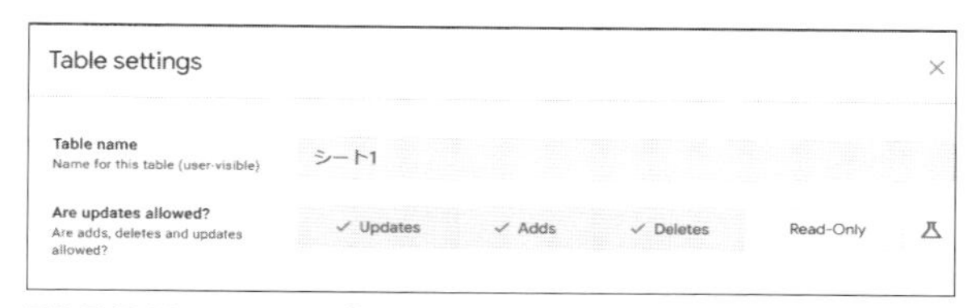

図3-5:Table settingsの「Are updates allowed?」で許可されている操作を元にフローティングアクションボタンは作成される。

フローティングアクションボタンの確認

では、「シート1」テーブルの表示で用意されるフローティングアクションボタンがどうなっているのか確認しておきましょう。

「シート1」ビュー	デフォルトで表示される、テーブルの一覧リストが表示される画面では、「Add」ボタンが表示されます。
「シート1_Detail」ビュー	項目をタップして表示されるビューでは、「Edit」ボタンが表示されます。

図3-6:シートのデフォルト画面と、レコードの詳細表示では、それぞれ「Add」と「Edit」が表示される。

「Add」ボタンの表示を消す

では、フローティングアクションボタンを消してみましょう。まずは、テーブルのリストに表示される「Add」ボタンです。

「Data」画面の「Table settings」アイコンでパネルを呼び出し、「Are updates allowed?」の「Adds」をOFFにして「Done」ボタンをクリックしてパネルを閉じます。

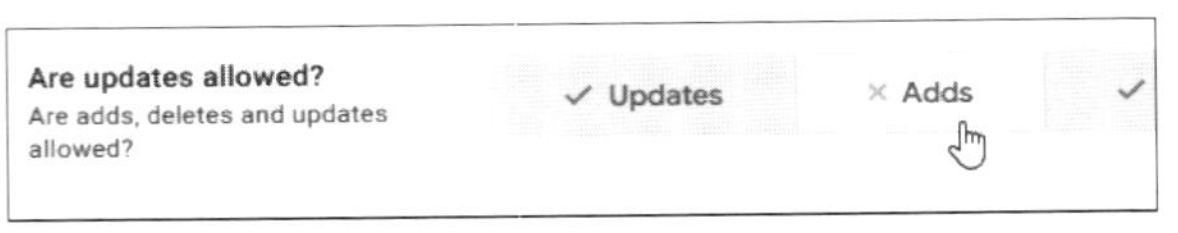

図3-7：「Adds」をOFFにする。

プレビューの表示を確認しましょう。「シート1」の一覧リストの画面にあった「Add」フローティングアクションボタンが表示されなくなります。

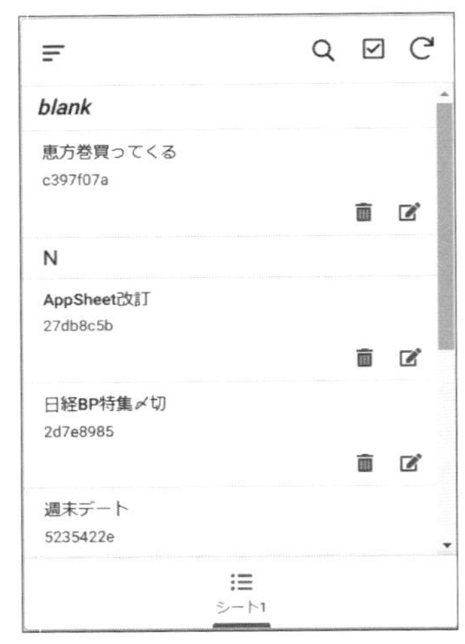

図3-8：フローティングアクションボタンが表示されなくなった。

今度は、レコードの詳細画面に表示される「Edit」ボタンを消してみましょう。「Data」画面の「Table settings」パネルで、「Are updates allowed?」の「Updates」をOFFにして下さい。これでDoneしてパネルを閉じ、一覧リストの項目をタップして詳細情報を表示すると、「Edit」フローティングアクションボタンが表示されなくなります。

Are updates allowed?
Are adds, deletes and updates allowed?
Updates Adds Deletes Read-Only

図3-9：「Are updates allowed?」の「Updates」をOFFにすると、編集のボタンが表示されなくなる。

機能を消せばボタンも消える

フローティングアクションボタンの表示の仕組みがわかったら、Are updates allowed?の設定を元の状態(Updates, Adds, DeletesがONの状態)に戻しておきましょう。

このように、テーブルの「Are updates allowed?」の項目をON/OFFすることで、対応するフローティングアクションボタンの表示をON/OFFすることができます。ただし、これは「ボタンの表示のON/OFF」というよりも、「機能のON/OFF」と考えるべきです。

Are updates allowed?で「Adds」をOFFにすると、レコードの追加ができなくなります。「Updates」をOFFにすれば、レコードの編集ができません。「追加や編集はできるけど、フローティングアクションボタンには表示したくない」ということはできないのです(アクションの設定を変更すればできますが、これについてはもっと後のところで説明します)。

また、「一覧リストの画面で、Addの代わりにEditを表示したい」といったこともできません。どの画面でどの機能のボタンが表示されるかはシステムによって自動的に割り当てられるため、ユーザーが恣意的に表示を変更することはできないのです。

フローティングアクションボタンは、レコードの基本操作の機能をもっともわかりやすい形で配置したものです。デフォルトのままで使いにくくなることはほとんどありませんし、カスタマイズすればもっと便利になるとは限りません。当面は「デフォルトのまま使うのが最適」と考えて下さい。

※機能をOFFにすることなく、フローティングアクションボタンを非表示にするには、「アクション」というものの設定を変更する必要があります。アクションについては、もう少し後で説明します。

Behaviorによる操作時のアクション

画面の移動などの操作を行うのにスマートフォンで多用されているのが「スワイプ」でしょう。AppSheetのアプリでは、基本操作は「タップによる操作」であり、スワイプは補助的な操作という扱いです。しかし、スワイプで画面の移動などができれば、使い勝手は格段に向上するでしょう。

このスワイプによる操作は、実は割り当てることができます。ビューに用意されている「Behavior」というところに、そのための設定が用意されています。

用意されているのは「Event Actions」という設定です。ここで、さまざまなイベント(ユーザーの操作などで発生するもの)で実行するアクションを選択します。イベントには以下のものがあります。

Row Selected	項目が選択された
Row Swiped Left	項目を左にスワイプした
Row Swiped Right	項目を右にスワイプした

このうちスワイプ関連のものは2025年1月現在、まだベータ版となっています。が、設定すれば問題なく動作します。

スワイプ操作は現在、deckタイプのみ用意されています。他のView typeでは使えないので注意下さい。

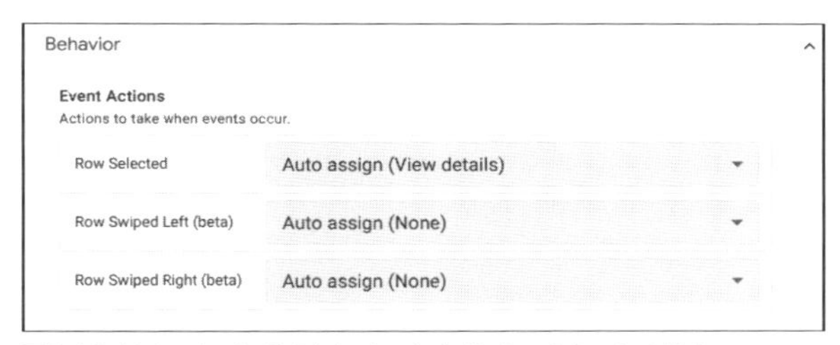

図3-10:Behaviorに用意されているイベントアクションの設定。

スワイプで編集する

では、実際にスワイプを使ってみましょう。「Row Swiped Right」の値をクリックして下さい。利用可能なアクションがメニューとして現れます。この中から「Edit」を選択してみましょう。

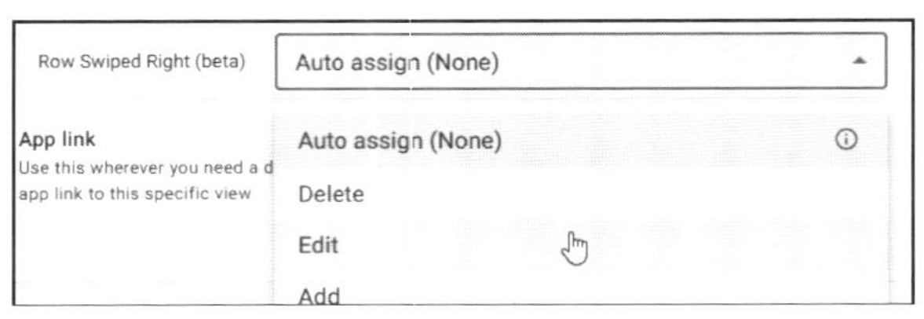

図3-11：Row Swiped Rightの「Edit」を選択する。

設定したら、実際に試してみましょう。「シート1」の一覧リストが表示されている画面で、適当な項目を右にドラッグして下さい。項目が動いて左端に編集のアイコンが表示され、そのまま離せば項目を編集するフォームの画面に切り替わります。

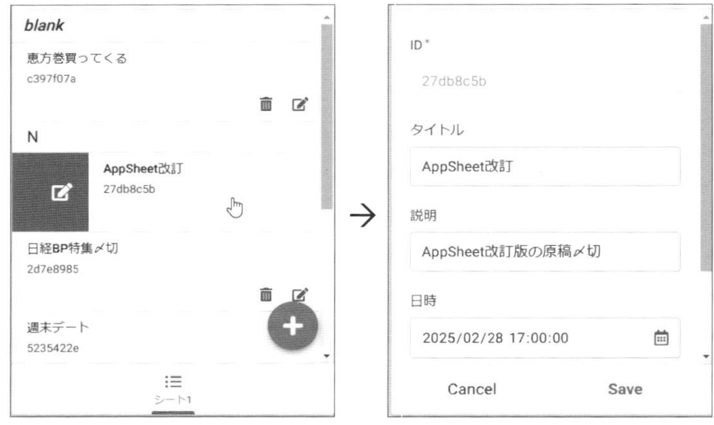

図3-12：項目を右にドラッグすると編集フォームの画面になる。

ビューを追加する

デフォルトでは、「シート1」を表示するビューは1つだけでした。しかし、ビューは必要に応じていくつでも作成することができます。

「Views」画面で、左側にある「PRIMARY NAVIGATION」のところにある「+」アイコン（「Add」ボタン）をクリックして下さい。画面に「Add a new view」というパネルが現れます。ここで、作成したい内容をフィールドに書いてEnterすれば、その内容に合わせたビューが作成されます。フィールドの下には、候補となるテキストがいくつか表示されているでしょう。これらをクリックすると、簡単にビューを追加できます。

今回は一からビューを作りたいので、下部の「Create a new view」ボタンをクリックして下さい。

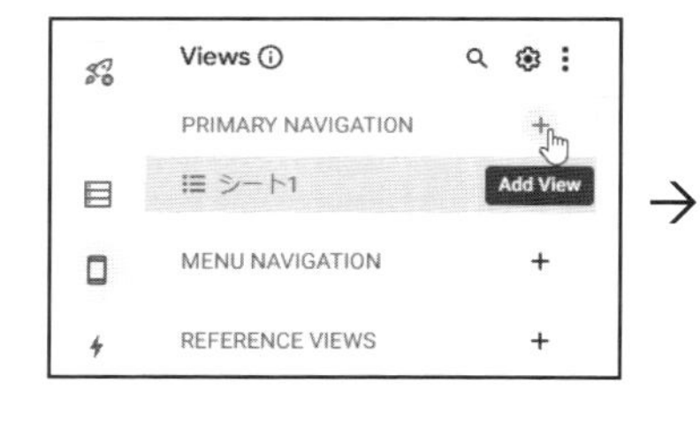

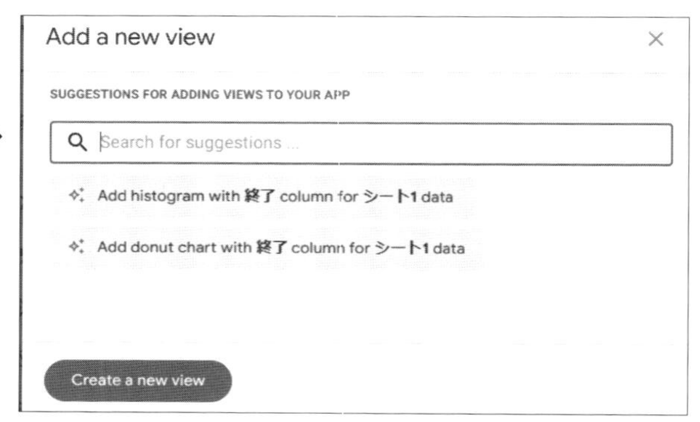

図3-13：「Add」ボタンをクリックし、現れたパネルで「Create a new view」ボタンをクリックする。

新しいビューが作成されます。名前はデフォルトで「New View」となっているでしょう。ビュータイプには「Card」が設定されていました。

また、下部のナビゲーションバーに、New Viewのアイコンが自動追加されています。PRIMARY NAVIGATIONでビューを作成すると、このように自動的にナビゲーションバーにアイコンが追加されます。

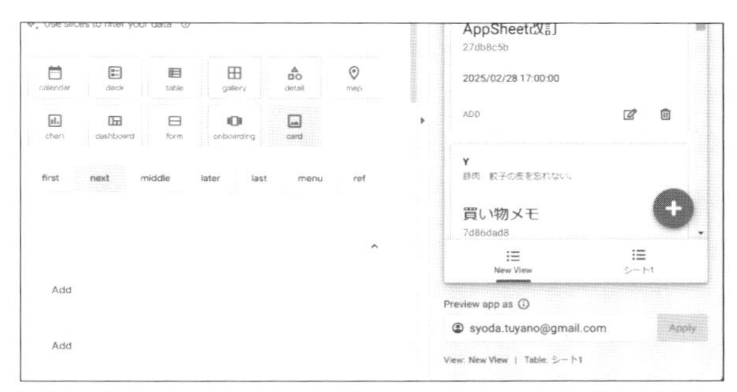

図3-14：作成されたビュー。ナビゲーションバーにアイコンが追加される。

メニューに追加する

ビューにはPRIMARY NAVIGATIONの他にも、MENU NAVIGATIONやREFERENCE VIEWSというものがあります。これらの違いは、「どこに表示されるか」です。

PRIMARY NAVIGATIONのビューは、画面に表示されるナビゲーションバーにアイコンとして追加されます。いつでもアイコンをタップするだけで表示を呼び出すことができるわけで、非常によく利用するビューをここに配置します。

では、MENU NAVIGATIONは？　これはメニューとして追加されるビューです。このビューを作成すると、画面左上のアイコンで現れるサイドバーにビューの項目が追加されます。

この表示する場所は、「Position」で指定することができます。Positionには、たくさんの項目が用意されていますね。

first ～ last	ナビゲーションバーの位置
menu	サイドバーのメニュー
ref	REFERENCE VIEWSにする

first ～ lastは、ナビゲーションバーのどこに配置するかを示すものです。これにより、アイコンの並び順を調整できます。「menu」にすると、そのビューはメニューに追加されるようになります。

では、実際にNew ViewのPositionを「menu」に変更してみましょう。すると、New Viewの項目がPRIMARY NAVIGATIONからMENU NAVIGATIONに移動します。両者の違いは、ただ「Positionの値」だけだったのです。

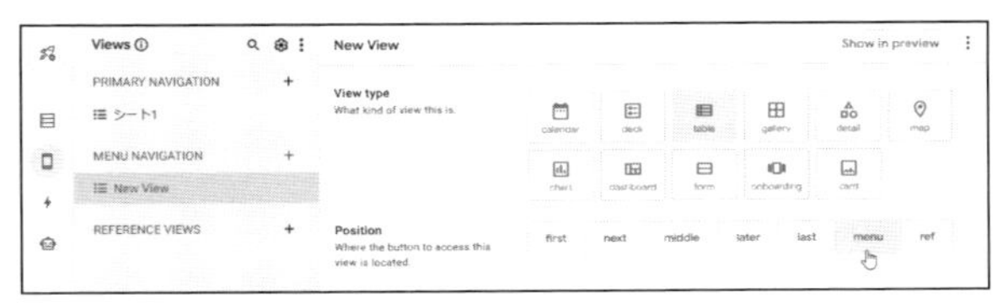

図3-15：Positionを「menu」に変更する。

設定を変更したら、プレビューの画面左上にあるアイコンをクリックしてサイドバーを開きましょう。すると、現れたリストに「New View」が追加されているのがわかります。これを選べば、New Viewを開くことができます。

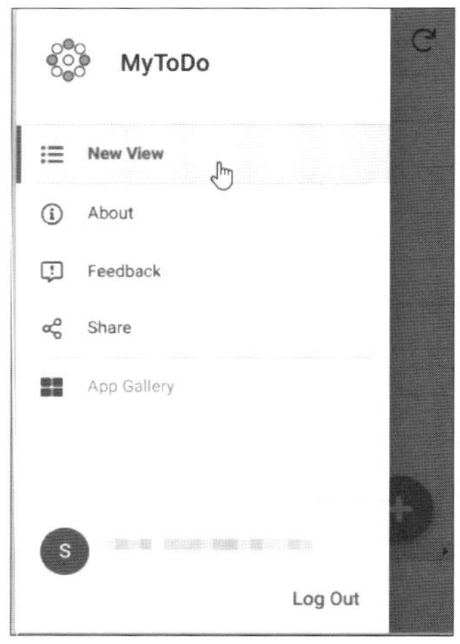

図3-16：メニューに「New View」が追加されている。

C O L U M N

REFERENCE VIEWSはどこにある?

PRIMARY NAVIGATIONとMENU NAVIGATIONの違いはこれでわかりましたが、ではREFERENCE VIEWSはどこに表示されるのでしょうか。
これは、実はどこにもアイコンやメニューなどは表示されません。REFERENCE VIEWSは、他のビューから参照されて利用されるビューです。これは、自分でそのビューに移動するような処理を作成しないといけません。アクションの作成などについて学習する必要があります。
当面は、「REFERENCE VIEWSは使わない」と考えてよいでしょう。

テーブル表示を行おう

作成したNew Viewの設定を行いましょう。このビューは、テーブル全体のデータを一覧表示する「Table」タイプのビューを使ってみましょう。

では、「Views」画面で「New View」を選択し、次のように項目を設定していきましょう。

View name	All rows
For this data	シート1
View type	table
Position	last

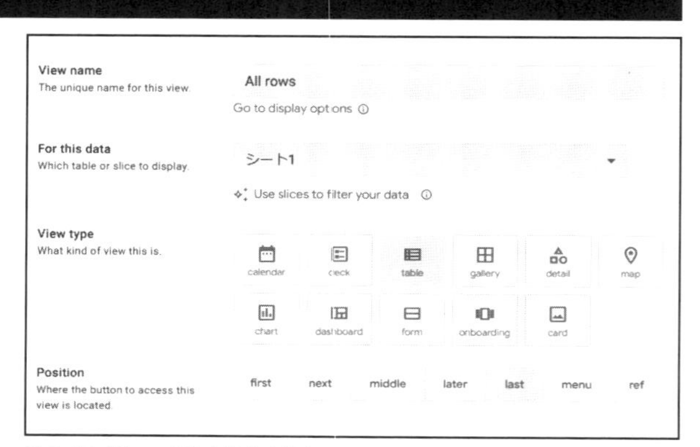

図3-17：ビューの基本設定を行う。

View Optionsを設定する

続いて、下の「View Options」で細かな設定を行っていきましょう。次のように設定を行って下さい。

Sort by	「日時」「Descending」を追加する。
Group by	特になし
Group aggregate	NONE
Column order	「Manual」に変更。次のように並べ替える。 • タイトル • 終了 • 日時 • 詳細 (※IDは削除する)
Column width	Narrow

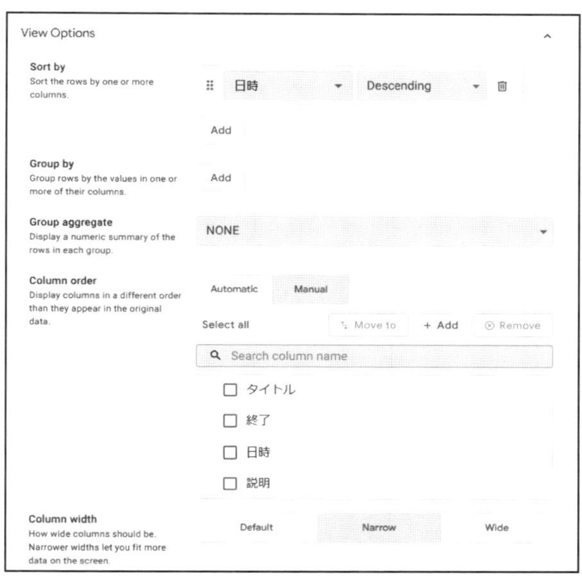

図3-18：View Optionsの設定を行う。

これで、ビューの基本的な設定ができました。プレビューで表示を確認しましょう。ナビゲーションバーの右側に「All rows」というアイコンが追加され、これをクリックすると新しいビューに表示が切り替わります。

レコードは、日付の新しいものから順に表示されます。タイトル・終了・日時・詳細が横に並んで表示され、ひと目でデータ全体の内容が把握できます。

「シート1」のビューは、終了ごとにグループ分けして表示するようにしていますが、こちらは全部を日時順に一覧表示します。同じレコードの表示でも、だいぶ違いがありますね。このようにさまざまな表示を用意し、簡単に切り替えできるようにすることで、アプリの使い勝手は少しずつ向上していきます。

図3-19：作成したAll rowsビューの表示。

レコードの初期値を設定する

アプリを利用してみるとすぐに気がつくのですが、新しいレコードを作成する際、「初期値の設定」は意外と重要です。例えば今回のものならば、終了の項目がデフォルトで「N」に設定されるようになっていると、設定し忘れてレコードを追加することもなくなります。

レコードの初期値は「Data」で設定できます。「Data」画面では、テーブルの各列の設定がずらっと表示されていました。そのずっと右側のほうに「INITIAL VALUE」という項目があります。これが、その項目の初期値になります。デフォルトでは次のようなものが設定されています。

```
ID = UNIQUEID()
```

この「=UNIQUEID()」というもので、ユニークなID値を自動的に割り当てているのですね。「これはプログラミング言語？」と思ったかもしれません。プログラミング言語というより、Excelなどの関数のようなものと考えるとよいでしょう。簡単な関数の使い方を覚えれば、誰でも使えるようになります。

※この関数のようなものは、前章のFORMULAで登場した「式」と呼ばれるものです。これについては、別章で詳しく説明します。

「終了」に初期値を設定する

では、新しいレコードを追加する際、デフォルトで「終了」に「N（No）」が設定されるようにしてみましょう。INITIAL VALUEの一番下の項目が「終了」の初期値の項目です。これをクリックして下さい（図3-20）。

画面に「Expression Assistant」というパネルが現れます（図3-21）。これが、式を記入するための専用エディタです。上部に式を記入するための入力エリアがあり、その下に各種の関数をまとめた表示があります。このエディタの使い方は改めて詳しく説明しますので、今は使い方などは詳しく理解する必要はありません。

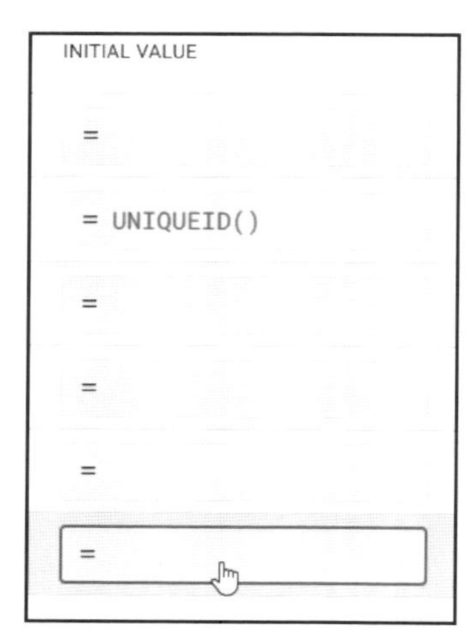

図3-20：INITIAL VALUEの一番下の項目をクリックする。

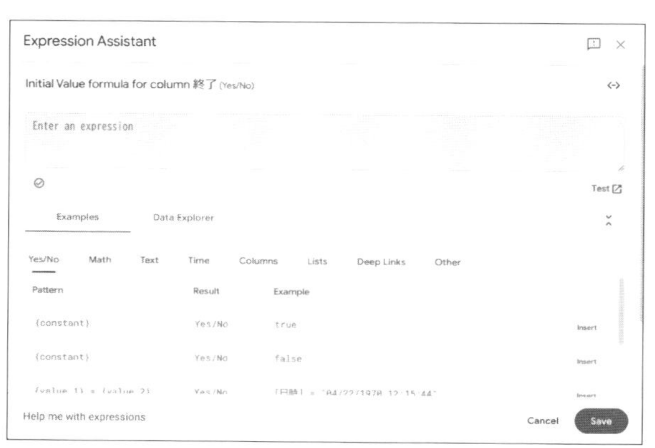

図3-21：Expression Assistantの画面。

では、「Example」という表示の下にある「Yes/No」というリンクをクリックして下さい。Yes/No関連の関数が一覧表示されます。このリスト内から、「Example」というところの値が「false」の項目を探して下さい。そして、その右端の「insert」をクリックします。これで、上の入力エリアに「false」と記入されます。

この「false」という表示が作成できたら、右下の「Save」ボタンをクリックしてパネルを閉じて下さい。

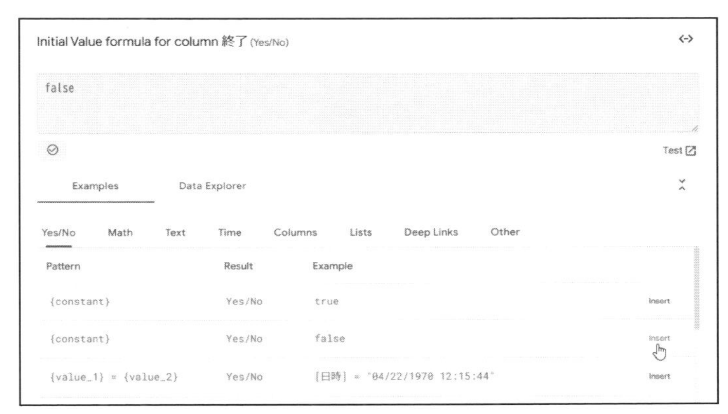

図3-22：Yes/Noから「false」を入力する。

パネルが閉じると、INITIAL VALUEの一番下の項目に「= false」と表示されます。これで、初期値としてfalseという値（Noに相当する値）が設定されるようになりました。

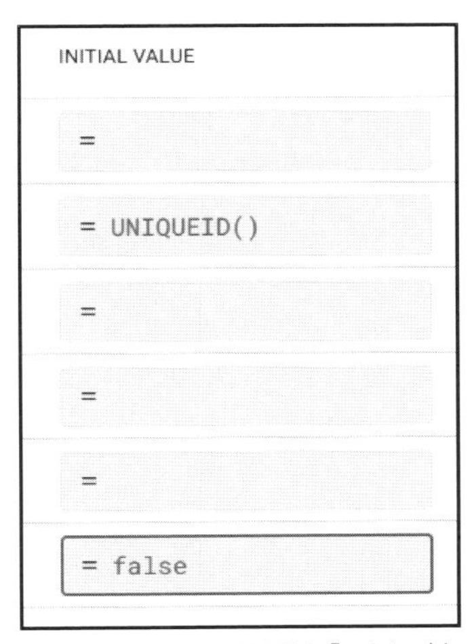

図3-23：INITIAL VALUEに「= false」と設定された。

初期値を確認

では、プレビュー表示を使って動作を確認しましょう。「Add」フローティングアクションボタンをクリックして、レコード作成のためのフォームを呼び出して下さい。すると、「終了」の値が最初から「N」を選択した状態になっているのがわかります。これなら、入力し忘れることもありませんね！

INITIAL VALUEを使いこなすには、式の書き方を理解しないといけません。式については改めて説明するので、ここでは「INITIAL VALUEを利用すれば、レコードに初期値を設定できる」ということだけ頭に入れておきましょう。

図3-24：新しいレコードを作成するフォームでは、デフォルトで終了の「N」が選択される。

フォーマットルールについて

新たに作成した「All rows」では終了したものもしないものも関係なく、終了日時順に表示するようにしました。これはこれで便利ですが、「終了の値に関係なく」といっても、やはり何らかの形で両者がわかるように表示したいものです。

例えば、終了したものは取り消し線（テキストの中央に引かれる線）を表示し、薄いグレーで表示するようになれば、ひと目で「どれが終了したものか」がわかるようになりますね。

このように、「特定の条件のときにレコードの表示を変更する」ということを行いたいときに用いられるのが「フォーマットルール」という機能です。

フォーマットルールとは、レコードの表示に関するルールを設定するための機能です。「こういう条件のとき、表示をこう変える」といった設定をフォーマットルールとして用意しておくことで、レコードの値に応じて表示を変えることができるようになります。

フォーマットルールは「Format rules」というもので設定します。左側のアイコンバーにある「Format rules」アイコン（「Views」アイコンと同じところにあります）をクリックすると、フォーマットルール設定の表示に切り替わります。

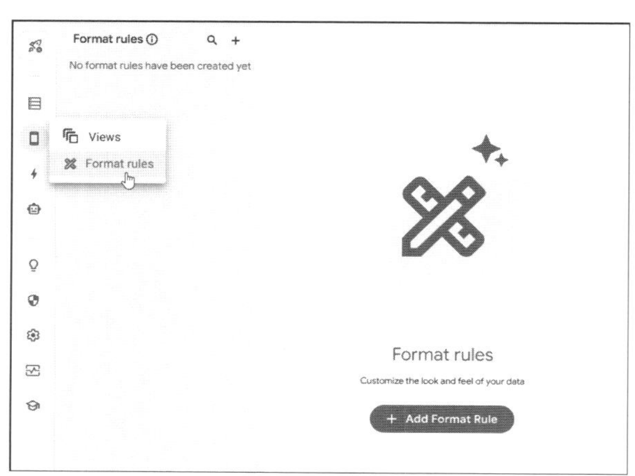

図3-25：アイコンバーで「Format rules」をクリックすると、フォーマットルールの画面になる。

新しいフォーマットルールを作る

デフォルトでは、まだ何も表示はされていません。では、画面にある「Add Format Rule」というボタンをクリックして下さい。画面に「Add a new format rule」というパネルが現れます。これが、フォーマットルールを作成するためのパネルです。ここには作成するフォーマットルールの内容を入力するフィールドがあります。その下には、候補となるフォーマットルールがいくつか表示されます。ここで作りたい項目をクリックすれば、そのフォーマットルールが作られるようになっています。

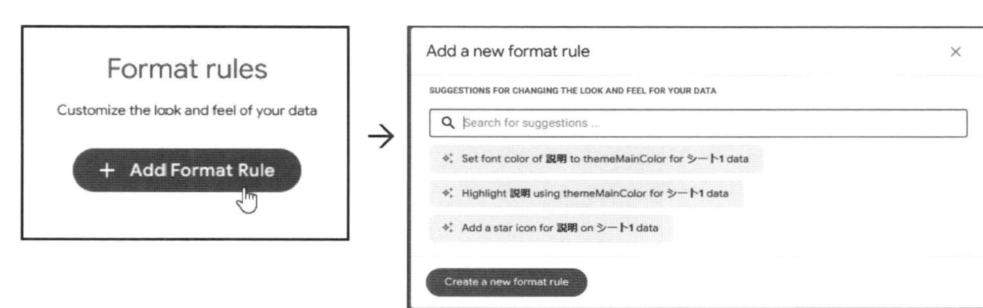

図3-26：「Add Format Rule」ボタンをクリックすると、「Add a new format rule」パネルが現れる。

今回は、パネル下部にある「Create a new format rule」ボタンをクリックし、新しいフォーマットルールを作成しましょう。

新しいフォーマットルールが作成されます。ここで、フォーマットルールの設定を行います。まずは、以下の項目を設定していきましょう。

Rule name	ルールの名前です。ここでは「終了したもの」としておきます。
For this data	ルールを適用するデータを選びます。これは「シート1」を選びます（これしか選べません）。
Format these columns and actions	どの列にルールを適用するかを指定します。ここでは「タイトル」「説明」「日時」「終了」の4つを選択しておきます。

これで、「終了したもの」ルールが作成されます。これは「シート1」のデータを対象にしたもので、このルールによって「タイトル」「説明」「日時」「終了」のデータの表示を変更できるようになります（「If this condition is true」は後で設定します）。

では、それ以降の項目を順に設定していきましょう。

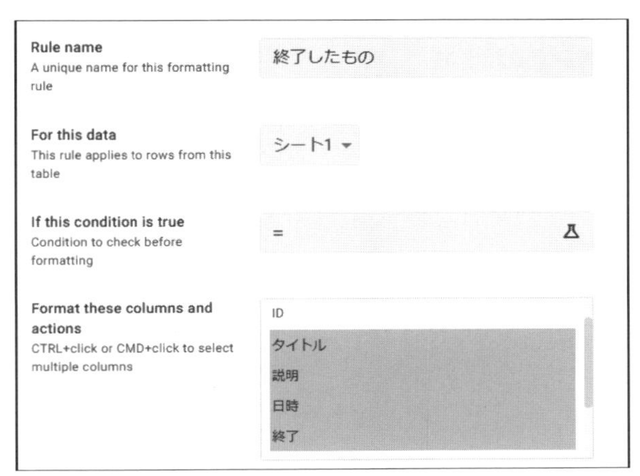

図3-27：新たに作ったフォーマットルール。ルール名とデータ、適用する列を指定する。

View Formatの設定

フォーマットルールの設定には、「View Format」という項目があります。これは、ルールを適用するレコードに表示するアイコンとテキストカラーを設定するためのものです。

Icon	レコードの冒頭にアイコンを表示するためのものです。
Highlight color	ハイライトカラーを指定します。これを設定すると、テキストの右上に指定の色で小さい丸いマークが表示されます。
Text color	テキストカラーです。データのテキスト色を変更します。

今回は、「Text color」に「#aaaaaa」と入力をしておきます。Highlight colorやText colorは、用意されている色しか使えないわけではありません。このように直接色の値を入力することで、候補にない色を設定できます。色の値は、RGB各色の輝度を2桁の16進数で表したものになります。これは、Webページのスタイルシートなどで使われている色の書き方です。

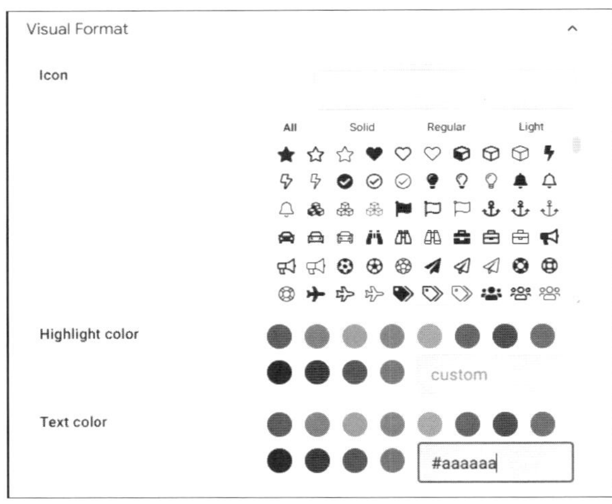

図3-28：アイコンと色の設定。テキスト色だけ設定しておく。

フォントの設定

その下にある「Text Format」では、テキストサイズとスタイルを設定します。ここでは、「Strikethrough」をONにしておきましょう。これは、取り消し線のスタイルです。

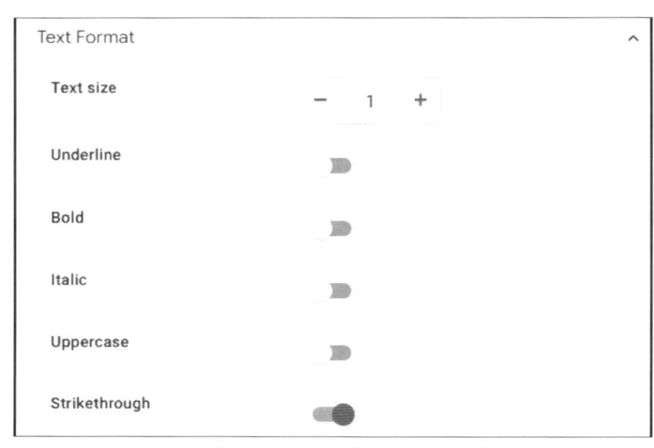

図3-29：テキストサイズとスタイルの設定。取り消し線をONにする。

プレビューで確認

ここまで設定した段階で、エミュレータに表示されるプレビュー画面を見ると、すべてのレコードが薄いグレーで取り消し線を引かれた状態で表示されていることがわかります。

すでに終了したレコードについてこのように表示されれば、ひと目で終わったかどうかがわかりますね。現時点では全レコードの表示が変わっていますが、これを「終了したものにだけ適用」するように条件を設定すれば、ルールは完成します。

図3-30：すべてのレコードが薄いグレーで取り消し線を引かれた表示になる。

フォーマットルールの式を設定する

では、このフォーマットルールを特定のレコードにのみ適用するにはどうすればよいのでしょうか。これは「If this condition is true」という項目で設定を行います。

この項目には、1行だけのテキストを設定するフィールドが用意されています。その右端に、三角フラスコの形をしたアイコンが表示されていますね。これが表示されているフィールドをクリックして下さい。

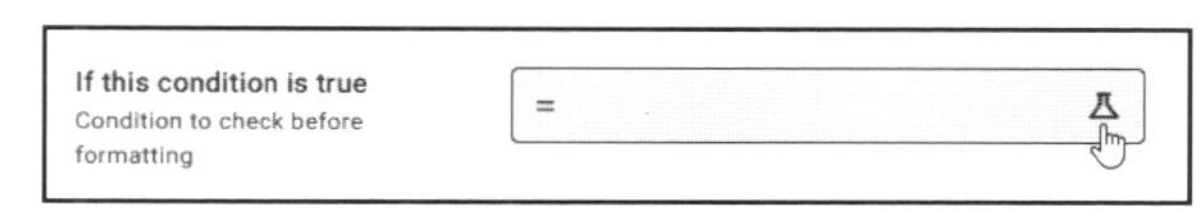

図3-31：「If this condition is true」フィールドをクリックする。

Expression Assistantについて

画面に「Expression Assistant」パネルが現れます。これは、先ほどINITIAL VALUEのところで登場しましたね。式を記入するためのものでした。フォーマットルール適用の条件も、このExpression Assistantのパネルで設定するのです。

このパネルの上部には、「Condition for format rule 終了したもの (Yes/No)」とラベルが表示された入力フィールドがあります。ここに条件となる式を入力します。

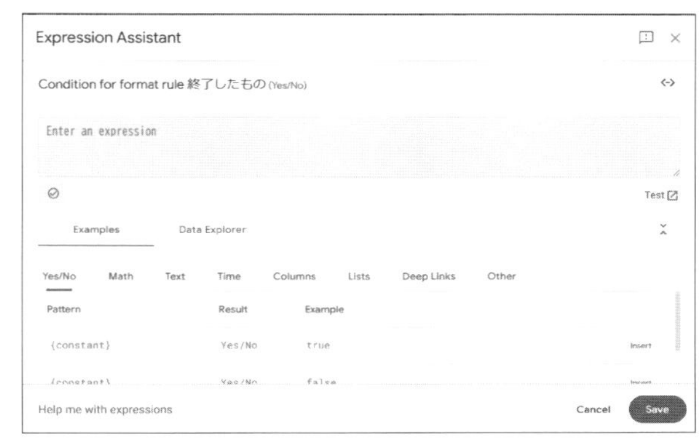

図3-32：Expression Assistantのパネルが開かれる。

では、式を作成しましょう。いくつかの要素を入力していきます。以下の手順に沿って作業して下さい。

1 まず、「Columns」というリンクをクリックして表示を切り替えて下さい。これで、下に列名のリストが表示されます。この中から[終了]と表示された項目の右端の「Insert」をクリックしましょう。これで、式の入力フィールドに[終了]と追記されます。

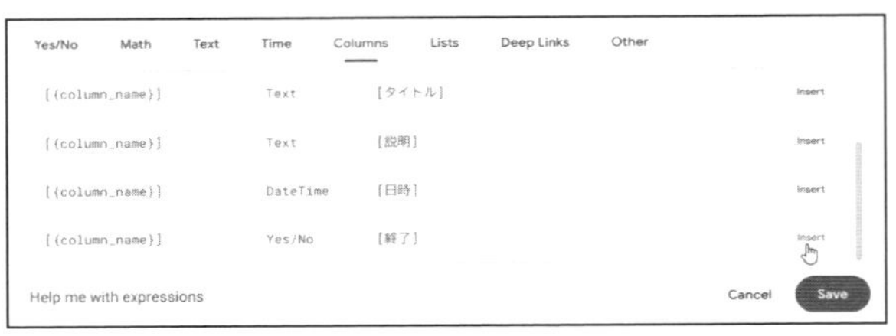

図3-33：Columnsから[終了]を追記する。

2 そのまま式の入力フィールドの末尾に「=」と記入します。これで、フィールドには「[終了]=」と書かれた状態になります。フィールドの下にエラーメッセージが表示されますが、今は気にしないで下さい。

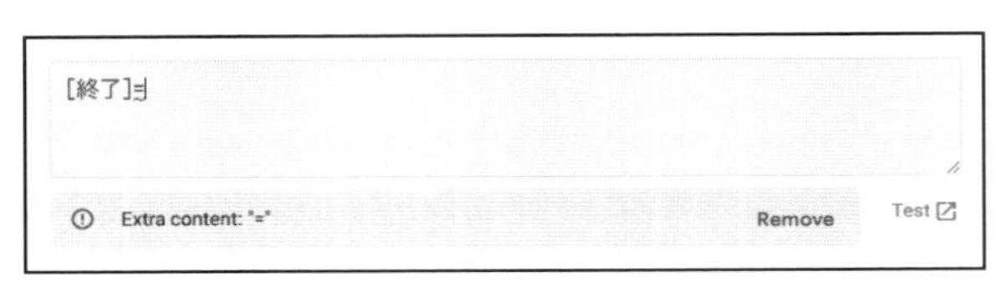

図3-34：「=」を追記する。エラーが出るが、これはそのままにしておく。

3 「Yes/No」リンクをクリックして表示を切り替えます。現れたリストから、「true」という項目の「Insert」をクリックして挿入します。これで、入力フィールドには次のように記入されました。

```
[終了] = true
```

これが、今回入力した式です。=の前後には半角スペースを付けてありますが、これはなくてもかまいません([終了]=true でもOK)。式の記号や値の間に付ける半角スペースは、付けても付けなくとも問題ありません。自分が見やすいように書けばOKです。

なお、すべて入力した段階で、先ほどのエラーはこれでなくなります。

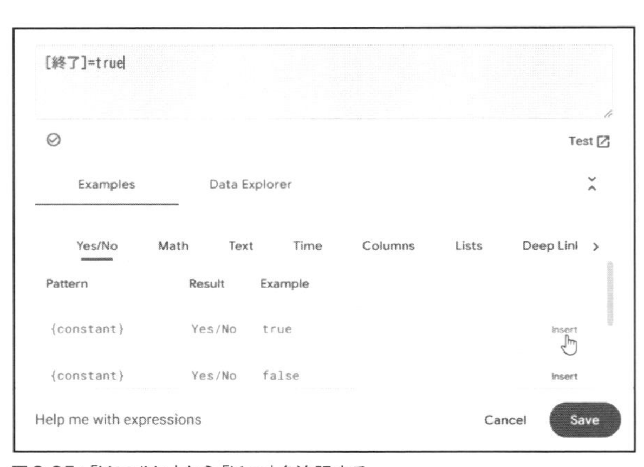

図3-35：「Yes/No」から「Yes」を追記する。

式の結果をチェック

これで式は完成しました。では、式が正しく機能するかチェックしましょう。式の入力フィールドの右側に「Test」というリンクがあるので、これをクリックして下さい。画面に新しいタブが開かれ、この式の実行結果が表示されます。

用意されているテーブルの各レコードがリスト表示され、その冒頭に「N」「Y」といった表示がされています。「N」は式の結果に合致しない、「Y」は合致することを示しています。つまり、ここに「Y」が表示されている項目にはフォーマットルールが適用され、「N」の項目には適用されない、ということを示しているわけです。

これでフォーマットルールが適用されているか確認できます。今回は問題なく動作していることがわかりましたので、このタブはもう閉じてかまいません。そして、Expression Assistantの下部にある「Save」ボタンをクリックして式を保存しましょう。

図3-36：フォーマットルールの適用状況をテストする。

Expression Assistantパネルが消えると、下のフォーマットルールの設定画面に戻ります。先ほどクリックした「If this condition is true」の項目を見てみましょう。すると、「=[終了] = true」という式が設定されています。これが、フォーマットルールを適用するかどうかを決める条件となります。

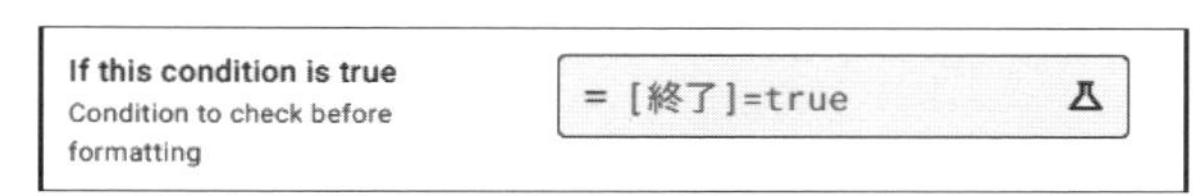

図3-37：If this condition is trueに式が設定された。

ルールが適用された！

フォーマットルールが適用され、エミュレータのプレビュー表示が変わります。今度は、終了した項目だけがグレーの取り消し線が付けられた状態で表示されるようになりました。これなら、ひと目で終了したかどうかがわかりますね！

図3-38：エミュレータで表示を確認する。終了したものはグレーで取り消し線が表示される。

式は「真偽値」を使う

ルールを設定する式はどのように作ればよいのか？　それは、一言で言うなら「結果が真偽値で得られる式」です。

「真偽値」というのは、「終了」のYes/Noのような値のことです。二者択一で値を設定するものですね。この真偽値は、式の中では「true」「false」という値として使われます。こういうことですね。

true	式が成立することを示す。「Yes」のこと。
false	式が成立しないことを示す。「No」のこと。

この真偽値として得られる式の代表は、「比較の式」です。ルールの式では、=, <, >といった記号を使って、2つの値を比較することができます。それが成立すればtrue、しなければfalseというわけです。なお、これらの値は「TRUE」「FALSE」というように大文字で書いてもOKです。AppSheetの式では、大文字と小文字は区別しません。「A」も「a」も同じ文字として認識します。

例えば、先ほどは「[終了]=true」という式を用意しましたね。これは、[終了]とtrueが等しい(つまり、[終了]の値がtrueである)ということを示していました。これが成立するならばtrue、しないならばfalseになったわけです。

この他、数値ならば、例えば「[列] > 0」というように<>記号を使って「どちらが大きいか」をチェックすることもできます。

列名は[]でくくる

この他、もう1つ覚えておきたいのは「列の書き方」です。[終了]というように、列の名前は前後を[]記号でくくって記述するのが基本です。これも式の書き方の基本として覚えておきましょう。

これ以上の複雑な式は、もう少し後のところでしっかりと説明をしていきます。とりあえずは、「列と比較の記号を使えば、値を比較した条件を作れる」というだけでも覚えておくようにしましょう。

Chapter 3

3.2. スライスの利用

スライスについて

フォーマットルールにより、レコードによって表示のスタイルなどを変更することはできました。例えばToDoが終了したものだけフォントやカラーなどを変更することで、ひと目で見分けられるようになりましたね。これでも使うことはできますが、しかし理想としては「終了してないもの、終了したものをそれぞれ別々のビューにまとめて表示する」という形でしょう。

フォーマットルールはビューに用意されているものです。ビューに用意されている機能は「表示をどうするか」であり、レコードそのものには何も操作はしません。フォーマットルールではなく「終了したもの」のテーブル、「終了してないもの」のテーブル、というようにそれぞれのデータだけをまとめたテーブルを用意できれば、もっと簡単に特定のデータだけを表示することができます。

このように「表示の段階で何らかの操作をする」のではなく、「テーブルの段階で、必要なレコードだけをピックアップしたものを作る」ことができたら、と思うシーンはたくさんあります。こうした場合のために、AppSheetに用意されているのが「スライス(Slice)」と呼ばれる機能です。

スライスは「バーチャルなテーブル」

スライスはあるテーブルを元に、特定の条件でピックアップしたレコードだけを参照し、テーブルのように扱うことのできるレコードの集まりです。スライス自体は、実体のあるレコードを持っていません。あるのは別のテーブルにあるレコードを参照する情報だけです。

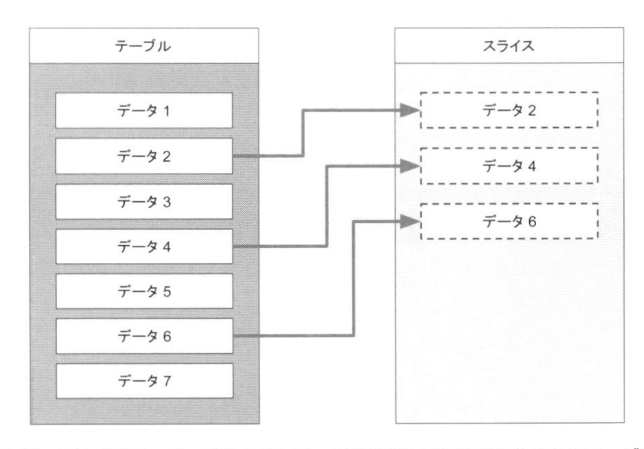

図3-39:スライスは、テーブルからレコードを参照して仮想的に作られるテーブル。

つまり、スライス自体はテーブルではないのです。が、機能的にはテーブルと同じように扱うことができます。いわば、「仮想的なテーブル」と言ってもよいでしょう。

「シート1」テーブルを元に、「終了」の項目がYesのもの、あるいはNoのものだけを集めたスライスを用意すれば、それを使って「終了したもの、してないものだけを表示するビュー」を作成することができそうですね。

スライスを作成する

では、実際にスライスを作成しましょう。スライスはレコードを扱うものですから、左側のアイコンバーにある「Data」から作成をします。

「Data」アイコンをクリックして「Data」画面に移動し、「Data」に表示されている「シート1」テーブルの「＋」アイコン（「Add slice to filter data」ボタン）をクリックして下さい。これが、スライスを作成するためのボタンです。

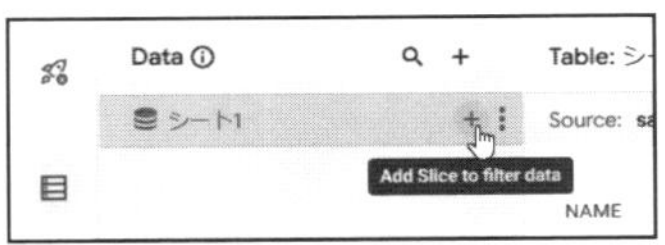

図3-40：「Add slice to filter data」ボタンをクリックする。

「Add a new slice for the "シート1" table」と表示されたパネルが現れます。ここで、作成するスライスの内容をフィールドに記入してスライスを作ります。

フィールドの下にはよく作成されるスライスの内容が表示されており、これをクリックすれば、簡単にスライスを作成できます。

今回は、下にある「Create a new slice for シート1」ボタンをクリックして、新しいスライスを作成しましょう。

図3-41：「Add a new slice for the "シート1" table」パネル。「Create a new slice for シート1」ボタンをクリックする。

スライスの設定

作成したスライスがどういうものか、中身を見てみましょう。スライスの設定がどのようになっているかわかれば、これから自分でスライスを作ることもできるようになりますから。

スライスをクリックして開くと、最初に次のような項目が表示されます。

Slice name	スライスの名前を入力します。ここでは「終了したもの」と記入します。
Source Table	スライスが参照するテーブルを指定します。「シート1」を選択します。

これで、「シート1」テーブルを利用したスライスになります。この「Source Table」で指定したテーブルからレコードを取得してスライスが作成されます。複数のテーブルを使っているときは、このSource Tableで正しくテーブルを選択しているか、よく確認しておきましょう。

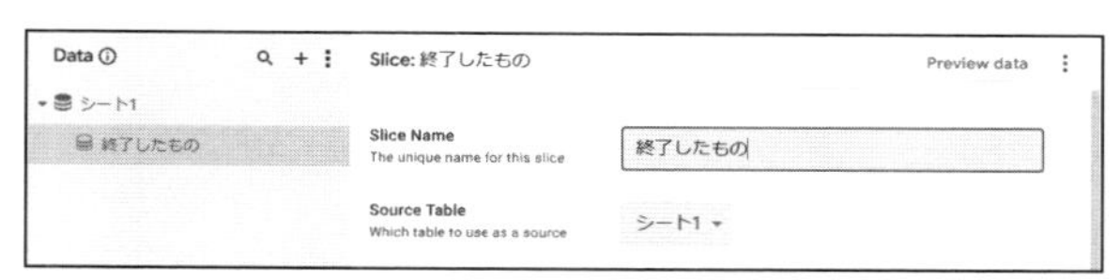

図3-42：Slice nameとSource Table。名前と参照するテーブルを指定する。

スライスの式を設定する

その下の「Row filter condition」という項目が、スライスで取り出すレコードを指定する「式」になります。ここで、取り出すレコードの条件を指定します。

このフィールドをクリックすると、下に候補となる項目がプルダウンして現れます。ここから「終了 is Yes」というものを選択してみて下さい。すると、次のようなテキストが設定されます。

```
=[終了]
```

これは、「終了」列の値をチェックするものです。=[終了]というのは、「終了」列の値がそのまま式の値となることを示します。

先に、終了したものの表示を変更するのに、フォーマットルールで「[終了] = true」と式を書きましたね。これは比較の式の書き方の基本としてこういう書き方をしていたのですが、考えてみれば「終了」列は、その値自体が真偽値（Yes/Noは真偽値です）という値です。したがって、そのまま[終了]と指定するだけで、「終了したレコード」を指定できてしまうのです（AppSheetに用意される関数については、5章で詳しく説明をします）。

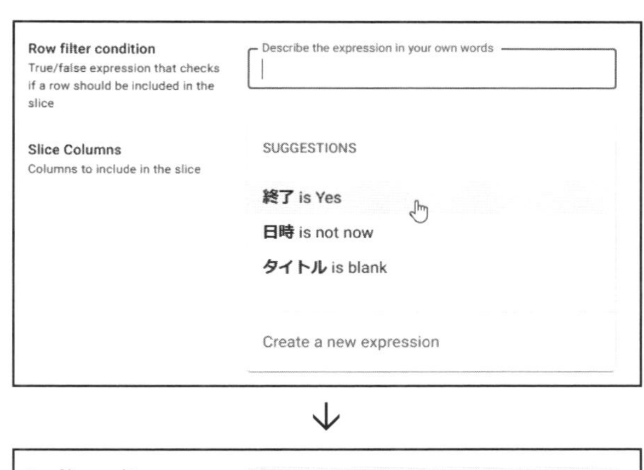

図3-43：スライスに式を設定する。

Slice columnsで列を指定

その下には「Slice columns」という項目があります。これは、スライスで取得する列を指定するものです。ここではすべての列が選択されています。不要な列があれば、その列の右端にある「-」アイコンをクリックすると取り除けます。

また「Add」ボタンをクリックして、列を追加することもできます。今回は、そのまますべてを取り出すようにしておけばよいでしょう。

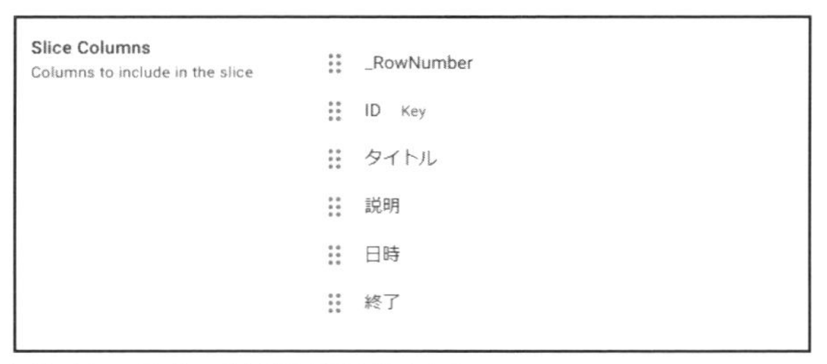

図3-44：スライスで取り出す列を設定する。

Slice Actionsでアクションを設定

「Slice Actions」は、スライスに用意するアクションを設定するためのものです。例えば「シート1」テーブルならば、テーブルが組み込まれた段階で全機能（Create、Read、Update、Deleteのことでしたね）が用意されていました。スライスにもこうした機能を用意するかどうかをここで設定します。

デフォルトでは1つだけ項目が用意されており、「Auto assign」というものが設定されていました。これは、デフォルトで自動的にアクションを設定するものです。このままでもとりあえずスライスは問題なく動作します。

個別にアクションを指定したい場合は「Add」で必要なだけ項目を追加し、値を選択します。ここでは「Add」で3つの項目を追加し、それぞれ「Updates」「Adds」「Deletes」を選択しておきましょう。これで、編集・追加・削除のすべての機能が行えるようになります。もし、特定の機能を使えないようにしたいなら、その表示を削除すればよいでしょう。

このSlice Actionsにアクションを用意することで、そのスライスから参照するテーブルに指定の更新処理を実行できるようになります。スライスは、それ自身はレコードを持たず、テーブルを参照しています。ですから、アクションを用意して、参照するテーブルにアクセスする機能を用意しておく必要があります。

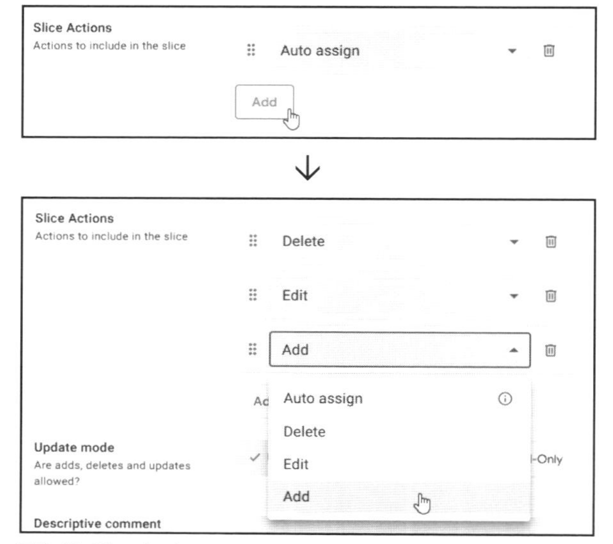

図3-45：Slice Actionsでは、スライスに割り当てるアクションを選択できる。

Update modeで許可するアクションを設定

次の「Update mode」に、スライスに許可するアクションを設定するものです。「Data」で「Tables」のところに「シート1」テーブルの設定が用意されていましたが、ここで「Are updates allowed?」という項目があったことを思い出して下さい。これで、そのテーブルに用意される機能を選択できましたね。

この「Slice Actions」に、テーブルにあった「Are updates allowed?」のスライス版です。このスライスをビューで利用した際、どういう機能が追加されるかを指定するのです。これにより、指定の機能がビューの表示に追加されるようになります。例えば「Add」がONになると、レコード追加のフローティングアクションボタンが表示されるようになる、といった具合ですね。

「上のSlice Actionsと何が違うんだ？」と思った人も多いでしょう。Slice Actionsは「参照するテーブルを操作する機能の用意」です。そして実際に用意した機能が実行されるためには、Update modeの設定が必要になるのです。

Slice Actionsにアクションを用意しておいても、Update modeで機能を許可しなければ、その機能は使えるようにはなりません。逆にUpdate modeに機能を用意しておいても、そのアクションがSlice Actionsに用意していなければレコードは更新できません。機能を使えるようにするためには、両方を用意する必要があるのです。

ここまで一通り設定できたら、「終了したもの」のスライスは完成です。これは、「終了」がYesのものだけを表示します。

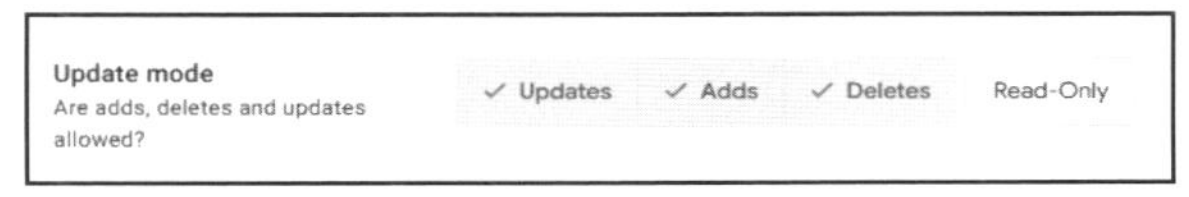

図3-46：Update modeでは、アクションの許可を設定する。

終了してないスライス

では、スライスの作り方がわかったら、もう1つスライスを作りましょう。今度は、逆に「終了していないレコード」を表示するものです。

左側の「Data」にある「シート1」の右端にある「＋」アイコンをクリックし、現れたパネルから「Create a new slice for シート1」ボタンをクリックして新しいスライスを作成して下さい。

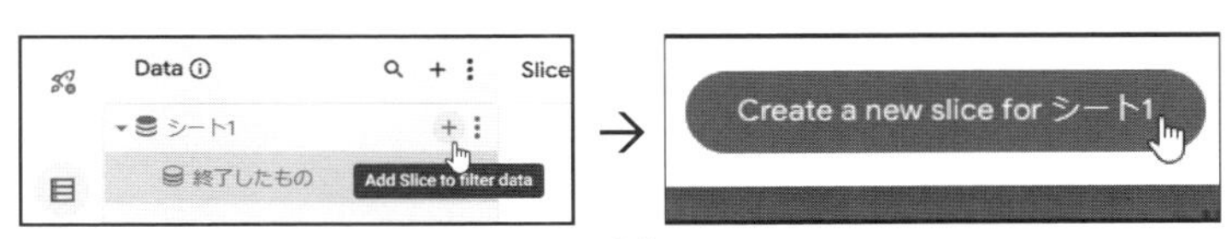

図3-47：「＋」をクリックして新しいスライスを作る。

作成したら、スライスの設定をしていきます。すでに設定する項目の働きはわかっていますから、次のように順に設定をしていくだけです。

Slice name	終了しないもの
Source Table	シート1
Row filter condition	NOT([終了])
Slice Columns	デフォルトのまま
Slice Action	Delete, Edit, Add
Update mode	「Updates」「Adds」「Deletes」

Source Tableのところで「NOT([終了])」というものを使っていますね。このNOTは「関数」と呼ばれるものです。

「関数」とはさまざまな処理を行い、その結果を返す働きをするものです。関数名（ここではNOT）の後にカッコが付いていて、そこに[終了]と書かれていますね？　この()の部分は「引数」と言って、その関数が必要な値を渡す働きをします。

このNOT関数は、「()にある値と真偽を逆にする」という働きをします。つまり、trueならばfalse、falseならばtrueの値になるわけです。

関数については改めて説明しますので、とりあえずここでは「この通りに書けば、終了してないものだけ取り出せる」と考えておきましょう。

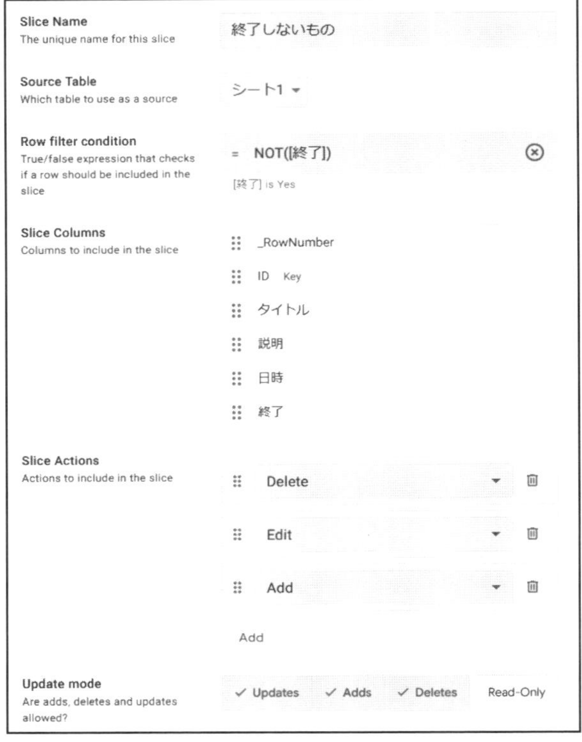

図3-48：新しいスライスの設定を行う。

スライス設定のポイント

今回はごく単純なスライスでしたが、今後、もっと複雑なスライスを作成することもあるでしょう。そのときのために、スライス作成のポイントをまとめておきましょう。

●もっとも重要なのは「式」の作成

スライスは、元になるテーブルからどういうレコードを取り出してまとめるか、それがすべてと言ってよいでしょう。それには、「Row filter condition」でどういう式を用意するかにかかってきます。この式を思い通りに作れるようになれば、スライスはほぼマスターしたも同然です。

●アクションと更新モードはよく考えて

もう1つ重要になるのが、「アクション（Slice Actions）」と「モード（Update mode）」です。これらはどこまで用意すべきかをよく考えておく必要があります。

「とりあえず全部用意しておけばいいんじゃないか？」と思った人。スライスには、参照する元のテーブルがあることを忘れてはいけません。テーブルにCRUD（Create、Read、Update、Delete）のアクションがあり、それらがビューから使えるなら、スライスに同じ機能を用意する必要はないかもしれません。

また、いくつかの限られた列だけを取り出すようなスライスを作った場合、レコードの作成や更新を許可したなら、用意されていない列のレコードをどうすべきかも考えておく必要があるでしょう。

スライスのビューを作成する

スライスができたら、これを表示するビューを作成しましょう。スライスは、作っただけでは何も変わりません。それをビューで利用できるようにして、初めて役に立ちます。

では、AppSheetの編集画面左側にあるリストから「Views」をクリックし、表示を切り替えて下さい。そして、PRIMARY NAVIGATIONにある「シート1」ビューを選択しておきます。

このPRIMARY NAVIGATIONの右側にある「+」アイコンをクリックし、現れたパネルで「Create a new view」ボタンをクリックして下さい。これで新しいビューが追加されます。

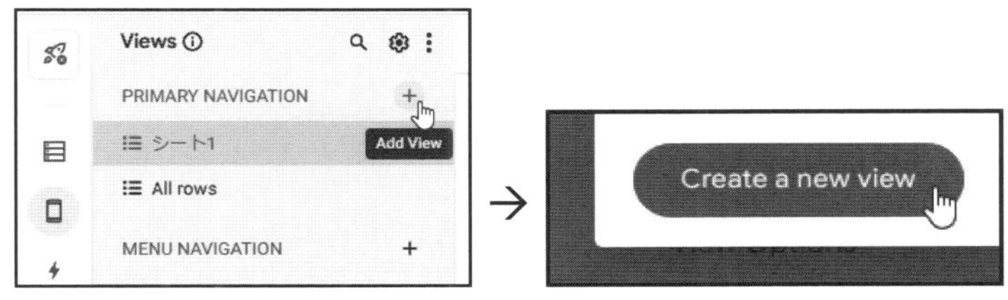

図3-49：「+」アイコンで新たにビューが追加された。

まず最初に、ビューの名前と使用するデータの設定が用意されています。これらは次のように設定しておきましょう。

View name	終了したもの
For this data	終了したもの

View nameは、そのままビューを開くアイコンに表示されるので、なるべく短くわかりやすい名前にしたほうがよいでしょう。

For this dataでは、先ほど作成したスライスを選択します。今回のビューでは、[終了]を設定したスライスを選択しておきます。これで、終了したレコードだけがこのビューに表示されるようになります。

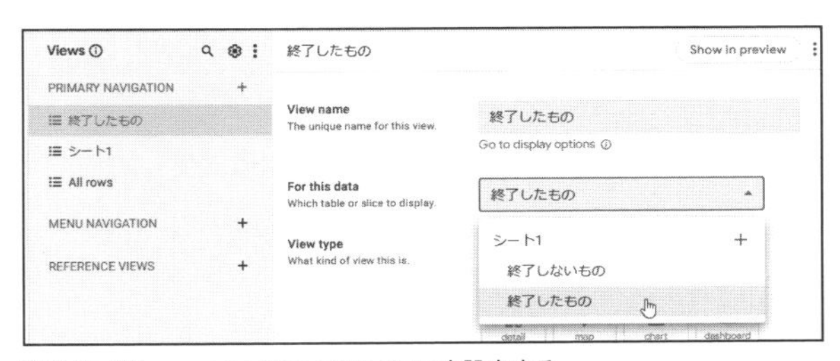

図3-50：View nameとFor this dataを設定する。

View typeとPosition

続いて、ビューの表示タイプを指定する「View type」とアイコンの表示場所を示す「Position」です。これらは次のように設定しておきましょう。

View type	「card」を選択する
Position	「first」を選択する

ビューの種類は「card」を選択しておきます。「card」はもっとも表示が柔軟に行えるもので、特にテキストだけのレコードの表示に使いやすいものです。Positionは、デフォルトで用意されている「シート1」のビューがmiddleなので、その左側に表示させることにします。

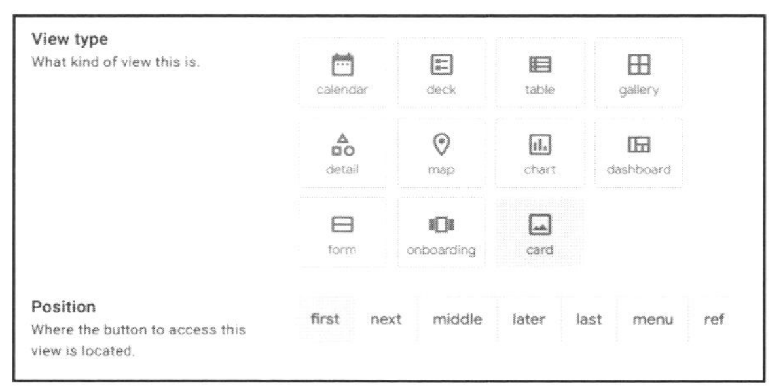

図3-51：View typeとPositionを設定する。

Sort byは日時の新しいものからソート

次は「View Options」に用意されている「Sort by」です。これはレコードのソートに関する設定でしたね。

ここでは「日時」「Descending」という設定を1つだけ用意しておきましょう。これで、「日時」の新しいものから順に表示されるようになります。すでに終わったものは、新しいものから順に表示したほうが把握しやすいでしょう。ずっと昔に終わった古いレコードが一番上に出てきても、あまり役には立たないでしょうから。

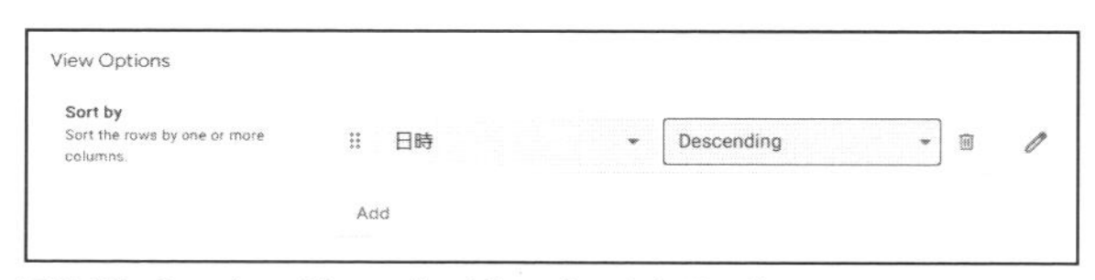

図3-52：Sort byでは、日時の新しいものから順に並べる。

レイアウトを調整する

「Layout」のところで「list」のレイアウトを設定しましょう。レイアウトの方式は「list」を選んでおきます。そして、中央のプレビュー表示部分で次のように項目を設定します。

表示全体をクリック	「Go to detail」を選択
上のタイトル表示	「タイトル」を選択
下のテキスト表示	「説明」を選択

基本的には、先に「シート1」ビューで設定したのと同じ形を考えればよいでしょう。とりあえずここまで設定できれば、ビューとしての基本的な表示は行えるようになります。

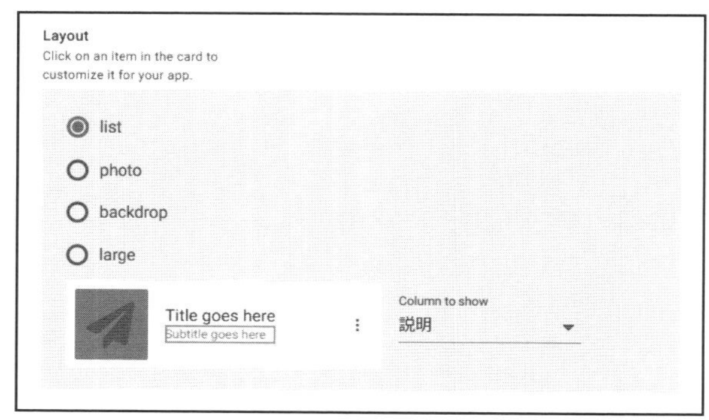

図3-53：レイアウトを設定する。基本的には「シート1」ビューと同じだ。

表示を確認する

ビューの設定ができたら、エミュレータの画面で表示を確認しましょう。下部に追加された「終了したもの」というアイコンをクリックすると、終了したレコードだけが表示されるようになります。

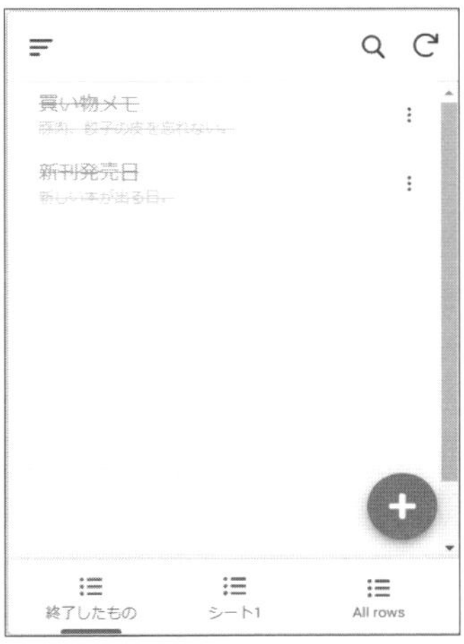

図3-54：下の「終了したもの」アイコンをクリックすると、終了したレコードだけが表示される。

終了していないレコードのビュー

終了したレコードを表示するビューがこれで完成しました。やり方がわかってきたら、今度は「終了していないレコード」を表示するビューを作ってみましょう。

「Views」の上部にある「New View」ボタンをクリックして新しいビューを作成します。そして、まずは名前とテーブルを次のように設定します。

View name	終了してない
For this data	終了しないもの

For this dataでは先ほど使ったほうではない、残ったもう1つのスライスを選んで下さい。これで、「終了」列の値がfalseのもの（まだ終了していない）が表示されるようになります。

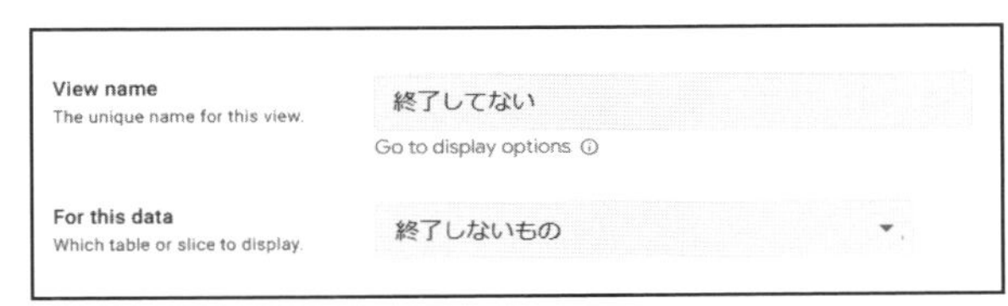

図3-55：View nameとFor this dataを設定する。

Sort byでソートを設定

続いて、「Sort by」でレコードのソートを指定します。「Add」ボタンをクリックして、新しいソートの設定を用意して下さい。

今回は、「日時」「Ascending」を選択しておきます。これで、日時が古いものから順にレコードが並べ替えられるようになります。まだ終了していないレコードの場合、新しいものから順だと何ヶ月も先のレコードが一番上に表示されてしまうかもしれません。それより一番古いものから順に表示したほうが、直近のレコード順にチェックしていけます。

図3-56：Sort byで日時順にソートを行わせる。

View typeとPosition

続いて、表示のタイプを指定する「View type」と、配置場所を指定する「Position」です。これらは次のようにしておきます。

View type	「card」を選択
Position	「last」を選択

View typeは、先の「終了したレコード」を表示するビューと同じものにしておきます。Positionは「last」にしておきます。これで画面下部のバーでは「左側に終了したもの、右側に終了してないもの」のビューが配置されます。

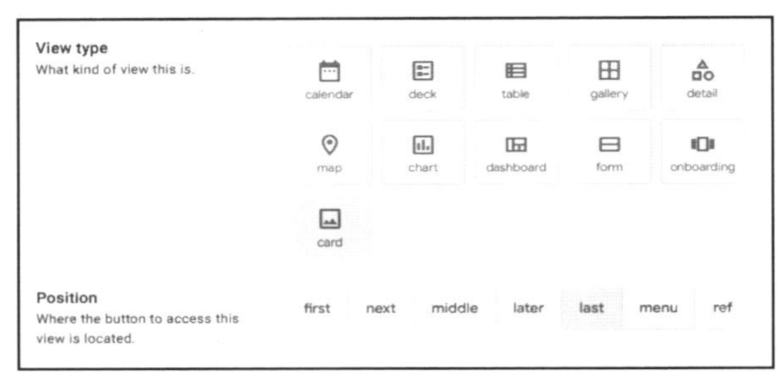

図3-57：View typeとPositionを設定する。

Layoutを設定する

残る大きな項目は「Layout」ぐらいでしょう。ここでは、先ほどの「終了したレコードを表示するビュー」と同じように設定をしておきます。すなわち、次のような形です。

表示全体をクリック	「Go to detail」を選択
上のタイトル表示	「タイトル」を選択
下のテキスト表示	「日時」を選択

これで、一通りの設定ができました。レイアウトも、先の「終了したもの」を表示するビューと同じ形にしておきました。

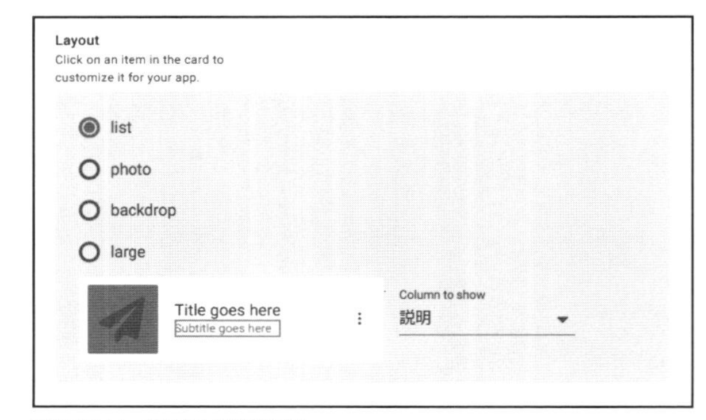

図3-58：レイアウトを設定する。

動作をチェック！

　できたら、エミュレータで下部にある「終了していない」アイコンをクリックして表示を確認しておきましょう。まだ終了していないデータが一覧表示されます。「終了したもの」と「終了していない」で終了したものとしていないものがきれいにまとめて表示されるようになりました。

　まだまだ改良すべき点はあるでしょうが、とりあえずこれでToDoのアプリとして最低限のものはできました！

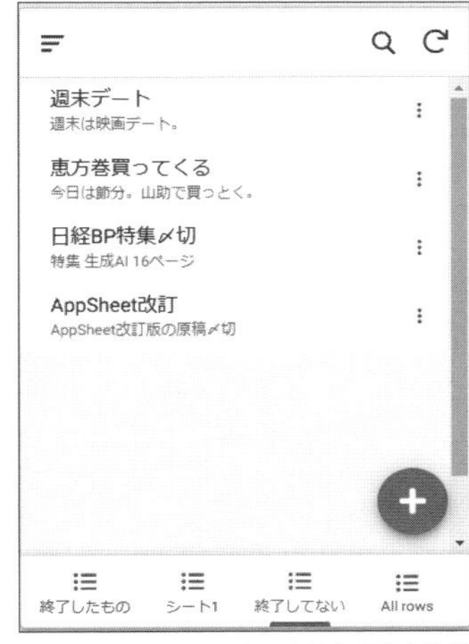

図3-59：エミュレータで表示と動作を確認する。

Chapter
3

3.3.

テーブルを拡張する

テーブルに列を追加する

これでアプリの基本はできました。しかし、使っていて「もっと便利にしたい」とさらに改良していくことはよくあることです。

スライスやビューの作成を使えば、アプリの表示をいろいろとカスタマイズできることはわかりました。しかし、もっと根本的な部分として「なかった機能を追加したい」というような場合はどうすればよいのでしょうか。

例えば、今回作ったMyToDoアプリに、各項目をジャンル分けする機能を追加しようと思ったとしましょう。「仕事用」「プライベート」というようにいくつかのジャンルを用意して、そのジャンルごとに表示する、なんてことができれば便利ですね。

これには、テーブルに「ジャンル」のための列を追加する必要があります。すでにアプリで使っているテーブルに、さらに列を追加するにはどうすればよいのでしょうか。実際にやってみましょう。

データソースを開く

テーブルを後から操作する場合、肝に銘じて欲しいのは「必ず、データソース側で修正を行う」ということです。アプリのテーブルを操作するのではなく、データソースから変更します。

まず、アプリが参照しているデータソースとなるものを開いて下さい。今回は、Googleスプレッドシートを使ってデータを作成していましたね。このファイルを開いて下さい。そして、スプレッドシートに作成した列の右側の空白の列に「ジャンル」と記入をしましょう。

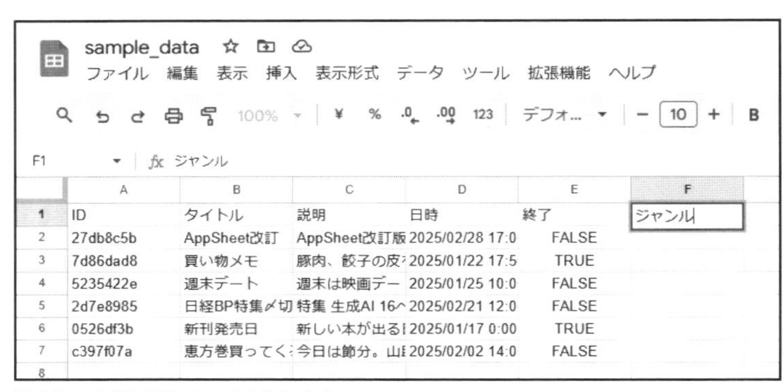

図3-60：右端に「ジャンル」を追加する。

すでにあるデータに、ジャンルの値を記入していきましょう。今回は、「業務」「プライベート」「メモ」の3つの値を使うことにします。各行について、3つのいずれかの値を記入していきます。

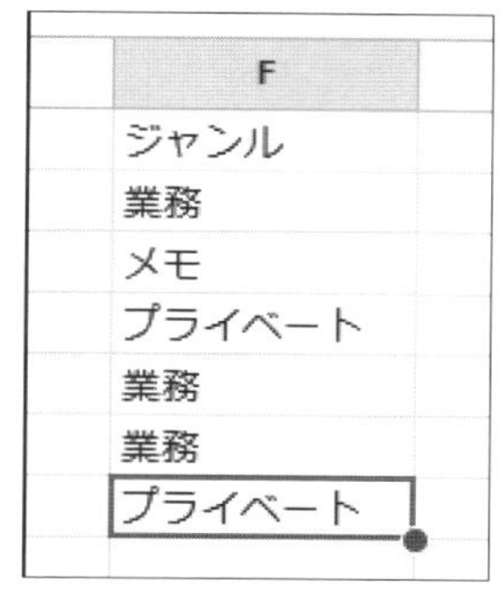

図3-61：「ジャンル」の列の値を記入する。

アプリのテーブルを更新する

では、AppSheetのエディタに戻りましょう。そして、左側のアイコンバーから「Data」を選択して表示を切り替えます。「Data」のリストにある「シート1」を選択し、右側の設定項目の並ぶエリアの一番上にある「Regenerate schema」というアイコンをクリックして下さい。これは、データソースから列情報を再生成するものです。

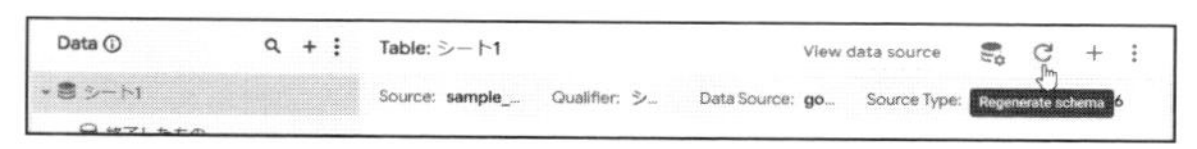

図3-62：「Regenerate schema」アイコンをクリックする。

画面に「Regenerate structure?」という確認のアラートが現れます。そのまま「Regenerate」ボタンをクリックして下さい。データソースが再ロードされ、「シート1」の列情報が再生成されます。

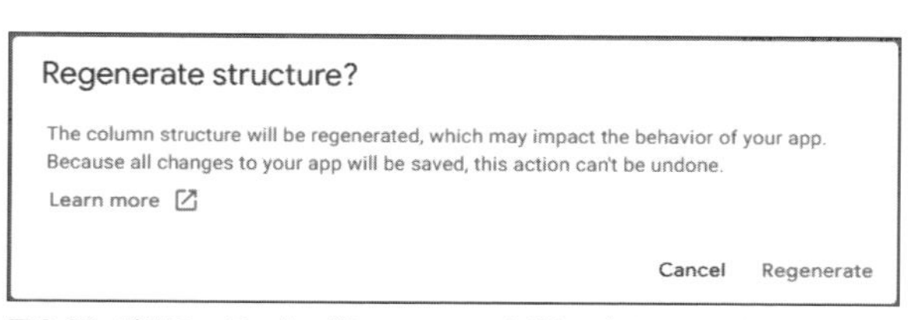

図3-63：確認のアラート。「Regenerate」ボタンをクリックする。

「シート1」の列情報が再生成されます。生成された項目を確認しましょう。一番下に「ジャンル」という列が追加されているのがわかります。新たに作った「ジャンル」がAppSheetのテーブルに追加できました。

このように、列の追加に「データソースに列を追加し、それをアプリのテーブルに反映する」というやり方をします。

NAME	TYPE	KEY?	LABEL?
_RowNumber	Number	☐	☐
ID	Text	☑	☐
タイトル	Text	☐	☑
説明	Text	☐	☐
日時	DateTime	☐	☐
終了	Yes/No	☐	☐
ジャンル	Text	☐	☐

図3-64：再生成された列情報。最後に「ジャンル」が追加されている。

「ジャンル」の選択肢を設定する

「ジャンル」は、あらかじめ用意した選択肢から値を選ぶようにしたいですね。では、「ジャンル」のTYPEの値をクリックし、現れたリストから「Enum」を選択しましょう。これが、選択肢のためのタイプになります。

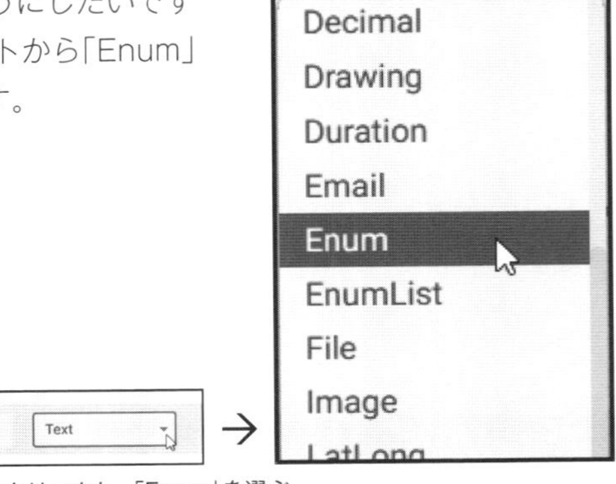

図3-65：TYPEの値をクリックし、「Enum」を選ぶ。

続いて、選択肢の設定を行います。これは、この列の設定パネルで行います。「ジャンル」列の一番左端にある「edit」アイコンをクリックして下さい。画面に列の設定パネルが開かれます。

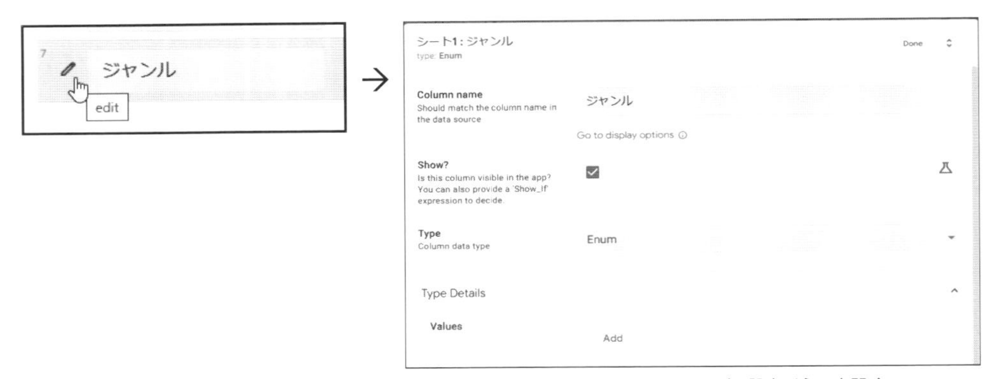

図3-66：「edit」アイコンをクリックして列の設定パネルを開く。

TYPEに「Enum」を選択していると、パネルの「Type Details」というところに「Values」という項目が用意されます。ここに、選択肢となる値を用意しておくのです。

選択肢を追加する

Valuesにある「Add」ボタンをクリックして下さい。これで項目が追加されます。こうして値の項目を追加し、値を記入していけばよいのですね。

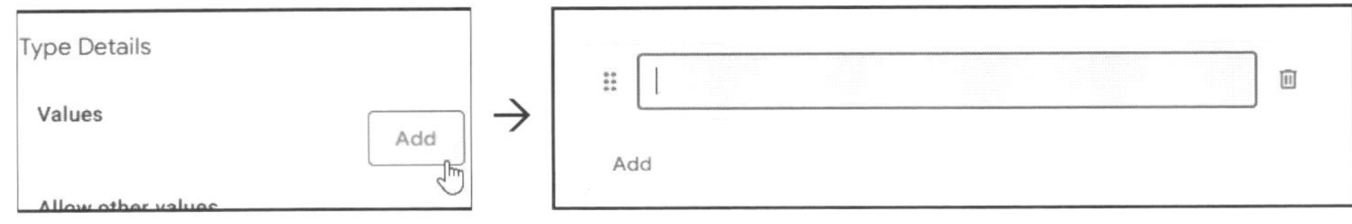

図3-67：「Add」ボタンをクリックし、値の項目を追加する。

では、「Add」ボタンで3つの項目を追加して、3つの項目それぞれに次のように値を記入して下さい。

```
業務
プライベート
メモ
```

これで、3つの選択肢が用意されました。

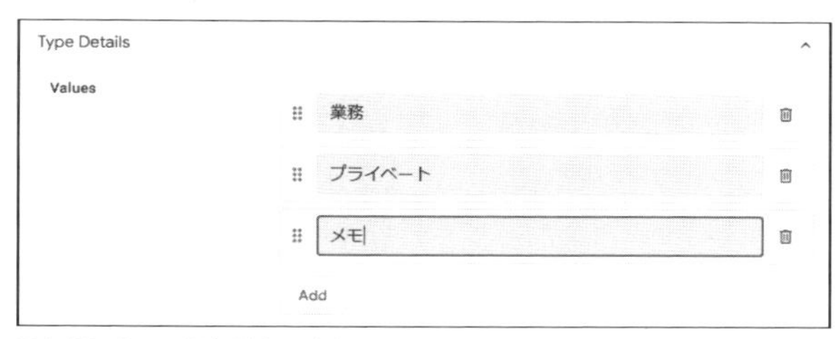

図3-68：3つの選択肢を用意する。

値の入力方法

続いて、そのさらに下にある「Base type」というところを見て下さい。これは、選択肢を選んだときに入力される値のタイプを指定します。これは「Text」にしておきましょう。

その下には「Input mode」というものがあります。これは、選択肢を入力する方法を選ぶものです。ここでは「Dropdown」というものを選んでおきましょう。

以上で、設定パネルの作業は完了です。右上の「Done」ボタンをクリックしてパネルを終了しましょう。

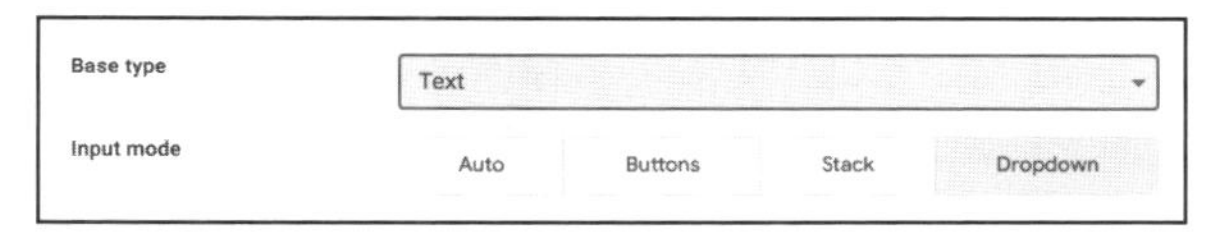

図3-69：Base typeとInput modeを選択する。

「ジャンル」の初期値を設定する

続いて、「ジャンル」列に初期値の設定をしておきましょう。「ジャンル」列の「INITIAL VALUE」の項目をクリックし、式を入力するパネル（Expression Assistant）を開いて下さい。そして、値を入力するエリアに、次のように記入をします。

```
"メモ"
```

これで、初期値として「メモ」というテキストが設定されるようになります。記入したら、パネル右下の「Save」ボタンでパネルを閉じて下さい。

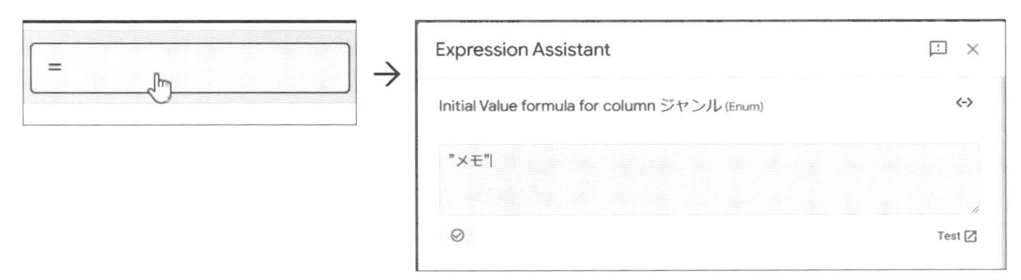

図3-70：INITIAL VALUEの項目をクリックし、パネルで初期値を指定する。

フォームの表示を調整する

これで、テーブルの設定は完了です。後は、ビューの調整をしておきましょう。まずは、入力フォームの調整です。

レコードを入力したり編集したりするのに使われるフォームは、「Views」に用意されています。左側のアイコンバーから「Views」を選び、表示を切り替えて下さい。そして、ビューの一覧リストが表示されているエリアの下部にある「SYSTEM GENERATED」というところから、「シート1」内にある「シート1_Form」という項目を選択して下さい。

レコードの作成や編集に使うフォームは、システムによって自動生成されます。これらは「SYSTEM GENERATED」というところにまとめられています。

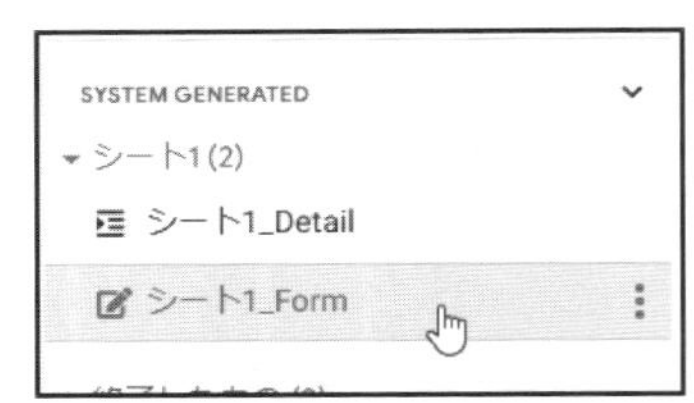

図3-71：SYSTEM GENERATEDから「シート1_Form」を選択する。

項目の並び順を調整する

では、選択した「シート1_Form」の設定を見てみましょう。「Column order」という項目を探して下さい。フォームに表示される列の設定です。デフォルトでは、「Automatic」という項目が選択されています。これはシステムによって自動生成するものです。

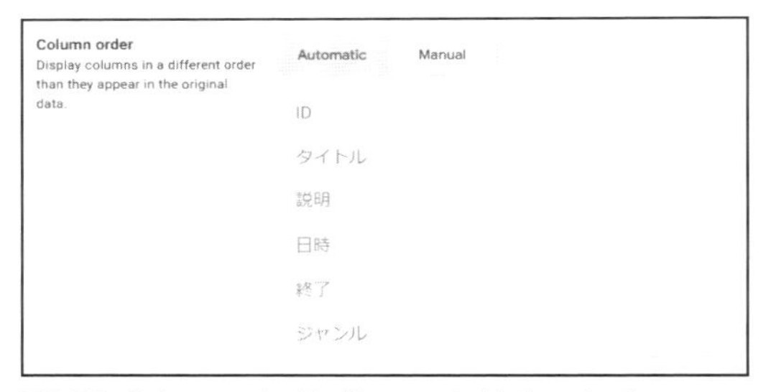

図3-72：Column orderは、「Automatic」になっている。

列の並び順を調整しましょう。「Automaticから「Manual」に表示を切り替えて下さい。これで、表示する列のリストが表示されます。このリストは、項目の左端をドラッグして順番を入れ替えることができます。

並び順を入れ替え、使いやすい順に整えて下さい。追加した「ジャンル」を上のほうに移動しておくとよいでしょう。

図3-73：列の並び順を調整しておく。

動作を確認しよう

これで、基本的な調整はできました。実際に動かしてみましょう。プレビュー画面で「シート1」アイコンを選び、「+」フローティングアクションボタンをクリックしてレコードの作成フォームを呼び出して下さい。このフォームに、「ジャンル」という項目が追加されるようになりました。これは、デフォルトで「メモ」になっているでしょう。

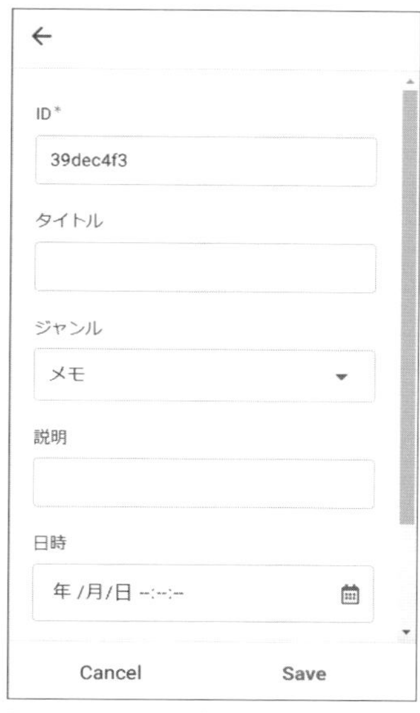

図3-74:フォームに「ジャンル」が追加されている。

この「ジャンル」の値部分をタップしてみて下さい。画面にパネルが開かれ、選択肢が表示されます。ここから使いたいものを選べばよいのです。この表示が、先に列の設定にあった「Input mode」で指定した「Dropdown」の入力方法です。こんな具合に、選択肢のパネルから選ぶようになるのですね。

図3-75:「ジャンル」をタップすると、選択肢のパネルが開かれる。

ジャンルごとに表示する

新しい「ジャンル」の項目が問題なく使えるようになりました。では、せっかく機能を追加したのですから、これを活かした表示も作ってみましょう。ジャンルごとに、指定したジャンルの値を表示するビューを作ってみます。

まず、「Data」に表示を切り替え、「ジャンル」の値ごとのスライスを作ります。左側のアイコンバーから「Data」を選択して表示を切り替えて下さい。そして、「Data」にある「シート1」の「Add slice to filter data」アイコンをクリックし、現れたパネルから「Create a new slice for シート1」ボタンをクリックします。

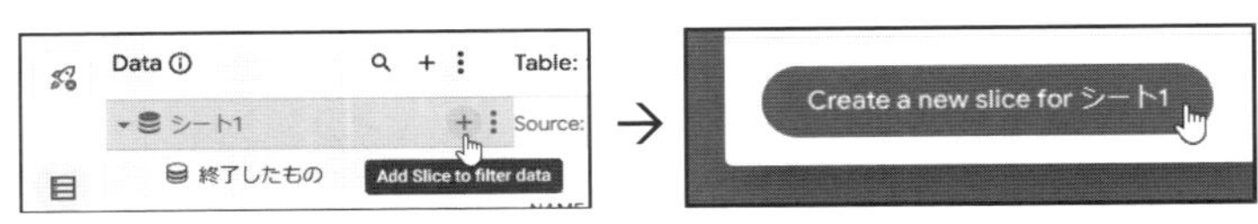

図3-76:「シート1」の「+」アイコンをクリックし、パネルから「Create a new slice for シート1」ボタンをクリックする。

スライスの設定を行う

新しいスライスが作成されます。ここで、項目を設定して次のようにスライスを作成しましょう。

Slice Name	業務
Source Table	シート1
Row filter condition	[ジャンル] = "業務"

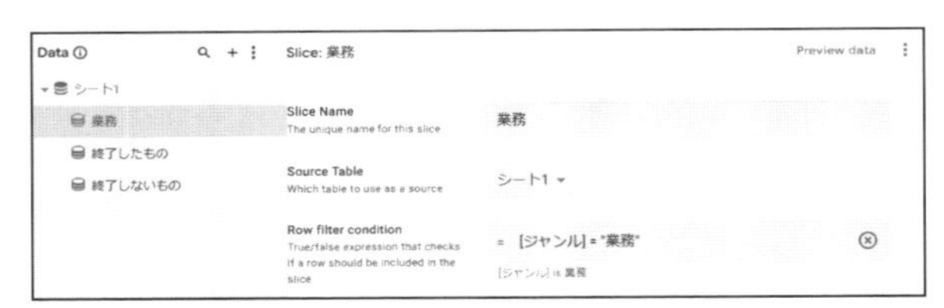

図3-77:「業務」スライスの設定を行う。

スライスの作成手順がわかったら、同様にしてさらに2つのスライスを作成します。それぞれ次のように設定して下さい。

2つ目のスライス

Slice Name	プライベート
Source Table	シート1
Row filter condition	[ジャンル] = "プライベート"

3つ目のスライス

Slice Name	メモ
Source Table	シート1
Row filter condition	[ジャンル] = "メモ"

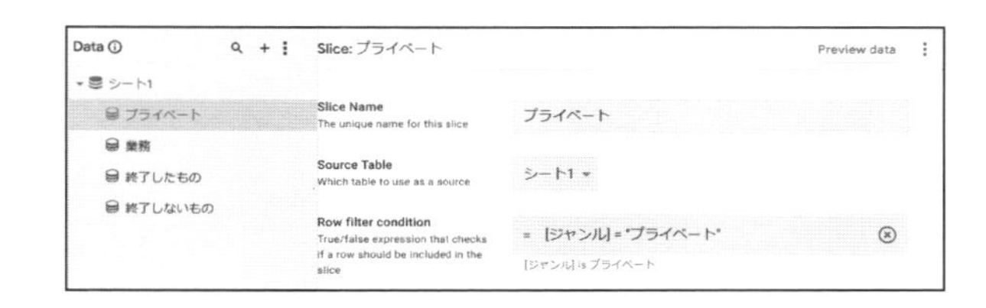

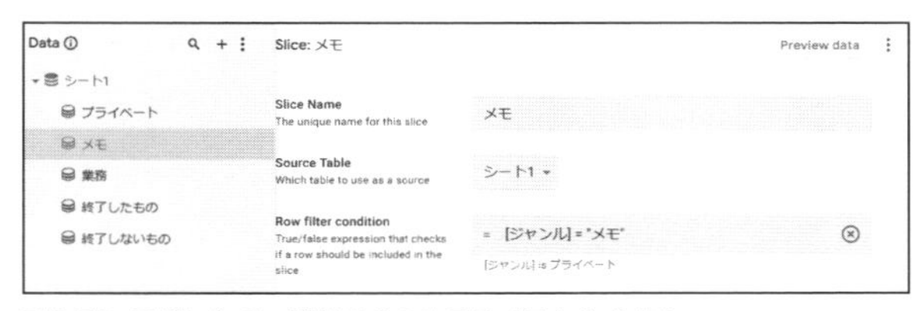

図3-78：同様にして、残りの2つのスライスも作成する。

スライスを表示する

これで、各ジャンルごとのデータをまとめたスライスが用意できました。後は、これらのスライスを表示するビューを用意するだけですね。ただし、ナビゲーションバーにはもうけっこうアイコンが並んでいますから、ジャンル関係のビューはメニューとして追加することにしましょう。

では、左側のアイコンバーから「Views」を選択して表示を切り替えて下さい。そして「MENU NAVIGATION」の「+」アイコンをクリックし、現れたパネルから「Create a new view」ボタンをクリックし、新しいビューを作成します。

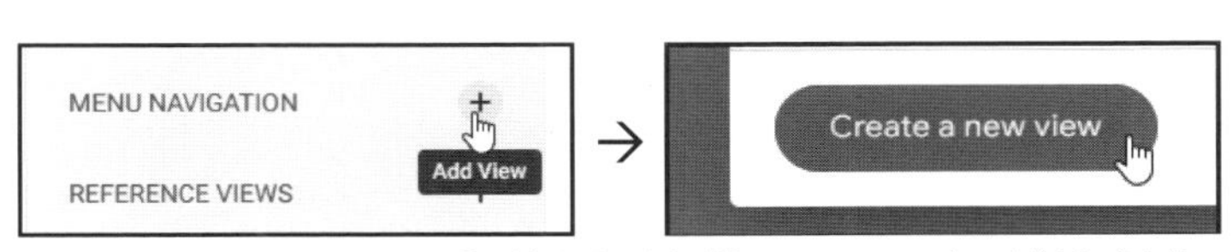

図3-79：MENU NAVIGATIONの「+」をクリックし、「Create a new view」ボタンをクリックする。

新しいビューが作成されました。これに設定を行って、まずは「業務」ジャンルのデータだけを表示するようにしましょう。次のように設定を行って下さい。

View name	業務
For this data	業務
View type	table
Position	menu

図3-80：新しいビューの設定を行う。

続いて、さらに下にあるView Optionsの設定を行います。次のように項目を用意して下さい。

Sort by	「日時」「Descending」
Group by	「終了」「Ascending」
Column order	「Manual」に変更して以下を表示 • タイトル • 日時 （他は削除する）
Column width	Default

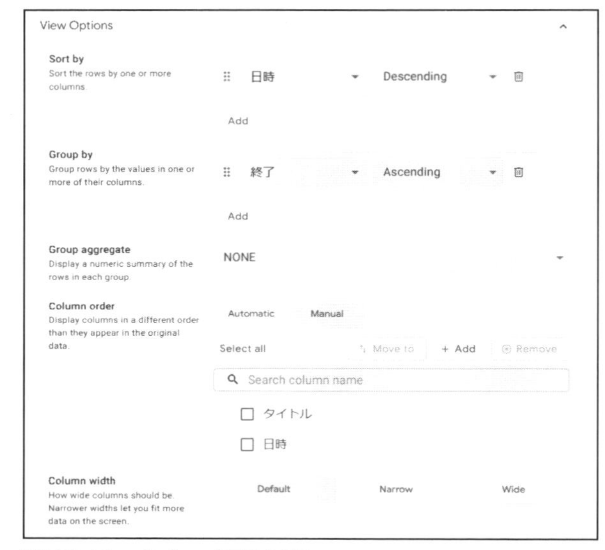

図3-81：View Optionsの設定を行う。

「プライベート」「メモ」のビューも用意

これで、「業務」スライスを表示するビューができました。作り方がわかったら、残る「プライベート」「メモ」スライスについても、同様にビューを作成していきましょう。

2つ目のビュー

View name	プライベート
For this data	プライベート
View type	table
Position	menu
Sort by	「日時」「Descending」
Group by	「終了」「Ascending」
Column order	「Manual」に変更し以下を表示 • タイトル • 日時 （他は削除する）
Column width	Default

3つ目のビュー

View name	メモ
For this data	メモ
View type	table
Position	menu
Sort by	「日時」「Descending」
Group by	「終了」「Ascending」
Column order	「Manual」に変更し以下を表示 • タイトル • 日時 （他は削除する）
Column width	Default

表示を確認しよう

一通りビューが作成できたら、プレビュー画面で表示を確認しましょう。画面の左上にあるアイコンをタップし、サイドバーを呼び出して下さい。すると、そこに「プライベート」「メモ」「業務」といった項目が追加されているのが確認できるでしょう。ここから項目を選べば、そのスライスのビューが開かれます（図3-82）。

ジャンル関係のビューは、終了がYとNでそれぞれグループ分けしてデータが表示されます（図3-83）。これで、特定のジャンルごとにデータを呼び出せるようになりました。

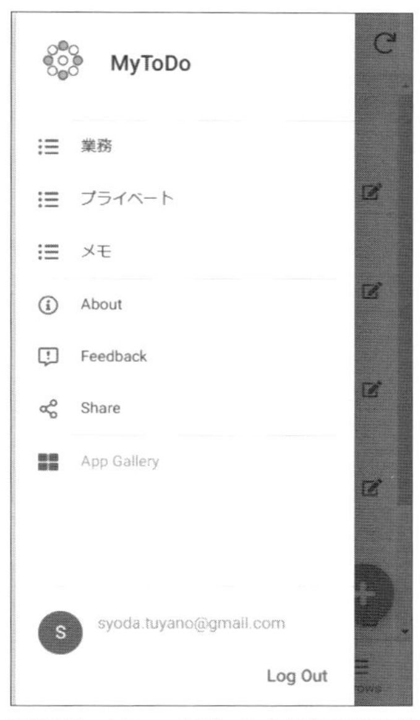

図3-82：メニューにジャンル関係の項目が追加されている。

図3-83：ジャンル用のビューでは終了したものとしていないものをグループ分けして表示する。

テーブルの拡張の手順

以上、テーブルに「ジャンル」を追加してアプリに必要な機能を追加してみました。

「アプリに新たな機能を追加する」というとき、AppSheetに限っては「必要なデータをテーブルに追加する」ということから始めることになります。そして、追加したデータを元に、必要な機能を作成していきます。手順としては、次のようになるでしょう。

1 データソースに新しい列を追加する。
2 AppSheetの「Data」で、テーブルをRegenerateする。
3 追加された列の設定を行う。
4 追加列を活用するのに必要なスライスなどがあれば作成する。
5 「Views」に切り替え、追加した列を利用したビューを作成する。

AppSheetは、プログラミング言語のように「実行する処理を作成して組み込む」ということができません。「アプリに機能を追加する」というのは、「扱うテーブルに追加し、それを利用したスライスやビューを作成する」ということなのだ、ということを理解しておきましょう。

Chapter 4

特殊なデータの扱い

AppSheetでは数値やテキストといった単純な値だけでなく、もっと特殊な値も扱えます。
ここでは「イメージ」「マップ」「カレンダー」といった値を使ってアプリを作ってみましょう。
マルチユーザーへの対応や、複数のテーブルを連携した複雑なアプリにも挑戦してみます。

Chapter 4

4.1.

イメージを利用しよう

落書き帳アプリを作ろう

ここまで3つほどアプリを作りましたが、いずれも「データを表にしたりグラフにしたりする」というものでした。

基本的にAppSheetは業務用データをアプリ化することを考えて作られています。したがって、もっとも多い用途は「業務で使う数値データなどをアプリで処理する」といったものになるでしょう。

が、数値やテキストのデータ以外のものは使えないのか？　というと、そういうわけではありません。数値やテキストのような値以外にも、AppSheetではさまざまな値を扱うことができます。ここではそうした「数値やテキスト以外の値」について、簡単なサンプルを作りながら使い方を説明していきましょう。まずは、「イメージ」についてです。

イメージとイメージファイル

AppSheetではイメージをそのまま表示したり、あるいはアプリ内でイメージを描いたりすることもできます。こうしたイメージは、AppSheetの内部では「イメージファイル」として扱われます。

アプリで作成されるイメージファイルは、Googleドライブの中に保管されます。アプリでイメージを使うときは、必要に応じてGoogleドライブからイメージを読み込み、アプリ内に表示するのです。「イメージ＝イメージファイル」であるということを、まずしっかりと頭に入れておいて下さい。

落書き帳のデータ

では、実際にアプリを作成していきましょう。まずは、データの用意ですね。今回は、AppSheet Databaseを利用することにしましょう。AppSheetのホーム（https://www.appsheet.com/home/apps）にアクセスして下さい。アプリの編集画面を開いている場合は、左上に見えるAppSheetのアイコンをクリックすれば、ホームを開きます。

そして、「Create」ボタンの「Database」から「New database」メニューを選んで、新しいデータベースを作りましょう。

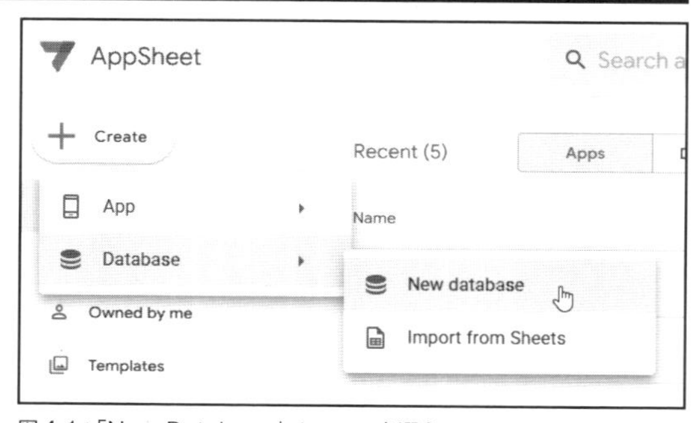

図4-1：「New Database」メニューを選ぶ。

新しいデータベースを開いたら、上部の名前部分をクリックし、「落書き database」と名前を設定しておきましょう。

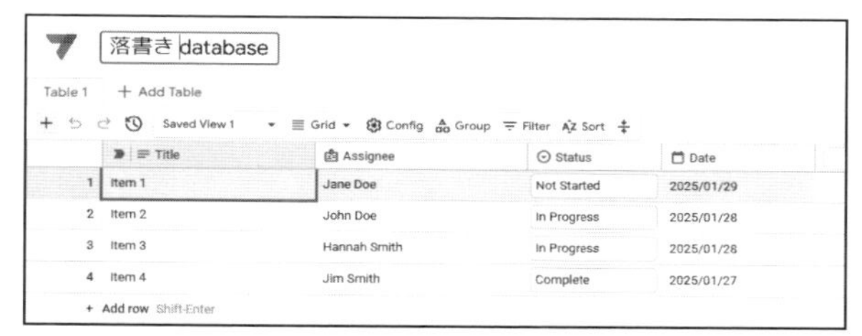

図4-2：データベースの名前を設定する。

列を変更する

データベースにはデフォルトで4つの列が用意されています。これを書き換えていきましょう。

最初の「Title」はそのままでよいでしょう。次の「Assignee」のラベル右端にある「⋮」をクリックし、現れたメニューから「Edit column」を選びます。

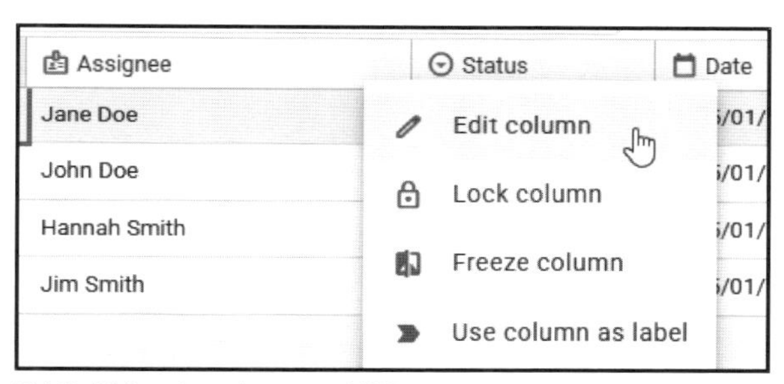

図4-3：「Edit column」メニューを選ぶ。

現れたパネルで、列の設定を変更します。ここでは、イメージ描画の列に変更しましょう。次のように変更して下さい。

Name	Image
Type	Drawing

Typeの「Drawing」は、値をクリックして現れるリストの「Attachments」という項目にサブメニューとして用意されています。

設定変更したら、「Save」ボタンをクリックしてパネルを閉じれば列が変更されます。

図4-4：名前とタイプを変更する。

同様にして、次の「Status」も変更をします。「⋮」アイコンから「Edit column」を選び、現れたパネルで次のように設定を変更しましょう。

Name	Memo
Type	Long Text

変更して「Save」ボタンをクリックすると、「Change column type?」という確認のアラートが現れるかもしれません。そのまま「Yes」ボタンをクリックすると変更されます。Long Textというのは、長いテキストを扱える値です（Textは基本的に1行だけのテキストの値です）。

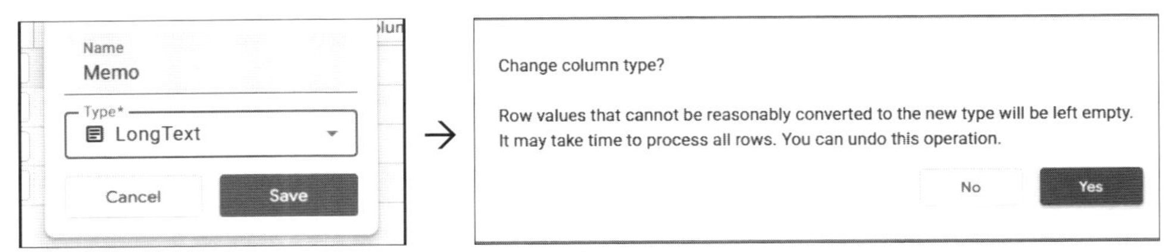

図4-5：名前とタイプを変更する。確認のアラートが現れたら「Yes」を選ぶ。

最後の「Date」も変更しておきます。「Edit column」メニューで呼び出したパネルで次のように変更をして下さい。

Name	Timestamp
Type	DateTime

Typeの「DateTime」は、「Date and time」というところにサブメニューとして用意されています。これで、日付だけでなく日時を扱う値になります。

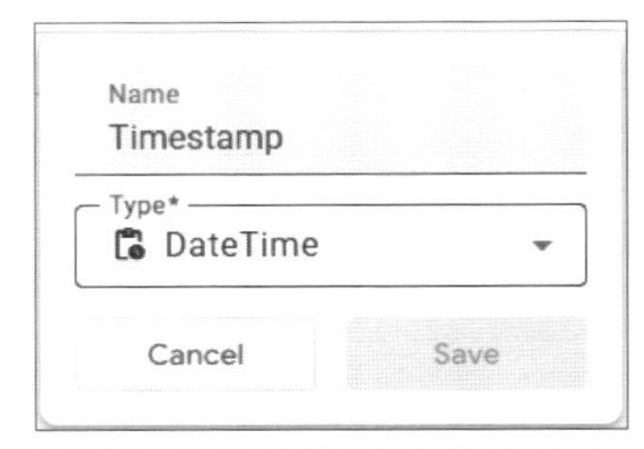

図4-6：「Dateの名前とタイプを変更する。

変更されたテーブル

これですべての列の設定が変更できました。各列の内容を確認して間違いのないようにして下さい。

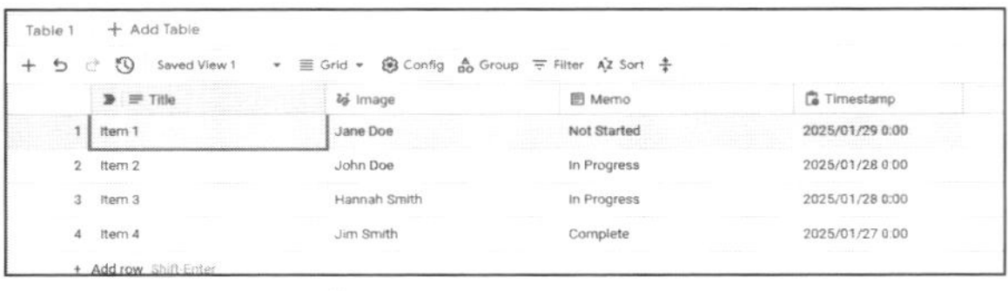

図4-7：変更されたテーブル。

最後に、余計なレコードを削除しましょう。レコードは、左端の通し番号の部分を右クリックすると現れるメニューから「Delete row」を選ぶと削除できます(図4-8)。これを使い、作成されているすべてのレコードを削除しておきましょう。

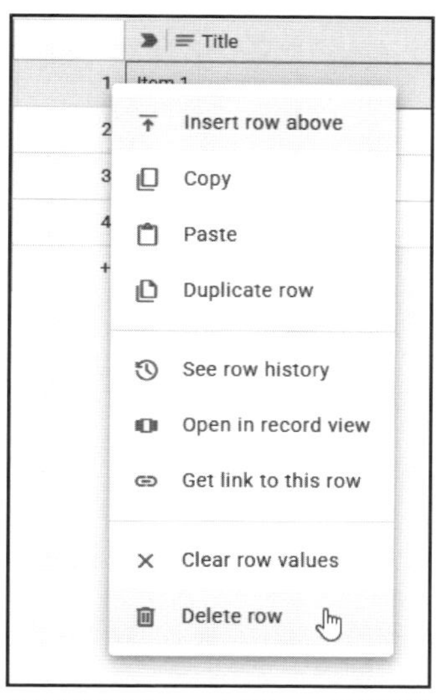

図4-8:「Delete row」メニューで行を削除する。

テーブル名の設定

最後に、テーブルの名前を設定しておきます。テーブル名(Table 1)が表示されている部分にある「⁝」アイコンをクリックし、現れたメニューから「Table settings」を選びます(図4-9)。

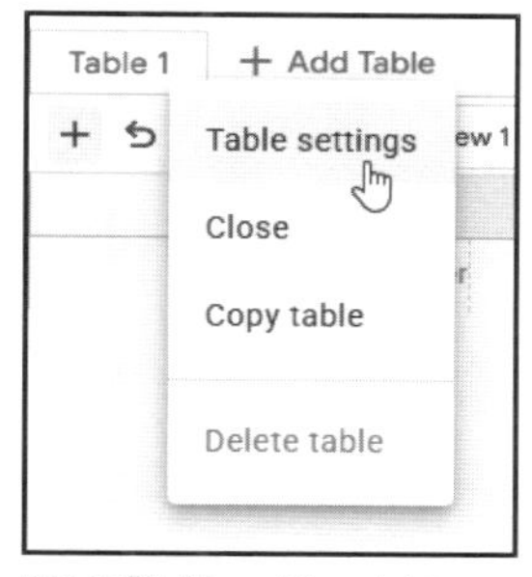

図4-9:「Table settings」メニューを選ぶ。

テーブルの設定パネルが現れます。ここで、テーブルの設定を次のように行って下さい。設定したら、「Save」ボタンで保存しましょう。

Table name	らくがき帳
Table description	(空のままでOK)
Table timezone	Asia/Tokyo
Table locale	Japanese

Table settings
Table name* らくがき帳
Table description
Table time zone* Asia/Tokyo
Table time zone used for Date and Time columns as the time zone
Table locale* Japanese
Locale set here will be used in Date and Time columns formats (today is 2025/01/27 17:42)
Table-to-table permissions
Cancel Save

図4-10:テーブルの設定を行う。

これで、データベースの完成です。列の設定があるだけの、何も入っていないデータベースですが、これをベースにアプリを作ります。

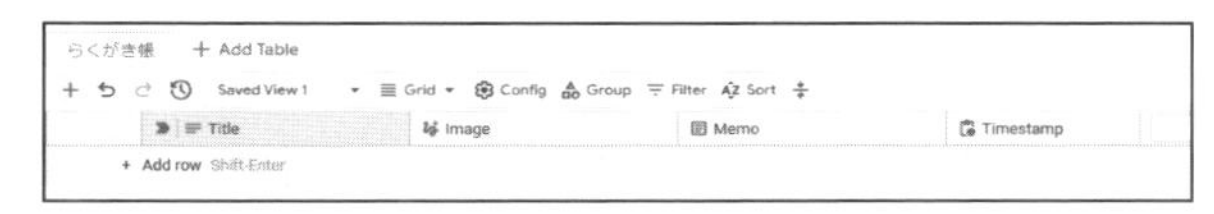

図4-11:完成したデータベース。レコードはなにもない。

アプリを作成する

では、作成したデータベースからアプリを作成しましょう。右端上部に見える「Apps」アイコンをクリックして下さい。画面右側にサイドバーが現れるので、ここにある「New AppSheet app」ボタンをクリックします。

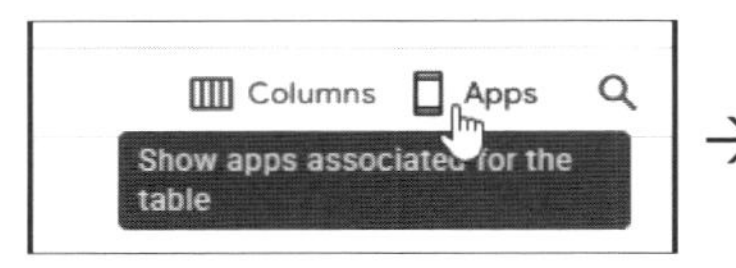

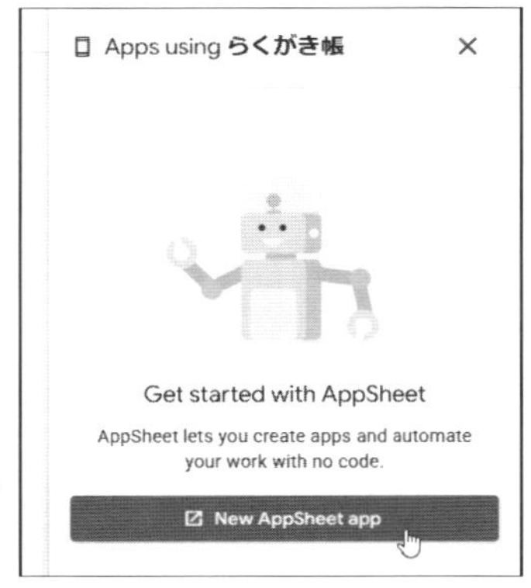

図4-12:「Apps」をクリックし、サイドバーから「New AppSheet app」ボタンをクリックする。

これで「らくがき帳 App」というアプリが作成され、編集画面が開かれます。これを編集してアプリを作成していきます。

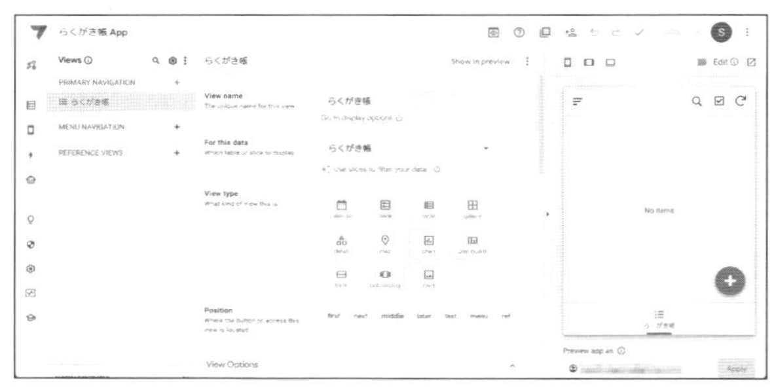

図4-13：作成された「らくがき帳 App」の編集画面。

テーブルを確認する

では、左側のアイコンバーから「Data」を選択し、「らくがき帳」のテーブルを見てみましょう。デフォルトでは、次のように列が設定されています。

_RowNumber	Number
Row ID	Text（Key? がON）
Title	Text（Label? がON）
Image	Drawing
Memo	LongText
Timestamp	DateTime

各列のタイプは、データベースの列で設定したタイプがそのまま引き継がれていることがわかります。テーブルの設定は、ほぼデフォルトのままで問題なく使えそうですね。

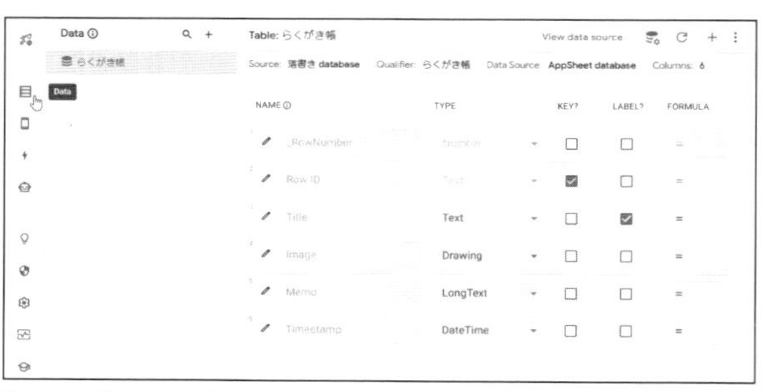

図4-14：作成された「らくがき帳」テーブルの基本設定。

基本部分の設定を確認したら、右方向にスクロールし、「SHOW?」「EDITABLE?」「REQUIRE?」というチェックボックスの表示を見て下さい。

ここで、「Timestamp」の「SHOW?」と「EDITABLE?」をOFFにしておきます。Timestampは作成時の日時を自動的に記録するものなので、表示する必要はありません。ですから、これらは使わないようにしておきます。また、SHOW?をOFFにすると、さらに右のほうにある「SEARCH?」も自動的にOFFに変更されます。

図4-15：Timestampの「SHOW?」「EDITABLE?」をOFFにする。

DateTimeの初期値を確認

続いて、「INITIAL VALUE」に設定されている初期値についても確認しておきましょう。ここでは「Row ID」と「Timestamp」の2つに初期値が設定されています。Row IDは、常に同じ値（UNIQUEID(○○)というもの）が設定されてます。そして「Timestamp」には、次のようなものが設定されています。

▼リスト4-1

```
NOW()
```

これは、現在の日時を得るための関数です。これで、レコードを作成するときには自動的にそのときの日時の値が割り当てられるようになります。

エミュレータで動作を確認する

テーブルの列設定ができれば、もうこれでアプリとしては正常に機能します。では、画面右側のエミュレータで動作を確認しましょう。

アプリの初期画面には、「らくがき帳」というビューが表示されているはずです。これは、レコードを一覧表示するものです。現時点では、まだ何も表示はされていません。

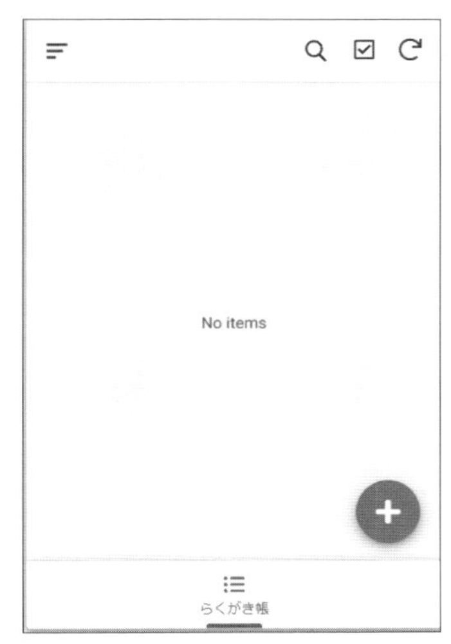

図4-16：アプリの起動画面。まだ何もレコードはない。

メモを入力する

では、フローティングアクションボタン(「+」アイコンのボタン)をクリックしてレコードを作成しましょう。レコードを入力するフォーム画面に変わります。

ここで「Title」や、下のほうにある「Memo」にはテキストをそのまま記入することができます。「Image」には、初期状態では鍵のアイコンが表示されていますね。これは、現時点では変更不可になっていることを示します。中央には「Tap to unlock」とメッセージが表示されているのがわかります。

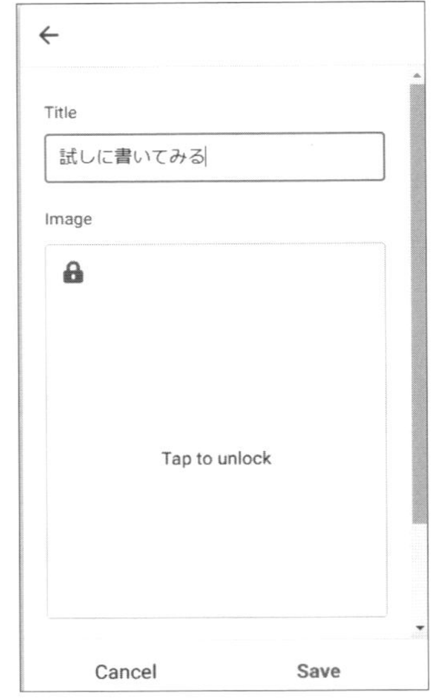

図4-17:レコードの入力フォーム。Titleはそのままテキストを書ける。

イメージの描画

では、「イメージ」の表示部分をクリックしてみましょう。するとロックが外れ、下にカラーの小さな円がいくつか並んだ状態になります。ここから使いたい色をクリックしてエリア内をドラッグすれば、その場で絵を描くことができます。

この描画ツールは用意された色で描くだけで、他の色は使えませんし、描画の線の太さなども変更できません。また、取り消しや消しゴムなどもない必要最低限のツールですが、とりあえず簡単な図形をその場で描くことはできます。「シンプルなお絵かきアプリ」を作るには格好の機能でしょう。

図4-18:画面をドラッグすると、その場で絵を描くことができる。

レコードを入力したら、「Save」ボタンをクリックして保存してみましょう。「らくがき帳」の一覧表示画面に戻り、作成したレコードが表示されます。イラストとタイトル、メモが1つにまとめられて表示されるのがわかるでしょう。

図4-19：フォームを保存すると、レコードがリストに表示されるようになる。

表示されるリストの項目をクリックすると、作成したレコードの詳細が表示されます。イメージもちゃんと表示されるようになっているのがわかりますね。

図4-20：レコードの詳細表示画面。

カメラの利用

フリーハンドで絵を描くだけでなく、Drawingタイプの値ではスマートフォンのカメラを利用することもできます。表示をタップしてロックを外し、右下にあるカメラのアイコンをクリックすると、その場でカメラが起動します（スマホの場合、画面にイメージソースの取得先を選ぶ表示が現れ、カメラを選択する場合があります）。そして撮影すると、それがそのままDrawingのイメージとして設定されます。

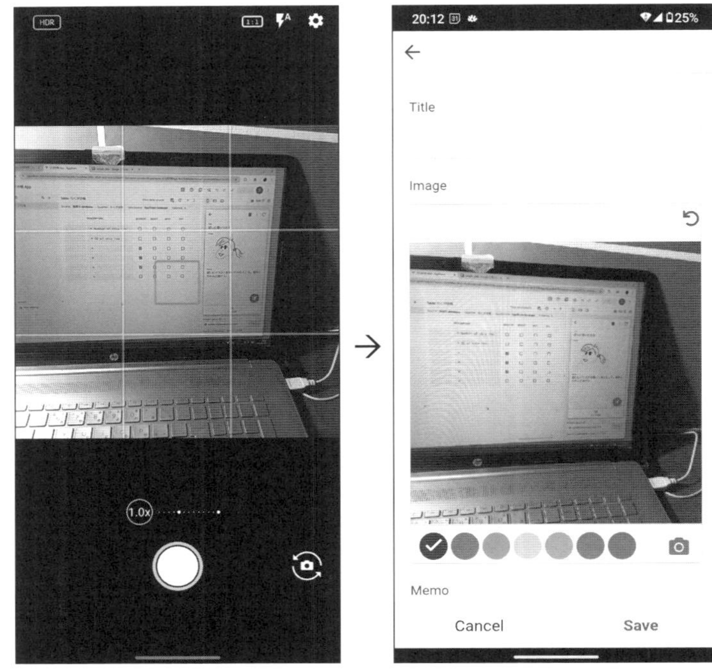

図4-21：カメラアイコンをクリックし、カメラで撮影すると、それがイメージに設定される。

撮影専用の「Image」

もし、フリーハンドでの描画を必要としないならば、もっとよいやり方があります。それは、「Image」というTYPEを使うのです。

試しに、「Data」の「Columns」の画面で「イメージ」列のTYPEを「Image」に変更してみましょう。すると、新規作成のフォームの「イメージ」の表示が変わります。クリックすると描画モードにはならず、既存イメージファイルを選択するか、カメラを起動して撮影をするようになります（スマホでは選択する表示が現れます）。そして撮影すると、その写真が「イメージ」に表示されます。

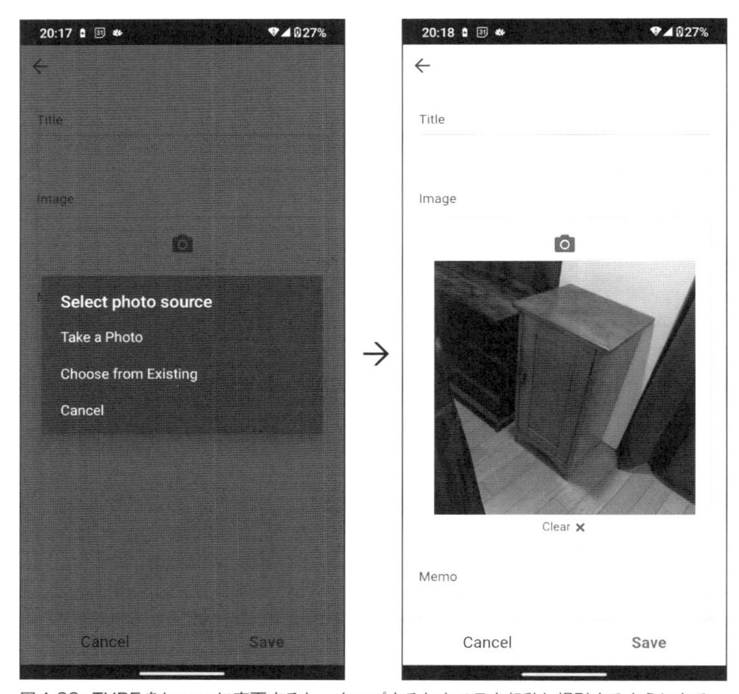

図4-22：TYPEをImageに変更すると、タップするとカメラを起動し撮影するようになる。

Drawingでもカメラは使えますが、カメラを起動するのにワンクッションあります(タップしてアンロックし、描画モードの画面からさらにカメラアイコンをタップ)。こちらはすぐに撮影できますから、「写真だけしか使わない」という場合はImageを使うのがよいでしょう。

イメージデータはどこにある?

では、作成したデータはどこでどのように保管されているのでしょうか。まずは、アプリで使っているAppSheet Databaseを見てみましょう。

スプレッドシートには、アプリのフォームから保存されたレコードが記録されています。「イメージ」の列を見ると、こんな値が記述されているのに気がつくでしょう。

```
らくがき帳_Images/ランダムな文字列.Image.整数.png
```

細かな値などは異なっているでしょうが、だいたいこのような値が設定されているはずです。これは、よく見るとわかりますが、ファイル名なのです。上の値は、「らくがき帳_Images」フォルダの「ランダムな文字列.Image.整数.png」というファイルを示していることがわかります。

図4-23:AppSheet Databaseでは、「Image」にはファイルのパスが書かれている。

> ※環境によっては、保管されるフォルダ名が違っていたり、さらに別のフォルダ内にあったりすることもあります。それぞれのセルに書かれている値が、あなたのアプリのイメージファイルの保存場所になります。

では、このファイルはどこに保存されているのでしょうか。それは、Googleドライブの「appsheet」フォルダ内です。この中にある「data」フォルダー内から、「らくがき帳 App_xxx」(xxxはランダムな番号)というフォルダを探しましょう。このフォルダの中にファイルが保存されています。描いたイメージや撮影したイメージは、「らくがき帳_images」というフォルダにまとめられているでしょう。

このように、AppSheetのアプリで作成されるイメージは、すべてGoogleドライブの中に保管されているのです。アプリのDrawingは、ただ指定されたパスにあるイメージを読み込んで表示していたのです。

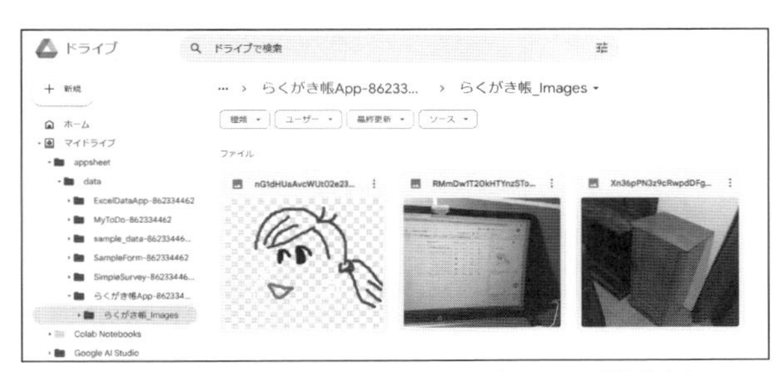

図4-24:Googleドライブのフルダ内にイメージファイルが保管されている。

イメージを見やすくする

これで、イメージの利用そのものはできるようになりました。が、もう少しアプリに手を入れたいところです。デフォルトではリストにイメージとタイトル、メモが表示されていますが、イメージも小さくわかりにくいですね。イメージを利用する場合のビューはどうすればよいのか、考えましょう。

では、左側のアイコンバーから「Views」を選択して「らくがき帳」というビューを選択して下さい。これが、デフォルトでデータをリスト表示していたビューです。

このビューのView typeには、「deck」が設定されていることがわかります。deckは、レコードを一番見やすくまとめられますから、これでも決してまずいわけではありません。

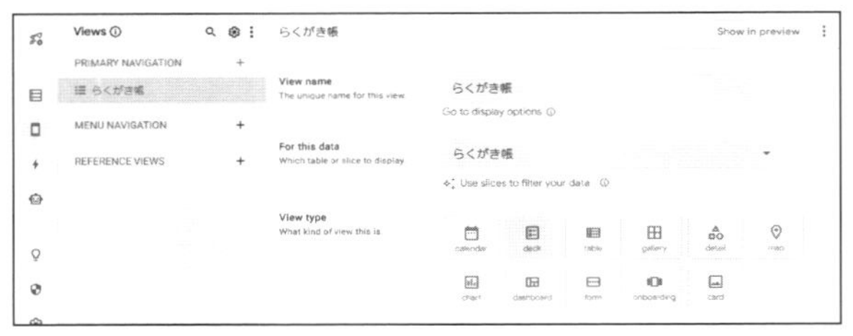

図4-25：View typeは「deck」になっている。

Galleryで表示する

では、もっと見やすいView typeを使うことにしましょう。その前に、左側のアイコンバーから「Data」を選び、「らくがき帳」テーブルの設定画面に切り替えて下さい。そして、「Image」列のLabel?のチェックをONに変更しましょう。これで、Imageがラベルとして扱われるようになります。

図4-26：Dataで、ImageのLabel?をONに変更する。

再び、アイコンバーから「Views」に表示を切り替えて下さい。そして、「らくがき帳」ビューのView typeを「Gallery」に変更してみましょう。すると、各レコードのイメージとタイトルが整列して表示されるようになります。

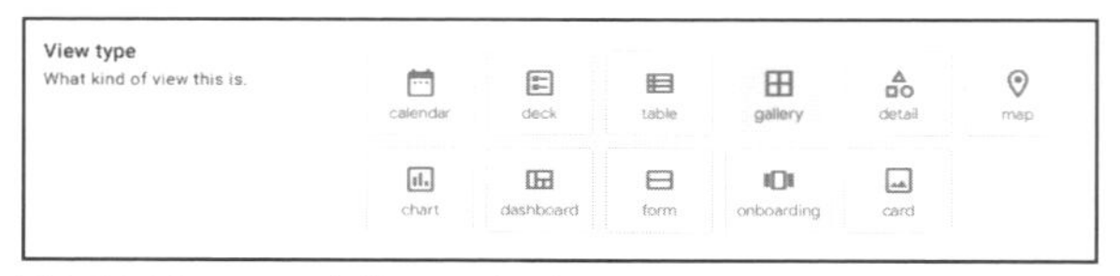

図4-27：View typeを「Gallery」に変更する。

このGalleryは、各レコードのラベルを決まった大きさで並べて配置するものです。先に「Data」の「Columns」で列の設定をしたとき、「タイトル」と「イメージ」のLABEL?をONにしたのを思い出して下さい。Galleryは、LABEL?をチェックした項目の値だけをまとめて表示します。このため、このようにイメージとタイトルが表示されたのですね。イメージを扱うレコードの場合、Galleryはイメージを扱いやすいのです。

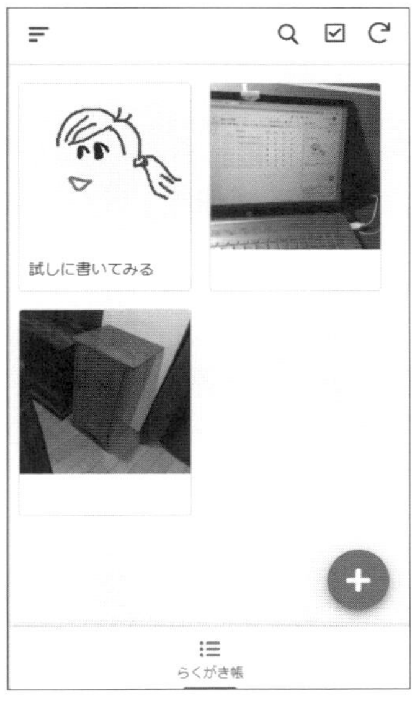

図4-28：Galleryの表示。このほうが見やすい。

Cardは「photo」が便利

では、イメージを利用するレイアウトはGalleryで決まりなのか？　というと、そういうわけでもありません。よく利用される「Card」でも見やすいレイアウトはあります。

CardにView typeを切り替えたら、その下にある「Layout」を見ましょう。ここに「photo」という項目があります。これにレイアウトを切り替えると、タイトル、メモ、イメージを綺麗にまとめてスクロール表示してくれます。こちらのほうがイメージが大きく表示されるので、Galleryよりもさらにわかりやすいでしょう。ただしイメージが大きくなるため、たくさんのレコードがあるとず、っとスクロールして探さなければいけません。Galleryのほうが一度に多くのイメージを表示し確認できる、という点では便利かもしれません。

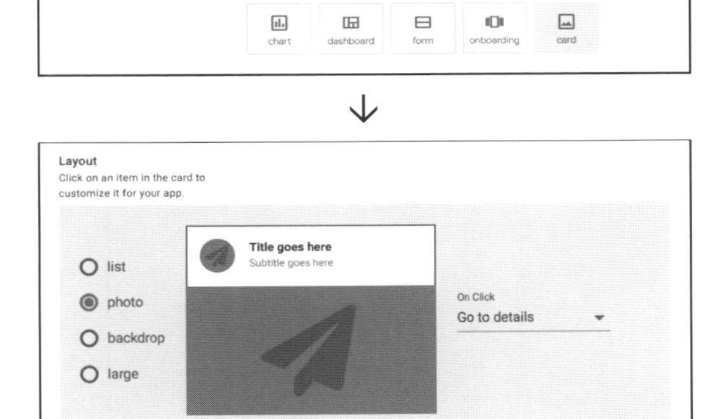

図4-29：View typeをCardに変更し、レイアウトをphotoにする。

イメージなしの表示

イメージを扱う場合、リスト表示などもすべてイメージを中心としたものになります。では、「イメージがないデータ」の扱いはどうなるのでしょうか。

Galleryで一覧表示したとき、イメージが表示されないデータは、「イメージがないのか、イメージファイルの読み込みが遅いだけなのか」がわかりません。イメージがないものは、ひと目で「これはイメージがないものだ」ということがわかるようにしておきたいですね。

こういうときに役に立つのが、「フォーマットルール」です。特定の条件を指定して、それに応じてスタイルやアイコンの表示などを設定することができました。

では、左側アイコンバーから「Format Rules」アイコンをクリックして表示を切り替えましょう。そして、「Add Format Rule」ボタンをクリックしてパネルを呼び出します。パネルにある「Create a new format rule」ボタンをクリックし、新しいフォーマットルールを作成します。

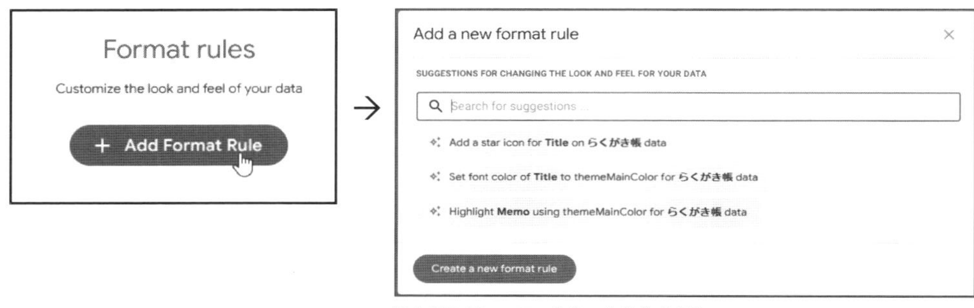

図4-30：フォーマットルールを作成する。

「アイコン追加」の設定

まず､Rule nameに「アイコン追加」と記入をしましょう。フォーマットルールの名前になります。これは、アイコンを設定するためのものです。

このフォーマットルールの「If this condition is true」の右側にあるアイコンをクリックし､「Expression Assistant」パネルを呼び出して下さい。そして、次のように記入します。

▼リスト4-2

```
[Image] = ""
```

これで、イメージが""のもの（つまり値が設定されていないもの）だけ、このフォーマットルールが適用されるようになります。

アイコンは、イメージがないことが伝わるようなものを選んでおきましょう。それ以外の項目は変更する必要はありません。

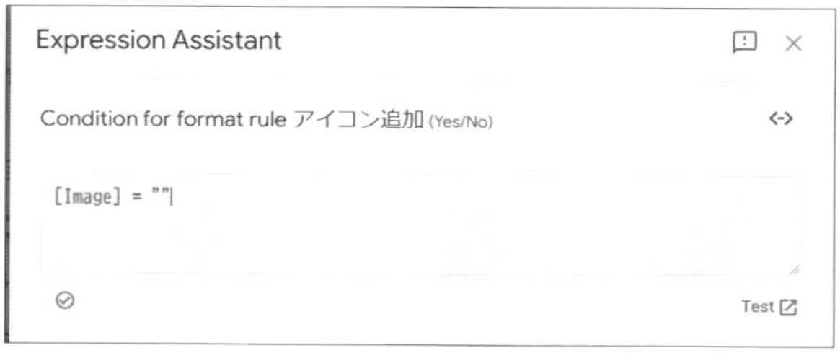

図4-31：フォーマットのルールを設定する。

「フォントカラー」の設定

続いて、もう1つフォーマットルールを作成しましょう。今回は、Rule nameを「Change Font Color of シート1」としておきます。こちらは、イメージが設定されているものに適用されるようにします。

「If this condition is true」の値をクリックし、式の入力パネルで次のように記入して下さい。

▼リスト4-3

```
[Image] <> ""
```

これで、イメージの値が空でないものにルールが適用されるようになります。フォントカラーやスタイル等はそれぞれで自由に設定して下さい。

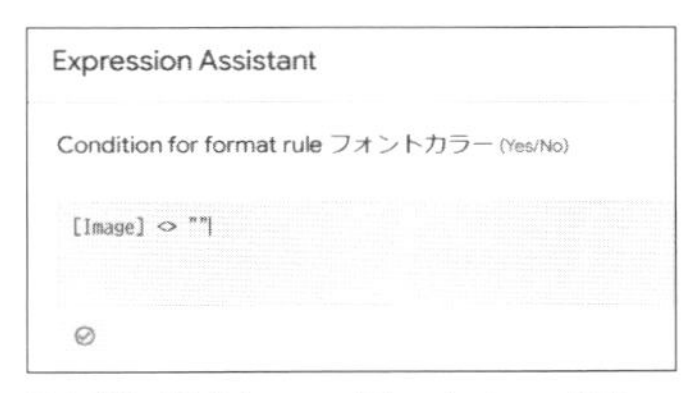

図4-32:「If this condition is true」のルールを設定する。

イメージがないとタイトル表示が変わる

これらの設定ができたところで、エミュレータで表示を確認してみましょう。すると、イメージが設定されていないデータはタイトルの冒頭にアイコンが追加され、イメージありとは異なるスタイルで表示されるようになります。これなら、ひと目でイメージがあるかどうかわかりますね！

図4-33:イメージがないと、タイトルの表示が変わる。

Chapter
4

4.2.

マップとマルチユーザー

マップと位置データ

AppSheetで利用できるユニークな値として、「位置の値」というものがあります。位置情報をデータとして利用することで、レコードをマップなどでビジュアルに表示したりできるようになるのです。マップがアプリから利用できるようになると、できることの幅もぐんと広がってくるでしょう。

では、実際に簡単なアプリを作成しながら、位置情報の利用について説明していきましょう。

Databaseの用意

まず、データの用意をしましょう。AppSheetのホームを開き、「Create」から「Database」内の「New Database」メニューを選び、新しいデータベースを作成します。そして、用意されているテーブルと列の設定を次のように変更します。

ファイル名	マップメモ database
テーブル名	マップメモ
列1	Name:"Text", Type:"Text"
列2	Name:"Location", Type:"LatLong"
列3	Name:"Image", Type:"Image"

「LatLong」というタイプは、「Location」というところにサブメニューとして用意されています。また、ダミーで作成されているデータは、あらかじめ削除しておきましょう。

今回は、位置、メモ、イメージといったものを記述しておくだけの「マップメモ」アプリを作ってみます。何かメモ書きし、写真を撮って保存すると、その位置も記録する、そういうものですね。

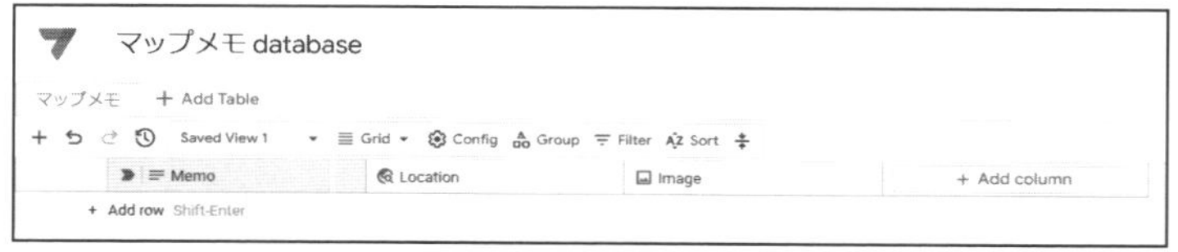

図4-34：Databaseでデータの項目を作成する。

アプリを作成する

では、AppSheetに戻ってアプリを作成しましょう。右上の「Apps」ボタンをクリックし、「New AppSheet app」ボタンでアプリを作成して下さい。

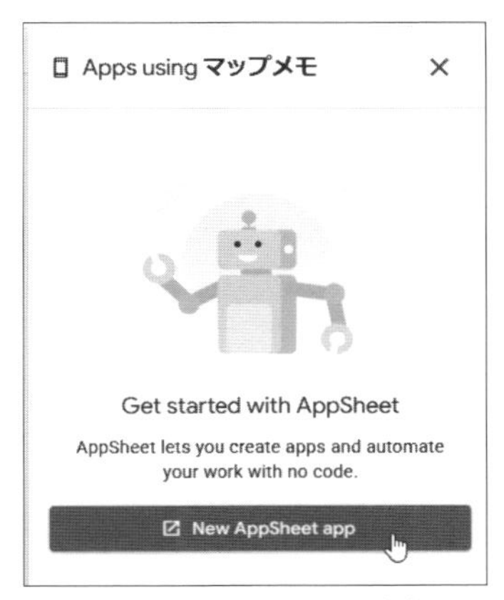

図4-35：「New AppSheet app」ボタンでアプリを作成する。

MapMemoアプリの編集

「マップメモ App」アプリが作成され、編集画面が現れます。まずは、左側のアイコンバーから「Data」を選択し、テーブルを表示しましょう。デフォルトでは「マップメモ」というテーブルが1つ用意されています。ここに作成されている列は、次のように設定されています。

NAME	TYPE	KEY?	LABEL?
_RowNumber	Number	OFF	OFF
Row ID	Text	ON	OFF
Memo	Text	OFF	ON
Location	LatLong	OFF	OFF
Image	Image	OFF	OFF

Locationには「LatLong」というタイプが設定されていますね。これが、位置情報の値の種類になります。またImageは、先に使ったDrawingではなく、「Image」が選択されています。

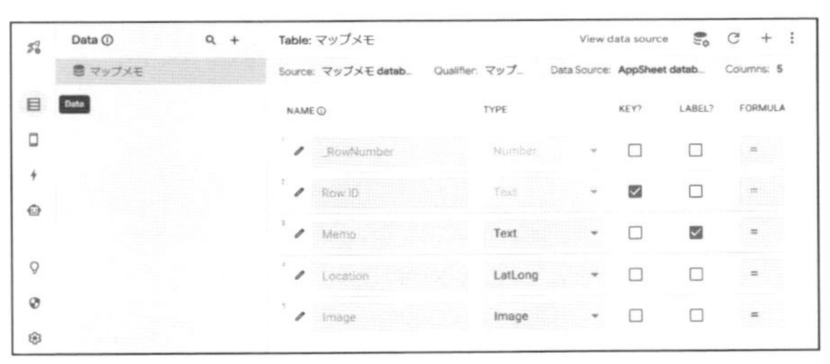

図4-36：「マップメモ」テーブルが1つ用意されている。

では、この内容を少し修正しましょう。Memo、Location、Imageの列を次のように修正して下さい。

Memo	LongText	OFF	ON
Location	LatLong	OFF	ON
Image	Image	OFF	ON

もっとも、保存するとLocationのLABEL?はOFFに戻っているでしょう。これは、現時点ではLABELとしては使えないようです。OFFに戻っていたら、そのままでかまいません。

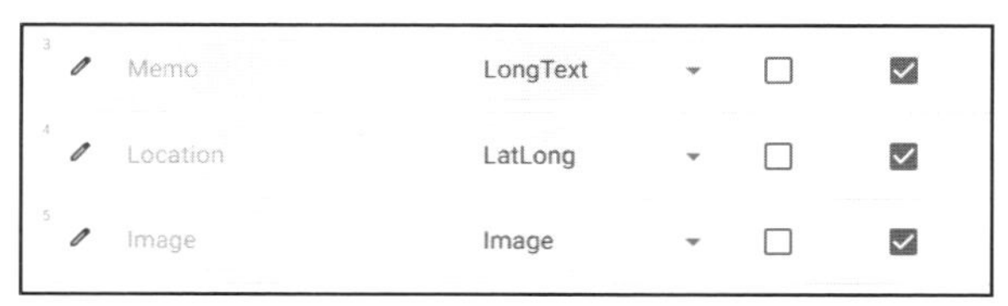

図4-37：列の設定を修正する。LocationのLABEL?はONにしても保存するとOFFに戻る。

SHOW?/EDITABLE?/REQUIRE?

続いて、「SHOW?」「EDITABLE?」「REQUIRE?」のチェックボックスです。これらは次のように設定を修正しましょう。

NAME	SHOW?	EDITABLE?	REQUIRE?
_RowNumber	OFF	OFF	OFF
ID	OFF	OFF	ON
Memo	ON	ON	OFF
Location	ON	ON	ON
Image	ON	ON	OFF

位置の値は、REQUIRE?もONにして必須項目にしておきます。またテーブルの列の項目は、基本的にSHOW?とEDITABLE?はONにしておきます。

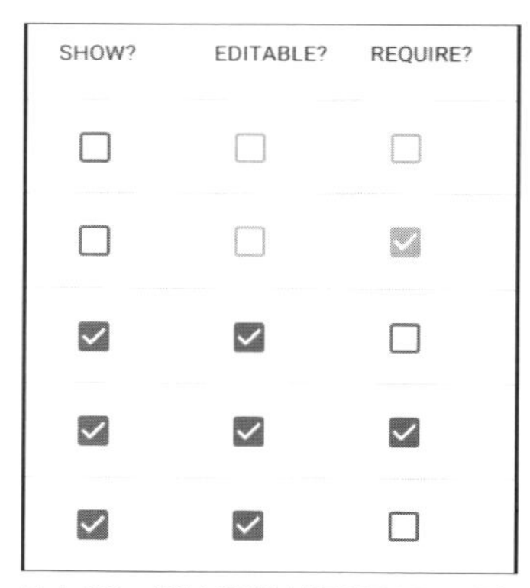

図4-38：「SHOW?」「EDITABLE?」「REQUIRE?」を設定する。

INITIAL VALUEの設定

続いて、値の初期値を設定する「INITIAL VALUE」です。ここでは、IDの項目に「=UNIQUEID(○○)」という値が設定済みになっているでしょう。これは、IDのテキストを自動設定する関数でしたね。

今回はもう1つ、初期値を用意します。「Location」の「INITIAL VALUE」をクリックし、現れた「Expression Assistant」パネルで次のように記入をして下さい。

▼リスト4-4

```
HERE()
```

「Save」ボタンで保存すれば、「位置」の初期値に式が設定されます。この「HERE()」というものは、現在の位置を設定する関数です。これにより、初期状態で現在位置の値が「位置」に設定されるようになります。

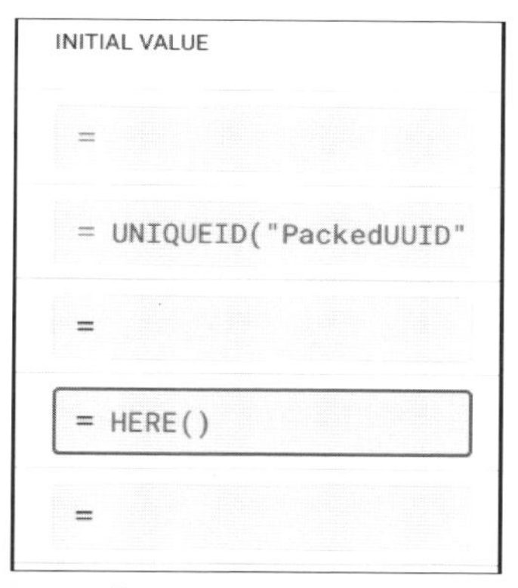

図4-39:「Location」のINITIAL VALUEに「HERE()」と設定をする。

アプリを使ってみる

では、実際にアプリを使ってみましょう。アプリの下部にあるナビゲーションバーには「Map」と「マップメモ」という2つのアイコンが用意されています。

「Map」をクリックすると、マップが全画面で表示されます。ここでは自由にマップをドラッグして移動したり、拡大縮小することもできます。データが保管されていると、その場所がマーカーで表示されます（まだデータがないので何も表示されません）。

ごく単純なものですが、十分に使えるマップメモが作成されていることがわかりますね！

図4-40:「Map」では、マップだけが表示される。

「マップメモ」ビューで現時点では、まだ何も表示されていません。投稿すると、ここにリスト表示されることになります。

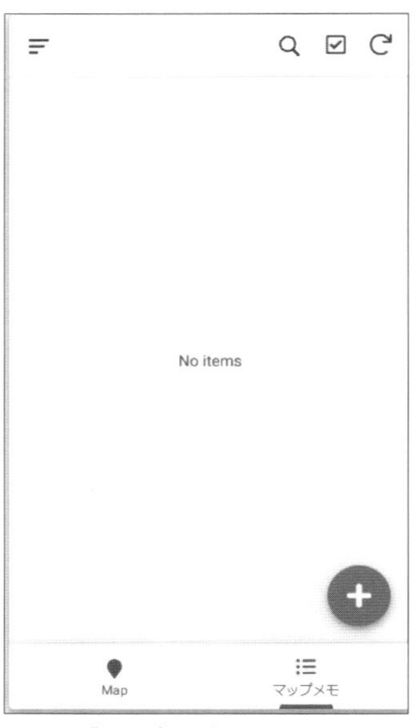

図4-41：「マップメモ」画面。まだ何も表示されていない。

フローティングアクションボタン（「＋」アイコンのボタン）をクリックすると、投稿フォームが現れます。ここでメモを入力し、イメージをクリックして写真を撮影して「SAVE」ボタンをクリックすれば送信されます。「位置」には現在地点のマップが表示されていますね。これは、そのまま投稿すれば現在地点が送られますし、マーカー部分をドラッグして移動し、位置を変更することも可能です。

図4-42：投稿フォーム。マップはマーカーをドラッグして移動できる。

いくつか実際にレコードを投稿してみましょう。「マップメモ」ビューには、投稿されたレコードがリスト表示されます。

図4-43：投稿されたレコードがリスト表示される。

表示されているリストの項目をクリックすると、そのレコードの詳細表示が現れます。ここで、撮影したイメージや位置のマップが大きく表示され内容を確認できます。また、ここからさらに編集を行うこともできます。

図4-44：項目をクリックすると、詳細情報が表示される。

ビューを調整する

これでアプリ自体は使えますが、ビューを少し調整したほうがより見やすくなるでしょう。左側のアイコンバーから「Views」を選択し、「マップメモ」のビューの設定を見てみましょう。

デフォルトでは、View typeは「deck」が選択されています。もう少しビジュアルな部分が大きく表示されるように、View typeを「card」に変更します。

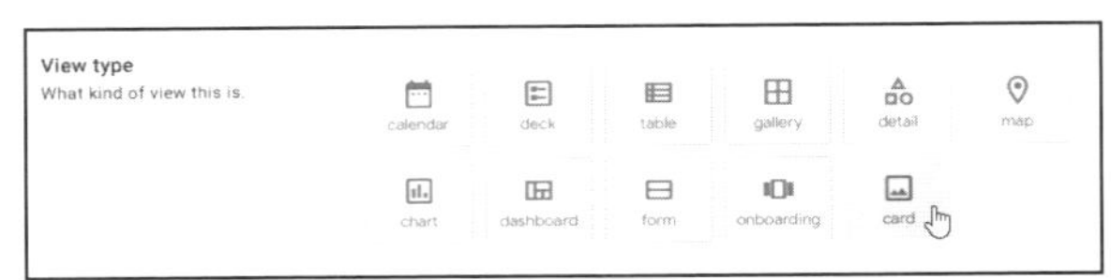

図4-45：View typeを「card」に変更する。

そして、Layoutの値を「photo」にしてみましょう。これで、写真のイメージがよりはっきりと見えるようになります。

図4-46：Layoutをphotoに変更するとイメージが大きく表示される。

マップを表示する

ただし、今回のメインはイメージではなく「位置情報」です。イメージよりも、マップが表示されたほうがよいでしょう。

Layoutで「photo」ラジオボタンを選択すると、下にプレビューが表示されてますね。このイメージの部分をクリックし、右側のプルダウンメニューから「位置」を選択します。こうすることで、イメージではなくマップが大きく表示されるようになります。

photoでは、各項目の左上に小さな円が表示されていますね。これをクリックし、プルダウンメニューから「イメージ」を選べば、円にイメージが小さく表示されるようになります。後は、テキストの部分に「メモ」と「位置」を表示するようにすれば、一通りのデータをきれいにまとめて表示できますね。

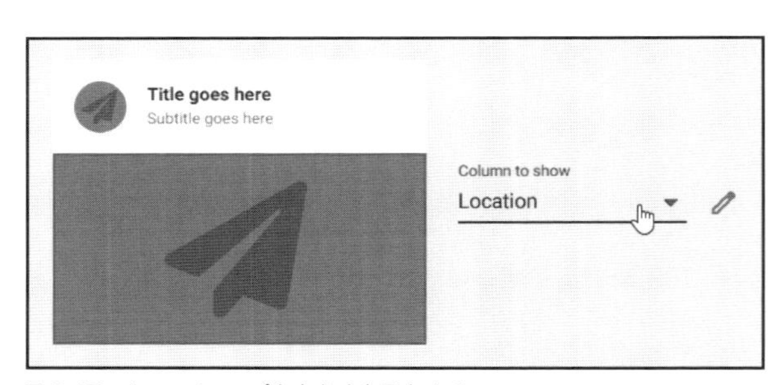

図4-47：photoでマップを大きく表示させる。

修正できたら、プレビュー画面で「マップメモ」の表示を確認しましょう。各レコードの位置情報がマップとして大きく表示されるようになりました。これなら、ひと目で撮影場所がわかりますね。

図4-48：プレビューで表示を確認する。マップが大きく表示されるようになった。

保存データをチェックする

では、アプリのレコードがどうなっているのか確認しておきましょう。レコードが記録されているAppSheet Databaseを開き、保存されているデータを見て下さい。

「位置」のところには「35.721, 140.156」というように、2つの実数の値がコンマで区切って記述されています。これらは、それぞれ緯度と経度の値を示すものです。位置の値は、このような形で保管されているのですね。

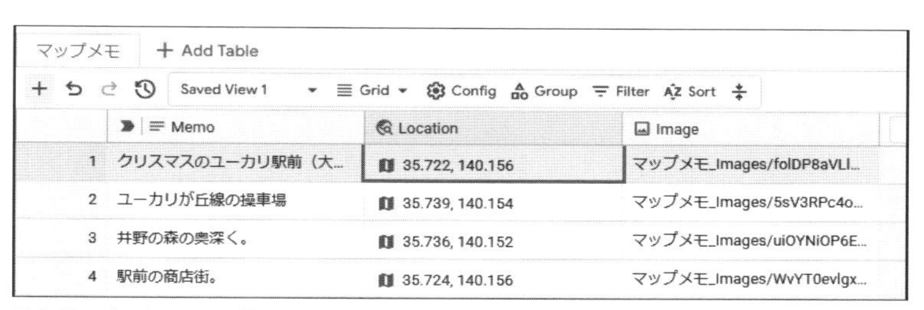

	Memo	Location	Image
1	クリスマスのユーカリ駅前（大...	35.722, 140.156	マップメモ_Images/folDP8aVLl...
2	ユーカリが丘線の操車場	35.739, 140.154	マップメモ_Images/5sV3RPc4o...
3	井野の森の奥深く。	35.736, 140.152	マップメモ_Images/uiOYNiOP6E...
4	駅前の商店街。	35.724, 140.156	マップメモ_Images/WvYT0evlgx...

図4-49：データベースで位置の値を確認する。

マップビューの設定

では、アプリに作成されているマップ用のビュー「Map」の内容を確認しましょう。「Map」は、マップを表示するための専用ビューです。ただマップを表示するだけでなく、レコードにある位置情報を元にマーカーを使ってレコードをマップに表示することができます。

左側のアイコンバーから「Views」アイコンを選び、PRIMARY NAVIGATIONにある「Map」を選択して下さい。これが「Map」の設定です。

下の「View type」を見ると、「map」が選択されています。これにより、マップが表示されていたのですね。

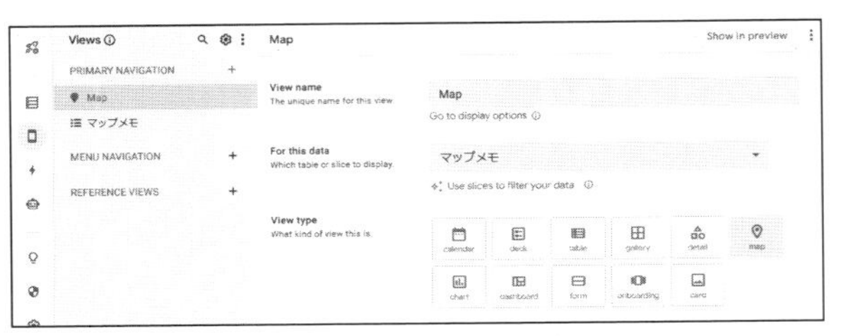

図4-50：Mapビューの設定。View typeは「map」になっている。

続いて、その下にある「View Options」の設定を見てみましょう。「Map columns」という項目が表示されています。これは、マップ表示の位置となる列を指定するものです。ここでは「Location」が選択されていますね。これで、レコードがマップに追加されるようになります。

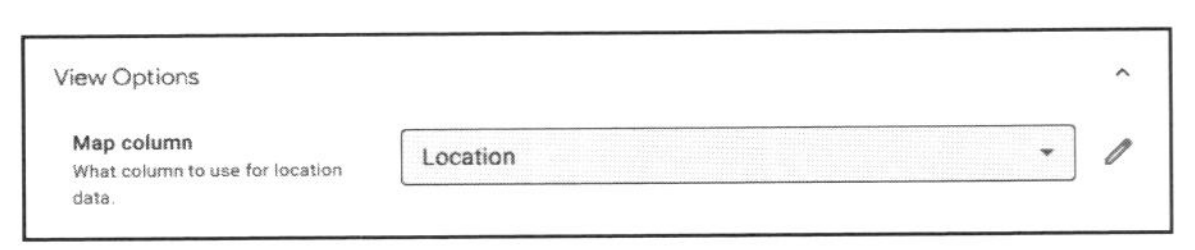

図4-51：Map columnの値が「Location」になっている。

マップの設定項目

その下には、マップ関連の設定がいくつか用意されています。簡単に内容を説明しておきましょう。

●Map type

表示するマップのタイプを指定します。「Road」は通常のマップ、「Aerial」は航空写真です。「Automatic」は自動的にタイプを割り当てます。

●Location mode

現在の場所を更新する頻度を指定します。「Normal」は通常の頻度、「High」は高頻度になります。「None」の場合、場所マーカーは非表示になります。Highを選択すると、バッテリーの消耗が激しくなります。

●Minimum Cluster Size

たくさんのピンが密集している場合、マップ表示のパフォーマンスを向上させるために複数のピンを1つのクラスターとして表示します。そのサイズ（いくつ以上のピンをクラスターにするか）を指定します。クラスター化を無効にするにはゼロを設定します。

マルチユーザーでデータを管理する

これで、マップメモのアプリができました。今回は割と簡単に作成できましたので、もう少し機能を付け足してみることにしましょう。それは「マルチユーザーの対応」です。

AppSheetでは、アプリは右上にある「Share」アイコンをクリックして、複数メンバーに共有することができました。無料で利用している場合は、最大10アカウントまで利用することができます。

複数のメンバーでアプリを利用する場合、常に「全レコードを全員で共有する」ということになります。つまり、誰がアプリを利用してもすべてのレコードが表示され、投稿したレコードは全員に表示されるわけですね。

これはこれで便利な場合もありますが、プライベートな用途の場合は「自分の投稿レコードは他人には見えない」ようにしたいでしょう。アプリに表示されるのは自分のレコードだけ。各ユーザーごとにレコードを分けて使えるようにするわけですね。

こうした使い方ができれば、より実用的なメモアプリになりそうですね。では、やってみましょう。

マルチユーザーの考え方

複数のユーザーがアクセスし、それぞれ自分のレコードのみが表示されるようにするためには、どうすればよいのでしょうか。

これは、意外に単純です。レコードに「自アカウント」の値を記録しておき、アクセスした際には自アカウントのレコードのみを取り出すようにレコードをスライスすればよいのです。

AppSheetには、ログインしているユーザーのアカウント情報を調べる関数が用意されています。これを利用することで、自アカウントをレコードに記録したり、フィルター処理することもできるようになります。

データベースの修正

では、まずデータの修正を行いましょう。アプリで使用しているAppSheet Databaseを開いて下さい。現在は3列のレコードが記録されていますね。

ここで、一番右端の「Add column」ボタンをクリックし、次のように列を追加しましょう。

Name	Account
Type	Email

これらを入力し「Save」ボタンをクリックすれば、「Account」列が追加されます。

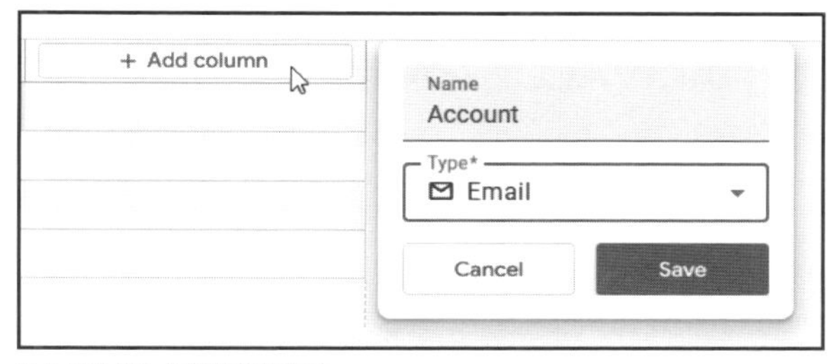

図4-52：新しい列を追加する。

アカウントの列を設定する

では、追加した「アカウント」の列がアプリで使われるようにしましょう。AppSheetのアプリ編集画面に戻り、左側のアイコンバーから「Data」を選んで「マップメモ」テーブルの列を表示して下さい。

そして、列の設定の上部にある「Regenerate schema」アイコンをクリックしてテーブルを再生成して下さい。画面に「Are you sure?」とアラートが表示されるので、「Regenerate」ボタンをクリックするとテーブルが再生成されます。

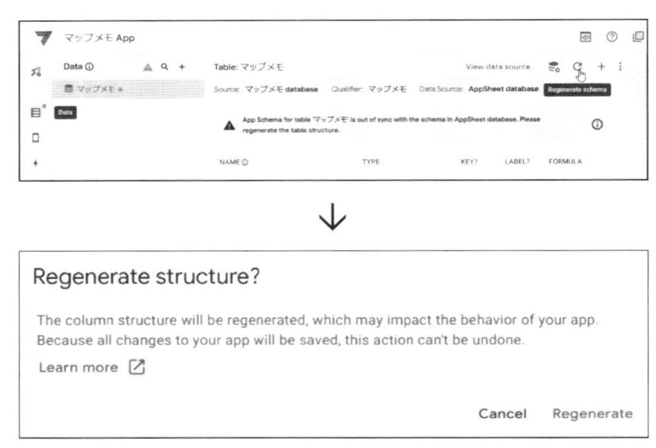

図4-53：「Regenerate schema」iconをクリックし、アラートにある「Regenerate」をクリックする。

「Account」が追加される

列が再構築されると、最後に「Account」という列が追加されます。これが、データベースに追加した「Account」列の設定です。

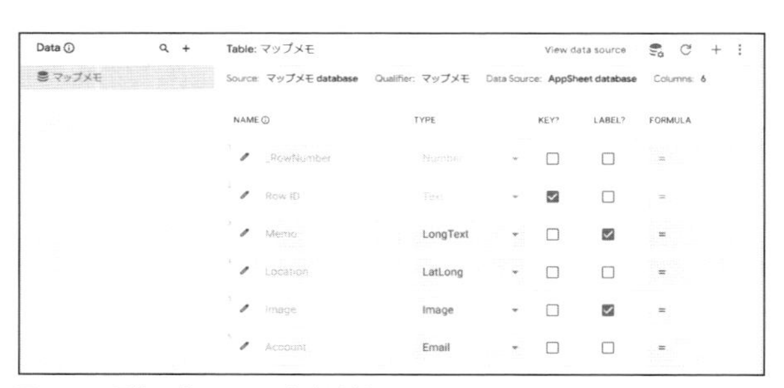

図4-54：最後に「Account」列が追加された。

INITIAL VALUEを設定する

「Account」は、自動的に自アカウントのメールアドレスが設定されるようにします。Accountの「INITIAL VALUE」欄を表示し、クリックして下さい。画面に式を入力する「Expression Assistant」パネルが現れます。ここで、次のように記入をして下さい。

▼リスト4-5

```
USEREMAIL()
```

ここで使っている「USERMAIL()」というものは、ログインしているアカウントのメールアドレスを得る関数です。これで、「Account」には自動的に自分のアカウントのメールアドレスが設定されるようになりました。

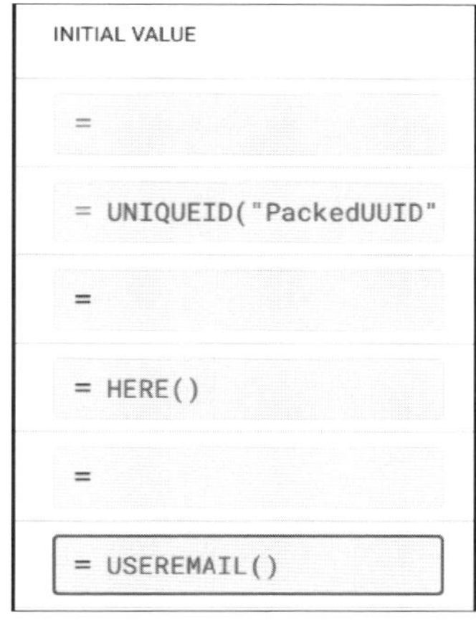

図4-55:「Account」の「INITIAL VALUE」欄をクリックし、式を入力します。

SHOW?/EDITABLE?/REQUIRE?

順番が逆になりましたが、続いて「SHOW?」「EDITABLE?」「REQUIRE?」の3つのチェックボックスを設定しましょう。「Account」列の設定を次のように変更して下さい。

SHOW?	ON
EDITABLE?	OFF
REQUIRE?	ON

これで「Account」は、データが表示される際の必須項目になります。EDITABLE?はOFFなので、一度設定した値を後で変更することはできません。

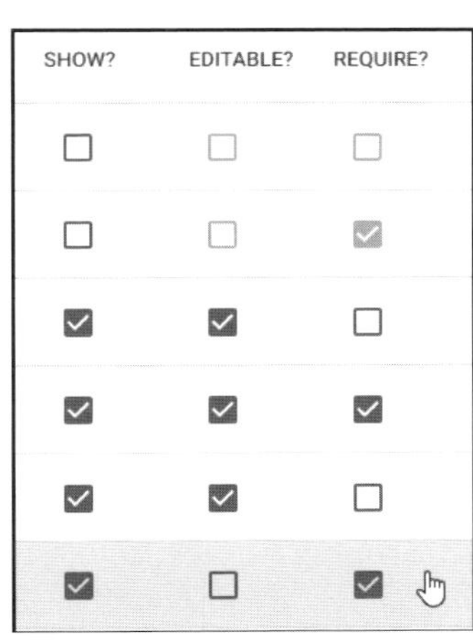

図4-56:AccountのSHOW?、EDITABLE?、REQUIRE?を修正する。

「Account」データを追記

アカウントを必須項目に設定したので、すべてのレコードにはアカウントの値が設定されていないといけません。AppSheet Databaseの表示に戻り、「Account」にメールアドレスを記入しましょう。これは、現在AppSheetにログインしているアカウントのメールアドレスを記述して下さい。

※なお、動作を確認する意味で、わざと別のメールアドレスを設定したレコードを用意しておくとよいでしょう。

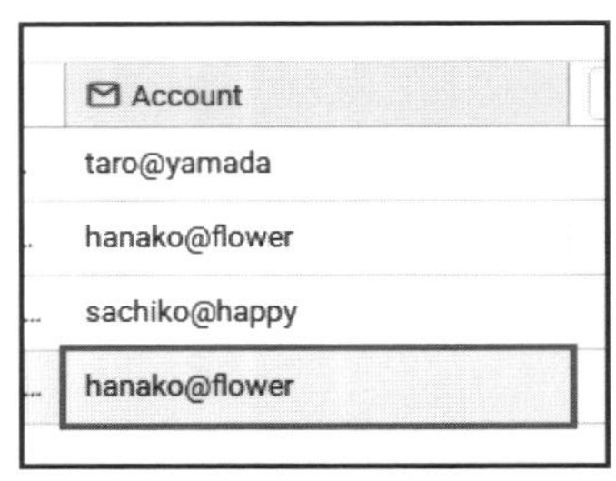

図4-57:「Account」にメールアドレスを記入する。

スライスを作成する

これで、「アカウント」列の設定はできました。では続いて、自アカウントのレコードだけをまとめるスライスを作成しましょう。

AppSheetの編集画面に戻り、左側のアイコンバーから「Data」にある「マップメモ」の「+」アイコンをクリックし、現れたパネルから「Create a new slice of マップメモ」ボタンをクリックしてスライスを作成します。

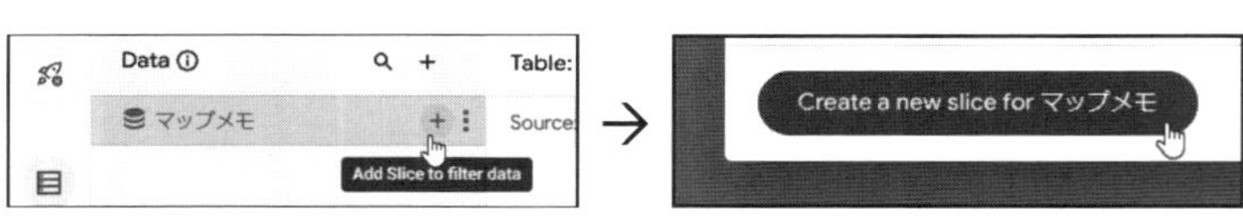

図4-58:マップメモのスライスを追加する。

作成したら、スライスの名前を「ユーザーのレコード」と変更しておきましょう。

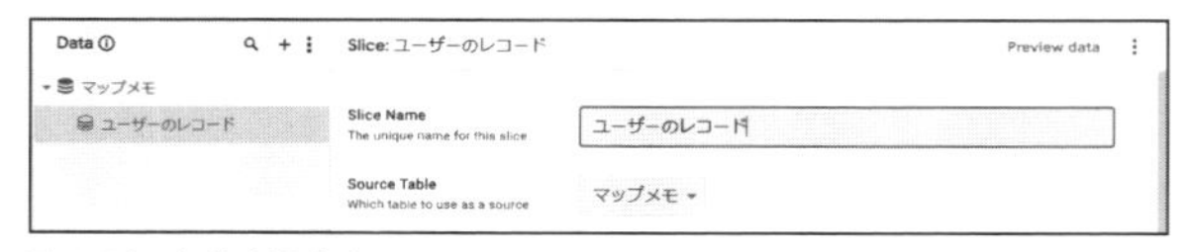

図4-59:名前を設定する。

では、スライスの条件を設定しましょう。「Row filter condition」フィールドをクリックして下さい。下に候補がいくつか現れるので、ここから「Account is the app user's email」という項目を選択しましょう。これで式が設定されます。もし候補が見つからなければ、次のように値を直接記入して下さい。

▼リスト4-6

```
[Account] = USEREMAIL()
```

[Account]は、「Account」列の値を示すものでしたね。そして「USEREMAIL()」は、現在ログインしている自分のアカウントのメールアドレスを取り出す関数でした。これで、「Accouunt」列の値が自アカウントのメールアドレスと同じもの（つまり、自アカウントが投稿したもの）だけが取り出されるようになります。

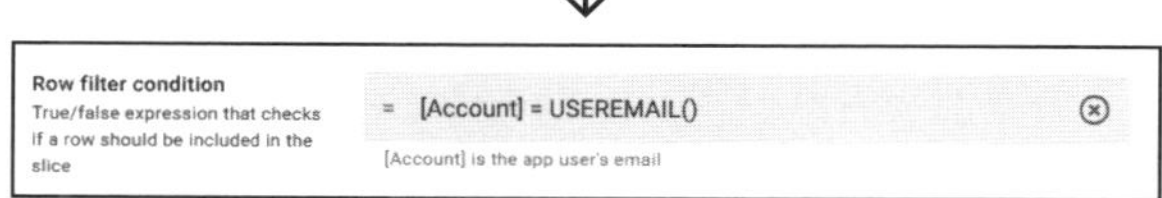

図4-60：Row filter conditionに式を入力する。

ビューでスライスを表示する

これで、スライスが作成できました。後は、画面表示をこのスライスに変更するだけです。左側のアイコンバーから「Views」を選び、PRIMARY NAVIGATIONにある「マップメモ」ビューを選択します。そして、「For this data」の値を「ユーザーのレコード」に変更します。

これで、スライスを使ってレコードが表示されるようになります。

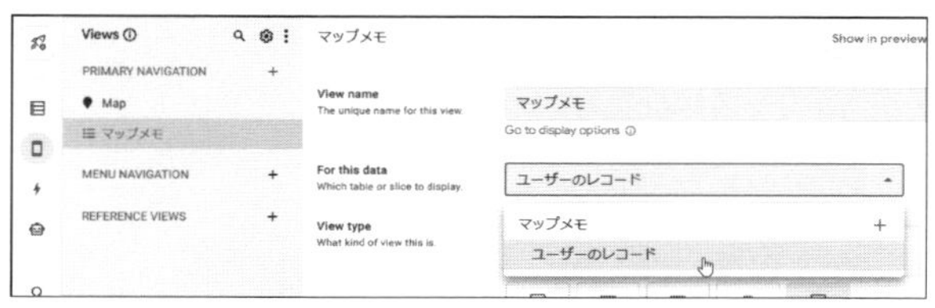

図4-61：ビューのFor this dataをスライスに変更する。

アカウントごとの表示を確認する

これで、アカウントごとに自レコードだけが表示されるようになりました。実際に、アプリで動作を確認しましょう。

まず、ユーザーを追加しましょう。上部の「Share」アイコンをクリックして下さい。

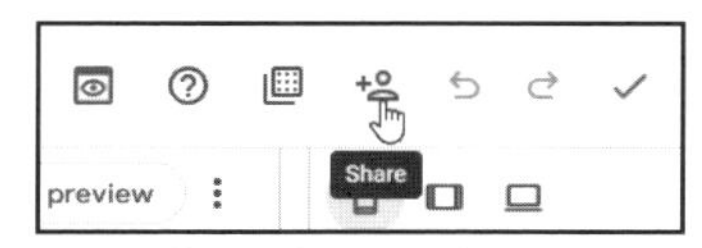

図4-62：「Share」アイコンをクリックする。

画面に「Share app」というパネルが現れます。ここで、アプリを共有するユーザーを登録します。デフォルトでは、自分のアカウントのメールアドレスだけが表示されているでしょう。

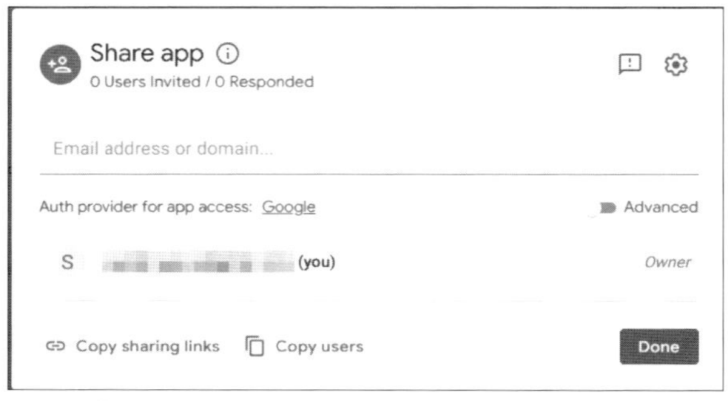

図4-63：「Share app」パネルの表示。

ではパネルの入力フィールドに、共有するユーザーのアカウント（メールアドレス）を記入して下さい。コンマで区切ればいくつでも書くことができます。一通り記入したところでreCAPTCHAをONし、「Send」ボタンをクリックします。これで、共有のメールが送信されます。

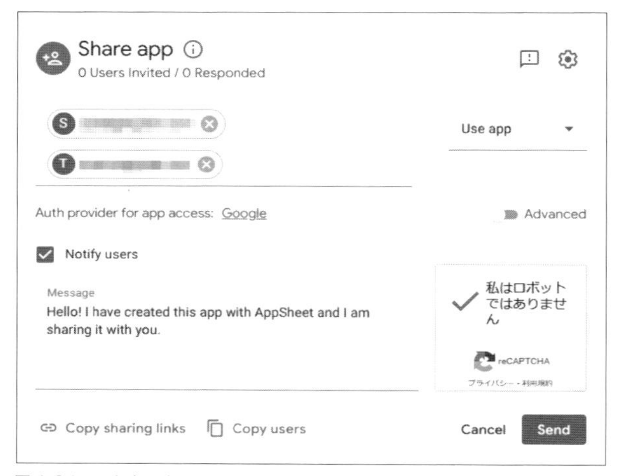

図4-64：アカウントのメールアドレスを追加し「Send」ボタンをクリックする。

パネルには、記入したアカウントが追加されます。これで、アプリが共有されるようになりました。

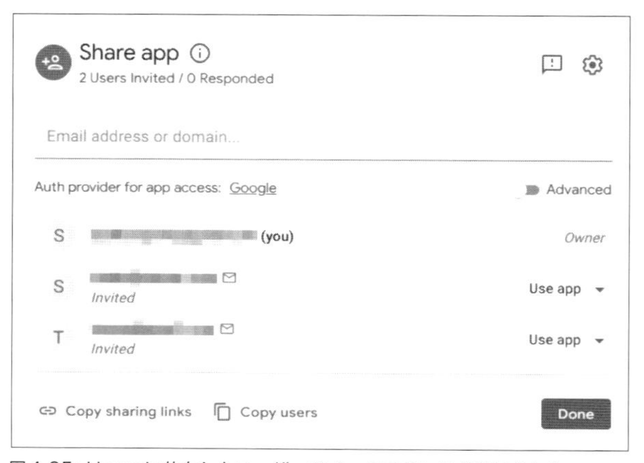

図4-65：Usersに共有したユーザーのメールアドレスが表示される。

アプリで操作を確認

　では、実際にアプリを起動して動作を確認してみましょう。登録したメールアドレスでログインして下さい。アカウントは、アプリの左上のアイコンをクリックして現れるサイドバーの「Log Out」からログアウトし、別のアカウントでログインできます（ただし、これはプレビューでは動作しません）。

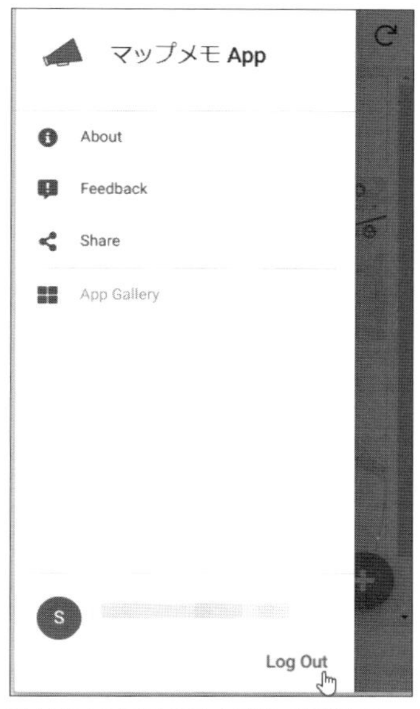

図4-66：アプリのサイドバーにある「Log Out」からログアウトし、別のアカウントでログインできる。

　共有した複数のユーザーでログインし、表示やレコードの投稿を行ってみましょう。ログインすると、そのアカウントで投稿されたレコードだけが表示されるようになります。別のアカウントでログインすれば、そのユーザーのレコードのみが表示されます。他のユーザーのレコードが混じって表示されることはありません。

→

図4-67：別のアカウントでアクセスすると、それぞれのアカウントのレコードだけが表示されるようになる。

マップとマルチユーザーを活用するには

これで、マップを利用したアプリの基本はだいたいわかりました。マップの使い方をまとめると次のようになるでしょう。

- 位置情報「LatLong」型の値を用意する。
- 現在の位置は「HERE()」関数を利用する。
- ビューはCardのphotoレイアウトを使うとマップを一覧表示できる。
- 「map」を使うと全レコードを1つのマップ上にマーカー表示できる。

また、マルチユーザー対応についても基本的な設定はだいたいわかりましたね。マルチユーザーに対応するためには、次のような修正が必要になりました。

- アカウントのメールアドレスを保管する列を用意する。これはColumnsで非表示･必須項目にしておく。
- アカウント列は、INITIAL VALUEで「USEREMAIL()」関数を使い、自アカウントのメールアドレスが自動設定されるようにする。
- スライスを作成し、アカウントのメールアドレスとUSEREMAIL()関数の値が等しいものだけを表示させる。

これらに注意すれば、マップの利用や、マルチユーザー対応は決して難しくはありません。自分で作ったアプリにこれらの機能を組み込めるようになりましょう。

Chapter 4

4.3. カレンダーの利用

Googleカレンダーと連携する

Googleマップを利用したアプリは、アプリの利用範囲をぐっと広げてくれました。こうした「Googleが提供するサービス」は、単純なデータでは実現できない機能をアプリに提供してくれます。

こうした特殊なデータの利用機能は、マップ以外にもあります。それは「カレンダー」です。AppSheetではGoogleカレンダーと連携し、カレンダー情報をアプリでテーブルとして利用できるのです。

では、実際に簡単なカレンダーアプリを作成しながら、Googleカレンダーの利用について説明していきましょう。

Googleカレンダーを用意する

まず最初に行うことは、Googleカレンダーの用意です。Googleカレンダーでは、カレンダーを必要に応じて作成できます。そこで、アプリで利用するカレンダーを作成しておくことにしましょう。

ではGoogleカレンダーを開き、右上に見える「設定メニュー」アイコンをクリックして「設定」メニューを選んで下さい。

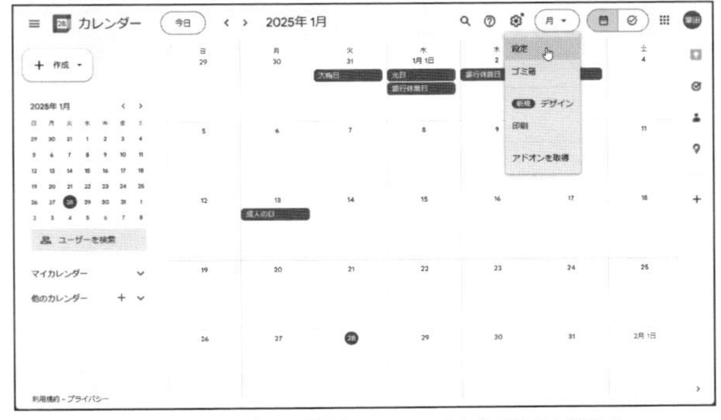

図4-68：Googleカレンダーの「設定メニュー」から「設定」を選ぶ。

Googleカレンダーの設定画面になります。左側にあるメニューリストから「カレンダーを追加」というところにある「新しいカレンダーを作成」を選択して下さい。

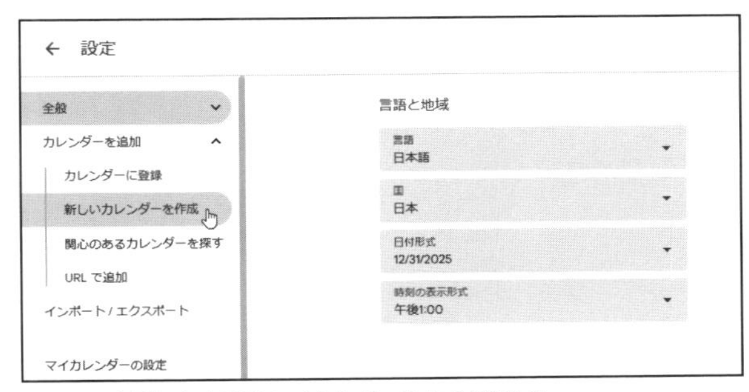

図4-69：左側にある「新しいカレンダーを作成」を選ぶ。

新しいカレンダーを作成するためのフォームが現れます。ここに、カレンダーの名前を「Sample Calendar」と入力しておきます。説明は省略してもかまいません。タイムゾーンはデフォルトのままにしておきます。そして、「カレンダーを作成」ボタンをクリックします。

図4-70：カレンダー名を記入し、カレンダーを作成する。

作成したら、カレンダーの表示に戻りましょう。「マイカレンダー」のところに「Sample Calendar」という項目が追加されます。これが、アプリで利用するカレンダーです。

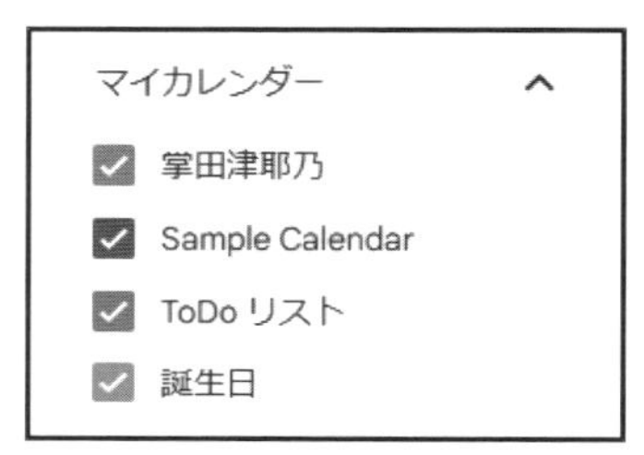

図4-71：新しいカレンダーが追加された。

カレンダーからアプリを生成する

用意したカレンダーをデータソースに指定してアプリを作成しましょう。AppSheetのホーム画面で「Create」ボタンをクリックし、「App」内の「Start with existing data」メニューを選びます。

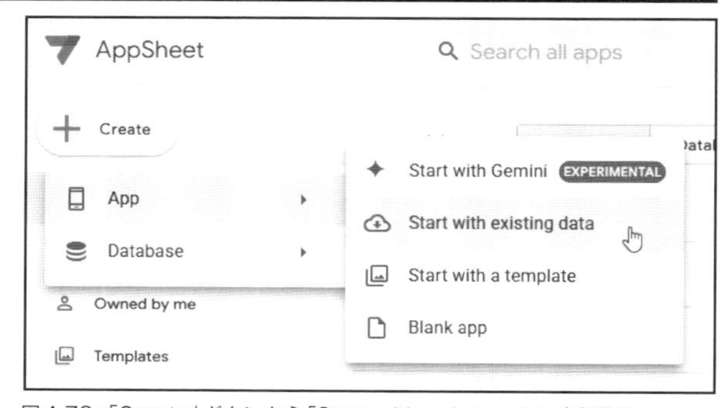

図4-72：「Create」ボタンから「Start with existing data」を選ぶ。

「Create a new app」パネルが現れます。ここでアプリの名前を「Calendar App」と記述して「Choose your data」ボタンをクリックします。

図4-73：アプリ名を記入する。

「Select data source」パネルが表示されます。ここでデータソースを選択します。が、まだGoogleカレンダーは項目にありません。そこで、下にある「New source」ボタンをクリックします。

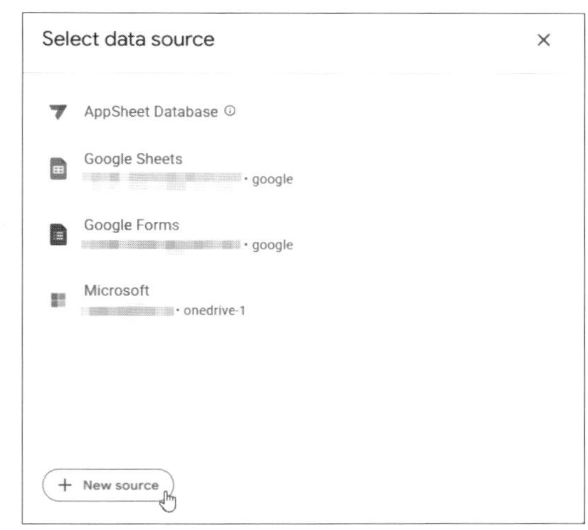

図4-74：「New source」ボタンをクリックする。

「Add a new data source」という表示が現れます。ここで、追加するデータソースを選択します。「Google Calendar」という項目を探し、クリックして下さい。

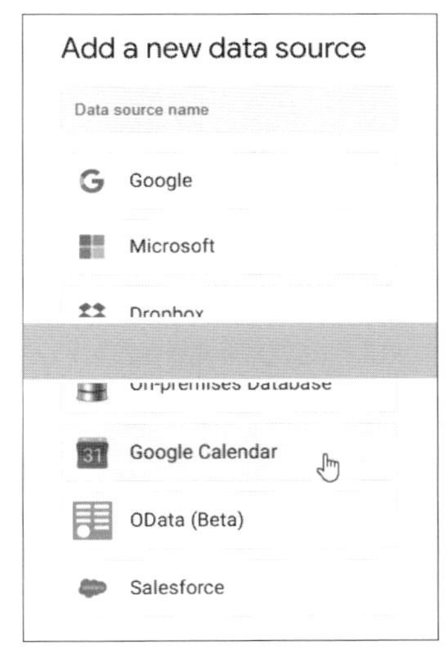

図4-75：Google Calendarを選択する。

Googleアカウントを選択する表示になります。ここで、アプリで使うアカウントを選択します。そして、手順を踏んでアカウントへのアクセスを許可して下さい。

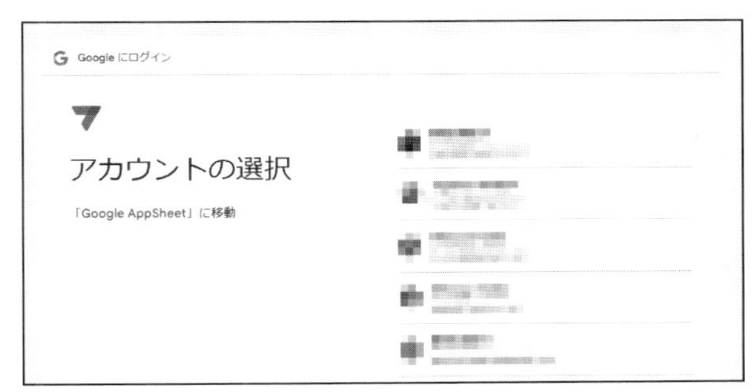

図4-76：Googleアカウントを選択する。

再び、「Select data source」のパネルに戻ります。ここで、追加された「Google Calendar」を選択します。

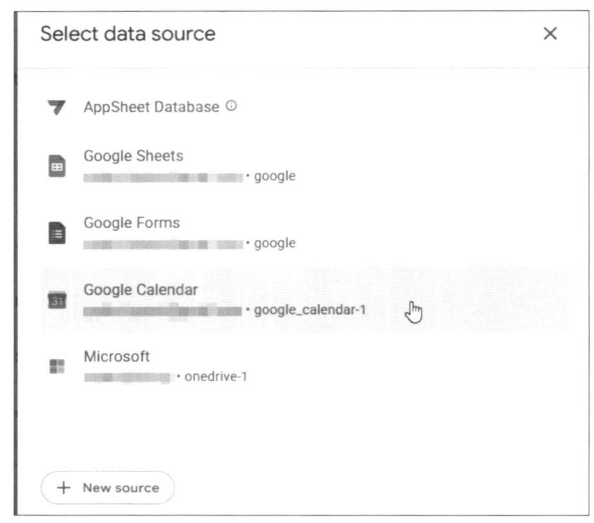

図4-77：「Google Calendar」を選ぶ。

カレンダーを選択する表示になります。先ほど作成した「Sample Calendar」を選択して下さい。このカレンダーを使ったアプリが作成されます。

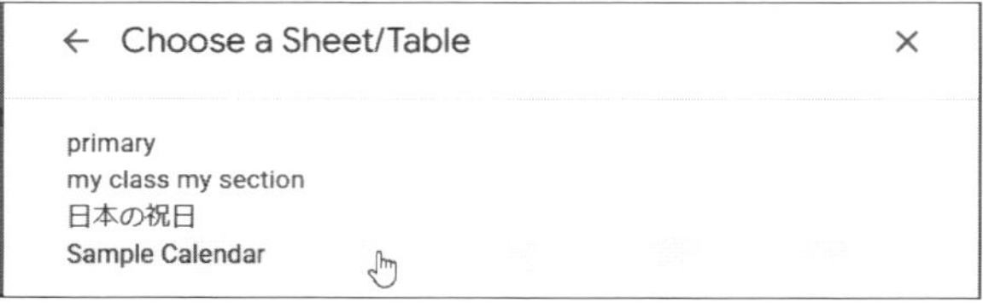

図4-78：カレンダーを選択する。

Calendar Appアプリについて

これでアプリが作成され、新しいタブで編集画面が表示されます。このアプリでは、デフォルトでカレンダーと「Map」というビューが用意されています（カレンダーのビューは、データソースのカレンダー名になっています）。テーブルは、データソースとなるカレンダー名のテーブルが１つだけ用意されています。

このアプリは、作成した時点ではまだうまく機能しません。細かな調整が必要になります。

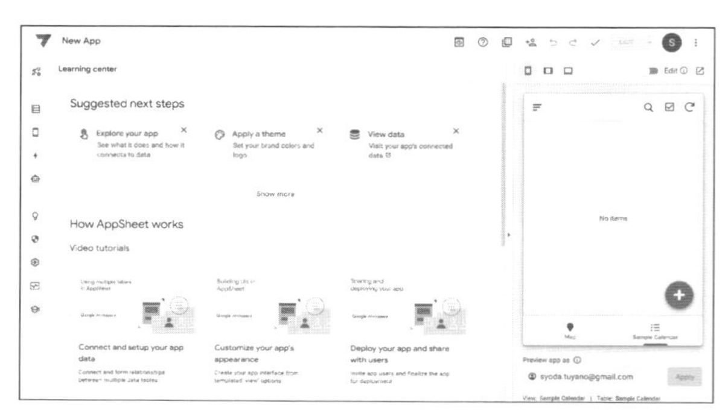

図4-79：作成されたCalendar Appアプリ。カレンダーとマップのビューが用意されている。

まず、アプリ名を設定しておきましょう。デフォルトでは「New App」となっているので、上部のアプリ名部分をクリックして「Calendar App」と名前を設定して下さい。

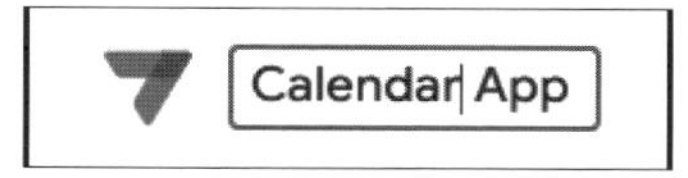

図4-80：アプリ名を「Calendar App」とする。

テーブルの列を調整する

では、左側のリストから「Data」を選択し、上部の「Columns」リンクをクリックして列情報の設定画面を表示して下さい。ここでは、データソースとして指定したカレンダーと同じ名前のテーブルが作成されています。このテーブルには、かなり多くの列が用意されていることが見てわかるでしょう。これらの列名と指定するタイプを以下にまとめておきます。これらを見ながら各列のタイプを設定して下さい。

NAME	TYPE	内容
_RowNumber	Number	行番号
Row ID	Text	行のID
Title	Name	タイトル
Start	DateTime	開始日時
End	DateTime	終了日時
Location	Address	住所
Creator	Email	作成者メール
Attendees	EnumList	参加者リスト
Status	Enum	ステータス
Web Link	Url	Webリンク
Meet Link	Url	Meetリンク
Description	LongText	説明
Thumbnail	Thumbnail	サムネイル

これらは、カレンダーの設定内容をもとに自動生成されたものです。したがって、必要なさそうに思えるものも勝手に削除したりしないよう注意下さい。

また、LABEL?については「Title」がONになっていますね。これで、イベントのタイトルがラベルとして表示されるようになります。もし他のものが選択されていたら、変更しておいて下さい。

Table: Sample Calendar

Source: Sa... Qualifier: {"FromDaysInThePast":... Data Source: go... Columns: 13

NAME	TYPE	KEY?	LABEL
_RowNumber	Number	☐	☐
Row ID	Text	☑	☐
Title	Name	☐	☑
Start	DateTime	☐	☐
End	DateTime	☐	☐
Location	Address	☐	☐
Creator	Email	☐	☐
Attendees	EnumList	☐	☐
Status	Enum	☐	☐
Web Link	Url	☐	☐
Meet Link	Url	☐	☐
Description	LongText	☐	☐
Thumbnail	Thumbnail	☐	☑

図4-81：各列の内容を確認する。

カレンダービューの設定

ビューに移りましょう。左側アイコンバーの「Views」アイコンをクリックして表示を切り替えて下さい。PRIMARY NAVIGATIONには、カレンダーのテーブルを表示する「Sample Calendar」ビューと「Map」ビューが用意されています。

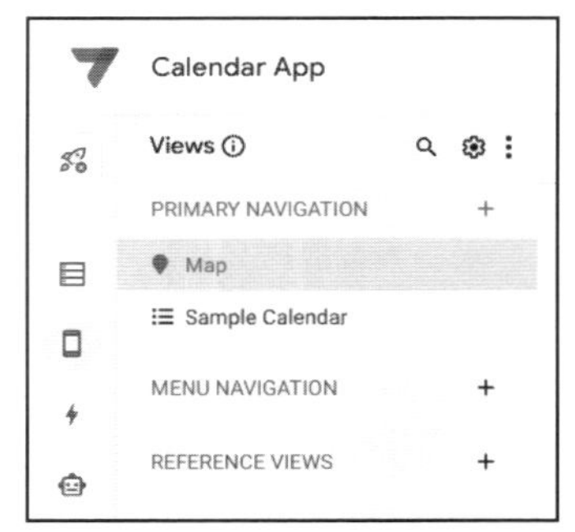

図4-82：「Views」の表示。PRIMARY NAVIGATIONに2つのビューが用意されている。

カレンダーテーブルのビューは、カレンダー名がそのまま名前になっています。このままでは見づらいでしょうから、「カレンダー」とView nameを変更しておきましょう。

View typeは「calendar」を選択します。これで、カレンダーの表示が行えます。Positionは「first」にしておきましょう。

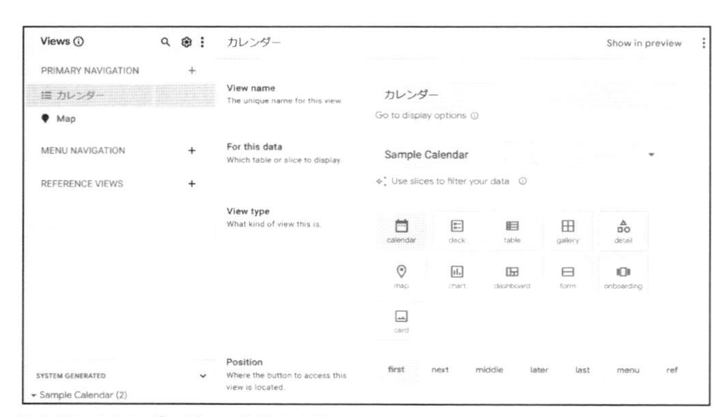

図4-83：カレンダービューを設定する。

カレンダービューのポイントは、その後のView Optionsにあります。ここで、カレンダーに関する細かな設定を行います。テーブルのどの値がカレンダーのどの項目に対応するかを1つ1つ指定するのです。

ここでは、次のように設定しておきましょう。

Start date	Start
Start time	Start
End date	End
End time	End
Description	Description
Category	** auto **
Default View	Month

最後のDefault Viewは、デフォルトで表示するカレンダーを指定します。ここではMonth（月単位の表示）にしておきましたが、それぞれに使いやすいものを選んでかまいません。これらが設定されれば、カレンダーの表示が機能するようになります。

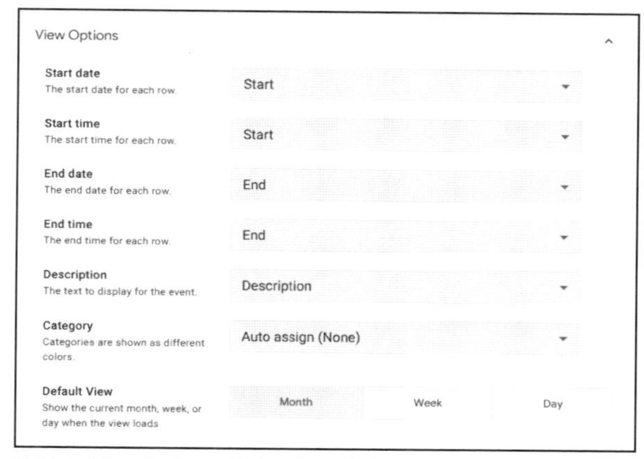

図4-84：View Optionsでカレンダーの設定をする。

「Map」ビューについて

もう1つの「Map」ビューについても見てみましょう。View typeで「map」を選び、For this dataではカレンダーのテーブルを指定しているのがわかります。

カレンダーのテーブルには、位置を示す値（LatLongタイプの値）はありません。が、「Address」というタイプの項目がありました（「Location」という列です）。このAddressは、住所をテキストで指定するものです。そして、実はこのAddressもマップで表示できるのです。

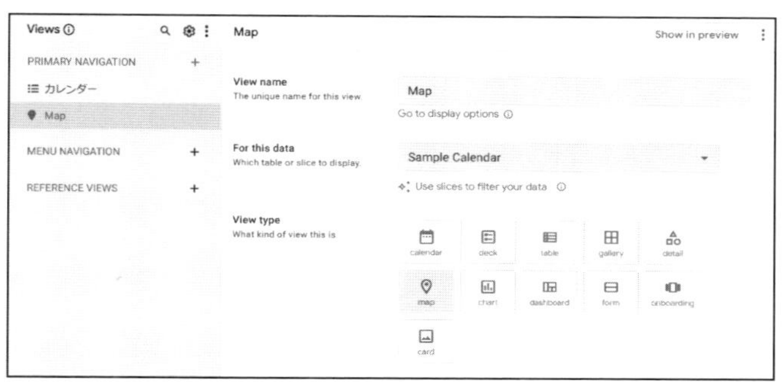

図4-85：Mapビューの設定。

View typeで「Map」を指定した場合、位置情報の列を指定する必要があります。これは、View Optionsで行います。ここにある「Map column」で「Location」が選択されていますね。これで、Locationの住所がマップに反映されるようになります。

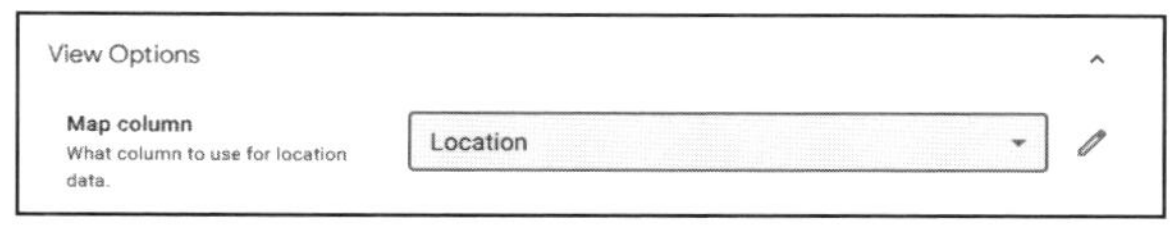

図4-86：Map columnで「Location」を指定する。

アプリを使ってみる

これで、基本的な設定はできました。実際にアプリを動かして動作を確認しましょう。

アプリの下部には「カレンダー」と「Map」のアイコンがあります。「カレンダー」をクリックすると、カレンダーに予定が表示されます。

図4-87：「カレンダー」アイコンではカレンダーが表示される。これはダミーにいくつかデータを追加したところ。

表示されている予定をクリックするとその日の予定が表示され、そこからさらに予定をクリックすれば詳細情報が表示されます。

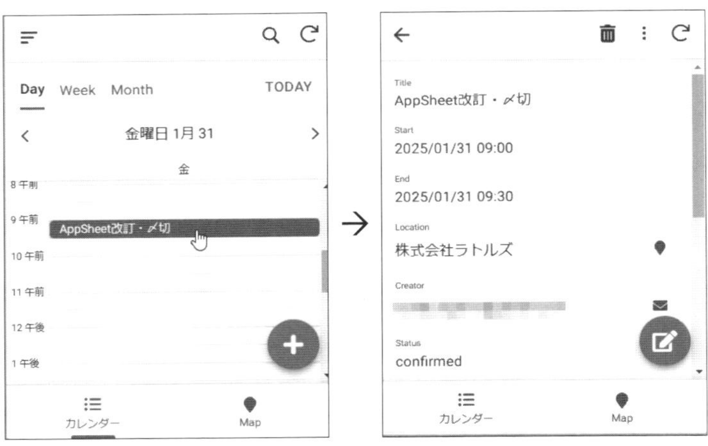

図4-88：カレンダーのその日の予定と、予定の詳細表示。

カレンダーのフローティングアクションボタン（「＋」ボタン）をクリックすると、予定の作成フォームが現れます。ここで必要な項目を入力し「SAVE」ボタンをクリックすれば、予定が追加されます。

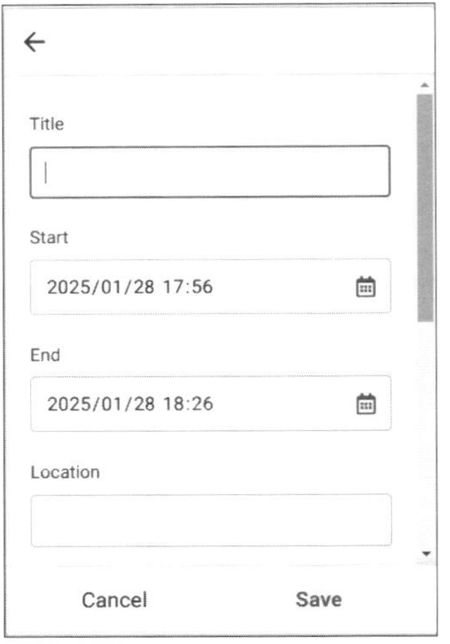

図4-89：予定の入力フォーム。

また、「Map」アイコンをクリックすると、予定のLocationに入力した住所がマーカーとしてマップに表示されます。これは、常に正確に表示されるわけではなく、Locationにきちんとした住所やランドマーク的な建物名などが指定されていないとうまく表示できないので注意しましょう。

図4-90：「Map」の表示。Locationの住所がマップにマーカーで表示される。

カレンダーの拡張は？

これで、Googleカレンダーを使ったアプリの作成ができるようになりました。カレンダーが利用できると、スケジュールや進捗管理などさまざまなアプリが作れそうですね。

ただし、カレンダーをデータソースに指定してアプリを作るだけでは、「予定の管理」以上のことはできないでしょう。例えばタスク管理アプリのようなものを作り、そのスケジュールにカレンダーを利用したいという場合、「タスクのテーブル」と「カレンダーのテーブル」を用意しなければいけなくなります。これらをうまく活用するには複数のテーブルをいかに連携するか、その手法がわからないといけません。

というわけで、章の最後に「複数テーブルの連携」について説明をしておきましょう。

Chapter
4

4.4.

複数テーブルを連携する

テーブルは1つとは限らない！

ある程度、AppSheetの基本的な使い方がわかってくると、実際に実用的なアプリを作ってみよう、と思うようになるでしょう。AppSheetで業務などのデータをアプリ化できれば作業効率もぐんと上がるに違いない、誰しもそう思います。

が、実際にアプリ化しようと思ったとき、あることに気がつき愕然とするはずです。それは、「複数のテーブルをどう扱えばいいかわからない」という点です。

ここまでいくつかのアプリを作成しましたが、これらはすべて、「1つのテーブル」で完結していました。しかし業務データなどは、そんな単純なものばかりではありません。例えば商品管理などを考えてみると、「商品のデータベース」「在庫管理」「発注データ」といったものがあり、それらを組み合わせて業務が行われているのですね。

このように複数のテーブルを組み合わせて利用している場合、それらをアプリ化するためには、「テーブルの連携」について理解しなければいけません。

AppSheetには、「参照（Ref）」と呼ばれる特殊な値のタイプが用意されています。これは、他のテーブルのデータを連結して取り出し、利用するためのものです。この参照を使いこなすことで、複数のテーブルをうまく連携して扱えるようになります。

2つのテーブルを組み合わせよう

では、実際に簡単なアプリを作成して、テーブルの連携処理について学んでいくことにしましょう。

今回作成するのは、「日用品の管理アプリ」です。日常生活で「定期的に購入しないといけないもの」というのはけっこうありますね？　そうしたものをまとめておき、購入情報を記録しておくアプリです。

このアプリでは商品データのテーブルと、購入情報のテーブルの2つを用意し、これらを連携して処理していきます。こういう「製品情報と取引情報」というのはさまざまなところで使われるものですから、基本がわかればいろいろと応用できるはずです。

データベースを作成する

では、まずデータを保管するデータベースを用意しましょう。AppSheetのホーム画面に戻り、「Create」ボタンから「Database」内の「New Database」メニューを選んで新しいデータベースを作成します。作成後、データベース名を「日用品管理 database」としておきましょう。

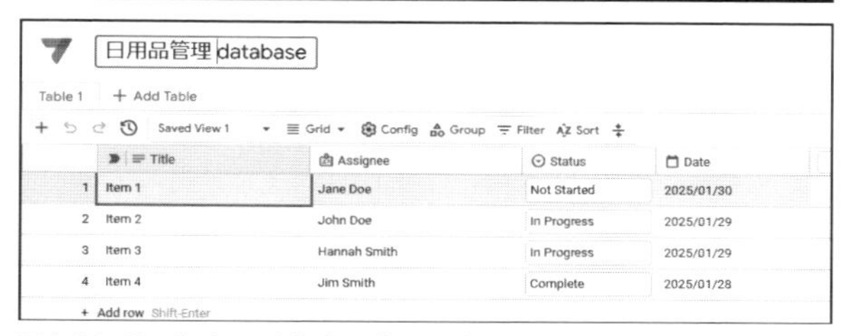

図4-91：データベースを作成し、「日用品管理 Database」としておく。

デフォルトで「Table 1」というテーブルが作成されていますね。テーブル名の「：」アイコンから「Table settings」メニューを選び、テーブル名を「商品データ」としておきましょう。

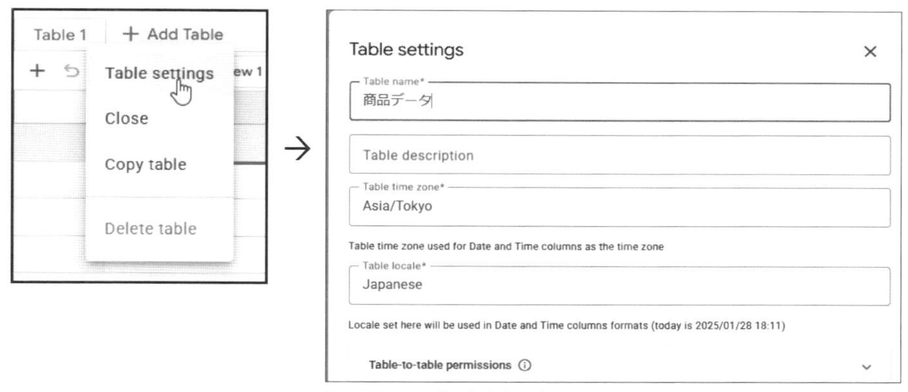

図4-92：テーブル名を変更する。

続いて、列の設定を変更します。デフォルトで4つのセルが作成されていますので、これらをそのまま変更していきましょう。列名とTYPEは次のようになります。

列名	TYPE
商品名	Text
メーカー	Text
価格	Number
メモ	LongText

商品データの基本的なものだけ用意しておきました。とりあえずこれぐらい用意すれば十分使えるでしょう。なお、Databaseには「Price」という金額を示すTYPEもあるのですが、ここでは一般的な数字を扱うNumberを使っています。

列の設定ができたら、ダミーのレコードはすべて削除しておいて下さい。

図4-93：商品データを記録するテーブル。

新しいテーブルを作成する

続いて、2つ目のテーブルを用意します。「Add Table」ボタンをクリックし、現れたメニューから「Create new table」を選んで新しいテーブルを追加して下さい。

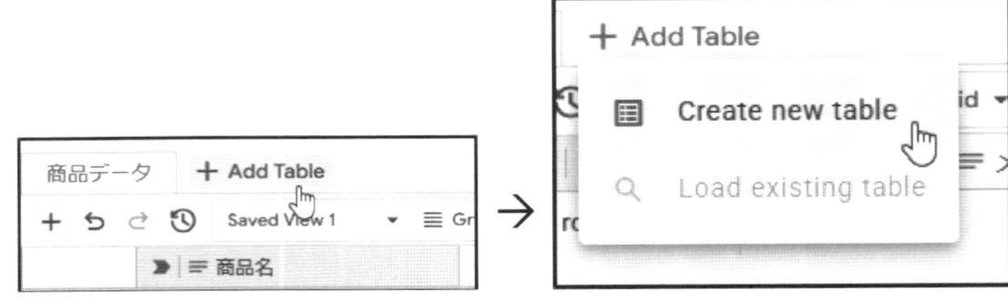

図4-94：テーブルを1つ追加する。

作成したら、「Table settings」メニューを使って名前を「購入データ」と変更しておきましょう。

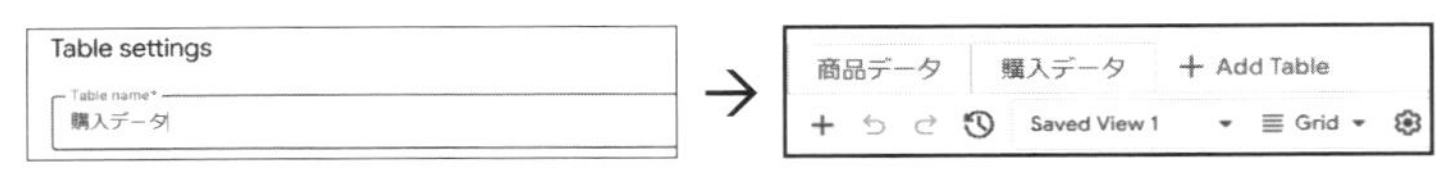

図4-95：「Table settings」のパネルで「購入データ」と名前を設定する。

名前を設定したら、新たに作った2つ目のテーブルを選択して下さい。そして、次のように項目を設定しましょう。

メモ	LongText
商品	Reference（後述）
個数	Number
タイムスタンプ	DateTime

こちらは、投稿した日時の値（タイムスタンプ）をキーとして利用します。その後の「商品」は、購入する商品の参照です。これは、1枚目の「商品」テーブルから特定のレコードを示す値になります。これで、いつ、どの商品を何個買ったかが記録できますね。

この中の「タイムスタンプ」のTYPE「DateTime」は、「Date and time」というところに用意されています。

図4-96：2つ目のテーブルの各列の設定を行う。

商品データと連携する

この中で、重要な役割を担っているのが「商品」列です。この列は、「Reference」というTYPEの値として作成されています。Referenceというのは、他のテーブルの参照を扱うためのものです。

これは、列の「⋮」から「Edit column」メニューを選んで列の設定パネルを呼び出したとき、TYPEにある「Link to table」という項目内の「Reference」を選んで設定します。選択すると「Table to reference」という項目が追加されるので、ここで「商品データ」テーブルを選択します。

これで、「商品」には「商品データ」テーブルのレコードを参照する値が設定されるようになります。このように「Reference」タイプを利用することで、複数のテーブルを連携することができるのです。

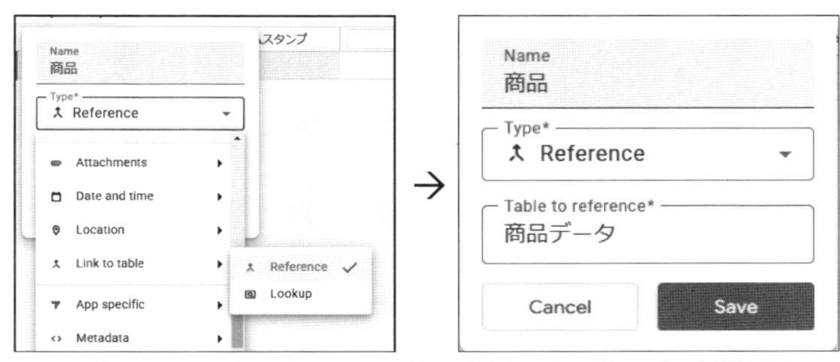

図4-97：「Link to table」内の「Reference」を選び、「商品データ」テーブルを選択する。

商品データを作成しよう

2つのテーブルが連携されたら、実際にレコードを作成して試してみましょう。まず、「商品データ」テーブルにいくつかのレコードを作成して下さい。ダミーとして適当に用意すればよいでしょう。

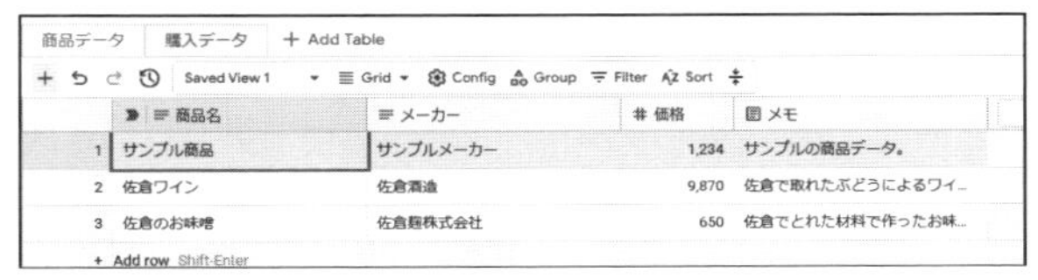

図4-98：「商品データ」にレコードを追加する。

購入データを作ろう

商品の購入データもサンプルとして作ってみましょう。「購入データ」テーブルに切り替えて、ダミーのレコードを作成してみて下さい。

レコード作成の際、「商品」列の設定が重要になります。この列の値部分をダブルクリックすると、「商品データ」テーブルのレコードがポップアップして現れるのです。ここから購入する商品を選択すれば、その参照データが列に設定されます。

このようにして、「購入データ」テーブルから、関連する「商品データ」テーブルの値を割り当てるようになっているのですね。

図4-99：「商品」列をダブルクリックすると、「商品データ」テーブルのレコードがポップアップ表示される。

アプリを作成する

2つのテーブルの連携の働きがわかったら、実際にアプリを作成しましょう。「商品データ」テーブルを選択した状態で「Apps」ボタンをクリックし、サイドパネルを呼び出します（上部に「Apps using 商品データ」と表示されます）。そのまま「New AppSheet app」ボタンをクリックしてアプリを作成して下さい。

「購入データ」テーブルが選択された状態だと、サイドパネルには「Apps using 購入データ」と表示されます。この状態で作成しないで下さい。必ず「商品データ」テーブルを選択して行って下さい。

図4-100:「Apps」ボタンをクリックし、サイドパネルから「New AppSheet app」ボタンをクリックする。

アプリ名を変更する

これで、「商品データ App」という名前でアプリが作成されます。編集画面が現れたら、アプリ名を「日用品管理 App」と変更しておきましょう。

図4-101:アプリができたら名前を「日用品管理 App」にしておく。

「Data」を設定する

アプリが作成されたら、左側のアイコンバーから「Data」を選択して表示を切り替えて下さい。デフォルトでは、「商品データ」テーブルが作成されています。次のように設定されていますね。

_RowNumber	Text
Row ID	Text
商品名	Text
メーカー	Text
価格	Number
メモ	LongText

図4-102:「商品データ」テーブルの内容。

「購入」テーブルを作成する

では、もう1つの「購入データ」テーブルも作っておきましょう。「Data」の表示部分にある「+」アイコンをクリックし、現れたパネルで「AppSheet Database」を選択します。

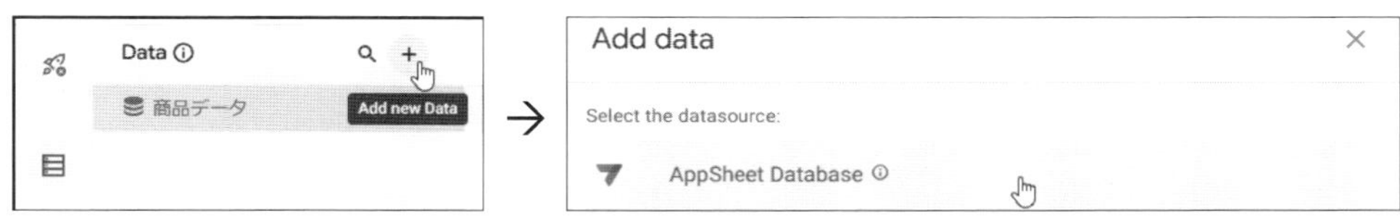

図4-103:「+」iconをクリックし、「AppSheet Database」を選ぶ。

デーベースの選択を行う表示になります。「日用品管理 Database」を選択し、さらに現れたテーブルのリストから「購入データ」を選択して「Add 1 table」ボタンをクリックします。

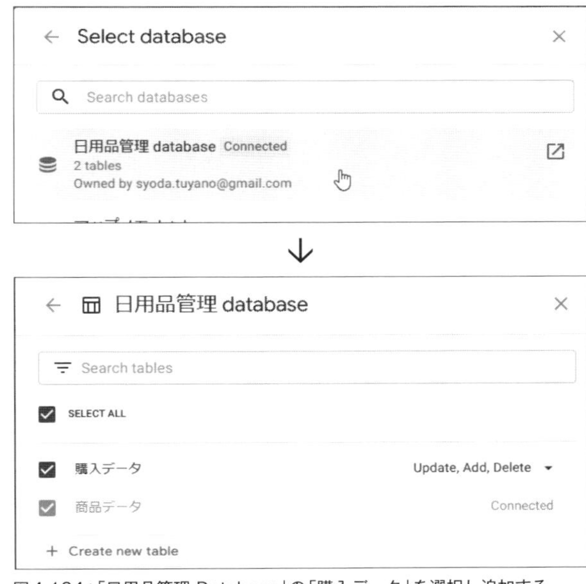

図4-104:「日用品管理 Database」の「購入データ」を選択し追加する。

「購入」テーブルの列を確認する

作成した「購入」テーブルの列を確認しましょう。今回のアプリ作成のポイントは、実はここにあります。この「購入」テーブルの列で、2つのテーブルの参照を設定するのです。

では、「購入」テーブルを次のように設定しましょう。

_RowNumber	Number
Row ID	Text
メモ	LongText
商品	Ref
個数	Number
タイムスタンプ	DateTime

ここでは、「商品」のTYPEには「Ref」という種類が設定されていますね。これが「参照」のTYPEです。これにより、「商品」は別のテーブルの値を参照するようになります。

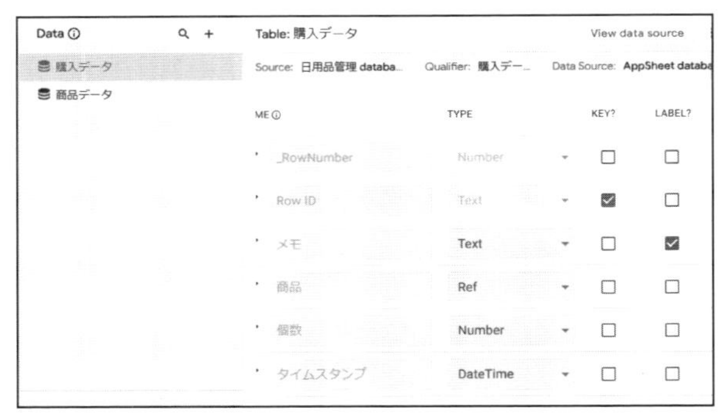

図4-105：「購入」テーブルの列設定。

参照先の設定

「商品」の参照先を確認しましょう。「商品」の項目の一番左端にある鉛筆のアイコンをクリックして下さい。この列の詳細を設定するパネルが現れます。

ここでは、「Source table」という項目に「商品」が設定されています。これで、「商品」テーブルを参照するようになるのです。参照の設定は、たったこれだけ。これで、「商品」の列に「商品データ」テーブルのレコードが参照されるようになるのです。

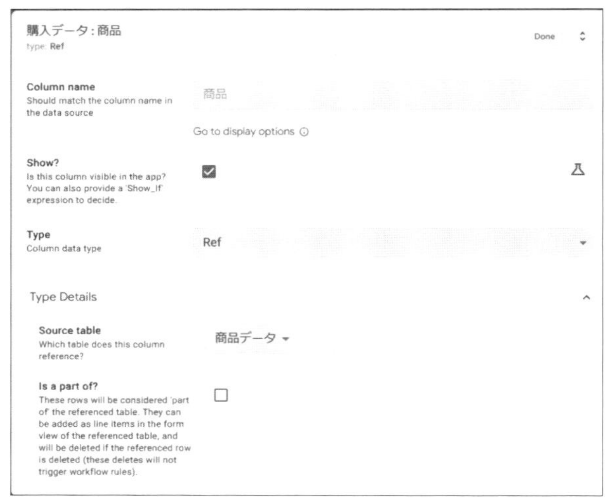

図4-106：列の設定パネルで「Source table」の値に「商品」が設定されている。

ビューを調整する

では、2つのテーブルの参照がうまく表示できるようにビューを調整しましょう。左側のアイコンバーから「Views」アイコンを選択し、表示を切り替えて下さい。

まず、「商品データ」ビューからです。このビューでは基本設定として、次のように設定をしておきましょう。

View name	商品
For this data	商品データ
View type	card
Position	first

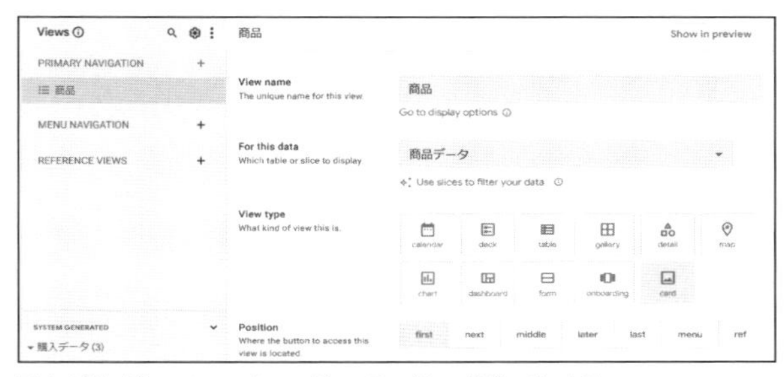

図4-107：View typeをcardに、Positionをfirstにする。

その下のView Optionsのところで、cardのレイアウトを調整しましょう。Layoutのところで「list」を選択し、プレビュー表示のところを次のように設定していきます。

左側の四角いエリア	クリックして右側のメニューから「None」を選びます。
上のテキスト	右側メニューから「商品名」を選びます。
下のテキスト	右側メニューから「メーカー」を選びます。

これで、商品名とメーカーだけがリスト表示されるようになります。「商品」ビューは登録した商品を一覧表示するだけですから、これで十分でしょう。

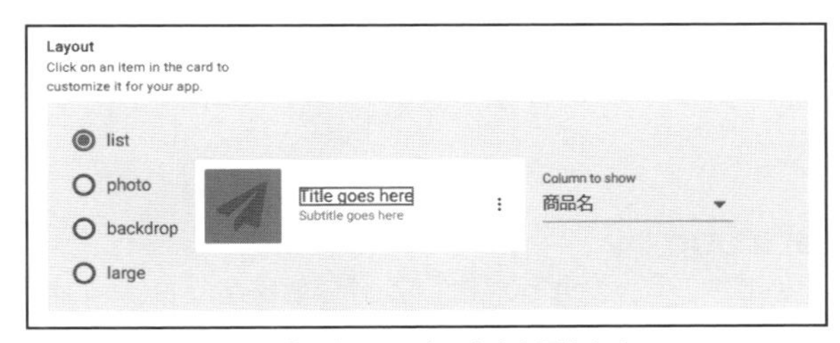

図4-108：レイアウトを「list」にし、表示内容を調整する。

「View Options」にある「Sort by」でソートの設定をしましょう。「Add」ボタンでソートの項目を作成し、「商品名」「Ascending」を選択します。これで、商品名順に並べ替えられるようになります。

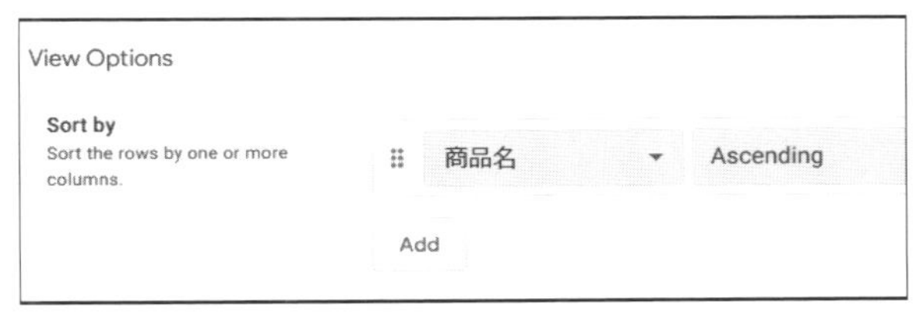

図4-109：Sort byで商品名順にソートする。

「購入」ビューの作成

次は、「購入データ」に関するビューの作成です。PRIMARY NAVIGATIONの「＋」をクリックし、現れたパネルにある「Create a new view」ボタンをクリックして下さい。

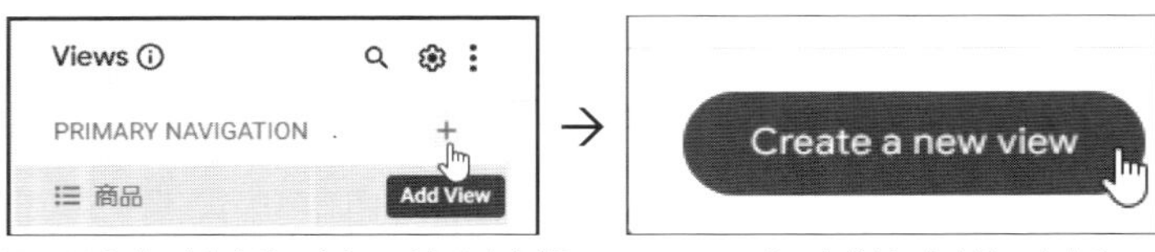

図4-110：「＋」をクリックし、パネルから「Create a new view」ボタンをクリックする。

これで、ビューが作成されました。作成したら、View nameを「購読」に変更しておきましょう。

このビューではけっこうたくさんのレコードを表示していくことになるので、テーブルを使って一覧表示しましょう。View typeを「table」に変更し、Positionを「middle」にして下さい。

図4-111：View typeをtableにし、Positionをmiddleにする。

●Sort by

続いて、View Optionsを設定します。まず、「Sort by」でソートを設定しましょう。これは、「タイムスタンプ」「Descending」を選んで新しいものから順に並べ替えます。

図4-112：Sort byでソートを設定する。

●Group by

その下の「Group by」に「Add」で項目を追加し、「商品」「Ascending」にして下さい。これで、商品ごとにグループ分けされるようになります。その下の「Group aggregate」では「COUNT」を選び、各グループのレコード数を表示させておきます。

図4-113：Group byでグループ化の設定を行う。

●Column order

この一覧では、商品のグループごとに購入日と個数だけ表示されればそれで十分です。そこで一覧表示する列と、その順番を設定しておきましょう。

Column orderの「Add」をクリックすると項目が追加されます。「商品」「個数」「タイムスタンプ」と3つの項目を作成して下さい。これで、このビューのテーブルではこの3つの値だけが表示されるようになります。

図4-114：Column orderで商品、個数、タイムスタンプが表示されるようにする。

「購入データ_Inline」ビューについて

この他にもう1つ、調整しておきたいビューがあります。それは「購入_Inline」というビューです。SYSTEM GENERATEDの「購入データ」のところに作成されています。

このビューはシステムによって自動生成されるものですが、初めて登場しました。これは、複数のテーブルを参照によって連携した際に生成されるものです。ここでは、例えば「商品」の詳細情報を表示すると、その商品の購入データが組み込まれて表示される、そういうときに、この「購入データ_Inline」が使われます。

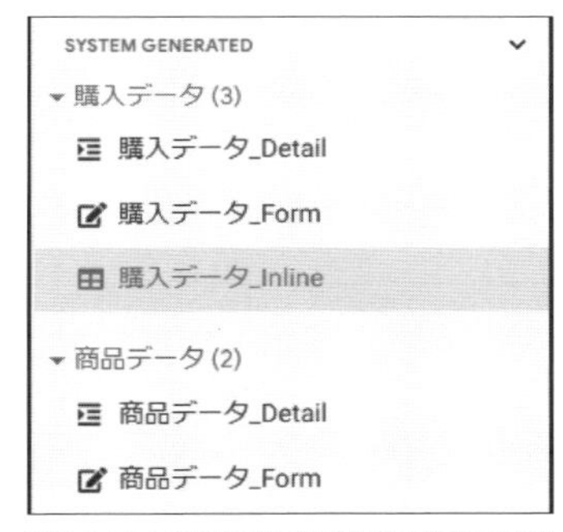

図4-115：SYSTEM GENERATEDの「購入データ」内に「購入データ_Inline」がある。

これは別のビューにインラインで組み込まれるものなので、なるべくシンプルで必要な情報を表示できるようなレイアウトにしておくのがよいでしょう。ここではView typeは「table」のままにしておき、「Column order」に「タイムスタンプ」「個数」を追加して、この2つのデータだけが表示されるようにしておきます。また、「Sort by」で「タイムスタンプ」「Descending」を用意して、新しいものから順に表示されるようにもしておきましょう。

図4-116：「購入データ_Inline」の表示を調整する。

グラフのビューを追加する

これで基本的なビューは設定できました。この他に、購入状況をひと目で確認できるようにグラフも作成しておきましょう。

PRIMARY NAVIGATIONの「+」アイコンをクリックし、パネルにある「Create a new view」ボタンをクリックして新しいビューを作成して下さい。

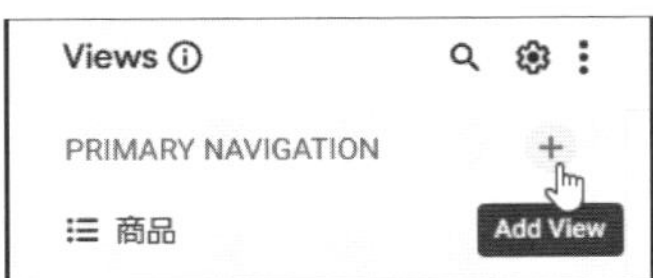

図4-117：PRIMARY NAVIGATIONの「+」をクリックしビューを作成する。

ビューが作成されたら、次のように基本的な設定を行います。

View name	グラフ
For this data	購入データ
View type	chart
Position	last

これでグラフのビューが設定されました。後は、グラフの細かな設定を行っていくだけですね。

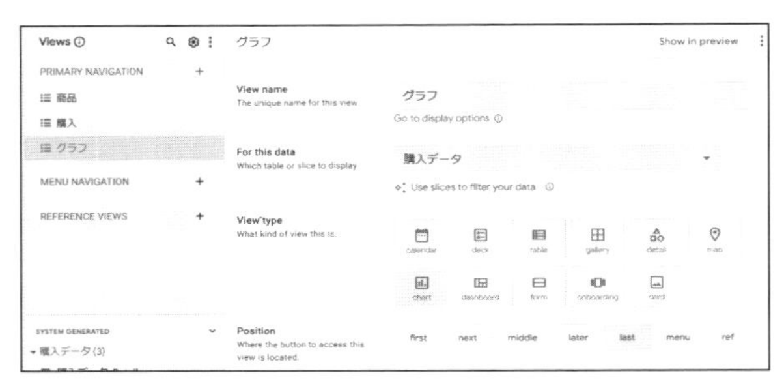

図4-118：View nameを「グラフ」にし、View typeを「chart」にする。

今回はヒストグラムのグラフを表示させることにします。次のように設定項目を用意して下さい。

Chart type	histgram
Group aggregate	COUNT
Chart columns	「商品」を追加
Chart colors	「Add」で追加し適当な色を指定

Group aggregateには「COUNT」を指定していますが、これはグラフの各項目のレコード数を示すものです。ここではChart columnsに「商品」を指定していますので、各商品ごとの購入レコード数がグラフ化されます。

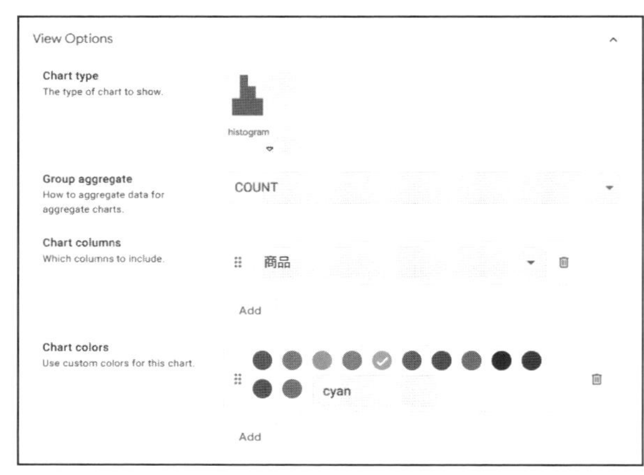

図4-119：グラフの設定。ヒストグラムを選択し、COUNTの値をグラフ化する。

アプリの動作を確認しよう

これで、アプリの基本的な部分は完成しました。実際に実行して動作を確認しましょう。このアプリでは、下部に3つのアイコンが表示されています。これらをクリックして表示を切り替えます。

「商品」ビュー

アプリの基本は、「商品」ビューになります。ここでは、登録した商品がリスト表示されます。リストは商品名順にソートされ、各項目には商品名とメーカー名が表示されます。

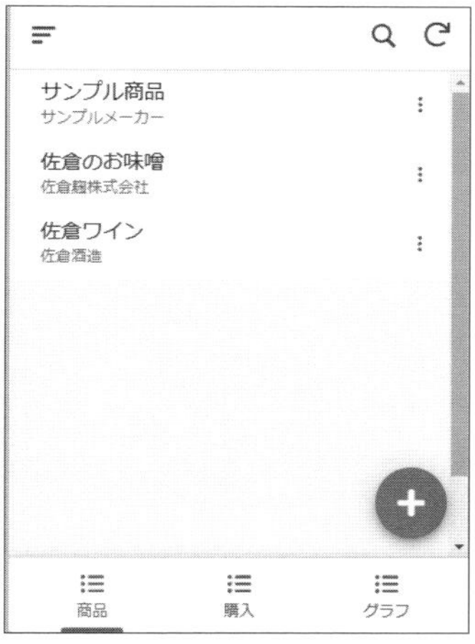

図4-120：「商品」ビューでは、登録した商品がリスト表示される。

リストから項目をクリックすると、その商品の詳細情報が表示されます。このとき、その商品を購入していれば、購入データが下に一覧表示されます。

図4-121：商品の詳細情報。下部に購入データが一覧表示される。

「購入」ビュー

下部の「購入」アイコンをクリックすると、購入データの一覧表示画面になります。これは商品名ごとにグループ分けされ、各グループ内は新しいレコードから順に表示されます。

図4-122：「購入」ビューの表示。商品別にグループ分けされる。

リストから項目をクリックすると、その購入データの詳細が表示されます。メモなどは、ここで表示されます。

図4-123：購入リストから項目をクリックすると、購入データの詳細が表示される。

「グラフ」ビュー

下部の「グラフ」をクリックすると、グラフが表示されます。ここでは、各商品ごとに購入した回数がグラフとして表示されます。

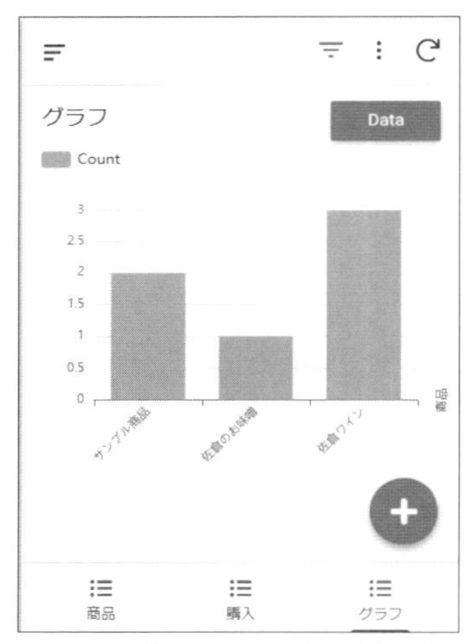

図4-124：グラフの表示。商品ごとに購入回数が表示される。

作成フォーム

アプリでは、まず「商品」ビューのフローティングアクションボタン（「＋」アイコン）をクリックして商品情報のフォームを呼び出し、登録します。

図4-125：商品の登録フォーム。

購入時には「購入」ビューを表示し、ここにあるフローティングアクションボタンから購入フォームを呼び出して登録を行います。

図4-126：購入フォーム。「商品」をクリックすると商品の一覧が現れ、そこから選択する。

この購入フォームでは、「商品」の項目をクリックすると登録した商品が一覧表示され、そこから購入する項目を選ぶようになっています。購入テーブルと商品テーブルが連携して動いていることがわかるでしょう。

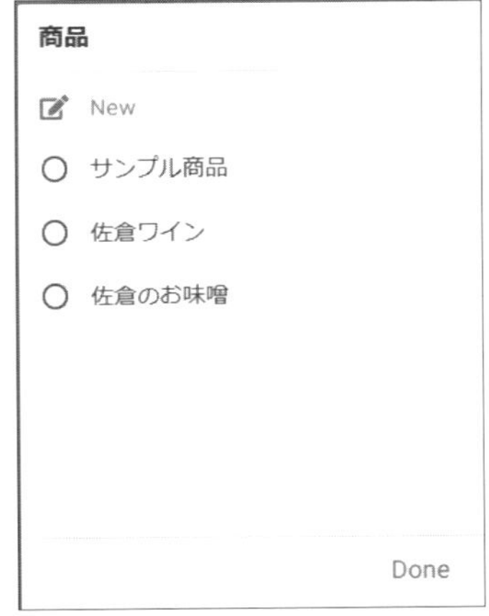

図4-127：商品の項目をクリックっすると、商品の一覧が表示される。

月別のスライスを作る

今回作ったアプリは、一応機能的には実用として使えるものになっています。が、実際に利用してみると、「ひたすらレコードが蓄積されていく」ということの弊害が出てくるでしょう。今月のレコードだけが表示されるようにすれば、長期間使ってもレコードが増えすぎないでしょう。

では、左側のアイコンバーから「Data」を選び、「購入データ」の「＋」アイコンをクリックして新しいスライスを作成して下さい。そして、次のように設定を行います。

Slice Name	今月分
Source Table	購入データ

さらに下にあるSlice column、Slice Action、Update modeといったものは、デフォルトのままでよいでしょう。

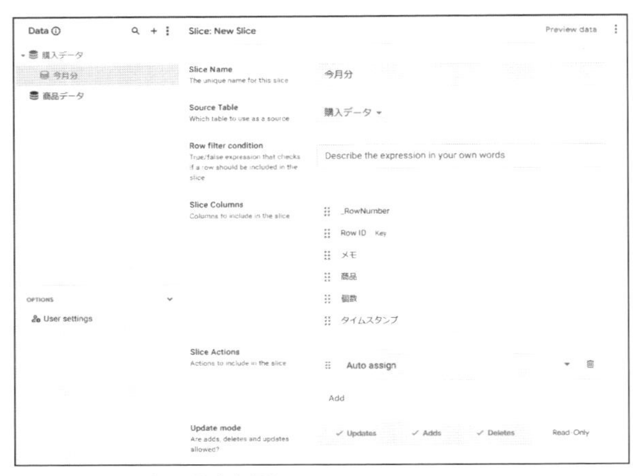

図4-128：スライスの設定を行う。

Row filter conditionの設定

スライスのポイントは、「Row filter condition」で指定する式でしたね。では、この項目をクリックし、プルダウンして現れるリストの「Create new expression」を選択して、「Expression Assistant」のパネルを呼び出して下さい。

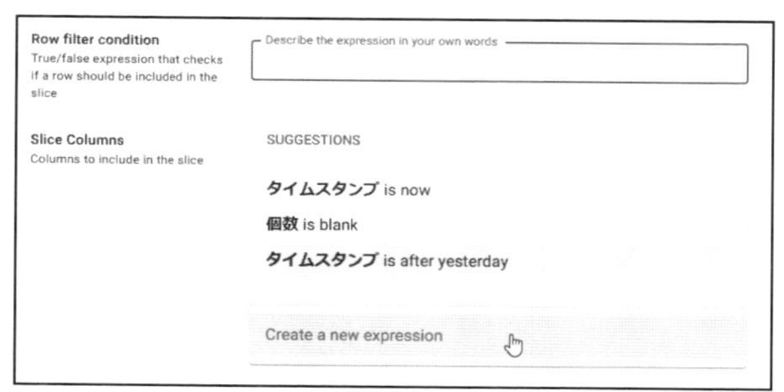

図4-129：「Create new expression」を選択する。

Expression Assistantパネルが開かれたら、式を記入するエリアを選択し、次のように記入をしましょう。記入したら、「Save」ボタンで式を保存して下さい。

▼リスト4-7

```
(YEAR([タイムスタンプ]) = YEAR(TODAY()))
  = (MONTH([タイムスタンプ]) = MONTH(TODAY())) = TRUE
```

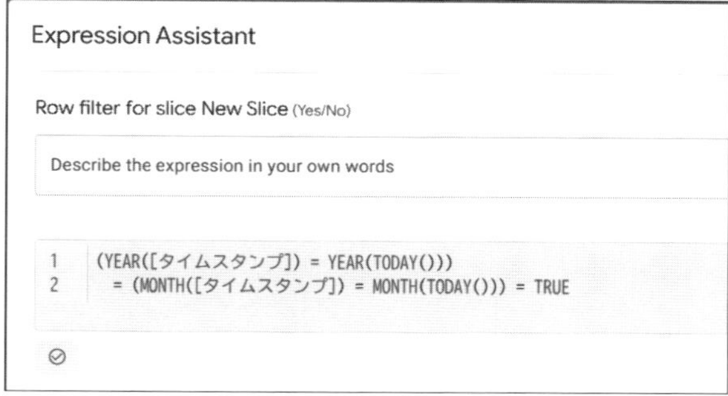

図4-130：Row filter conditionの式をExpression Assistantパネルで記入する。

ビューのFor this dataを変更する

ビューでスライスを利用するように設定を変更しましょう。左側のアイコンバーから「Views」を選び、「購入」ビューの「For this data」の値を「今月分」に変更しましょう。これで、「購入」で表示されるレコードが今月分だけになります。

同様に、「グラフ」もスライスを利用するように変更してみましょう。

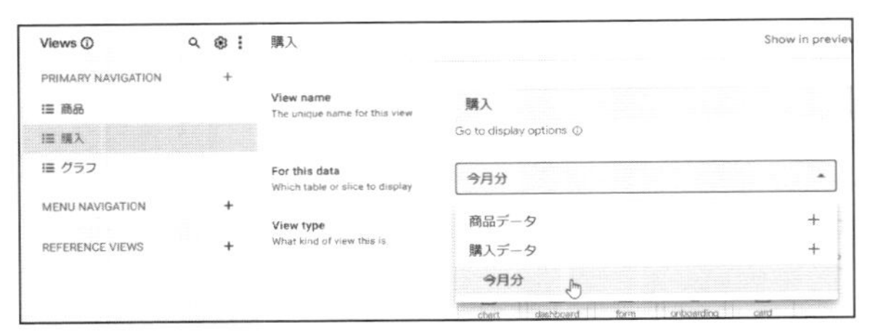

図4-131：For this dataをスライスに変更する。

Chapter 5

仮想列と式

AppSheetのテーブルには「仮想列」というものを追加し、
そこに「式」を書いて独自の値を追加することができます。
ここではExpression Assistantの使い方を覚え、
仮想列と式の書き方について学びます。
また、式で使われる各種の関数についても説明し、
複雑な処理の仕方をマスターしていきます。

Chapter
5

5.1.
仮想列を使おう

仮想列とは?

AppSheetのアプリは、データを中心に作成されます。このデータは、アプリでは「テーブル」として用意されます。

テーブルには「列」としてレコードの各項目が用意されており、この列にさまざまな値が設定されていきます。データの内容は「テーブルの列」がどのようになっているかで決まる、と言ってよいでしょう。

この「列」は、基本的にはデータソースとなるデータベースやスプレッドシートなどに用意されている列がそのまま組み込まれます。が、それ以外にも実は独自に列を作成し追加することもできます。これが「仮想列(Virtual Column)」と呼ばれるものです。

仮想列はテーブルに追加される列ですが、テーブルのデータソースには対応する列は存在しません。まさに仮想の列なのです。

仮想列には、その列の値を設定するための式が用意されており、その式に従って計算された結果が値として設定されます。

仮想列を使うことで、例えば各レコードに含まれている値を使って計算した結果を追加することができるようになります。例えば前期と後期の売上があるテーブルで、両者の合計を仮想列で追加したりできるわけです。

「式」について

この仮想列は、「式」を指定することで値を算出します。この「式」は、実はこれまでも何度か使ってきましたね。例えば、IDのINITIAL VALUEで「UNIQUEID(○○)」といった関数が設定されていたり、現在の日時を扱う列でINITIAL VALUEに「NOW()」と指定したりしましたね。

これらは、「Expression Assistant」パネルというものを使って式を記入していました。このパネルが出てきたら、それらは(使う場所が違っていても)すべて同じ式なのです。仮想列で記入される式も、この「Expression Assistant」パネルで記入する式と同じものです。

「Expression Assistant」とは、「式の記述を手伝ってくれるアシスタント」のパネルです。AppSheetにはさまざまな関数が用意されており、それらを組み合わせることで、かなり複雑な処理も行わせることができます。仮想列を使いこなすためには、「式」と「関数」についても理解を深めていく必要があるでしょう。

ダミーデータを作成する

実際にさまざまな式を作成しながら仮想列の使い方を学んでいくことにしましょう。そのためには、まず専用のアプリを用意する必要があります。そして、それにはデータソースとなるものが必要です。

では、AppSheetのホームを開き、「Create」ボタンの「Database」から「New database」メニューを選んで新しいデータベースを作成しましょう。

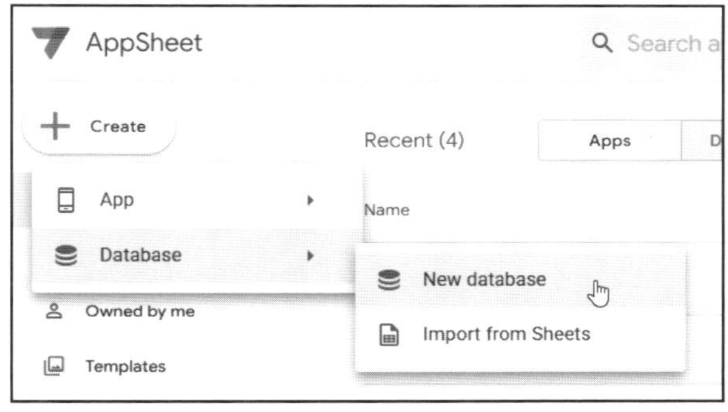

図5-1:「New Database」メニューで新しいデータベースを作成する。

列を設定する

作成したデータベース名は、「SampleData Database」としておきます。データベースにはテーブルが1つ用意されていますが、ここには次のように列を作成していきます。ダミーに用意されているレコードは、削除しておきましょう。

項目	Text
種類	Enum（後述）
値1	Number
値2	Number
日付	Date

ここでは、汎用的に使えそうなデータとして、上記の5つの列を用意しました。このダミーデータにレコードをいくつか用意し、それらを計算した仮想列を作成して、仮想列と式の働きを学んでいくことにしましょう。

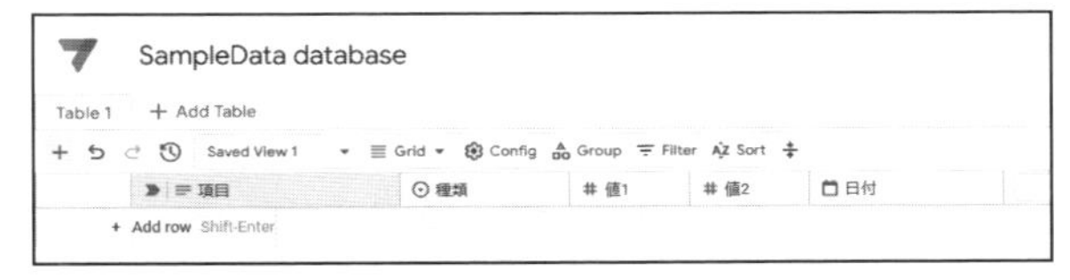

図5-2:テーブルに列を設定する。

Enumの設定

これらの列の中でわかりにくいのが、「Enum」でしょう。これはDatabaseにもありましたが、複数の選択肢から1つを選ぶものです。列の設定パネルでTypeに「Enum」を選ぶと、その下に「Item type」という項目が現れ、さらにその下に選択肢を入力する表示が現れます。

ここでは、Item typeは「Dropdown」にしておきましょう。そして、その下にある「Add option」ボタンを使って3つの選択肢を用意し、「国語」「数学」「英語」と値を記入しておきます。これで、3つの選択肢から選ぶEnumが定義できました！

図5-3：EnumはItem typeと選択肢を設定する。

アプリを作成する

では、用意したダミーデータを使ってアプリを作成しましょう。もう、アプリの作成手順はわかりますね。右上に見える「Apps」ボタンをクリックし、現れたサイドパネルから「New AppSheet app」ボタンをクリックします。

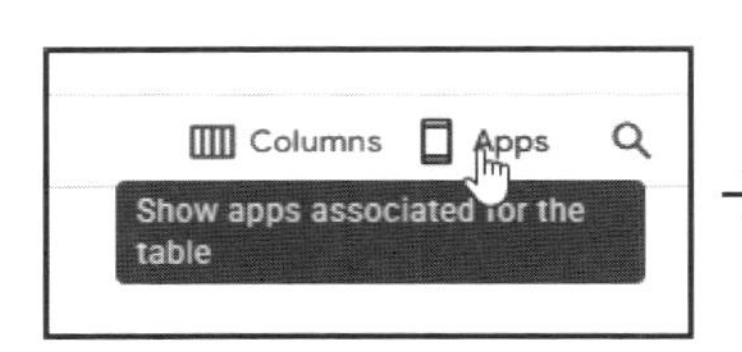

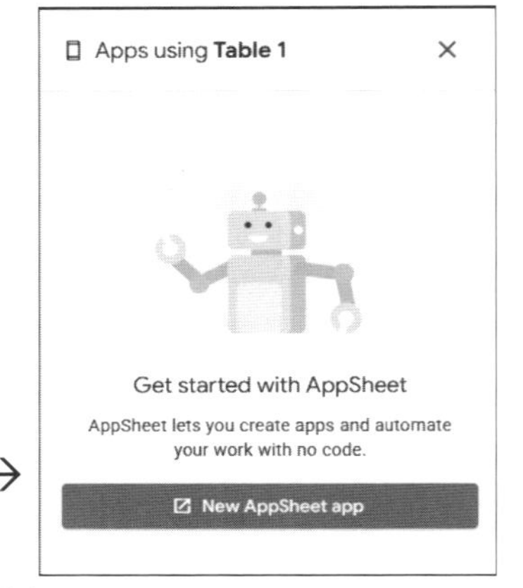

図5-4：サイドパネルを呼び出し、アプリを作成する。

これで、「Table 1 App」というアプリが作成されます。このままではアプリの名前がわかりにくいので、「SampleData App」と変更しておきましょう。

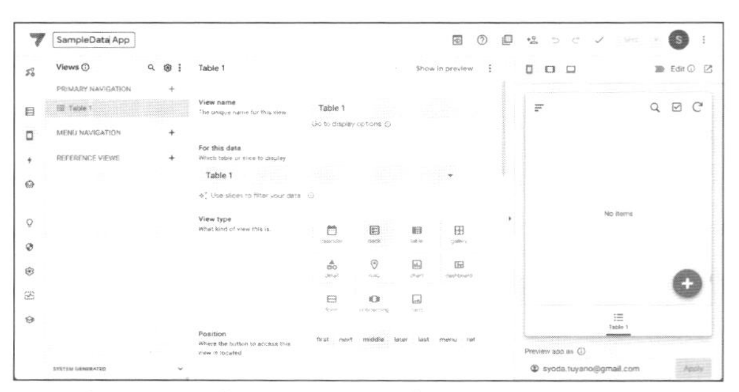

図5-5：作成されたアプリの編集画面。アプリ名は「SampleData App」としておいた。

ダミーデータを追加する

まだ現段階では、レコードは何も用意されていませんので、適当にレコードを追加していきましょう。「Table 1」ビューのフローティングアクションボタンをクリックして、レコードの作成フォームを呼び出します。そこでレコードを入力して「Save」ボタンをクリックすれば、レコードが追加されます。いくつかレコードを作成して下さい。

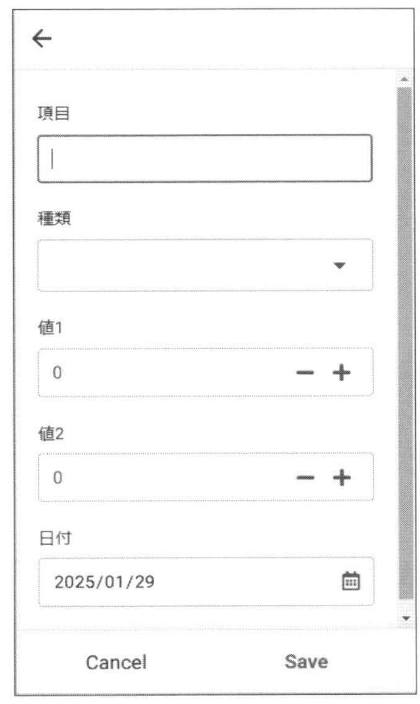

図5-6：レコードの作成フォーム。ここに値を入力して送信する。

用意されているテーブルは汎用的に使えるように列を用意したものなので、それぞれで用途を考えて入力してかまいません。サンプルではこんな形のレコードを用意しておきました。

項目	種類	値1	値2	日付
taro	国語	78	67	2025/03/18
hanako	国語	95	80	2025/04/03
sachiko	国語	69	75	2025/03/20
taro	数学	98	94	2025/04/01
hanako	数学	74	80	2025/03/22
sachiko	数学	75	65	2025/03/31
taro	英語	63	58	2025/03/24
hanako	英語	98	96	2025/03/29
sachiko	英語	77	81	2025/03/26
taro	国語	71	65	2025/03/28
hanako	国語	92	83	2025/03/27
sachiko	国語	67	71	2025/03/25
taro	数学	99	91	2025/03/30
hanako	数学	63	77	2025/03/23
sachiko	数学	80	70	2025/03/21
taro	英語	55	49	2025/04/02
hanako	英語	97	93	2025/03/19
sachiko	英語	75	85	2025/04/04

項目には名前、種類では教科を指定し、値1と値2にそれぞれ点数を用意しておきました。この形式でレコードを適当に用意してあります。それぞれの名前には種類に国語・数学・英語のレコードが複数用意されています。試験のたびにレコードがどんどん追記されていくことを想像するとよいでしょう。

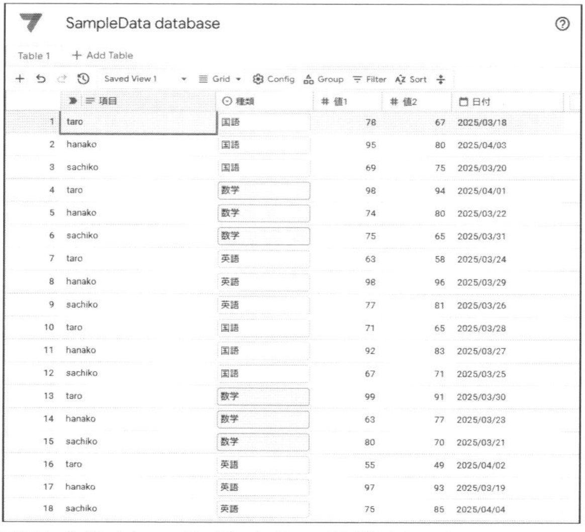

	項目	種類	値1	値2	日付
1	taro	国語	78	67	2025/03/18
2	hanako	国語	95	80	2025/04/03
3	sachiko	国語	69	75	2025/03/20
4	taro	数学	98	94	2025/04/01
5	hanako	数学	74	80	2025/03/22
6	sachiko	数学	75	65	2025/03/31
7	taro	英語	63	58	2025/03/24
8	hanako	英語	98	96	2025/03/29
9	sachiko	英語	77	81	2025/03/26
10	taro	国語	71	65	2025/03/28
11	hanako	国語	92	83	2025/03/27
12	sachiko	国語	67	71	2025/03/25
13	taro	数学	99	91	2025/03/30
14	hanako	数学	63	77	2025/03/23
15	sachiko	数学	80	70	2025/03/21
16	taro	英語	55	49	2025/04/02
17	hanako	英語	97	93	2025/03/19
18	sachiko	英語	75	85	2025/04/04

図5-7：作成したレコード。データベースで確認したところ。

テーブルを設定する

作成されたテーブルを確認し、必要に応じて調整をしましょう。左側のアイコンバーから「Data」を選択し、表示を切り替えて下さい。

デフォルトでは、「Table 1」というテーブルが用意されているでしょう。このままでもよいのですが、わかりやすいようにテーブル名を「mydata」と名前を変更しておきます。

では、ここに用意されている列とその内容を確認しておきましょう。次のように設定を行っておきます。

NAME	TYPE
_RowNumber	Number
Row id	Text
項目	Name
種類	Enum
値1	Number
値2	Number
日付	Date

KEY?は「Row id」に、そしてLABEL?は「項目」にそれぞれ設定されています。「項目」は今回、名前を入力するので、Nameにしておきました。一般的な値ならば、Textでよいでしょう。「日付」はDateにしてありますが、TimeでもDateTimeでもよいでしょう。

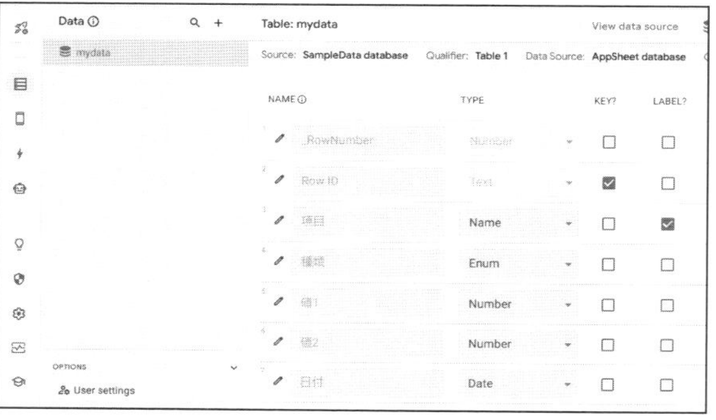

図5-8：「mydata」テーブルの内容。

「種類」のEnumの設定について

ここでは、「種類」を「Enum」にしてあります。Enumは、複数の選択肢から1つを選ぶものでした。これには選択肢が用意されていないといけません。

左端の鉛筆アイコンをクリックして、「種類」の詳細設定パネルを呼び出して下さい。この中の「Type Details」というところに「Values」という設定項目があります。ここにある「Add」を追加することで、選択肢の値が用意されます。ここに「国語」「数学」「英語」といった値が用意されているのがわかるでしょう。これは、データベースに用意されていた値がそのままアプリのテーブルに追加されているのですね。

今回はAppSheet Databaseを使ったため、このようにEnumの選択肢まで自動的にインポートされました。しかし、Googleスプレッドシートや Excelのファイルなどからアプリを作成した場合、ここまで値は用意されません。

このようなときは、列の詳細設定パネルでValuesに選択肢の値を自分で用意する必要があります。ですから、値の設定方法ぐらいはここでしっかり理解しておきましょう。

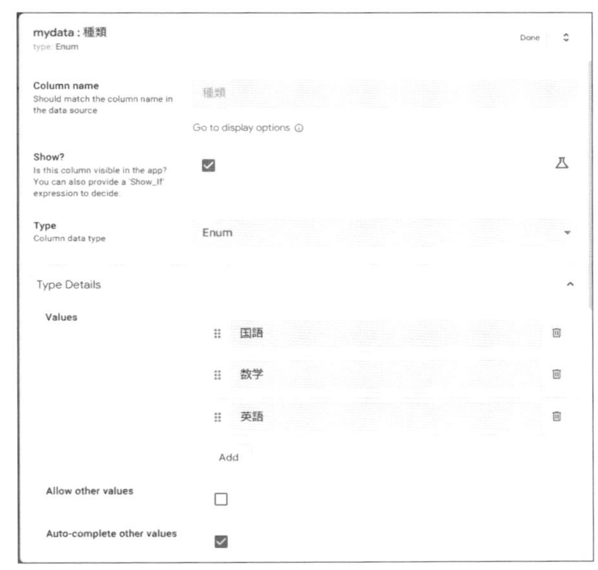

図5-9：mydataの「種類」列の選択肢を確認する。

ビューを設定する

続いて、ビューも調整をしておきましょう。左側のアイコンバーから「Views」を選び、表示を変更して下さい。PRIMARY NAVIGATIONには「Table 1」というビューが用意されています。これを次のように変更しましょう。

View name	mydata
View type	table
Position	middle

他の項目はデフォルトのままでかまいません。これで、mydataのデータがテーブルで一覧表示されるようになります。

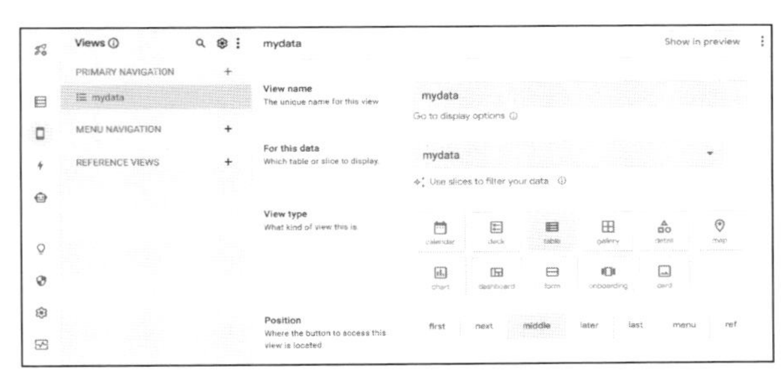

図5-10：ビューの名前とView typeを設定する。

仮想列を作成する

これで、テーブルとビューの準備が整いました。では、仮想列を作成して使いましょう。左側のアイコンバーから「Data」を選び、表示を切り替えて下さい。そして、「mydata」の列情報を表示しましょう。

ここに仮想列を作成します。仮想列は、「mydata」のタイトルが表示されているところの右側に見える「Add virtual column」というボタンをクリックして作成をします。

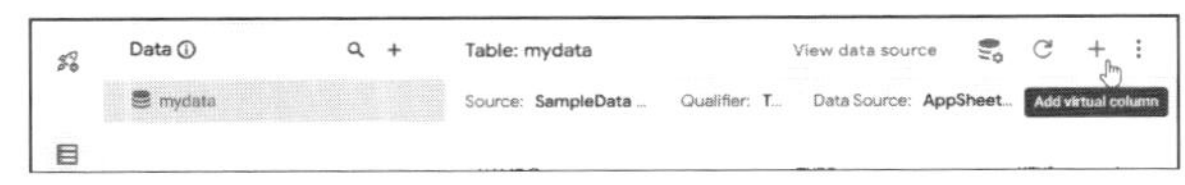

図5-11：「Add virtual column」ボタンをクリックする。

画面に「mydata: new Virtual Column(virtual)」と表示されたパネルが現れます。これが、仮想列の作成を行う画面です。ここで、まず列名（Column name）に「計」と入力をしておきましょう。

この下の「App formula」というところに、仮想列の値を計算する式を設定します。右端に三角フラスコが表示されているフィールドをクリックして下さい。

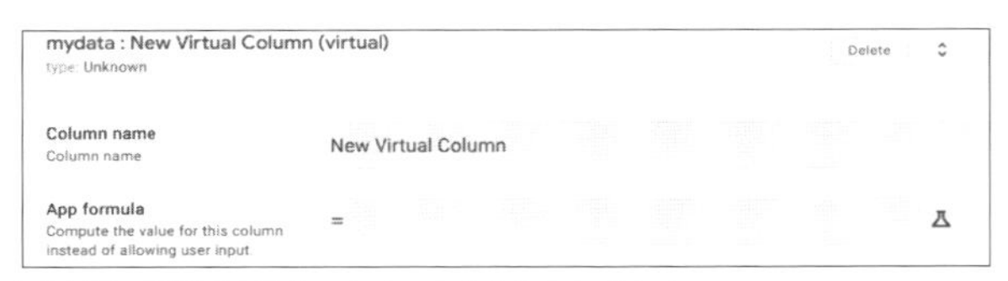

図5-12：仮想列の設定パネル。名前を入力しておく。

「Expression Assistant」パネルについて

画面に「Expression Assistant」と表示されたパネルが現れます。これが、式（Expression）を入力するためのパネルです。このパネルは、これまでも何度か登場しましたね。

Expression Assistantは上部に式を記入するフィールドがあり、下部には式で利用可能な関数などをジャンルごとにまとめたリストが表示されています。この部分はリストの上部にあるリンクをクリックすることで表示が切り替わるようになっています。それぞれの項目には関数の書き方（フォーマット）が表示されており、右端の「Insert」というリンクをクリックすることで、上のフィールドに値を書き出すことができます。

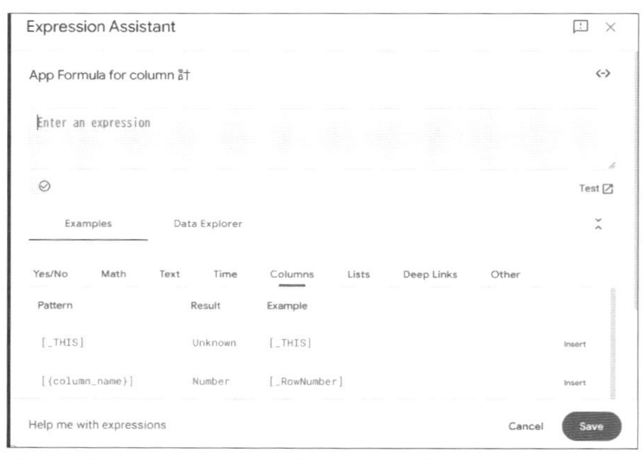

図5-13：Expression Assistantパネル。ここで式を入力する。

[値1]と[値2]の合計を計算する

では、式を入力しましょう。以下の手順に従って作業をして下さい。

1. 関数のジャンルを示すリンクから「Columns」をクリックして選択します。
2. 表示された一覧リストからExampleというところの値が[値1]となっている項目を探し、右端の「Insert」リンクをクリックします。
3. 入力フィールドに[値1]と書き出されます。フィールドをクリックし、「+」を書き足します。
4. Exampleの値が[値2]の項目を探して「Insert」リンクをクリックして下さい。

これで完成です。入力フィールドには次のような式が記入されます。記入したら、「Save」ボタンをクリックしてExpression Assistantを終了しましょう。

▼リスト5-1

```
[値1] + [値2]
```

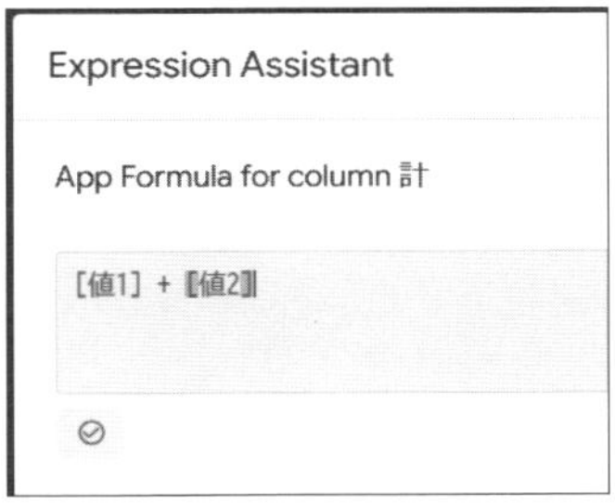

図5-14：列の式を入力する。

これは見ればわかるように、[値1]と[値2]の値を足し算する式です。この式で得られる値（つまり、「値1」と「値2」の値を足し算したもの）が、この「計」列に表示されるようになります。

なお、+とその前後の値の間に半角スペースが付いていますが、これは付けても付けなくともかまいません。

Expression Assistantを閉じると、「App formula」に式が設定されているのが確認できます。そのまま右上の「Done」ボタンでパネルを閉じましょう。

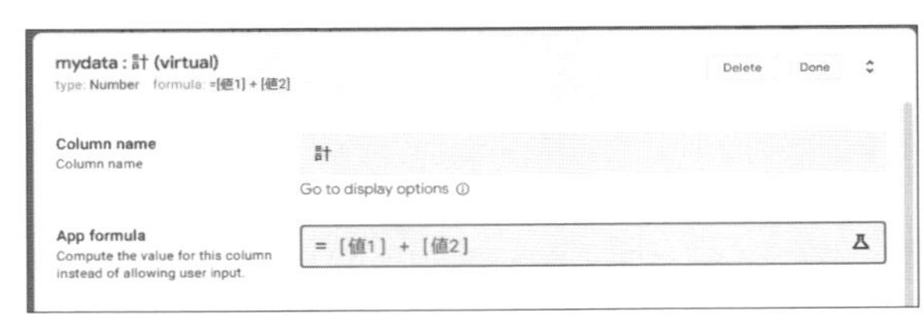

図5-15：仮想列の「App formula」に式が設定された。

仮想列が追加される

再び、列の設定画面に戻ります。一番下に、「計」という列が追加されているのがわかりますね。これが、作成した仮想列です。

	NAME	TYPE	KEY?	LABEL?
1	_RowNumber	Number	☐	☐
2	Row ID	Text	☑	☐
3	項目	Name	☐	☑
4	種類	Enum	☐	☐
5	値1	Number	☐	☐
6	値2	Number	☐	☐
7	日付	Date	☐	☐
8	計	Number	☐	☐

図5-16：一番下に「計」列が追加された。

では、列の設定から「FORMULA」という設定を探しましょう(LABEL?の右側にあります)。追加された「計」列のFORMULAに、先ほどの式が設定されているのがわかります。

このFORMULAは、列に設定される式を指定するものです。式の値は、このFORMULAの式によって設定されます。つまり「FORMULAに式があれば、それは仮想列」と考えてよいわけです。通常の列と仮想列の違いは、このFORMULAにあると言ってよいでしょう。

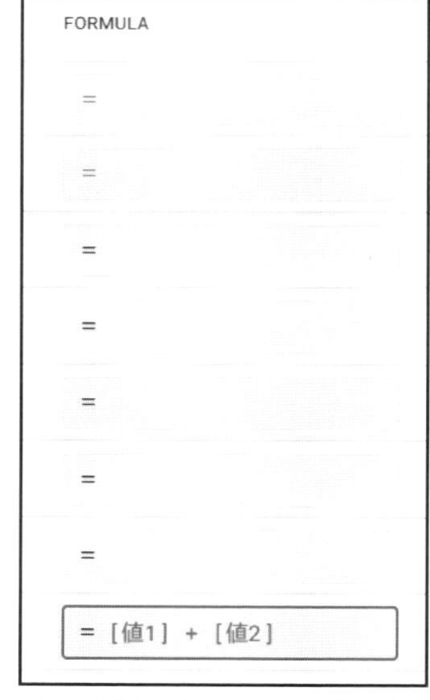

図5-17：「計」列の「FORMULA」に式が設定されている。

列の指定と四則演算

今回作成した式では、テーブルの各列の値を取り出して利用できます。これは、[列名] という形で記述します。列は基本的にこの形式で記述します。

今回は、「値1」フィールドと「値2」フィールドの値を足し算した結果を仮想列に表示しています。列の値は、数値であればそのまま四則演算の記号を使って計算をすることができます。列の合計を計算するのは、このように簡単です。演算の記号は、「+-/*」といったもの(テンキーについている演算記号ですね)がそのまま使えます。

式の基本は「列」と「四則演算」です。まずは、これらの書き方をここでしっかりと頭に入れておいて下さい。

テストと結果の確認

式を記述するとき、「その式が正しく機能しているか」をどうやって確認すればよいのでしょうか。これは、Expression Assistantに組み込まれているチェック機能を使って確認できます。

式を入力すると、その下に緑のチェックが表示されます。これは、式の文法チェックの結果です。文法的に間違っていなければ、このチェックマークが表示されます。

もし文法的な間違いがあれば赤い！マークが表示され、エラーメッセージが表示されます。この表示を見れば、正しい書き方をしているかどうか確認できます。

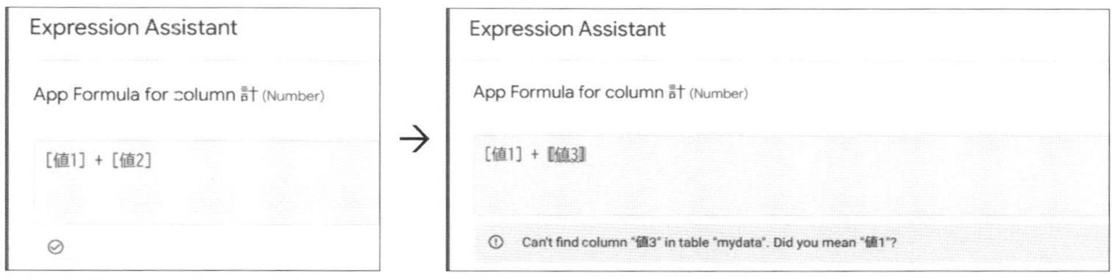

図5-18：緑のチェックマークが表示されれば正しく書かれている。間違っていると赤い！になり、エラーメッセージが表示される。

テストを実行する

ただし、このマークによる確認は、あくまで文法的な間違いがないかどうかを調べるだけです。思った通りの結果が出ているかどうかはこれではわかりません。

Expression Assistantでは、式の入力フィールドの右側に「Test」というリンクがあります。これをクリックすると、この式を実行した結果を表示するテスト画面が開かれます。左側には青い文字で数値が表示されていますが、これが式の実行結果です。右側にある各レコードの値1と値2の合計が表示されているのがわかるでしょう。

青い数字の下には、フローチャートのようなアイコンが表示されていますね。これをクリックしてみましょう。すると表示が展開され、[値1]と[値2]の値とその合計がそれぞれ表示されます。これは、記述した式で使われている各要素の値を表示するものです。これにより、式の中で使われているさまざまな要素が正しい値になっているかを確認できます。

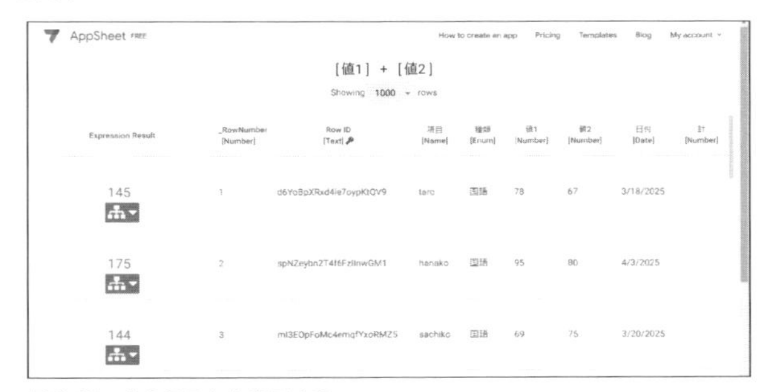

図5-19：式のテストを表示する。

145

Name	Result
− ([値1]+[値2])	145
[値1]	78
[値2]	67

図5-20：アイコンをクリックすると式の各要素の値が展開表示される。

アプリを実行する

式ができたらアプリを保存し、表示を更新して「mydata」ビューがどうなっているのか確かめてみましょう。テーブルの右端に「計」という列が追加され、値１と値２の合計が表示されます。

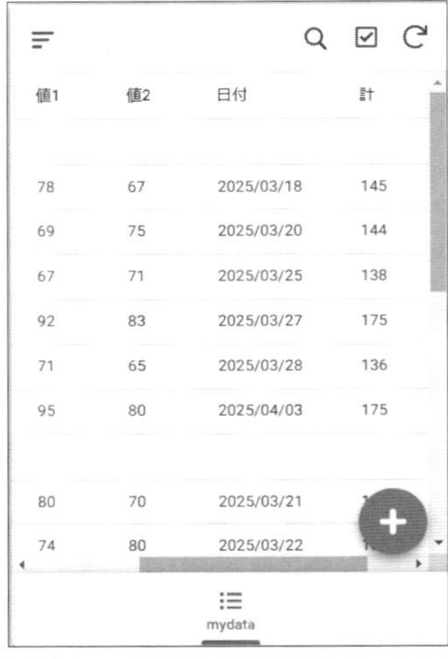

図5-21：アプリで表示を確認する。「mydata」ビューの一番右側に「計」列が表示され、値1と値2の合計が表示される。

「結果」列を作成する

続いて、もう１つ仮想列を作成しましょう。「mydata」の「Add Virtual Column」ボタンをクリックし、Column nameを「結果」としておきます。

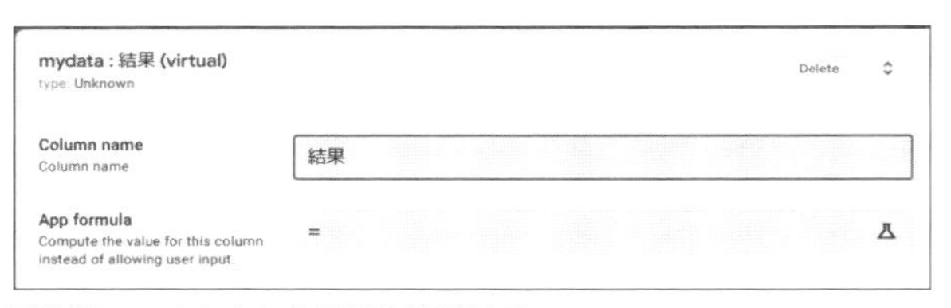

図5-22：mydataという仮想列を用意する。

「App formula」フィールドをクリックして、「Expression Assistant」パネルを開きます。そして、次のように値を記入しましょう。

▼リスト5-2

```
FLOOR([値1] * 1.1)
```

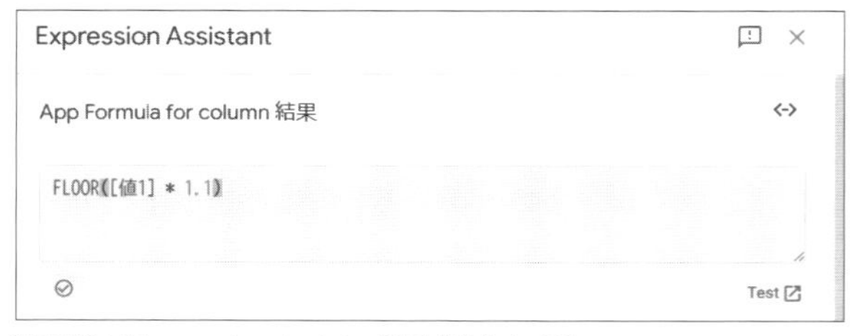

図5-23：「Expression Assistant」で式を入力する。

記述したら「Save」ボタンでExpression Assistantパネルを閉じ、仮想列の設定パネルに戻ります。ここで「Add virtual column」に式が設定されているのを確認したら、「Done」でパネルを閉じて下さい。

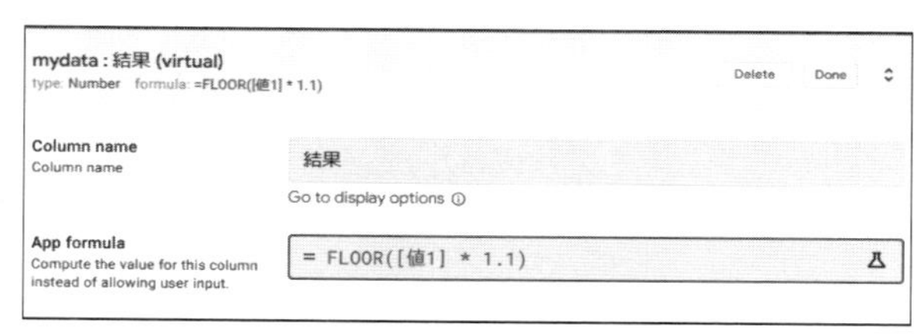

図5-24：仮想列のAdd virtual columnに式が設定された。

これは[値1]の値を1.1倍し、小数点以下を切り捨てて整数部分だけを表示するものです。「Test」をクリックして実行結果を確認してみましょう。すべて整数の値になっていることがわかるでしょう。

図5-25：テスト画面で結果を確認する。

FLOOR関数について

ここでは、「FLOOR」という関数を使っています。この関数は、()内に書いた値（「引数」と呼びます）の小数点以下を切り捨てて整数値を返す働きをします。ここでは、[値1] * 1.1という値を引数に記述してありますね？　これにより、[値1]に1.1をかけた値がFLOORで切り捨てられ整数の値が表示されていたのですね。

このFLOORのように、関数というものは基本的に次のような形をしています。

```
関数名 ( 引数1, 引数2, …… )
```

関数を使うときに必要な値（引数）は、複数用意することもあります。その場合は、このようにコンマで区切って記述をします。どんな値を用意すべきかは、それぞれの関数ごとに決まっています。使いたい関数があれば、その使い方をあらかじめ調べておく必要があるでしょう。

なお、ここではFLOORというように関数名はすべて大文字で書きましたが、AppSheetでは、式の記述は大文字小文字を区別せず、同じ値として扱います。ですから、FLOORでもfloorでもFloorでもかまいません。自分が書きやすい形で書きましょう。

別のテーブルを用意する

データを扱う場合、1つのテーブルだけで済むことはあまりありません。複数のテーブルを連携して扱うことも多いでしょう。そこでもう1つテーブルを作成し、異なるテーブルのレコードを式で扱うことを考えてみましょう。

データソースとして作成した「SampleData Database」の画面を開いて下さい。そして、「Add Table」ボタンでテーブルを作成しましょう。名前は「Table 2」となります。

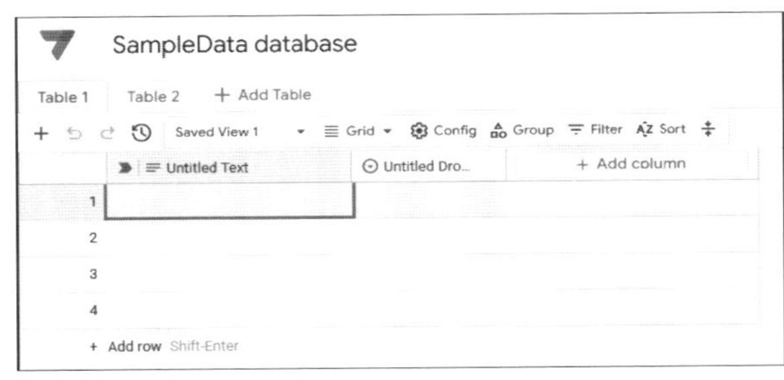

図5-26：もう1つシートを用意する。

ここにデータの列を用意します。今回は以下の3つの列を用意すればよいでしょう。デフォルトで作成されている列を設定変更して作成して下さい。

項目	Text
値	Number
参照	Reference

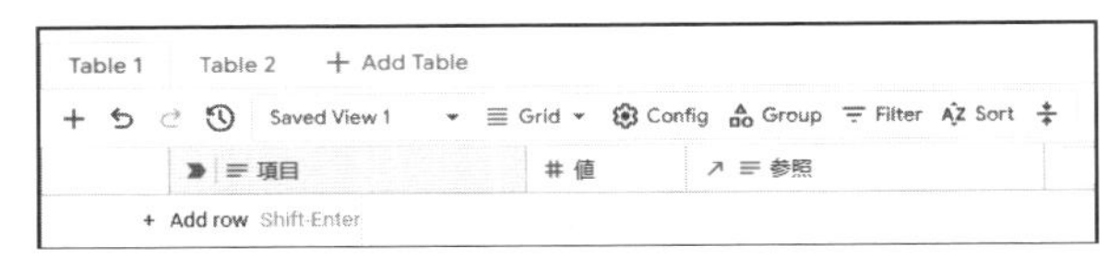

図5-27：シート2に列名を記述する。

項目と値は汎用的な値を保管するサンプルの列です。参照は、mydataテーブルを参照するためのものです。「参照」は、「Link to table」にある「Reference」を指定します。「Table to reference」には「Table 1」を指定しておきます。これで、Table 1を参照する列が作成できました。

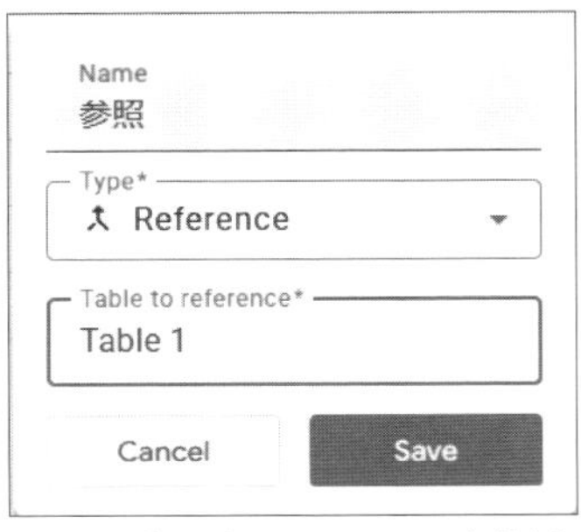

図5-28：「参照」は、Referenceを指定し、「Table 1」を参照するようにしておく。

アプリのテーブルを作成する

では、作成したTable 2をデータソースとするテーブルをアプリ側に作成しましょう。AppSheetの編集画面に戻り、左側アイコンバーの「Data」をクリックしてテーブルの編集画面に切り替えて下さい。そして、「Data」の右にある「+」アイコン(Add new data)をクリックします。現れたパネルで「AppSheet Database」を選びます。

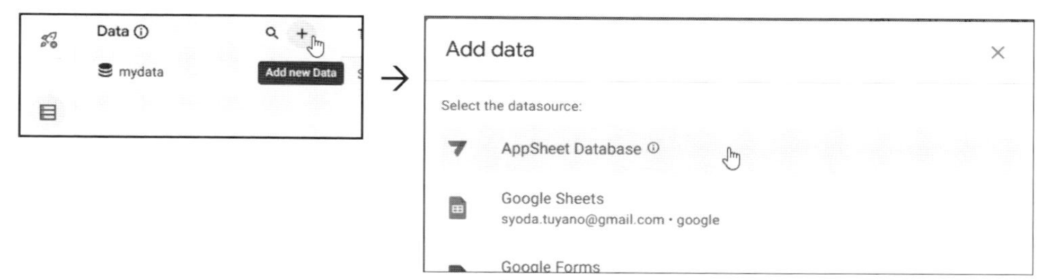

図5-29:「+」アイコンをクリックして「AppSheet Database」を選ぶ。

「SampleData database」内の「Table 2」を選択します。これで、Table 2がテーブルとして組み込まれます。

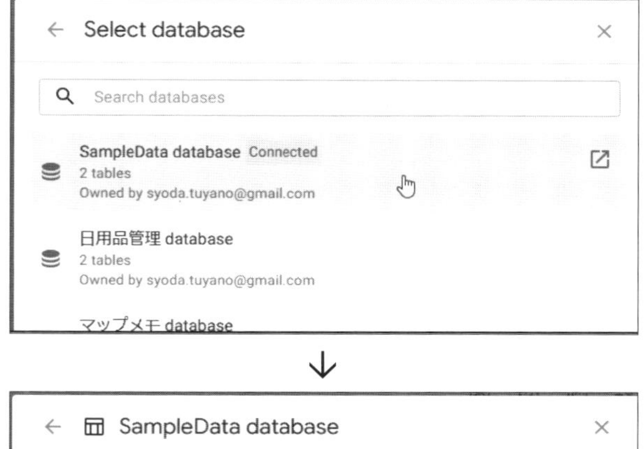

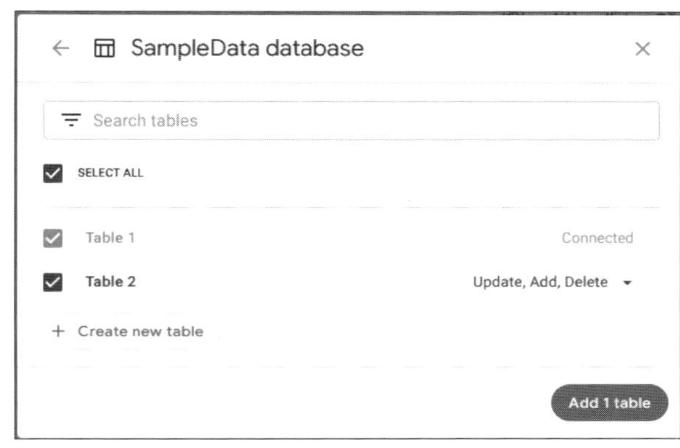

図5-30:「SampleData database」から「Table 2」を選択する。

テーブル名を修正する

新しいテーブルが作成されました。左側にある「Data」のリストから「Table 2」を選択しましょう。そして、「：」を右クリックして「Rename」メニューを選び、テーブル名を「other」と変更しておきます。

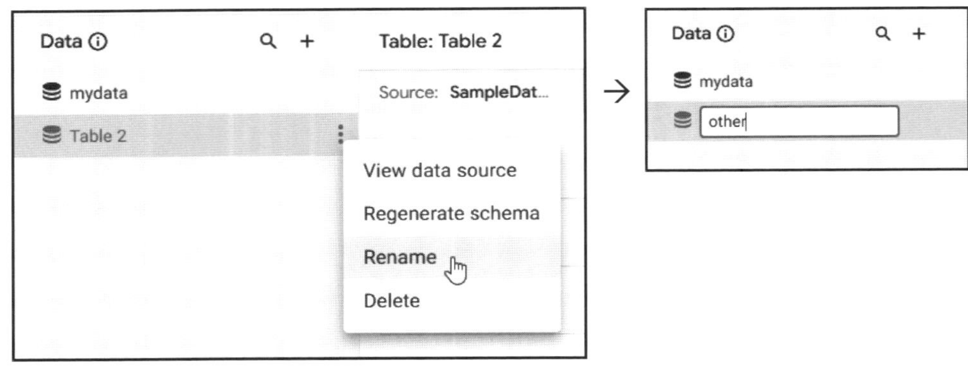

図5-31：テーブル名を「other」に変更する。

otherテーブルの列を設定する

これでテーブルが用意できました。では、テーブルの列の設定を確認しましょう。追加された「other」テーブルの列は次のように設定されています。

_RowNumber	Number
Row ID	Text
項目	Text
値	Number
参照	Ref

項目はText、値はNumberになっていますね。参照は「Ref」にして他のテーブルの参照を設定しています。また、KEY?はRow ID、LABEL?は「項目」が選択されています。これらの設定は、基本的にすべてデフォルトのままでよさそうですね。

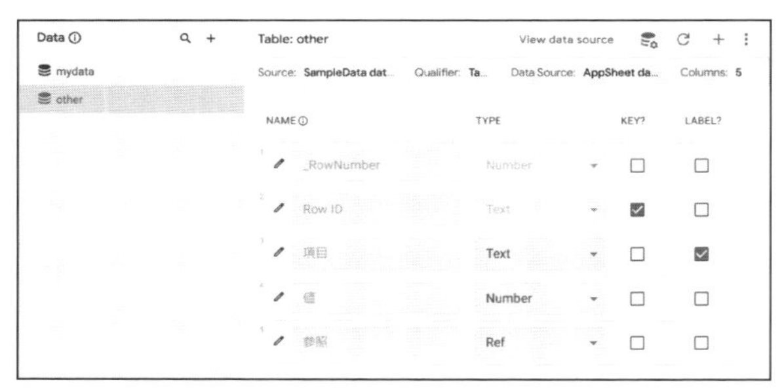

図5-32：otherテーブルの列を設定する。

参照の設定を確認する

Refの「参照」の設定を確認しておきましょう。「参照」の左端にある鉛筆アイコンをクリックして詳細設定のパネルを呼び出します。そして、「Source table」の値を確認して下さい。「mydata」になっていますね。これでmydataを参照するようになります。参照の設定にも、だいぶ慣れてきましたね。

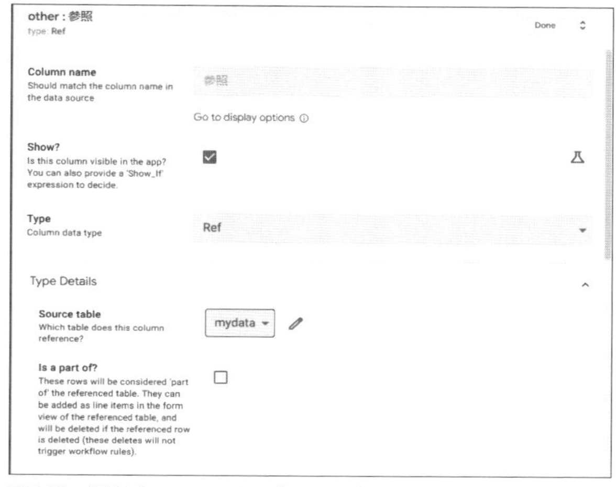

図5-33：参照のSource tableは「mydata」になっている。

other用のビューを作成する

では、otherテーブルを表示するビューを作成しましょう。左側のアイコンバーから「Views」を選び、PRIMARY NAVIGATIONの「+」アイコンをクリックして新しいビューを作成します。

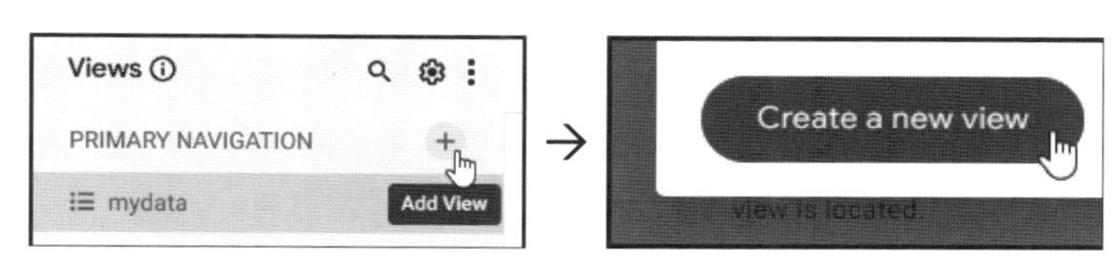

図5-34：「+」アイコンをクリックし、現れたパネルの「Create a new view」ボタンをクリックする。

新しいビューが作成されたら、これを選択して次のように設定を行って下さい。

View name	other
For the data	other
View type	table
Position	later

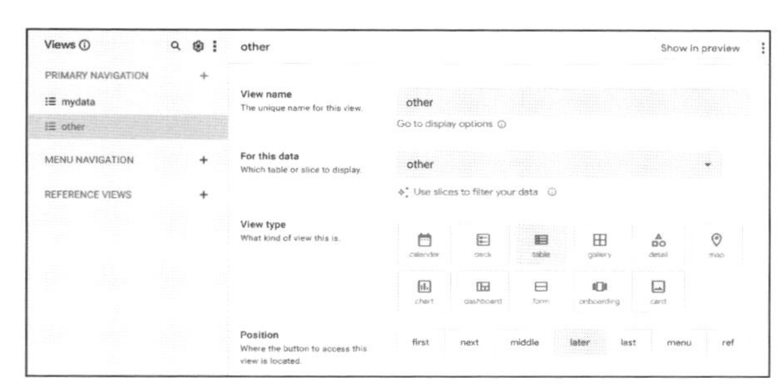

図5-35：作成されたビューの基本設定を行う。

レコードを追加する

これでotherテーブルの利用準備が整いました。では、アプリで「other」アイコンをクリックして表示を切り替え、フローティングアクションボタンをクリックしてotherの作成フォームを呼び出しましょう（図5-36）。そして、適当に値を記入し投稿します。

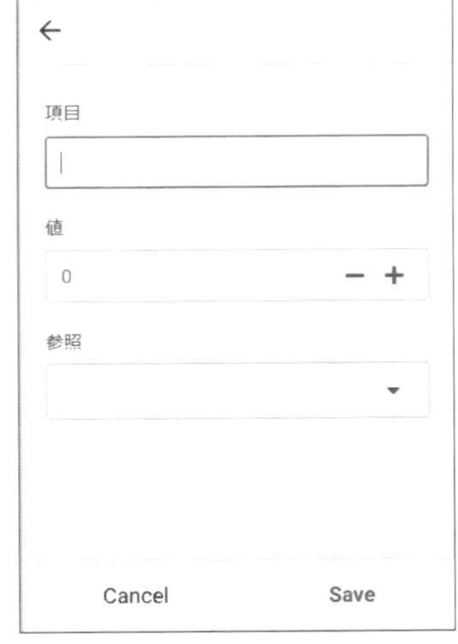

図5-36：otherテーブルの作成フォーム。

サンプルとしていくつかレコードを作成しておいて下さい。内容は適当でかまいません（図5-37）。一通り揃ったら、また仮想列と式の作成に戻りましょう。

図5-37：いくつかサンプルレコードを作成したところ。

表示用の仮想列を作る

実際にotherを使ってみると、ちょっと困ったことに気がつくでしょう。それは、otherの作成フォームにある「参照」の入力です。この値をクリックすると、参照するmydataのリストが現れますが、これが項目の値（taroなどの名前）だけしか表示されないため、どれが何のレコードなのかよくわからないのです。

図5-38：参照の値の選択はなんだかわからない。

そこで内容がよくわかるように、「項目」「種類」「日付」の3つの値を表示するようにしましょう。これは、3つの値をまとめた仮想列を作成し、それをラベルに設定すればできます。

では、左側のアイコンバーから「Data」アイコンを選択して表示を切り替え、「mydata」を選択して右上の「Add virtual column」アイコンをクリックし、新しい仮想列を作成して下さい。

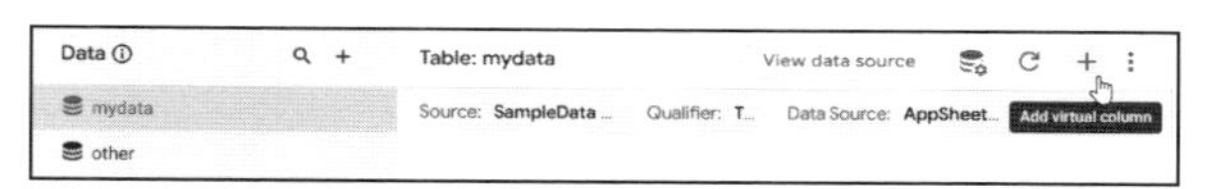

図5-39：mydataに新しい仮想列を追加する。

仮想列の設定を行うパネルが開かれます。ここで、Column nameを「表示用」としておきましょう。そしてApp formulaの項目をクリックし、Expression Assistantを開きます。

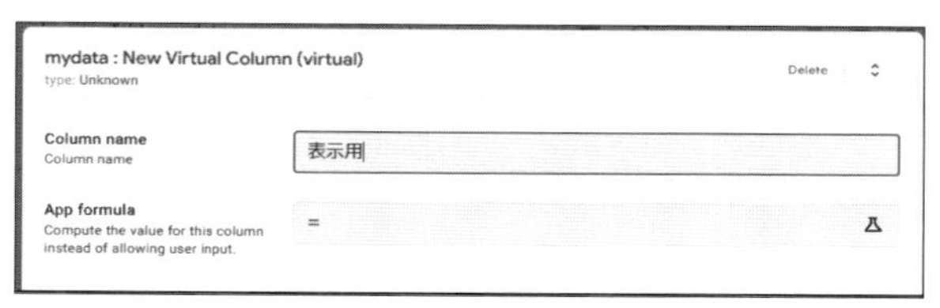

図5-40：仮想列の名前を「表示用」としておく。

仮想列の式を作成する

Expression Assistantが開かれたら、式の値として以下の文を記述します。

▼リスト5-3

```
[項目] & [種類] & [日付]
```

ここでは、3つの列を&という記号でつなげています。&記号は、テキストの値をつなげるのにつかうものです。これで、項目、種類、日付をひとまとめにした値が作成できました。

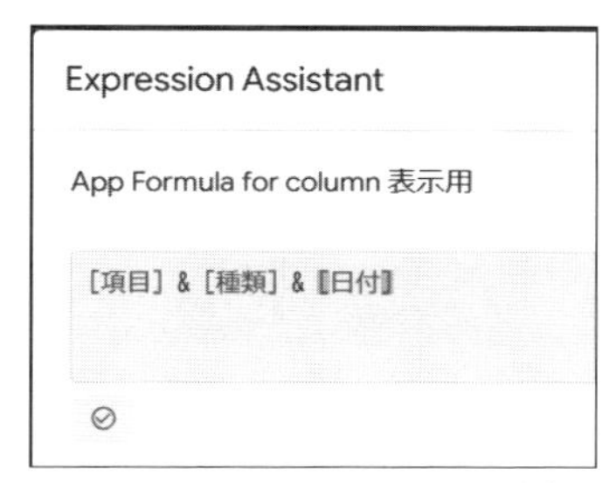

図5-41：Expression Assistantに式を記入する。

「Save」ボタンでExpression Assisantを閉じると、仮想列のApp formulaに式が設定されます。これを確認し、「Done」ボタンでパネルを閉じて下さい。

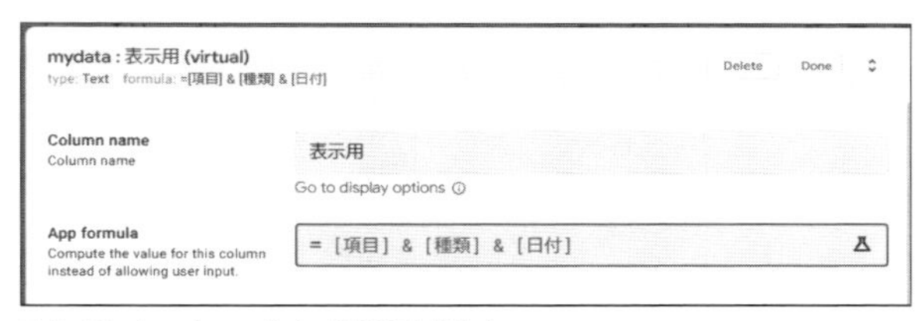

図5-42：App formulaに式が設定された。

「Data」の列設定の画面に戻ります。mydataの列で、「LABEL?」を変更しましょう。「項目」列のLABEL?をOFFにし、新たに作成した「表示用」列のLABEL?をONにします。これでレコードを表示する際、表示用の値がレコードの値として使われるようになります。

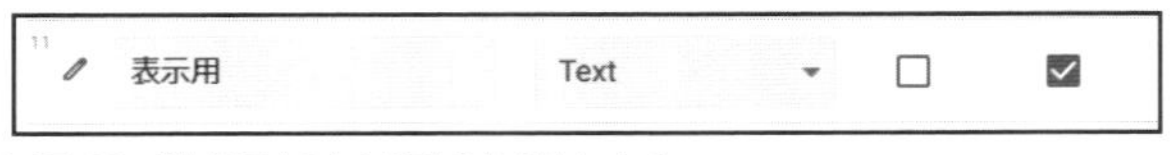

図5-43：「表示用」のLABEL?をONにする。

表示を確認しよう

これでテーブルの設定が完了しました。では、プレビュー画面で「other」アイコンをタップして表示を切り替え、「+」フローティングアクションボタンをタップして作成フォームを呼び出して下さい。そして、「参照」の値をタップしてみましょう。

参照するmydataのレコードがリスト表示されますが、今度は項目、種類、日付がまとめて表示されるため、どのレコードがよくわかるようになりました。これなら入力しやすいですね！

図5-44：「参照」の値の表示が変わった。

他のテーブルの値を利用する

別のテーブルにある値を利用する仮想列を作成してみましょう。左側のアイコンバーから「Data」を選び、「other」テーブルの列情報を表示して下さい。

では、otherテーブル列の「Add virtual column」アイコンをクリックして仮想列を作成しましょう。今回は列の名前を「結果」としておきます。

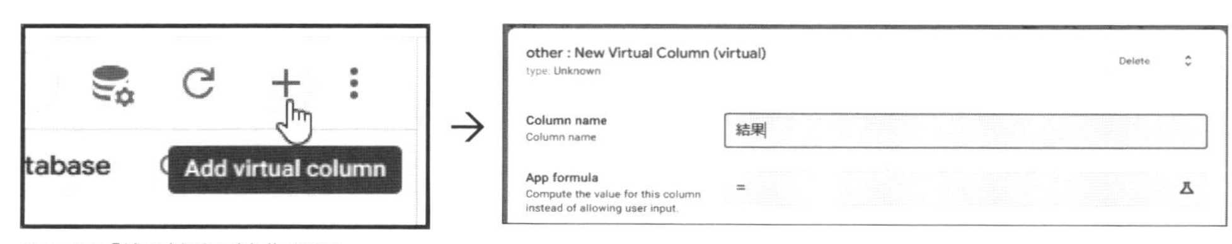

図5-45：「結果」仮想列を作成する。

「App formula」をクリックし、画面に「Expression Assistant」パネルを呼び出します。ここで、次のように式を記入して下さい。

▼リスト5-4

```
[参照].[値1] + [参照].[値2]
```

ここでは[参照]を指定していますが、これは普通に考えれば「参照」列の値を示すものです。が、[参照]はRefで他のテーブルを参照するように設定されています。このようにRefで他のテーブルを参照している場合、この値は「参照するテーブルのレコード」を示すものとして扱われます。

テーブル内にある列は「テーブル.列」というように、ドットを付けて記述して指定することができます。つまり、こういうことですね。

```
[参照].[値1]
```

⇩

```
mydataテーブルのレコード.[値1]
```

Ref設定された列を使うことで、参照された他のテーブルの値に簡単にアクセスできるようになるのです。

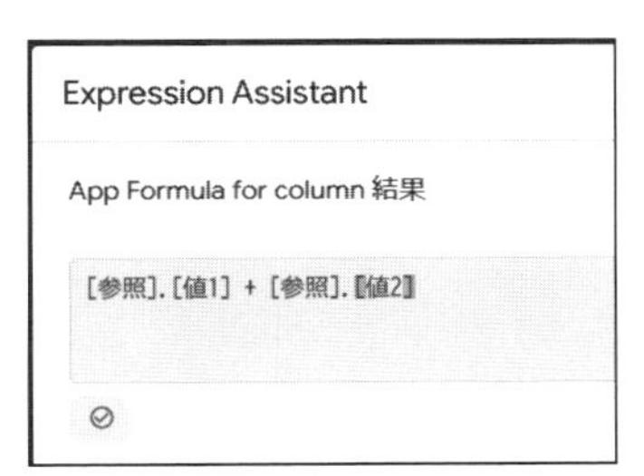

図5-46：Expresssion Assistantで式を記入する。

テストで値をチェック

では、「Test」リンクをクリックしてテスト画面を表示させ、値を確認してみましょう。すると、各列ごとに数値が表示されることがわかります。これが、mydataの[値1]と[値2]を足した値になっているはずです。

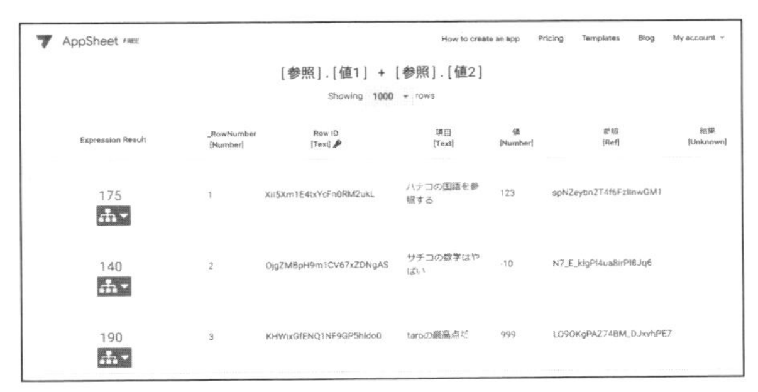

図5-47：テストで値を確認する。

表示された値のフローチャート・アイコンをクリックして、中身を展開してみましょう。すると、[参照]::[参照]という表示の内部に、2つの[参照]と表示された値が組み込まれているのがわかります（その他、参照先のIDが表示された[参照]も表示されています）。これらが、式の内部で使っている[参照].[値1]と[参照].[値2]の値です。この2つの値を足すと、表示されている値になることがわかるでしょう。

175

Name	Result
− ([参照].[値1]+[参照].[値2])	175
− [参照].[値1]	95
[参照]	spNZeybn2T4f6FzIlnwGM1
− [参照].[値2]	80
[参照]	spNZeybn2T4f6FzIlnwGM1

図5-48：展開表示すると、内部に組み込まれている2つの値の合計が表示されている値になっているのがわかる。

アプリで確認する

テストを確認したら「Save」ボタンで保存し、アプリの表示がどうなっているか確認しましょう。「other」アイコンをクリックして表示をotherテーブルにすると「結果」という列が最後に追加され、そこに参照するmydataテーブルの値1と値2の合計が表示されるようになります。

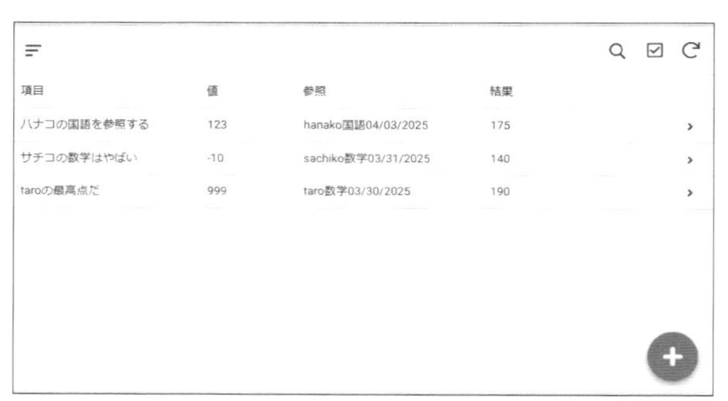

図5-49：otherに「結果」列が追加され、mydataの値1と値2の合計が表示される。

他テーブルは「参照」でつなげる

これで自テーブル内だけでなく、参照するテーブルのレコードも自由に取り出せるようになりました。これらの値を取り出し、基本的な計算などが行えるようになれば、レコードを使った新しい仮想列などもいろいろと作れるようになってくるでしょう。

複数テーブルの活用は、なんといっても「Ref」による参照の設定です。これにより、こんなに簡単に別のテーブルの値が得られるようになるのですから。

逆に言えば、参照していないテーブルから必要なデータを取り出すのはなかなか大変です。これについてはもう少し後で触れますが、「参照を使うように簡単にはいかない」ということは頭に入れておきましょう。

Chapter 5

5.2. 主な値の関数

数値演算の関数について

基本的な仮想列と式の使い方がわかったところで、次は「式で使える基本的な機能」について説明していくことにしましょう。「関数」のことです。使える関数が増えれば、作成できる式もバリエーション豊かなものになるはずですから。

まずは、数値の計算に関するものから説明しましょう。先ほどFLOORという関数を使いましたが、このような数値関係の関数は、他にもいろいろなものが用意されています。ここで主なものについて使い方をまとめておきましょう。

▼値の丸めに関するもの

```
FLOOR( 値 )
CEILING( 値 )
ROUND( 値 )
```

小数点以下を丸めて整数にする関数は3種類用意されています。FLOORは「切り捨て」、CEILINGは「切り上げ」、ROUNDは「四捨五入」に相当するものです。いずれも引数に数値を指定して使います（正確には、ROUNDは四捨五入ではなく「もっとも近い整数に丸める」というものです）。

▼割り算のあまり

```
MOD( 値1, 値2 )
```

割り算は/演算記号で計算できますが、あまりは演算記号がありません。割り算のあまりを調べるときは、このMOD関数を使います。引数は2つあり、1つ目に割り算の左辺、2つ目に右辺の値を指定します。例えばMOD(10, 3)とすれば、10÷3のあまりを計算します。

▼絶対値

```
ABS( 値 )
```

絶対値を得るものです。引数に調べる数値を指定します。ABS(-1)とすれば、1が得られます。

▼累乗

```
POWER( 値1, 値2 )
```

値の累乗を計算します。1つ目の引数には計算する値を、2つ目の引数には乗数をそれぞれ指定します。例えばPOWER(10, 3)とすると、10の3乗(1000)が得られます。

▼平方根

```
SQRT( 値 )
```

平方根を計算します。引数には計算する値を指定します。例えばSQRT(2)とすれば、2の平方根が得られます。

数値演算を使う

では、これらの関数の利用例を挙げておきましょう。先に作成したotherテーブルの「結果」仮想列を使うことにします。この列のFORMULAをクリックして「Expression Assistant」パネルを呼び出し、次のように式を記述します。

▼リスト5-5

```
SQRT(
  POWER( [参照].[値1], 2)
    + POWER([参照].[値2], 2)
)
```

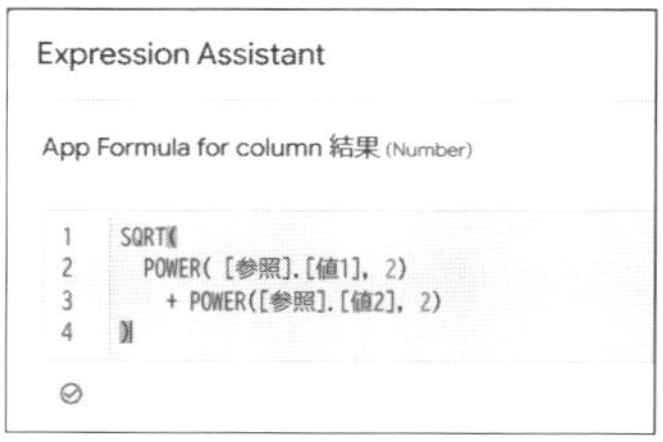

図5-50:Expression Assistantで式を入力する。

記述したら、「Test」リンクをクリックしてテスト画面を呼び出しましょう。そして、結果を確認してみて下さい。計算された結果が表示されれば、正常に式は動いています。

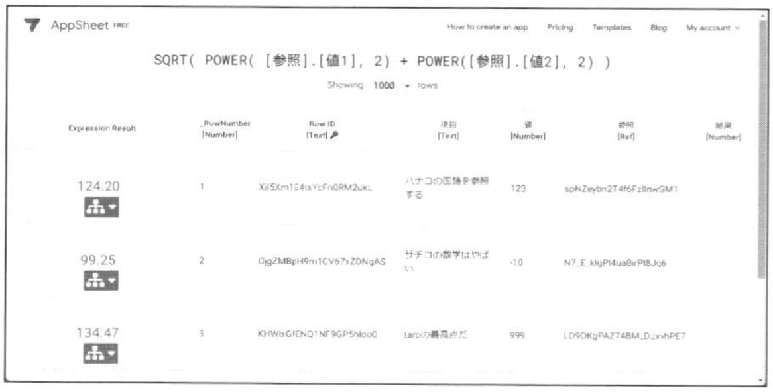

図5-51:テストで実行結果を確認する。

式の内容を確認する

では、今回作成した式がどうなっているのか見てみましょう。今回は、それまでと比べるとずいぶん複雑そうに見えますね。整理すると、次のように書かれています。

```
SQRT( POWER(○○) + POWER(○○) )
```

SQRT関数の引数に、POWER関数2つを足し算した値が設定されています。関数というのは、こんな具合に引数の中で使うこともできます。こうすることで、「値1の自乗と値2の自乗を足したものの平方根」を計算していたのですね(なんか見たことある式だなと思った人。これは数学の「ピタゴラスの定理」で斜辺の長さを計算する式です)。

このように、式は複数のものを自由に組み合わせて呼び出すことができます。それが文法上正しい形になっていれば、引数の中に別の関数を書いたり演算したりしても、まったく問題なく動いてくれるのです。

なお、今回のリストでは途中で何ヶ所か改行していますね？　式は、途中で改行しても問題なく認識してくれます(ただし、単語の途中で切ったりしてはいけません)。こうやって適当に改行し、スペースでインデント(文の始まり位置)をずらしたりすることで、長い式も見やすくなります。

テキストを操作する

値を操作する関数は、数値だけに用意されているわけではありません。テキストを操作するものもいろいろと用意されています。

簡単な例を挙げましょう。先ほど操作した「other」テーブルの「結果」仮想列を修正してみます。この列の「FORMULA」をクリックして「Expression Assistant」パネルを呼び出し、次のように内容を書き換えて下さい。

▼リスト5-6

```
UPPER([参照].[項目])
```

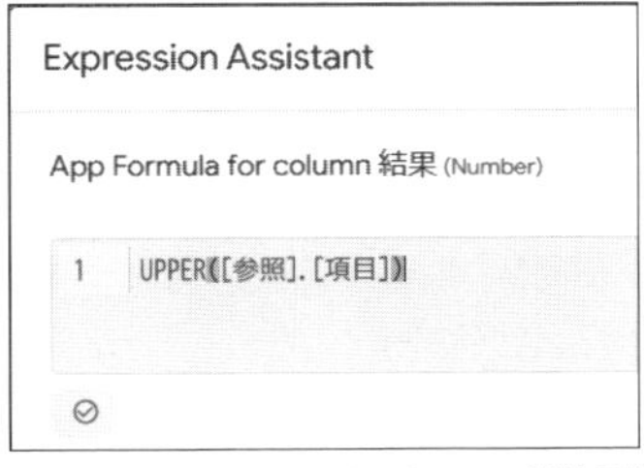

図5-52：Expression Assistantで「結果」列のFORMULAを修正する。

記述できたら、「Test」をクリックしてテスト画面を呼び出して下さい。ここでは、[参照].[項目]の値(サンプルではローマ字の名前が書かれているところ)をすべて大文字にします。

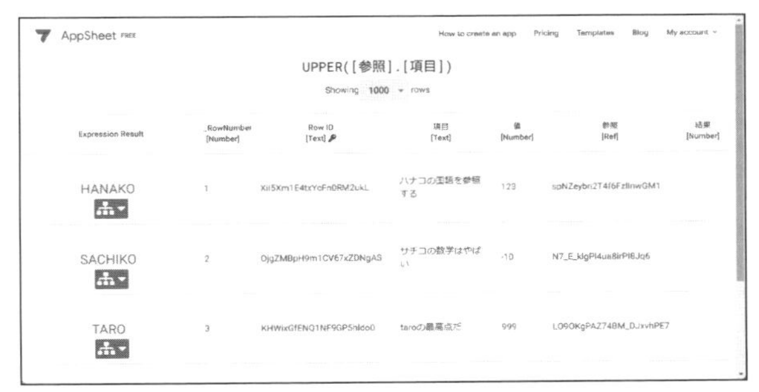

図5-53：テストでは、すべての名前が大文字で表示される。

UPPERとLOWER

ここでは「UPPER」という関数を使って、すべてのテキストを大文字にしています。同じようなものとして、すべてを小文字にする「LOWER」という関数も用意されています。

▼すべての文字を大文字にする

```
UPPER( テキスト )
```

▼すべての文字を小文字にする

```
LOWER( テキスト )
```

これらは引数にテキストの値を指定すると、変換したテキストを返します。このように、簡単にテキストを変換する関数がAppSheetには用意されているのですね。

テキストの接続

テキストの操作でよく使われるのは、「複数のテキストをつなげて1つにする」というものでしょう。AppSheetの式では、テキストをつなげるのにも関数が用意されています。「CONCATENATE」というもので、次のように利用します。

▼複数テキストを1つにつなげる

```
CONCATENATE( テキスト1, テキスト2, ……)
```

引数には、1つにつなげるテキストを必要なだけ用意します。これらのテキストを、記述した順番通りに1つにつなげたテキストを返します。

では、先ほどの「結果」列のFORMULAを書き換えて動作を確かめてみましょう。

▼リスト5-7

```
CONCATENATE("NAME:", [参照].[項目], " MEMO:", [項目])
```

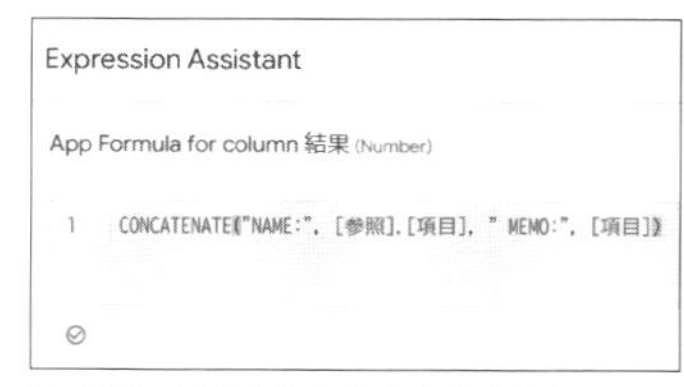

図5-54：FOMLAの内容を書き換える。

記述したら、「Test」リンクでテスト画面を開き、式の結果を確認しましょう。「NAME:○○ MEMO:○○」というようにして、[参照].[項目]の値と[項目]の値を1つのテキストにまとめて表示されます。

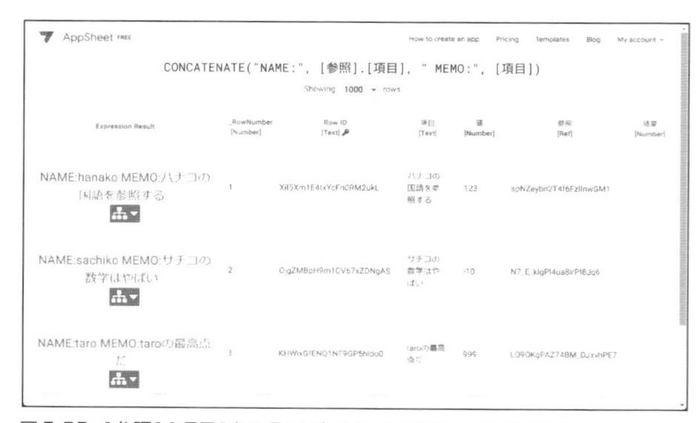

図5-55：[参照].[項目]と[項目]をひとまとめにして表示する。

&演算子もある！

ただし、ただテキストを1つにつなげるために、いちいちCONCATENATE……と式を書かないといけないのはちょっと面倒ですね。

実は、AppSheetには、テキストをつなげるための専用演算子も用意されています。少し前に使いましたが、「&」というものです。これを使えば、簡単にテキストを1つにつなげることができます。

例えば、先ほどのCONCATENATE関数を使った式は、&演算子に書き換えると次のようになります。

▼リスト5-8

```
"NAME:" & [参照].[項目] & " MEMO:" & [項目]
```

これで、先ほどとまったく同じようにテキストを1つにつなげることができます。両方のやり方を覚えておくとよいでしょう。

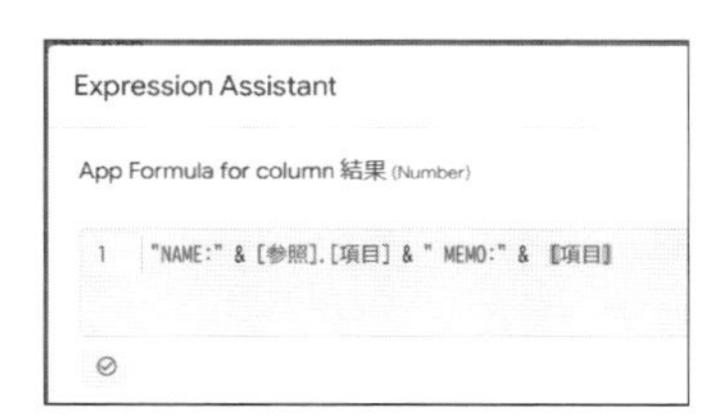

図5-56：CONCATENATEは&に置き換えることができる。

リテラルについて

なお、ここではテキストの値として、"NAME:"や" MEMO:"といったものが使われています。式の中でテキストの値を直接記したい場合は、このようにテキストの前後をダブルクォート記号（"）でくくって記述します。

このように、式の中に直接記述される値のことを「リテラル」と言います。テキストのリテラルは、"○○"というような形で書くのが基本です。数値の場合は、普通に123というように記述できます。

また、Yes/Noの二者択一の値（真偽値と言います）には特別なリテラルが用意されています。

true	正しい状態。Yesに相当するもの
false	正しくない状態。Noに相当するもの

真偽値については、AppSheetの設定画面などで表示されるもの（Yes/No）と、式で記述するリテラル（true/false）が違う表記になります。設定で「Yes」の場合、式では「true」と記述するわけですね。間違えないように注意しましょう。

テキスト操作の主な関数

テキスト関連の関数は、具体的にどういう働きをしてどう使えばよいのかわかりにくいものが多いでしょう。主な関数について、利用例を挙げながら簡単にまとめておきましょう。

イニシャルの作成

これは、テキストのイニシャルを取得するという変わった関数です。引数にテキストを指定すると、各単語の最初の文字だけを取り出して1つのテキストにしたものを返します。

```
INITIAL( テキスト )
```

このINITIALはアルファベットだけでなく、日本語の文字も使えます。ただし、各単語が半角スペースで切り分けられていなければいけません。利用例を挙げましょう。「結果」のFORMULAを書き換えて試してみて下さい。

▼リスト5-9

```
UPPER(
  INITIALS("japan appsheet user club")
)
```

これを実行すると、「JAUC」というテキストが得られます。"japan appsheet user club"というテキストのイニシャルを取り出し、UPPERですべて大文字に変化して表示していたのですね。

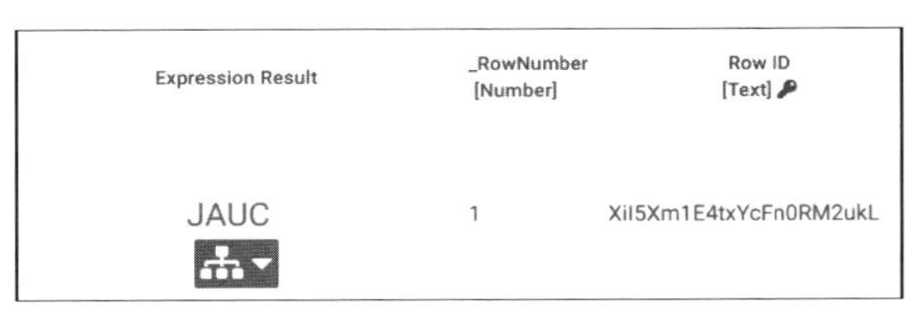

図5-57：テストすると、「JAUC」とイニシャルが表示される。

テキストの一部を取得

すでにあるテキストの中から必要な部分だけを取り出したい、ということはあります。そのための関数として3つのものが用意されています。

▼テキストの最初から取り出す

```
LEFT( テキスト , 文字数 )
```

▼テキストの最後から取り出す

```
RIGHT( テキスト , 文字数 )
```

▼テキストの指定範囲を取り出す

```
MID( テキスト , 開始位置 , 文字数 )
```

LEFTとRIGHTは、テキストと取り出す文字数を指定するだけなので比較的簡単です。わかりにくいのは、MIDでしょう。これは、「どの場所から何文字取り出すか」を指定する必要があります。この場合、取り出す場所は「テキストの一番最初」がゼロとなり、1文字目の後ろが1、2文字目の後ろが2……という具合に位置を指定します。位置を「1」とすると、1文字目の後から（つまり2文字目から）値を取り出すので注意しましょう。これも利用例を挙げておきましょう。

▼リスト5-10

```
CONCATENATE(
  "[",
  LEFT("This is Appsheet sample.", 7),
  "], [",
  RIGHT("This is Appsheet sample.", 7),
  "], [",
  MID("This is Appsheet sample.", 9, 8),
  "]"
)
```

"This is Appsheet sample."というテキストの最初から7文字、最後から7文字、そして9文字目の後ろから8文字をそれぞれ取り出し、CONCATENATEで1つにつなげています。「Test」で動作を確認すると、[This is]、[sample.]、[Appsheet]といったテキストが表示されるのがわかるでしょう。

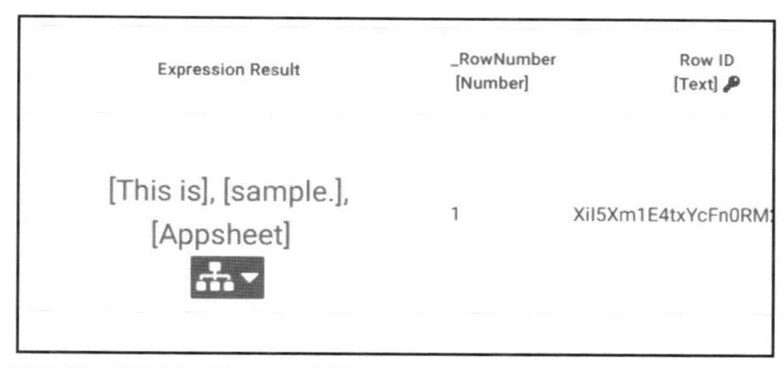

図5-58：リスト5-10のテスト結果。テキストの最初と最後、中央からテキストを取り出す。

テキストの置換

テキストの一部を別のテキストに置換する関数も用意されています。これは「SUBSTITUTE」というもので、次のように利用します。

▼テキストを置換する

```
SUBSTITUTE( テキスト , 検索テキスト , 置換テキスト )
```

1つ目の引数に元になるテキストを用意し、その後に検索テキストと置換テキストを指定します。これで、元になるテキストから検索テキストの部分をすべて置換テキストに置き換えたものを作成します。

では、これも利用例を挙げておきましょう。

▼リスト5-11

```
SUBSTITUTE("月々に月見る月は多けれど月見る月はこの月の月", "月", "☆")
```

これを実行すると、テキストの「月」の部分がすべて「☆」に置換されて表示されます。「Test」リンクでテスト結果を確認しましょう。

このSUBSTITUTEはテキスト内に検索テキストが複数ある場合、すべてを置換します。特定のものだけ(最初の1つだけ、など)を置換することはできません。

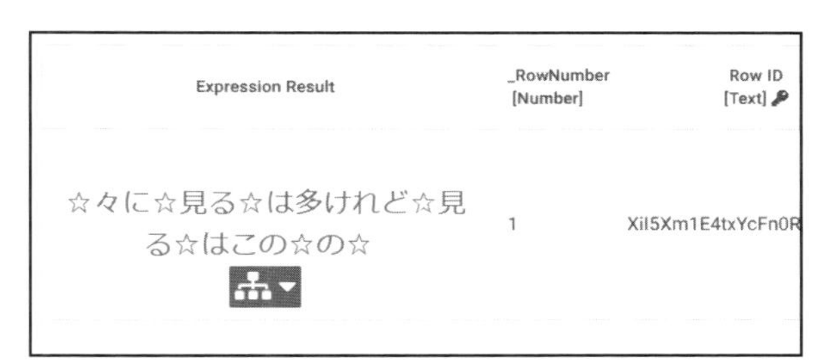

図5-59：「月」をすべて「☆」に置換する。

トリミングについて

この他、「TRIM」という関数も覚えておきましょう。これは、テキストの前後についているスペースや制御記号などの見えない余計な文字を取り除く関数です。

▼前後のスペースを取り除く

```
TRIM( テキスト )
```

テキストでは、改行やタブ記号のように「見えない文字」というのが存在します。そうしたものがテキストの前後に付いたまま使うと、予想していない表示になってしまったりします。TRIMにより、こうした文字をテキストの前後から取り除くことができます。地味な機能ですが意外と必要になることも多いので、ここで覚えてきましょう。

日時の値を扱う

続いて、日時の値について考えましょう。これまで、NOW関数などで現在の日時を表示させたりしてきましたね。この「現在の日時」を得る関数というのは、実はたくさんあるのです。以下にまとめておきます。

NOW()	現在の日時
TODAY()	今日の日付
TIMENOW()	現在の時刻
UTCNOW()	UTC（協定世界時）による現在の日時

日時の値というのは、「日付だけ」「時刻だけ」を利用することもあります。TODAYやTIMENOWは、そういう場合に使います。

この他、テキストから日時の値を作成することもできます。これには次のような関数が用意されています。

```
DATE( テキスト )
TIME( テキスト )
DATETIME( テキスト )
```

テキストには日時を示す値を用意します。例えば、"2025/03/20 12:34:56"といった形のテキストですね。DATEは日付の値、TIMEは時刻の値、DATETIMEは日時の値を作成します。

日時の加算減算

これら日時の値は、「日時を表すテキスト」ではありません。日時を扱うための専用の値なのです。これらをそのまま表示すれば、2025/03/20 12:34:56というようなテキストとして表示されるので、つい「日時のテキスト」だと思い込みがちですが、値そのものはテキストではなく、日時を扱うための特殊な値なのです。

日時のテキストではなく「日時そのものを扱う値」であることは、「これらの値は計算できる」ということからもわかるでしょう。日時の値は、足し算や引き算ができるのです。こんな具合です。

▼今日から10日後

```
TODAY() + 10
```

▼今から10時間後

```
TIMENOW() + 10
```

TODAYやNOWのように日時を含む場合は、日数を加算減算できます。また、TIMENOWのように時刻の値では時数を加算減算できます。

この他、時分秒についてはテキストで値を指定して加算することもできます。例えば、こんな具合です。

▼今から1時間30分後

```
NOW() + "001:30:00"
```

▼今より3時間15分前

```
NOW() - "003:15:00"
```

このように、"時:分:秒"という形でテキストを用意することで、指定の時間を加算減算できます。注意したいのは、「時の値は3桁で記述する」という点です。"001:30:00"は、"01:30:00"だと正しく認識できないので注意して下さい。

2つの日付の差分計算

日時の計算にはもう1つ、「差を求める」というものがあります。「○○年○○月○○日から今日まで何日あるか」というような計算ですね。これも簡単に行えます。例えば、2001年1月1日から今日までの経過時間は次のように計算できます。

▼リスト5-12

```
TEXT(TODAY() - DATE("2001/01/01"))
```

Expression Result	_RowNumber [Number]	Row ID [Text]
211080:00:00	1	Xil5Xm1E4txYcFn0RM2

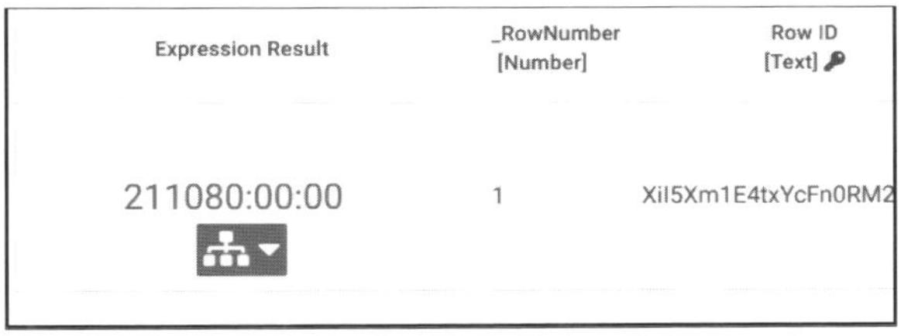

図5-60：2001年1月1日から今日までの経過時間を計算した結果。

ここではTODAY()からDATE("2001/01/01")を引き算していますね？　このように2つの日時を用意し引き算すれば、その差分が得られます。結果は日時の差分を示す値（Durationという値）なので、そのままではTextタイプの「結果」列には表示できません。そこで、値をテキストに変換する「TEXT」という関数を使っています。

```
TEXT( 変換したい値 )
```

このようにすることで、さまざまな値をテキストにすることができます。

これで一応、値は表示できました。しかしこれを実行すると、例えば「211080:00:00」というような値が得られることでしょう。これは、結果がDurationという時間を扱う値であるためです。

特定の要素の値を取り出す

これでは間が何日あるかわかりませんね。そこで、日数を計算させましょう。得られた値から「時」の数字を取り出し、それを24で割れば日数が計算できるようになります。AppSheetには、日時の値から年月日時分秒のいずれかの単位の値だけを取り出す関数が用意されています。

▼年の値を取り出す

```
YEAR( 日時の値 )
```

▼月の値を取り出す

```
MONTH( 日時の値 )
```

▼日の値を取り出す

```
DAY( 日時の値 )
```

▼時の値を取り出す

```
HOUR( 日時の値 )
```

▼分の値を取り出す

```
MINUTE( 日時の値 )
```

▼秒の値を取り出す

```
SECONDS( 日時の値 )
```

ただし、これらは日時の値ならすべて使えるわけではありません。DATEやTODAYなどで作成した一般的な日時の値(Date値)ではこれらすべてが使えますが、日時の差分で得られるDuration値では、YEAR、MONTH、DAYといったものは使えないので注意しましょう。

先ほどの日付の引き算で得られた値からHOURで時の値を取り出して24で割れば、日数を計算できますね。やってみましょう。

▼リスト5-13

```
HOUR(
  TODAY() - DATE("2001/01/01")
) / 24 & "日間です。"
```

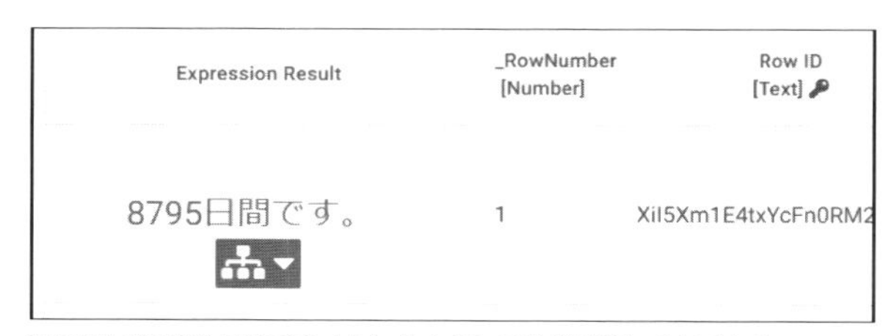

図5-61:「8795日間です。」というように日数を計算して表示する。

これで、「○○日間です。」と結果が表示されます。TODAYから指定の日付を引き算した結果からHOURで時の値を取り出し、それを24で割れば日数が得られます。ちょっと面倒ですが「結果からHOURで時単位の値を取り出し、それを元に計算する」というやり方は、日時の差分計算の基本と言ってよいでしょう。

日時の表記をフォーマットする

日時の値は、基本的にそのまま値として設定すれば適当な形式で表示してくれます。が、「自分で表記の形を決めて表示させたい」という場合もあるでしょう。そのような場合は、「TEXT」関数を使って得ることができます。

▼指定フォーマット形式のテキストを得る

```
TEXT( 日時 , フォーマット )
```

TEXT関数は先ほども使いましたね。値をそのままテキストにするだけなら、()に一時を指定するだけです。しかし、決まったフォーマットで値を得たい場合は第1引数に日時の値を指定し、第2引数にフォーマットを示すテキストを用意します。こうすることで、指定の形式にフォーマットされたテキストが得られるのです。フォーマットのテキストは、次のような記号を使って作成します。

Y	年
M	月
D	日
H	時
M	分
S	秒
AM/PM	午前午後

月はMを使いますが、MまたはMMだと数字を使い、MMMまたはMMMMとすると月の名前（Januaryなど）を使います。日はDまたはDDでは数字を使い、DDDまたはDDDDとすると曜日の値を使います。ただし、現時点では月の名前や曜日名は英語の値になり、日本語の値は返してくれないようです。

「月と分が同じ記号だけどどう区別するの？」と思った人。これらは状況に応じて自動的に判断されます。例えばYやDと一緒に使われれば「月の値」と判断しますし、HやSと一緒なら「分の値」と判断されます。

では、実際の利用例を挙げておきましょう。

▼リスト5-14

```
TEXT(
  NOW(),
  "yyyy年m月d日 H時M分S秒"
)
```

図5-62：現在の日時を指定のフォーマットで表示する。

ここでは、現在の日時を「2025年1月30日 12時34分56秒 」といった形式で表示します。フォーマットを正しく用意すれば、このように思い通りの形式で日時を表示できるようになりますね！

Chapter 5

5.3. 条件分岐と真偽値

IF関数による条件分岐

AppSheetの式は、単に「用意した値をただ表示するだけ」というわけではありません。もう一歩進んで、「そのときの状況に応じて表示を行う」というようなことも行えます。ここではそうした条件に応じた処理の作成と、それに必要となる真偽値の扱いについて説明しましょう。

まず、条件分岐（条件に応じて異なる処理を行う）の基本から説明しましょう。条件分岐は「IF」という関数を使って行います。これは次のように記述します。

▼条件に応じて異なる処理を実行する

```
IF( 条件 , true時の処理 , false時の処理 )
```

IF関数には3つの要素が必要です。1つ目の「条件」に、「真偽値」として得られる値や式を指定します。真偽値というのは、「正しいか、正しくないか」という二者択一の状態を示す値です。値の種類（列のTYPE）としては「Yes/No」として用意されています。

比較演算子について

この真偽値という値は、一般にあまり馴染みがないものでしょう。当面の間、この真偽値の式は「値を比較する式」を使う、と考えて下さい。

AppSheetには、値を比較するための記号（演算子）が用意されています。例えばAとBの2つの値を比較するのに、次のような式が用意されています。

比較演算の式

A = B	AとBは等しい
A <> B	AとBは等しくない
A > B	AはBより大きい
A >= B	AはBと等しいか大きい
A < B	AはBより小さい
A <= B	AはBと等しいか小さい

IF関数ではこれらの演算子を使った式を用意し、その結果に応じて実行する式を設定すればよいわけです。

点数が80点以上なら「優秀」

では、IF関数を使った条件分岐を使ってみましょう。これも、「other」テーブルの「結果」列を使って試してみることにします。FORMULAをクリックし、「Expression Assistant」パネルで次のように記述をして下さい。

▼リスト5-15

```
CONCATENATE(
   [参照].[値1],
   " (",
   IF([参照].[値1] >= 80, "優秀", "残念"),
   ")"
)
```

Expression Assistant

App Formula for column 結果 (Number)

```
1  CONCATENATE(
2    [参照].[値1],
3    " (",
4    IF([参照].[値1] >= 80, "優秀", "残念"),
5    ")"
6  )
```

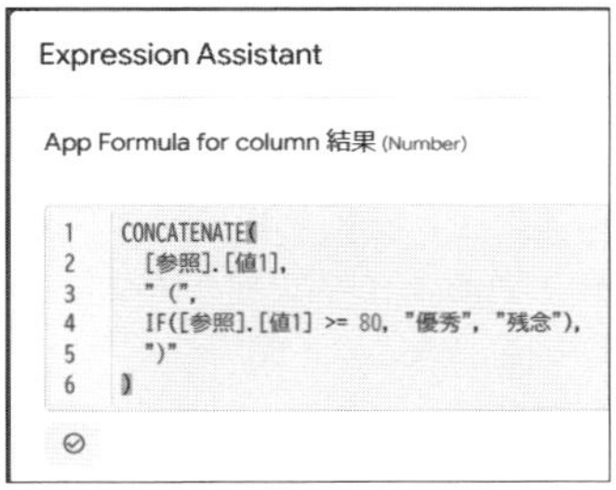

図5-63：FORMULAに式を記入する。

今回はCONCATENATEで表示するテキストの中に、IF関数による値が混ぜてあります。これを保存して、「other」の表示がどうなるか確かめてみましょう。参照するmydataテーブルの「値1」が80以上ならば「優秀」、それ未満の場合は「残念」と表示されるようになります。　ここでは、CONCATENATEの中で次のようにIF関数を用意してあります。

```
IF([参照].[値1] >= 80, "優秀", "残念")
```

[参照].[値1] >= 80の値をチェックし、これがtrueならば（つまり、[参照].[値1]の値が80以上なら）、"優秀"というテキストが返されます。そうでない場合は、"残念"というテキストが返されます。この返されたテキストと他の値をCONCATENATEで1つにまとめて表示していた、というわけです。

IFを使えば、このようにそのときの値の状態などに応じてダイナミックに変化する表示を作成することができます。

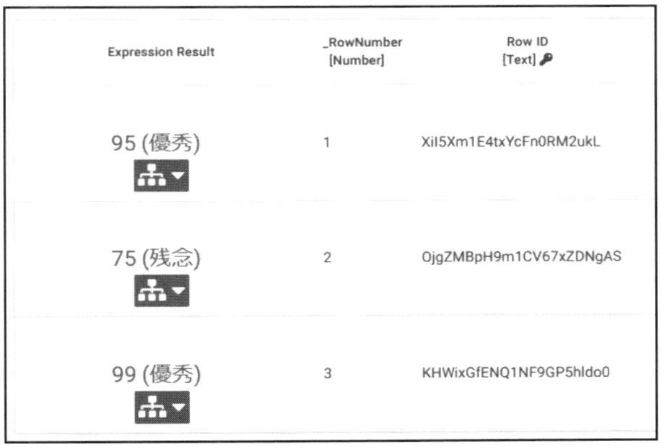

Expression Result	_RowNumber [Number]	Row ID [Text]
95 (優秀)	1	Xil5Xm1E4txYcFn0RM2ukL
75 (残念)	2	OjgZMBpH9m1CV67xZDNgAS
99 (優秀)	3	KHWixGfENQ1NF9GP5hldo0

図5-64：[参照].[値1]が80以上なら「優秀」、80未満は「残念」と表示される。

真偽値TYPEの列について

このIF関数による表示の切り替えは、状況に応じて簡単にできます。が、真偽値の値をTYPEに設定してある列では、IF関数さえ使わずに表示の切り替えが行えるようになっています。

otherテーブルの「結果」仮想列をまた利用しましょう。この列のTYPEを「Yes/No」に変更して下さい。これで、「結果」列は真偽値の値を扱う列になります。

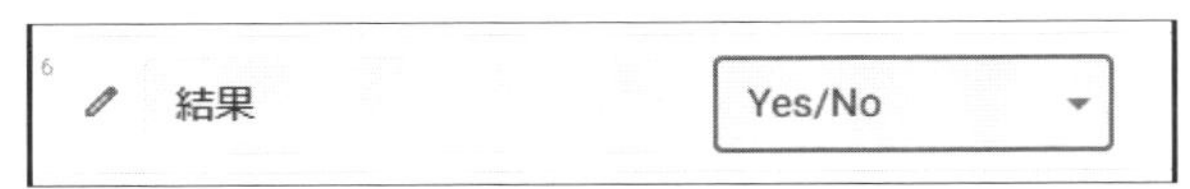

図5-65：「結果」列でTYPEに「Yes/No」を指定する。

では、「結果」列の左端にある鉛筆アイコンをクリックして詳細設定のパネルを呼び出しましょう。ここに、真偽値TYPEの列に関連する次のような項目が用意されます。

App formula	これは「FORMULA」で設定された式のことです。真偽値の列では、ここに条件となる式を指定します。
Yes/No display values	ここに、結果がYes (true)のときとNo (false)のときの表示内容を指定します。「No value」にはfalse時の表示を、「Yes value」にはtrue時の表示をそれぞれ用意します。

これで、この列自体にIF関数と同じ働きをもたせることができるようになります。では、設定をしましょう。

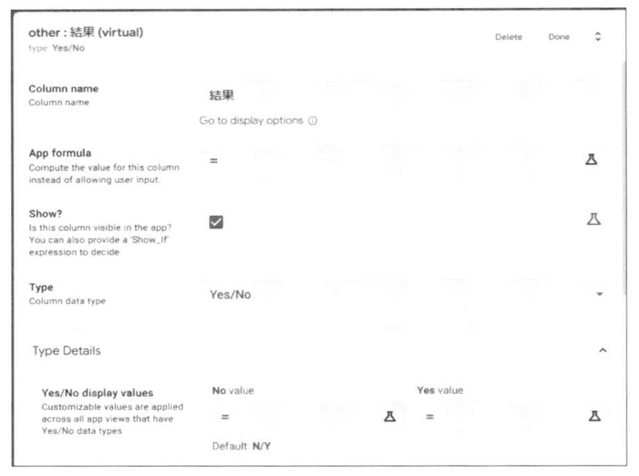

図5-66：「結果」列の詳細設定画面を呼び出す。

App formulaと表示内容を設定する

まず、「App formula」のフィールドをクリックし、現れた「Expression Assistant」パネルで次のように式を記入します。

▼リスト5-16

```
[参照].[値2] >= 75
```

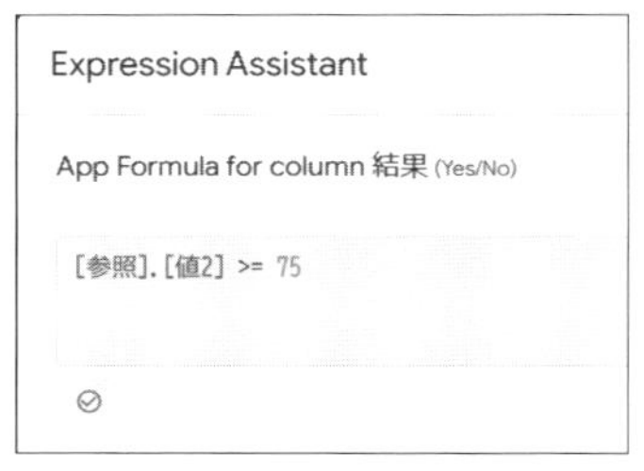

図5-67：App formulaに真偽値の式を設定する。

参照するmydataの「値2」が75以上かどうかをチェックしています。見ればわかるように、ここで用意しているのは真偽値の式だけです。この式をチェックして表示を作成するのです。

では、表示する値を指定しましょう。「Yes/No display values」というところに、結果の表示内容を設定します。まずは、「No value」のフィールドをクリックして下さい。ここで、結果がfalseのときの表示を設定します。以下の式を記入し、「Save」ボタンで保存して下さい。

▼リスト5-17

```
[参照].[値2] & "点です，残念でした。"
```

続いて、「Yes value」の値です。これは、式の結果がtrueのときの表示になります。以下の式を記入し保存して下さい。

▼リスト5-18

```
[参照].[値2] & "点！素晴らしい！"
```

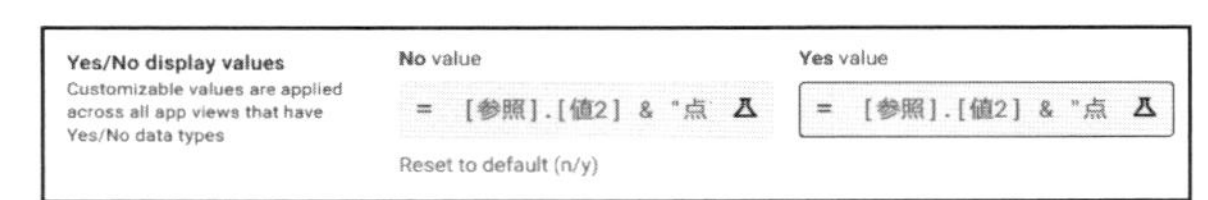

図5-68：No valueとYes valueに式を設定する。

これでApp formula、No value、Yes valueが設定でき、条件に応じた表示が設定されました。列の設定パネルで入力した式を確認しておきましょう。

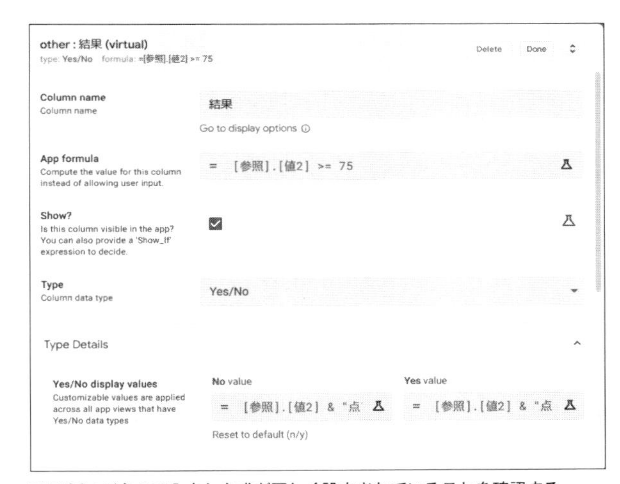

図5-69：パネルで入力した式が正しく設定されていることを確認する。

では、パネル右上の「Done」ボタンでパネルを閉じ、アプリを保存して実際に表示を確認しましょう。mydataの値2をチェックし、値が75以上かどうかで結果の表示が変わります。

働きとしては、先ほどのIF関数を使ったものと基本的には同じです。ですが、IFのときに記述した式の内容と、今回設定した3つの式を比べれば、こちらのほうが遥かにシンプルでわかりやすく設定できることがわかるでしょう。

項目	値	参照	結果
ハナコの国語を参照する	123	hanako国語04/03/2025	80点！素晴らしい！
サチコの数学はやばい	-10	sachiko数学03/31/2025	65点です，残念でした。
taroの最高点だ	999	taro数学03/30/2025	91点！素晴らしい！

図5-70：点数に応じて結果の表示が変わる。

複数の条件を順に実行する

このIF関数は条件がtrueかfalseかによって異なる表示をする、二者択一の処理を行うものです。例では、点数が75以上かどうかで異なる表示をしました。けれど実際のアプリでは、こういう単純な表示ばかりではないでしょう。例えば「点数が80以上なら優秀、30以下だと赤点、その間は普通」というように、2つ以上の切り替えが必要となる場合もあります。というより、こうしたケースのほうが圧倒的に多いかもしれません。

このようなときはどう対処すればいいか。まぁ、複数のIFをずらりと並べて順に処理すればよい、という考え方もあります。が、AppSheetではもっとスマートな解決法があります。それは「IFS」という関数を使うのです。IFSは「複数のIFを1つにまとめたもの」です。次のような形で記述をします。

▼複数の条件と表示を設定する

```
IFS(
   式1, 処理1,
   式2, 処理2,
   ……必要なだけ用意……
)
```

IFSは、式と処理をセットにして必要なだけ用意することのできる関数で、最初から順に式をチェックしていきます。1つ目の式がtrueなら、その後にある処理を実行して終わりです。もしfalseなら、2つ目の式をチェックします。これもfalseなら、3つ目の式を……というようにして、式の結果がtrueになるまで順に式をチェックしていき、trueになったら、その後の処理を実行して抜けるのです。

すべての条件がfalseだった場合には何も実行されません。ですから、必ず何かを実行させたい場合は最後に条件をtrueにした処理を用意しておくとよいでしょう。そうすれば、必ず最後にそれが実行されますから。

複数のメッセージを設定する

これも利用例を挙げましょう。先ほどのotherテーブルの「結果」列をまた修正して使います。まず、この列のTYPEを「Text」に変更しましょう。これで、先ほどYes/Noで設定したNo value/Yes valueなどが機能しなくなります。

図5-71：「結果」列のTYPEを「Text」に変更する。

では、「結果」列のFORMULAフィールドをクリックして「Expression Assistant」パネルを呼び出して下さい。そして次のように内容を書き換えましょう。

▼リスト5-19

```
CONCATENATE(
   [参照].[値1],
   "点:",
   IFS(
      [参照].[値1] > 90, "エクセレント!",
      [参照].[値1] > 70, "よくできました。",
      [参照].[値1] > 30, "頑張りましょう。",
      [参照].[値1] >=0, "●赤点!●",
      true, "不明です。"
   )
)
```

今回は値1の点数が90点以上、70点以上、30点以上、ゼロ以上、それ以外という、5つの状態ごとに値を用意しました。

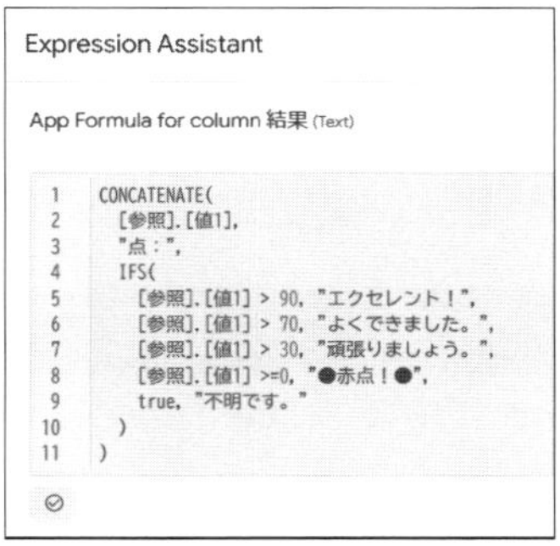

Expression Assistant

App Formula for column 結果 (Text)

```
1  CONCATENATE(
2    [参照].[値1],
3    "点：",
4    IFS(
5      [参照].[値1] > 90, "エクセレント！",
6      [参照].[値1] > 70, "よくできました。",
7      [参照].[値1] > 30, "頑張りましょう。",
8      [参照].[値1] >=0, "●赤点！●",
9      true, "不明です。"
10   )
11 )
```

図5-72：Expression Assistantで式を書き換える。

修正を保存し、表示がどうなるか確認してみて下さい。点数に応じて、いくつかのメッセージが表示されることがわかるでしょう。

項目	値	参照	結果
ハナコの国語を参照する	123	hanako国語04/03/2025	95点：エクセレント！
サチコの数学はやばい	-10	sachiko数学03/31/2025	75点：よくできました。
taroの最高点だ	999	taro数学03/30/2025	99点：エクセレント！
hanako、英語は得意！	3,058	hanako英語03/29/2025	98点：エクセレント！
sachiko、国語もやばい		sachiko国語03/25/2025	67点：頑張りましょう。

図5-73：点数に応じて複数の異なるメッセージが表示される。

重要なのは「式」の順番

このIFS関数を活用する際に最大のポイントは、「式の並び順」です。例えば、今のリストで記述したIFSが次のようになっていたとしましょう。

▼リスト5-20

```
IFS(
  [参照].[値1] >=0, "●赤点！●",
  [参照].[値1] > 30, "頑張りましょう。",
  [参照].[値1] > 70, "よくできました。",
  [参照].[値1] > 90, "エクセレント！",
  true, "不明です。"
)
```

これでは、正しくメッセージは表示されません。おそらく、「不明です。」が表示された項目以外はすべて「●赤点！●」と表示されてしまうでしょう。

項目	値	参照	結果
ハナコの国語を参照する	123	hanako国語04/03/2025	●赤点！●
サチコの数学はやばい	-10	sachiko数学03/31/2025	●赤点！●
taroの最高点だ	999	taro数学03/30/2025	●赤点！●
hanako、英語は得意！	3,058	hanako英語03/29/2025	●赤点！●
sachiko、国語もやばい		sachiko国語03/25/2025	●赤点！●

図5-74：IFSの式の順を変えると、「●赤点！●」だらけになる。

IFSは最初の式から順にチェックをしていき、それがtrueだと、その後の処理を実行してIFSを抜けてしまいます。つまり、最初にほとんどのデータがtrueになってしまう式を用意すると、それ以降の式はチェックされなくなってしまうのです。どういう順に式を用意すればいいか。それがIFS関数のすべてだと言ってよいでしょう。

値に応じて処理をジャンプする

式ではなく、「値」によって複数の処理にジャンプする関数も用意されています。「SWITCH」というもので、次のように記述します。

▼対象の値にジャンプする

```
SWITCH( 対象,
  値1, 処理1,
  値2, 処理2,
  ……必要なだけ用意……
  デフォルトの処理
)
```

SWITCHは、最初にチェックする対象となるものを指定します。列でも値でも式でも関数でも、何でもかまいません。IFやIFSのように真偽値が得られるものでなく、数値やテキストの値でも問題ありません。

このSWITCHは第1引数に指定した対象となる値をチェックし、第2引数以降からそれと同じ値を探してそこにジャンプし、その後にある処理を実行します。処理の実行後はそのままSWITCHを抜けて次に進みます。もし同じ値が見つからなければ、最後に用意されているデフォルトの処理を実行します。

「種類」に応じて表示を変える

では、これもサンプルを挙げておきましょう。例によって、otherテーブルの「結果」仮想列を使います。このFORMULAフィールドをクリックして、次のように内容を書き換えて下さい。

▼リスト5-21

```
SWITCH(
  [参照].[種類],
  "国語", "山田先生",
  "数学", "田中先生",
  "英語", "中村先生",
  "担当不明"
)
```

ここではSWITCHを使い、[参照].[種類]の値をチェックしています。そして、その値が"国語"."数学"."英語"のいずれかによって担当の先生の名前を変えるようにしています。

Expression Assistant

App Formula for column 結果 (Text)

```
1 SWITCH(
2   [参照].[種類],
3   "国語", "山田先生",
4   "数学", "田中先生",
5   "英語", "中村先生",
6   "担当不明"
7 )
```

図5-75：FORMULAに式を記入する。

修正を保存して、実際に表示がどうなるか確かめてみましょう。教科ごとに決まった名前が表示されるのがわかるでしょう。

項目	値	参照	結果
ハナコの国語を参照する	123	hanako国語04/03/2025	山田先生
サチコの数学はやばい	-10	sachiko数学03/31/2025	田中先生
taroの最高点だ	999	taro数学03/30/2025	田中先生
hanako、英語は得意！	3,058	hanako英語03/29/2025	中村先生
sachiko、国語もやばい		sachiko国語03/25/2025	山田先生

図5-76：教科ごとに担当先生の名前が表示される。

複数条件の設定

より複雑な値の分岐を考えるとき、場合によっては「チェックする条件が複数ある」ということもあるでしょう。そのような場合、どうすればよいのでしょうか。

例えばmydataでは「種類」に教科を、「項目」に名前をそれぞれ設定しています。この2つの項目について、「教科が○○で名前が××ならばこの処理をする」というように、両方の値に応じた処理を実行させたいと思ったら、どうすればよいでしょう。

おそらく一番スタンダードな回答は、「2つの条件処理の関数を組み合わせる」というものでしょう。例えば、種類と項目はそれぞれSWITCHを使って分岐処理することができます。ならば、SWITCHの中にさらにSWITCHを組み込んで二重に分岐を行うようにすればよいのです。

```
SWITCH( 対象 1,
  値 A, SWITCH( 対象 2,
    値 A1, 処理 A1,
    値 A2, 処理 A2,
    ……略……
  ),
  値 B, SWITCH( 対象 2,
    値 B1, 処理 B1,
    値 B2, 処理 B2,
    ……略……
  ),
  ……略……
)
```

わかりますか？　SWITCHの中にさらにSWITCHが組み込まれているので複雑そうに見えますが、基本は普通のSWITCHと同じです。まず、外側のSWITCHだけに注目してみましょう。

```
SWITCH( 対象 1,
  値 A, ○○,
  値 B, ○○,
  ……略……
)
```

このようになっているのがわかるでしょう。そしてこの○○の部分に、もう1つのSWITCHが組み込まれていたのですね。こうすることで、二重に分岐をさせることができるわけです。

種類と項目で分岐する

では、実際にやってみましょう。otherテーブルの「結果」仮想列をまた使います。FORMULAフィールドをクリックして開き、次のように式を記入して下さい。かなり長くなるので、間違えないように注意して書きましょう。

▼リスト5-22

```
SWITCH([参照].[種類],
 "国語", SWITCH([参照].[項目],
    "taro", "太郎の国語",
    "hanako", "はな子の国語",
    "sachiko", "サチコの国語",
    "その他"
  ),
 "数学", SWITCH([参照].[項目],
    "taro", "太郎の数学",
    "hanako", "はな子の数学",
    "sachiko", "サチコの数学",
    "その他"
  ),
 "英語", SWITCH([参照].[項目],
    "taro", "太郎の英語",
    "hanako", "はな子の英語",
    "sachiko", "サチコの英語",
    "その他"
  ),
  "その他"
)
```

ここではまず、外側のSWITCHで[参照].[種類]の値をチェックしています。そしてこれが"国語". "数学". "英語"のいずれかのとき、さらにその中で[参照].[項目]をチェックするSWITCHを実行します。こうすることで、[種類]と[項目]の両方の値に応じた表示がされるようになります。

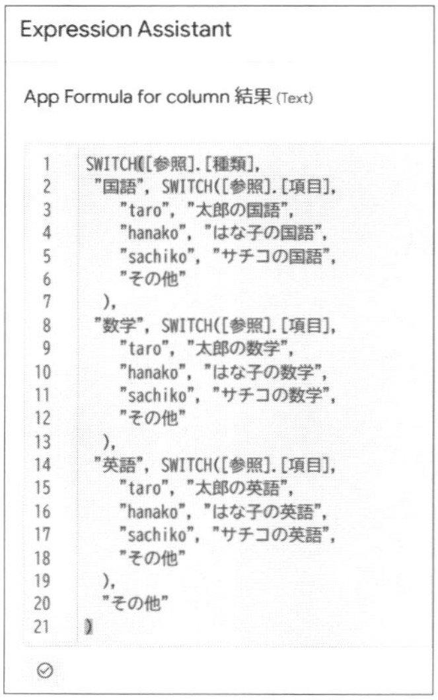

Expression Assistant

App Formula for column 結果 (Text)


```
1  SWITCH([参照].[種類],
2   "国語", SWITCH([参照].[項目],
3      "taro", "太郎の国語",
4      "hanako", "はな子の国語",
5      "sachiko", "サチコの国語",
6      "その他"
7    ),
8   "数学", SWITCH([参照].[項目],
9      "taro", "太郎の数学",
10     "hanako", "はな子の数学",
11     "sachiko", "サチコの数学",
12     "その他"
13   ),
14  "英語", SWITCH([参照].[項目],
15     "taro", "太郎の英語",
16     "hanako", "はな子の英語",
17     "sachiko", "サチコの英語",
18     "その他"
19   ),
20   "その他"
21 )
```


図5-77:「結果」のFORMULAに式を記入する。

記述したら、保存して表示を確認しましょう。教科と名前ごとに細かく結果が表示されるのがわかるでしょう。

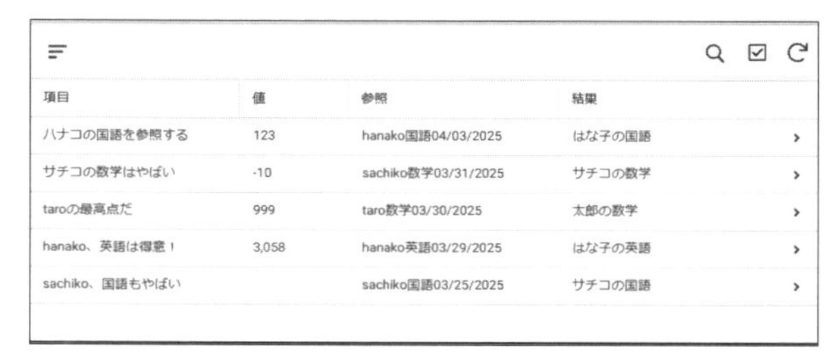

図5-78：教科と名前に応じた結果が表示される。

論理積（AND）と論理和（OR）

これで、2つの値をチェックする処理ができました。が、正直言ってかなり複雑でわかりにくいですね。もう少しシンプルな書き方ができないと、自分で作るのは難しそうです。

AppSheetには、実は「2つの式を1つにしてチェックする」という関数も用意されています。それは「AND」と「OR」という関数です。これらは「論理積」「論理和」と呼ばれるものです。

▼2つの式の論理積を得る

```
AND( 式1, 式2 )
```

▼2つの式の論理和を得る

```
OR( 式1, 式2 )
```

「論理積」というのは、「2つの条件の両方が正しいときのみ正しい」と判断するものです。そして「論理和」は、「2つの条件のどちらかが正しければ正しい」と判断するものです。つまり、こういうことですね。

論理積

1つ目	2つ目	結果
true	true	true
true	false	false
false	true	false
false	false	false

論理和

1つ目	2つ目	結果
true	true	true
true	false	true
false	true	true
false	false	false

このように、ANDとORは2つの式の結果に応じて真偽値の値が得られるようになっているのです。これを使って複数の条件をチェックすれば、あまり複雑にならずに先ほどの処理を行えるようになります。

ANDで処理を書き換える

では、先ほど作成した2つのSWITCHによる処理を、AND関数を使って書き直してみましょう。すると、このようになりました。

▼リスト5-23

```
IFS(
  AND([参照].[種類] = "国語", [参照].[項目] = "taro"), " 太郎の国語",
  AND([参照].[種類] = "数学", [参照].[項目] = "taro"), " 太郎の数学",
  AND([参照].[種類] = "英語", [参照].[項目] = "taro"), " 太郎の英語",
  AND([参照].[種類] = "国語", [参照].[項目] = "hanako"), " はな子の国語",
  AND([参照].[種類] = "数学", [参照].[項目] = "hanako"), " はな子の数学",
  AND([参照].[種類] = "英語", [参照].[項目] = "hanako"), " はな子の英語",
  AND([参照].[種類] = "国語", [参照].[項目] = "sachiko"), " サチコの国語",
  AND([参照].[種類] = "数学", [参照].[項目] = "sachiko"), " サチコの数学",
  AND([参照].[種類] = "英語", [参照].[項目] = "sachiko"), " サチコの英語"
)
```

これも、先ほどのリスト5-22とまったく同じ働きをします。

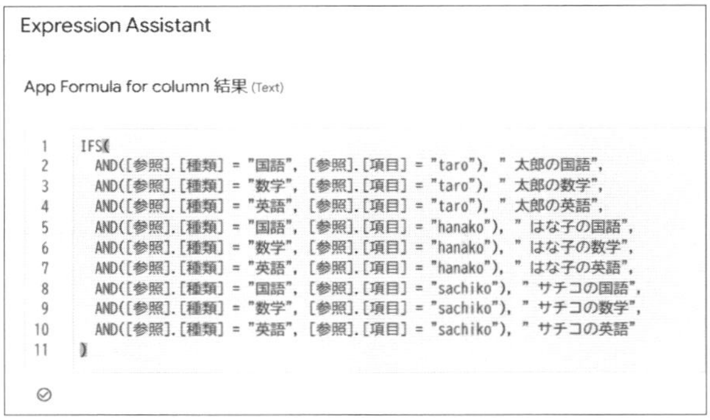

Expression Assistant

App Formula for column 結果 (Text)

```
1  IFS(
2    AND([参照].[種類] = "国語", [参照].[項目] = "taro"), " 太郎の国語",
3    AND([参照].[種類] = "数学", [参照].[項目] = "taro"), " 太郎の数学",
4    AND([参照].[種類] = "英語", [参照].[項目] = "taro"), " 太郎の英語",
5    AND([参照].[種類] = "国語", [参照].[項目] = "hanako"), " はな子の国語",
6    AND([参照].[種類] = "数学", [参照].[項目] = "hanako"), " はな子の数学",
7    AND([参照].[種類] = "英語", [参照].[項目] = "hanako"), " はな子の英語",
8    AND([参照].[種類] = "国語", [参照].[項目] = "sachiko"), " サチコの国語",
9    AND([参照].[種類] = "数学", [参照].[項目] = "sachiko"), " サチコの数学",
10   AND([参照].[種類] = "英語", [参照].[項目] = "sachiko"), " サチコの英語"
11 )
```

図5-79：IFS関数を使い、ANDで2つの値をチェックして処理を行う。

今回はSWITCHではなく、IFS関数を使っていますね。そしてチェックする条件には、こんなものが用意されています。

```
AND([参照].[種類] = "国語", [参照].[項目] = "taro")
```

ANDを使い、[参照].[種類]と [参照].[項目]の両方の値を比較しています。これで両方の条件が正しければ、その後の処理を実行します。ずらっとたくさんのANDが並んでいますが、基本的な内容はほぼ同じようなものですし、構造も先ほどの例よりずっとシンプルに見えますね。IFSの中でひたすらANDをチェックしていくだけなので、何を行っているのか一目瞭然です。

このANDとORは2つだけでなく、3つ以上の条件をチェックすることもできます。その場合も、基本的な考え方は変わりません。

- ANDは、すべての条件がtrueのときのみtrue。
- ORは、すべての条件がfalseのときのみfalse。

この基本的な考え方がわかっていれば、3つ以上の条件を設定した場合も、「これはどういう結果になるんだろう？」と悩むことはないはずです。

Chapter 5

5.4. リストの扱い

リストを使う

ここまで、さまざまな値を利用してきました。テキスト、数値、そして真偽値。これらの値は、種類は違っても共通する性質があります。それはすべて、「1つの値だけ」という点です。当たり前といえば当たり前ですが、数値もテキストも真偽値も、1つの値として存在しています。「1つの値の中に2つの値が入っている」なんてことはありません。

が、特にたくさんのデータを扱うようになると、「複数の値を1つの値としてまとめて扱いたい」と次第に思うようになってきます。例えば、「列のデータをまとめて取り出して処理したい」と思ったとしましょう。これは、「1つの値だけしか扱えない」と不可能です。たくさんある列の値を、すべて1つにまとめて扱える値が必要になってきます。こうしたことから、AppSheetには多数の値をひとまとめにして扱える値が用意されています。それが「リスト」です。

リストは多数の値を持つ値です。これは、たくさんの引き出しがある収納箱のようなものをイメージするとわかりやすいでしょう。リストの中に、「1番にはこの値」「2番にはこれ」というようにたくさんの値を保管しておき、そこから必要に応じて値を取り出して使ったりできるのですね。

1	2	3
"one"	"two"	"three"

図5-80：リストは内部にいくつもの値を保管して利用できる。

リストのリテラル

では、リストはどのように使うのでしょうか。これにはまず、「リストの値をどう書くか」から覚える必要がありますね。そう、「リストのリテラル」です。これは、次のように記述します。

```
{ 値1, 値2, ……}
```

{}という記号の中に、必要な値をコンマで区切って記述していきます。これでリストが作れます。また、「LIST」という関数も用意されています。

```
LIST( 値1, 値2, ……)
```

これも引数に値を記述していくことで、それらの値を内部に持つリストを作ることができます。実際にリストを使ってみましょう。otherテーブルの「結果」仮想列のFORMULAを開いて、次のように記述して下さい。

▼リスト5-24

```
{"one", "two", "three"}
```

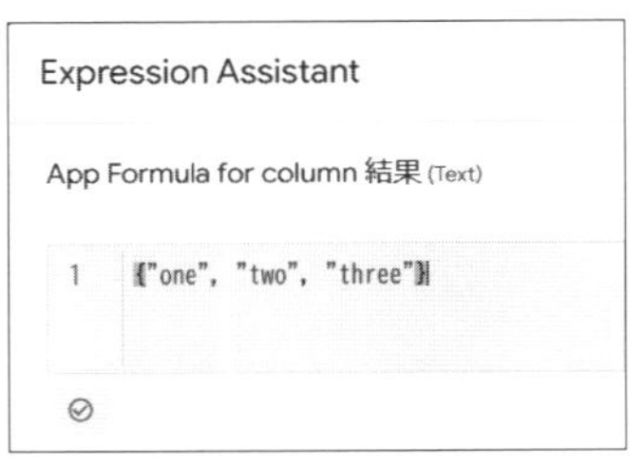

図5-81：FORMULAにリストのリテラルを記述する。

これで、3つの値を持つリストができました。「Test」リンクをクリックして、テスト画面を表示してみましょう。one , two , threeと3つの値が表示されることがわかるでしょう。

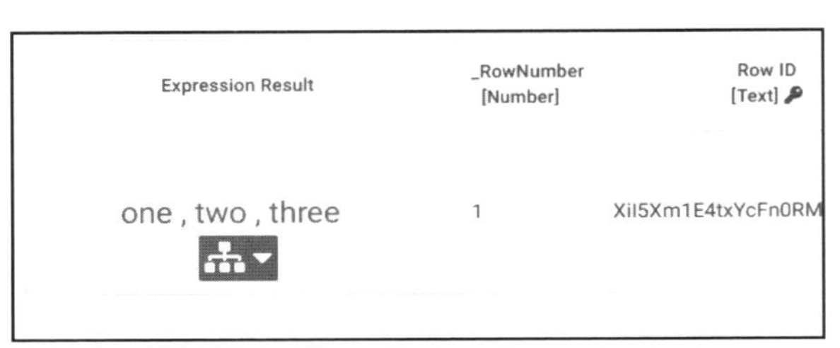

図5-82：テストを実行すると、3つの値が表示される。

リストの値を取得する

リストの中から特定の値を取り出すには、「INDEX」という関数を使います。これは次のように呼び出します。

```
INDEX( リスト , 番号 )
```

番号は、リストの最初から何番目の値化を示します。例えば、次のような式を実行したとしましょう。

▼リスト5-25

```
INDEX({"one", "two", "three"}, 1)
```

この実行結果は、「one」というテキストになります。INDEXにより、{"one", "two", "three"}という、リストの１番目の値である"one"が取り出されていた、というわけです。

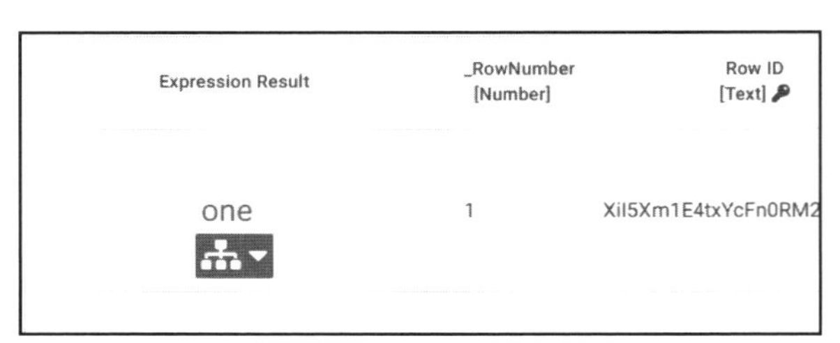

図5-83：テスト結果は「one」と表示される。

リストとテキスト

リストを作成する方法はリテラル以外にもいろいろとあります。意外と利用するのが、「テキストからリストを作る」というものです。

これは「SPLIT」という関数として用意されています。SPLITはテキストの中から特定の文字や記号を見つけ、そこでテキストを分割してリストを作成します。

▼テキストを分割しリストを作る

```
SPLIT( テキスト , 区切り文字 )
```

第1引数には元になるテキストを指定します。そして第2引数には、テキストを分割する際の区切りとなるテキストを指定します。このSPLITによるリスト作成で比較的よく使われるのが、「単語を半角スペースで分割してリストにする」というものです。例えば、次のような形です。

▼リスト5-26

```
SPLIT("This is a sample data.", " ")
```

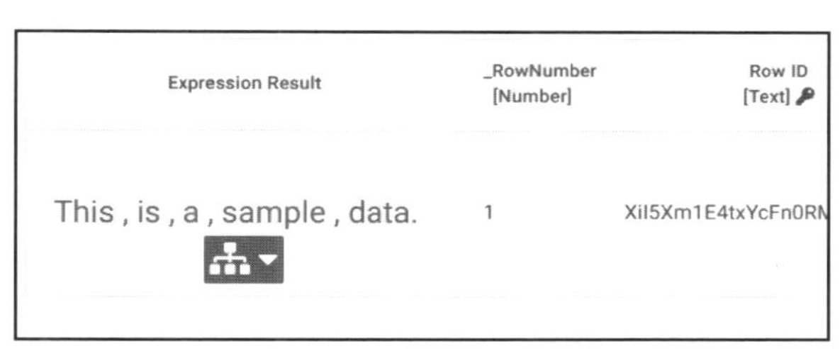

図5-84：テストを実行すると、各単語ごとに分割しリストを作成する。

これを実行すると、This , is , a , sample , data.というような結果が表示されます。単語ごとにテキストが分割され、リストになっていることがわかるでしょう。このSPLITを使うことで、1つのテキストをいくつもの値に分割して利用することができるようになります。

リストをテキストにする

反対に、リストをテキストに変換したいときは、「TEXT」という関数を使います。これはすでに登場しましたね。

▼リストをテキストにする

```
TEXT( リスト )
```

引数にリストを指定すれば、その各値をすべて1つのテキストにつなげたものを返します。例えば、こんな具合です。

▼リスト5-27

```
TEXT({"one", "two", "three"})
```

これは、リストの値を1つのテキストにするサンプルです。実行すると、one , two , threeといったテキストが表示されます。リストをそのまま表示したときも、テストでは同じように表示されていましたね？ あれは、リストをテキストに変換して表示していたのです。

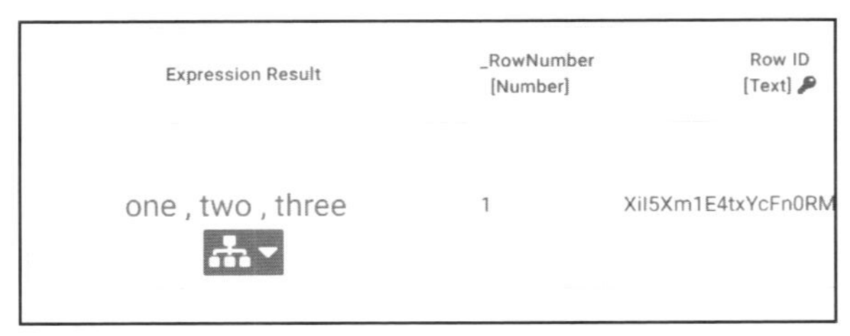

図5-85：one , two , threeとテキストが表示される。

セパレータを変える

TEXTでは、リストは「○○, ××,△△」というように間をコンマでつなげたテキストとして取り出されますが、変更したい場合もあるでしょう。

これは、SUBSTITUTE関数を使えば可能です。前にも登場しましたね。そう、テキストを置換する関数です。これを利用し、コンマを別の文字に置換すればよいのです。

▼リスト5-28

```
SUBSTITUTE({"one", "two", "three"}, ",", "&")
```

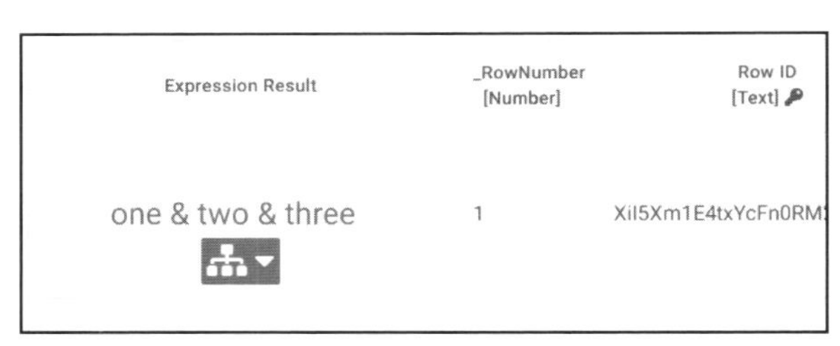

図5-86：リストの間を＆でつなげてテキストにする。

例えばこのようにすると、「one & two & three」というテキストが表示されます。リストを＆でつなげているのですね。このやり方は置換を利用しているため、例えばリストの項目の中にコンマが含まれているとうまくいきません（そこでもテキストが切られてしまう）。が、「リストをテキストにする」シンプルな方法として、覚えておくと役立つでしょう。

リストの演算

リストは、演算記号を使って簡単な演算ができます。利用可能な演算は次のようなものになります。

▼リストの足し算

```
{値1, 値2} + {値3, 値4} → {値1, 値2, 値3, 値4}
```

▼リストの引き算

```
{値1, 値2, 値3, 値4} - {値1, 値3} → {値2, 値4}
```

リストの足し算は簡単です。2つのリストを＋で足すと、それらの要素すべてを持つ1つのリストになります。引き算は、1つ目のリストから2つ目のリストにある要素を取り除いたリストを作ります。これも例を挙げておきましょう。

▼リスト5-29

```
{"one", "two", "three"} + {"ok", "NG"} - {"two", "NG", "None"}
```

これを実行すると、「"one, "three", "OK"」と結果が表示されます。{"one", "two", "three"}と{"ok", "NG"}を足し算して、{"one", "two", "three", "ok", "NG"}というリストが作られ、そこから{"two", "NG", "None"}を引いて、{"one", 'three", "ok"}になります。"None"はリストに存在しないので無視されます（エラーにはなりません）。

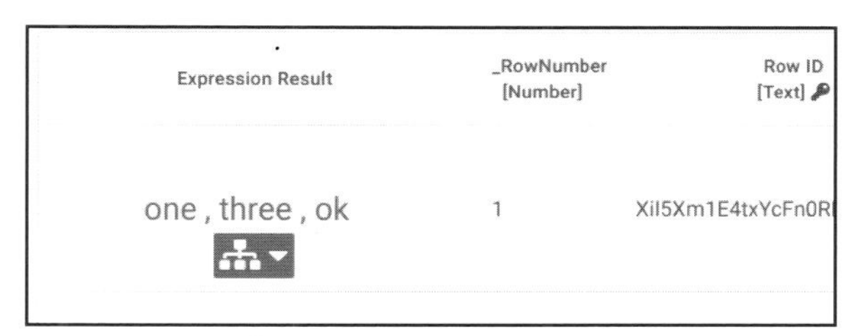

図5-87：実行すると「"one, "three", "OK"」と表示される。

こんな具合に、リストは簡単に足し算掛け算ができます。

2つのリストの積

リストの演算を考えると、「和と積」についても触れておく必要があるでしょう。これは、2つのリストの内容を元に新たなリストを作成するもので、次のような考え方です。

リストの和	2つのリストにあるすべての要素を持つリスト。ただし同じ項目がある場合は1つだけになる。
リストの積	2つのリストの両方に含まれる項目だけを取り出したリスト。

これらはそれぞれやり方が少し違います。まず、積から説明しましょう。これは「INTERSECT」という関数として用意されています。

▼2つのリストの積を得る

```
INTERSECT( リスト1, リスト2 )
```

INTERSECTは扱いが非常に簡単です。引数に2つのリストを指定すれば、その両方に含まれている項目だけのリストを作成します。例えば、以下を実行してみましょう。

▼リスト5-30

```
INTERSECT({"one", "two", "three"}, {"one", "three", "five"})
```

これを実行すると、「one , three」というリストが表示されます。2つのリストに共通する項目だけが取り出されていることがわかるでしょう。

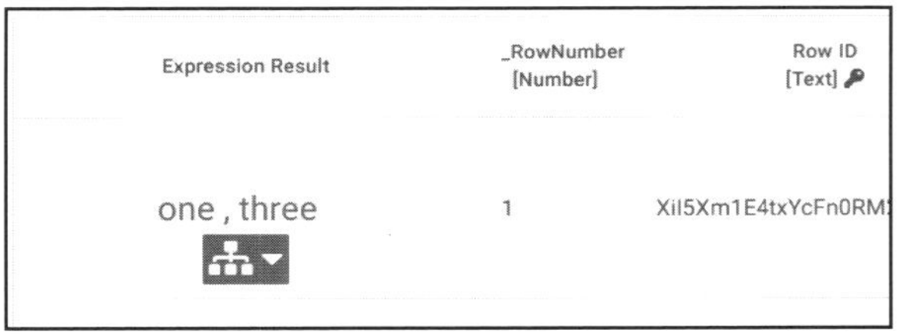

Expression Result	_RowNumber [Number]	Row ID [Text]
one , three	1	Xil5Xm1E4txYcFn0RM

図5-88：実行すると「one , three」と表示される。

リストの和

続いて、「リストの和」です。2つのリストを1つにまとめるのは足し算で簡単にできますね。ただし、ただ足し算するだけだと、同じ項目が複数用意される場合もあります。そこで、同じ項目を1つだけにする「UNIQUE」という関数を利用します。

▼ユニークなリストを得る

```
UNIQUE( リスト )
```

「ユニーク」というのは、「すべての値が異なっている（同じ値が複数存在しない）」という状態を示します。リストを足し算し、このUNIQUEで重複するものを取り除けば、リスト和が得られるわけです。

▼リスト5-31

```
UNIQUE({"one", "two", "three"} + {"one", "three", "five"})
```

Expression Result	_RowNumber [Number]	Row ID [Text]
one , two , three , five	1	Xil5Xm1E4txYcFn0RN

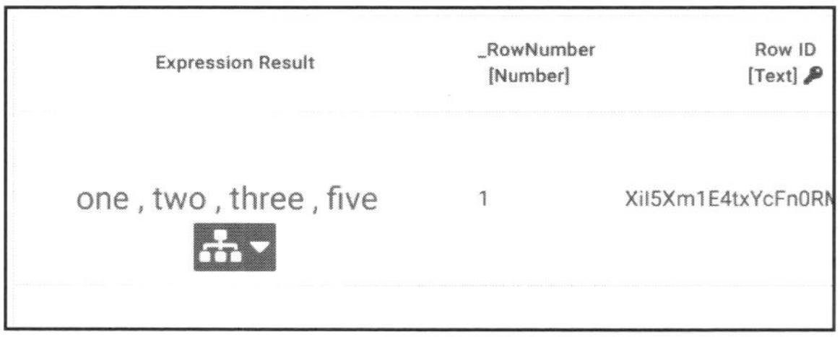

図5-89：実行すると「one , two , three , five」と表示される。

これを実行すると、「one , two , three , five」と結果が表示されます。{"one", "two", "three"}と{"one", "three", "five"}を足し算すると、{"one", "two", "three", "one", "three", "five"}というリストになりますが、ここからUNIQUEで重複する項目を取り除き、{"one", "two", "three", "five"}というリストが得られる、というわけです。

列データとリスト

このリストはリストのリテラルやテキストから作成するよりも、テーブルで使っているデータから取り出して使うことのほうが多いでしょう。

テーブルでは、各列は全値をリストとして取り出せるようになっています。列の指定の仕方はすでに触れましたね。[項目]というように列名を[]で挟んで書くのが基本でした。他のテーブルにある列はテーブル名の後にドットを付け、続けて[項目]と記述すれば指定できました。この両者は、微妙に働きが違いました。

[列名]	各レコードの指定列の値（1つの値だけ）
テーブル.[列名]	指定したテーブルの指定列のデータ（全データのリスト）

この「テーブル.[列]」という列の指定は、実際には「その列のデータをまとめたリスト」として値が得られます。ここから必要な値を取り出したり、処理をしたりできるようになっているのです。

この違いは、けっこう重要です。実際に試してみると違いがよくわかるでしょう。まず、以下をotherテーブルの「結果」列のFORMULAに記入して実行してみて下さい。

▼リスト5-32

```
[項目]
```

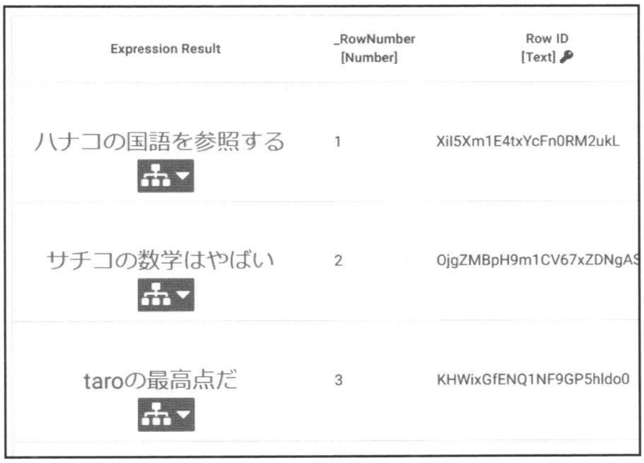

Expression Result	_RowNumber [Number]	Row ID [Text]
ハナコの国語を参照する	1	Xil5Xm1E4txYcFn0RM2ukL
サチコの数学はやばい	2	OjgZMBpH9m1CV67xZDNgAS
taroの最高点だ	3	KHWixGfENQ1NF9GP5hldo0

図5-90：各レコードの「結果」列の値が表示される。

ここでは、otherテーブルの「項目」列を指定します。こうすると、「項目」列の値が各レコードごとに取り出され、表示されるのがわかります。では、これはどうでしょうか。

▼リスト5-33

```
other[項目]
```

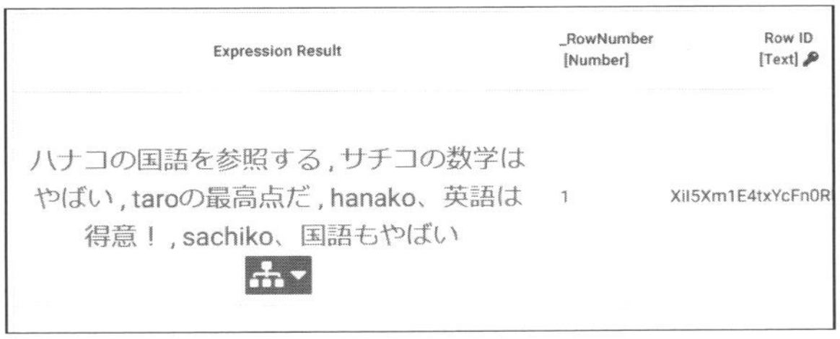

Expression Result	_RowNumber [Number]	Row ID [Text]
ハナコの国語を参照する , サチコの数学はやばい , taroの最高点だ , hanako、英語は得意！ , sachiko、国語もやばい	1	Xil5Xm1E4txYcFn0R

図5-91：全データの「項目」列の値がリストで得られる。

これを実行すると、otherテーブルの「項目」列の値がすべてまとめて取り出され表示されるのがわかるでしょう。この書き方では、列のリストが得られるのです。

1つ下の行の値を表示する

「列データをリストとして取り出す」ということがわかれば、そこから必要に応じて値を取り出すことができるようになります。例として、「各レコードの1つ下にある値を取り出す」ということを行ってみましょう。例によって、otherテーブルの「結果」仮想列のFORMULAを書き換えます。

▼リスト5-34

```
INDEX(
  other[項目],
  [_RowNumber] + 1
)
```

ここでは、orherの各レコードの1つ下にある「項目」列の値を取り出し表示します。テストを実行すると、「項目」列の次の行の値が表示されていることがわかるでしょう。

Expression Result	_RowNumber [Number]	Row ID [Text]	項目 [Text]
サチコの数学はやばい	1	Xil5Xm1E4txYcFn0RM2ukL	ハナコの国語を参照する
taroの最高点だ	2	OjgZMBpH9m1CV67xZDNgAS	サチコの数学はやばい
hanako、英語は得意！	3	KHWixGfENQ1NF9GP5hldo0	taroの最高点だ

図5-92：各レコードの1つ下の値を取り出し表示する。

ここではINDEXを使って、other[項目]のリストから1つだけ抜き出しています。取り出す位置の値は、[_RowNumber] ＋ 1を指定しています。この[_RowNumber]は行番号を示す値でしたね。これに1足すことで、1つ下の行の値を取り出していたのですね。

逆順に値を取り出す

この「[_RowNumber]で行番号を指定して値を取り出す」というやり方は、いろいろと応用ができます。例えば、逆順に（つまり最後から順に）値を取り出してみましょう。

▼リスト5-35

```
INDEX(
  other[項目],
  COUNT(other[項目]) - ([_RowNumber] - 1)
)
```

これを実行すると、1つ目のレコードには、一番最後のレコードの「項目」の値が表示されます。2番目のレコードでは、最後から2つ目のものが、3番目では最後から3番目が……といった具合に、「最後から順に値を取り出して表示」を行うようになっています。

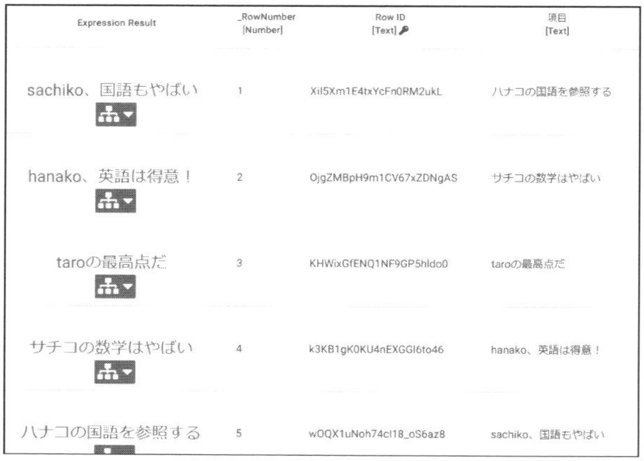

Expression Result	_RowNumber [Number]	Row ID [Text]	項目 [Text]
sachiko、国語もやばい	1	Xil5Xm1E4txYcFn0RM2ukL	ハナコの国語を参照する
hanako、英語は得意！	2	OjgZMBpH9m1CV67xZDNgAS	サチコの数学はやばい
taroの最高点だ	3	KHWixGfENQ1NF9GP5hldo0	taroの最高点だ
サチコの数学はやばい	4	k3KB1gK0KU4nEXGGl6to46	hanako、英語は得意！
ハナコの国語を参照する	5	wOQX1uNoh74cl18_oS6az8	sachiko、国語もやばい

図5-93：「項目」列の一番最後から順に値を表示する。

ここではINDEX関数の取り出す位置を示す第2引数で、次のような関数を呼び出しています。

```
COUNT(other[項目]) - ([_RowNumber] - 1)
```

この「COUNT」という関数は、引数にあるリストの要素数を返します。この要素数から順に番号を引いていくことで、逆順に値が取り出されます。例えば10個のレコードがあったとき、1つ目では10番目の値を、2つ目では9番目、3つ目では8番目……という具合に値を取り出せば、逆順に値が取り出されるようになります。

統計処理の関数

列の全データをリストで取り出すことができるようになると、そのデータをいろいろな形で処理できるようになります。AppSheetには、統計処理に関する関数がいろいろと用意されています。これらを使うことで、データを処理することができます。

以下に統計関係の関数をまとめておきましょう。

▼合計を計算する

```
SUM( リスト )
```

▼平均を計算する

```
AVERAGE( リスト )
```

▼標準偏差を計算する

```
STDEVP( リスト )
```

▼最小値を得る

```
MIN( リスト )
```

▼最大値を得る

```
MAX( リスト )
```

これらの関数を使うことで、処理した値を元に表示などを行わせることができるようになります。

簡単な例として、「平均点以上か未満か」をチェックする処理を考えてみましょう。mydataテーブルを使いましょう。ここに、「結果」という仮想列を用意しておきましたね。これは、Numberがタイプに設定されています。

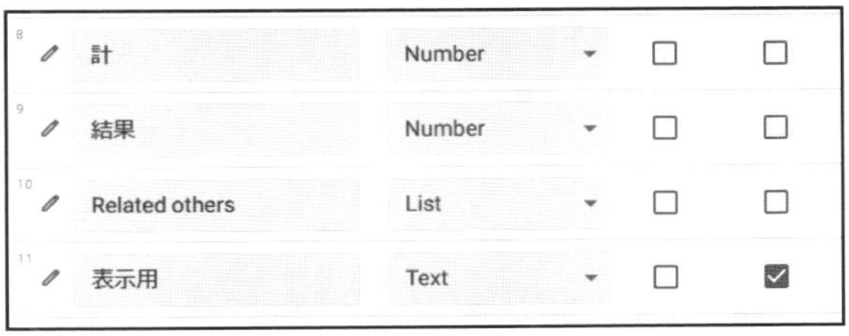

8	計	Number	☐	☐
9	結果	Number	☐	☐
10	Related others	List	☐	☐
11	表示用	Text	☐	☑

図5-94：mydataには「結果」列が用意されていた。

では、mydataの「結果」列の表示を作成しましょう。FORMULAをクリックし、「Expression Assistant」パネルで次のように式を記述します。

▼リスト5-36

```
IF(
  [値1] >= AVERAGE(mydata[値1]),
  "平均以上です。",
  "平均未満です。"
)
```

これで内容を保存し、アプリの表示を確認しましょう。mydataの「結果」に、平均点以上か未満かが表示されます。

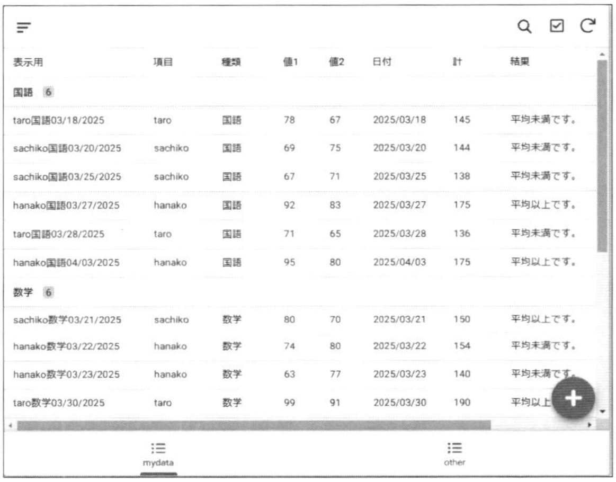

表示用	項目	種類	値1	値2	日付	計	結果
国語 6							
taro国語03/18/2025	taro	国語	78	67	2025/03/18	145	平均未満です。
sachiko国語03/20/2025	sachiko	国語	69	75	2025/03/20	144	平均未満です。
sachiko国語03/25/2025	sachiko	国語	67	71	2025/03/25	138	平均未満です。
hanako国語03/27/2025	hanako	国語	92	83	2025/03/27	175	平均以上です。
taro国語03/28/2025	taro	国語	71	65	2025/03/28	136	平均未満です。
hanako国語04/03/2025	hanako	国語	95	80	2025/04/03	175	平均以上です。
数学 6							
sachiko数学03/21/2025	sachiko	数学	80	70	2025/03/21	150	平均以上です。
hanako数学03/22/2025	hanako	数学	74	80	2025/03/22	154	平均未満です。
hanako数学03/23/2025	hanako	数学	63	77	2025/03/23	140	平均未満です。
taro数学03/30/2025	taro	数学	99	91	2025/03/30	190	平均以上

mydata　other

図5-95:「結果」に平均点以上化未満か表示される。

ここではIF関数を使い、[値1] >= AVERAGE(mydata[値1])を条件に設定しています。これで、[値1]がAVERAGE(mydata[値1])と等しいか大きければ「平均以上です」とメッセージを表示させています。

AVERAGE関数の引数にmydata[値1]と指定することで、mydataの[値1]の全データがリストで設定されます。これにより、[値1]の平均が得られます。それと[値1]を比較することで、平均以上か未満かをチェックしていたのですね。

偏差値を表示する

もう1つ利用例として、「偏差値を表示する」ということをやってみましょう。偏差値というのは、統計関数の平均と標準偏差を使って計算します。計算式は次のようになります。

```
偏差値＝（得点－平均点）÷標準偏差×10＋50
```

これを元に式を作成すれば、各レコードの偏差値が計算できるわけですね。実際に試してみましょう。「結果」列のFORMULAを書き換えます。

▼リスト5-37

```
([値1] - AVERAGE(mydata[値1])) / STDEVP(mydata[値1]) * 10 + 50
```

これで、「結果」には各レコードの「値1」の偏差値が表示されます。このように統計関数が使えるようになると、データをいろいろな形で計算し、処理することができるようになるのです。

表示用	項目	種類	値1	値2	日付	計	結果
国語 6							
taro国語03/18/2025	taro	国語	78	67	2025/03/18	145	49
sachiko国語03/20/2025	sachiko	国語	69	75	2025/03/20	144	42
sachiko国語03/25/2025	sachiko	国語	67	71	2025/03/25	138	41
hanako国語03/27/2025	hanako	国語	92	83	2025/03/27	175	59
taro国語03/28/2025	taro	国語	71	65	2025/03/28	136	44
hanako国語04/03/2025	hanako	国語	95	80	2025/04/03	175	62
数学 6							
sachiko数学03/21/2025	sachiko	数学	80	70	2025/03/21	150	51
hanako数学03/22/2025	hanako	数学	74	80	2025/03/22	154	46
hanako数学03/23/2025	hanako	数学	63	77	2025/03/23	140	38
taro数学03/30/2025	taro	数学	99	91	2025/03/30	190	65

mydata　other

図5-96：テスト実行すると、各レコードの「値1」の偏差値が表示される。

SELECTによるデータの取得

テーブルの列データはリストとして取り出し、利用できることがわかりました。しかし、ただ取り出すだけでは常に「全データ」を扱うことになります。データ全体の中から必要なものだけをピックアップして処理したいということも多いでしょう。

例えばmydataならばAVERAGEで平均を計算するとき、各教科ごとの平均を出したいこともあります。このような場合、「種類が国語のレコードだけ取り出してAVERAGEで計算する」といったことができないと困ります。

こういうときに利用されるのが、「SELECT」という関数です。これは、次のような形で呼び出します。

▼リストから条件に合うものだけを取り出す

```
SELECT( リスト , 条件 )
```

第1引数にはリストを指定し、第2引数には取り出すレコードの条件を指定します。こうすることで、条件に合致するレコードだけのリストを得ることができます。

これを利用すれば、例えば「教科ごとの平均」も簡単に表示することができます。mydataテーブルの「結果」仮想列のFORMULAを次のように書き換えてみましょう。

▼リスト5-38

```
AVERAGE(
  SELECT(
    mydata[値1],
    [種類] = [_THISROW].[種類]
  )
)
```

保存してアプリの表示を更新すると、mydataの「結果」には各教科ごとの平均点が表示されるようになります。

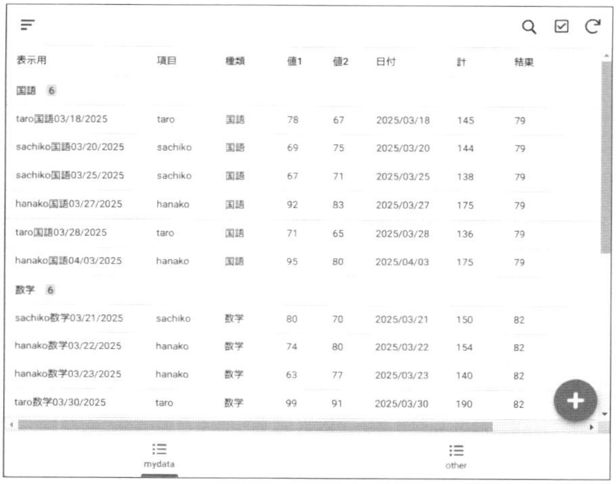

表示用	項目	種類	値1	値2	日付	計	結果
国語 6							
taro国語03/18/2025	taro	国語	78	67	2025/03/18	145	79
sachiko国語03/20/2025	sachiko	国語	69	75	2025/03/20	144	79
sachiko国語03/25/2025	sachiko	国語	67	71	2025/03/25	138	79
hanako国語03/27/2025	hanako	国語	92	83	2025/03/27	175	79
taro国語03/28/2025	taro	国語	71	65	2025/03/28	136	79
hanako国語04/03/2025	hanako	国語	95	80	2025/04/03	175	79
数学 6							
sachiko数学03/21/2025	sachiko	数学	80	70	2025/03/21	150	82
hanako数学03/22/2025	hanako	数学	74	80	2025/03/22	154	82
hanako数学03/23/2025	hanako	数学	63	77	2025/03/23	140	82
taro数学03/30/2025	taro	数学	99	91	2025/03/30	190	82

mydata　other

図5-97：「結果」に各教科ごとの平均点を表示する。

ここでは、SELECTの条件に次のような式を指定していますね。

```
[種類] = [_THISROW].[種類]
```

[_THISROW]というのは、SELECTで使われる特殊な値で、「現在のレコード」を示すものです。例えばここでは「結果」列のFORMULAに式を設定しますが、この式はotherテーブルの各レコードごとに呼び出され実行されることになります。この「現在、実行されているこのレコード」を示すのが[_THISROW]です。

つまりこれは、「mydataテーブルの[種類]の値が、このレコードの[種類]と同じレコード」を調べていたのですね。現在のレコードの[種類]が「国語」ならば、[種類]が国語のレコードの[値1]がリストとして取り出されるわけです。現在のレコードの[種類]の値ごとに[値1]のリストが作られ、それがAVERAGEで集計される、というわけです。

個人の平均を計算する

集計する列を変えれば、個人ごとの合計点も同じように計算できますね。mydateテーブルの「結果」のFORMULAを下のように書き換えてみましょう。

▼リスト5-39

```
SUM(
  SELECT(
    mydata[値1],
    [項目] = [_THISROW].[項目]
  )
)
```

こうすると、「結果」には各個人ごとの合計が表示されます。taroのレコードにはtaroの合計が、hanakoのところはhanakoの合計がそれぞれ表示されるわけです。

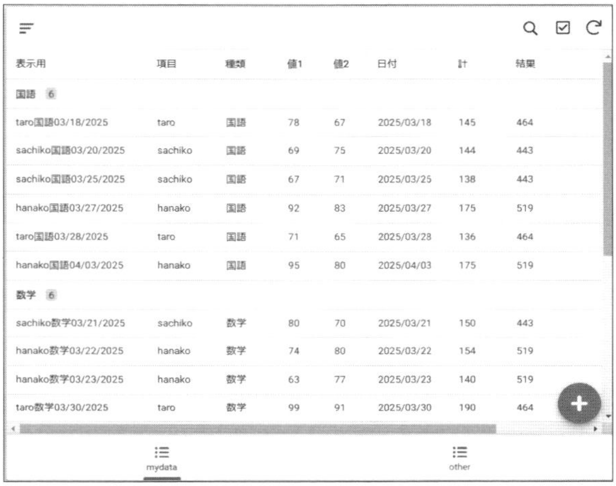

表示用	項目	種類	値1	値2	日付	計	結果
国語 6							
taro国語03/18/2025	taro	国語	78	67	2025/03/18	145	464
sachiko国語03/20/2025	sachiko	国語	69	75	2025/03/20	144	443
sachiko国語03/25/2025	sachiko	国語	67	71	2025/03/25	138	443
hanako国語03/27/2025	hanako	国語	92	83	2025/03/27	175	519
taro国語03/28/2025	taro	国語	71	65	2025/03/28	136	464
hanako国語04/03/2025	hanako	国語	95	80	2025/04/03	175	519
数学 6							
sachiko数学03/21/2025	sachiko	数学	80	70	2025/03/21	150	443
hanako数学03/22/2025	hanako	数学	74	80	2025/03/22	154	519
hanako数学03/23/2025	hanako	数学	63	77	2025/03/23	140	519
taro数学03/30/2025	taro	数学	99	91	2025/03/30	190	464

mydata　other

図5-98：「結果」列には各生徒ごとの合計点が表示される。

SELECTを使うと、このように必要なデータだけを簡単に抜き出しリストにまとめることができます。ポイントは[_THISROW]による「このレコード」の値をうまく活用することです。「このレコード」と「テーブルの値」を比較することで、必要なものだけうまく取り出せるように条件を考えましょう。

FILTERによるレコードの絞り込み

レコードを絞り込むとき、SELECTは「取り出す列」を指定しました。が、特定の列のレコードではなく、データ全部をまるごと取り出したいなら「FILTER」関数を使うほうが便利でしょう。

これはSELECTと同様、条件を設定してレコードを絞り込み、リストとして取り出すものですが、取り出すのは特定の列データなどではなく、テーブルのレコードそのものです。

▼条件を指定してレコードを取り出す

```
FILTER( テーブル , 条件 )
```

第1引数には、テーブルの名前をテキストで指定します。mydataテーブルならば、"mydata"という形で指定します。そして第2引数には、取り出すレコードの条件となる式を用意します。

例えば、mydataテーブルで[値1]の点数が90以上のものだけを取り出したい、と思ったとしましょう。そんなときは、このようにすればよいのです。

▼リスト5-40

```
FILTER(
  "mydata",
  [値1] >= 90
)
```

これで、[値1]が90以上のレコードがリストで取り出せます。これはフィルターでレコードのリストとして取り出すものなので、そのまま「結果」のFORMULAに記述してもうまく動きません。「結果」のタイプをListに変更し、これを記述したら「Test」でテストの値を確認して下さい。

図5-99:[値1]が90以上のレコードをリストで取り出す。

レコードを取り出すテーブルに"mydata"を指定し、その条件に[値1] >= 90を指定することで、mydataから[値1]の値が90以上のレコードだけをリストとして取り出しているのです。

このように、特定の列データなどではなく「レコードをまるごと取り出したい」というときは、FILTER関数を使うのが便利です。

LOOKUPによるデータ検索

テーブル全体の中から特定のデータを探したいときには、SELECTよりもさらに細かな指定が行える「LOOKUP」関数を利用することができます。次のように呼び出します。

```
LOOKUP( 検索する値 , テーブル , 検索する列 , 取り出す列 )
```

第1引数には検索する値を、第2引数は検索する対象となるテーブル名を指定します。第3引数は、検索テキストを「どの列から探し出すか」を指定します。そして第4引数は、見つけたレコードの「どの列の値を取り出すか」を指定します。

LOOKPUは引数が多いのと、検索対象と取り出す対象を別個に指定できることなどから、慣れないと「どう使えばいいかわからない」といったことになりがちです。以下にいくつか例を挙げておきましょう。

▼mydataのidから"eb09816d"を検索し、そのレコードの「項目」の値を取り出す

```
LOOKUP( "eb09816d", "mydata", "id", "項目")
```

▼mydataの[項目]から"taro"を検索し、そのレコードのidを取り出す

```
LOOKUP( "taro", "mydata", "項目", "id")
```

いかがですか? どうやって利用するのか、なんとなくわかってきたでしょうか。LOOKUPは検索する対象となる列と、取り出す列をそれぞれ指定できます。ただし、FILTERのように検索条件のようなものを指定することはできませんし、取り出されるのは「最初に見つけたレコード」だけです。検索対象となるレコードが複数あったとしてもそれらすべてを取り出すわけではなく、最初のものだけが返されます。用途を選ぶ関数と言えるでしょう。

リストのソートについて

最後に、「ソート」についても触れておきましょう。まずは、「リストをソートする」ためのものから。これは「SORT」というシンプルな関数として用意されています。

▼リストをソートする

```
SORT( リスト , 真偽値 )
```

第1引数には、並べ替えるリストを指定します。第2引数は、昇順か降順かを真偽値で指定します。falseならば昇順(小さい順)となり、trueなら降順(大きい順)となります。利用例をいくつか挙げておきましょう。

▼[値1]を小さい順にソート

```
SORT(mydata[値1], false)
```

▼リストのリテラルを大きい順にソート

```
SORT({1, 3, 5, 2, 4}, true)
```

FILTER結果をソート

もう1つ、「ORDERBY」という関数も用意されています。これはレコードをソートするもので、次のように利用します。

```
ORDERBY( レコードリスト , 真偽値 )
```

第1引数には複数のレコードがまとめられたものを、第2引数はソート順を示す真偽値をそれぞれ指定します。

注意したいのは、第1引数に指定するのはmydataのようなテーブルではない、という点です。これは基本的に「FILTERの結果」を指定するものだ、と考えて下さい。すなわち、FILTERで取り出したレコードを並べ替えるための関数なのです。

ですから、例えばmydataのレコードをソートするとなると、こんな具合になるでしょう。

▼mydataを[値1]の大きいものからソート

```
ORDERBY(FILTER("mydata",true), [値1], true)
```

ORDERBYの中でFILTERを呼び出し、その結果をソートしているのがわかるでしょう。FILTERでは条件にtrueを指定し、すべてのレコードが取り出されるようにしてあります。

もちろん条件を指定して特定の物だけをピックアップし、ソートするのも可能です。

▼mydataからtaroのレコードだけを取り出し[値1]順でソート

```
ORDERBY(FILTER("mydata",[項目] = "taro"), [値1], false)
```

こんな具合に、FILTERとORDERBYはセットで利用するものと考えて下さい。単純なリストのソートは、SORTを使うようにしましょう。

フィルター／ソートは高度な処理

最後に、FILTER、LOOKUP、ORDERBYといった関数についてかなり駆け足で説明をしました。「もっとじっくり詳しいサンプルをあげて説明してほしかった」と思った人もいることでしょう。

が、これはやむを得ない面もあります。なぜならこれらの関数を使うのは、かなり本格的にアプリの開発を行うようになってから、と言えるからです。

これらはテーブルからレコードを取り出し利用するものです。が、「レコードを取り出して表示する」のは、普通はテーブルとスライスで可能です。式を使ってレコードを取り出しても、それを利用する場面が思い浮かばないのではないでしょうか。

現時点では、テーブルのレコード全体を検索するような処理は、「SELECTを使う」と考えてよいでしょう。SELECTで必要な列データだけを取り出し、それを集計したりして利用する。そういう使い方です。またLOOKUPは、次章で複雑な処理を行う際に利用することになります。そのときに改めて復習するとよいでしょう。

FILTERについては、今の段階では機能として知っておくだけで十分です。実際に使う必要が生じたら、そのときに改めて「そういえばこういう関数があってこう使うんだったな」ということを復習すればよいでしょう。

Chapter 6

アクションとオートメーション

AppSheetには情報の送信やデータの更新などを自動的に行うための機能が用意されています。
それが「アクション」です。
アクションでできることを学び、さまざまなアクションの作り方をマスターしていきます。
さらに高度な処理を行える「オートメーション」という自動化機能についても説明します。

Chapter
6

6.1.
アクションを利用する

アクションとは?

AppSheetはノーコードだけあって、実行される動作も非常にシンプルです。データとビューが作成されると、ほぼ自動的に実行される内容が決まるため、それをカスタマイズすることはほぼできません。そもそも、「実行する動作に関する作業を行わずにアプリが作れる」ということがノーコードの強みなのですから。

しかし、まったく何もできないのはさすがに困ることもあるでしょう。ときには、必要に応じて表示を移動したり、レコードを操作したりといったことを行わせたい場合もあります。こうした、ちょっとした動作を追加するのにAppSheetに用意されているのが「アクション」です。

AppSheetアプリの動作とは

アクションについて理解するためには、まず「AppSheetの動作」について理解する必要があるでしょう。AppSheetのアプリではさまざまな機能が自動的に組み込まれ実行できるようになっていますが、これらの動作は整理すると、以下の3つに分けられます。

1. ビューの移動
2. データの操作
3. 外部アクセス

AppSheetのアプリ内で行っているのは、この3つの動作だけなのです。それ以外のことはできません。そして、これらの動作を必要に応じて実行できるようにするのが「アクション」という機能です。

アクションはAppSheet内で実行される動作に、簡単な動作を付け足すものです。アクションは、さまざまな動作を登録し実行するためのものです。

SampleData Appのアクション

では、実際にアクションがどんなものか見てみましょう。前章で使っていたSampleData Appをそのままこの章でも使うことにします。

このアプリの編集画面を開き、左側のアイコンバーから「Actions」を選択して下さい。表示が変わり、アクションの編集画面になります。

デフォルトでは、「Action」が用意されています。この「Actions」には、作成されているさまざまなアクションが一覧表示されており、それらを編集したり、新たに作成したりできます。このアクションの使い方についてこれから説明していくことになります。

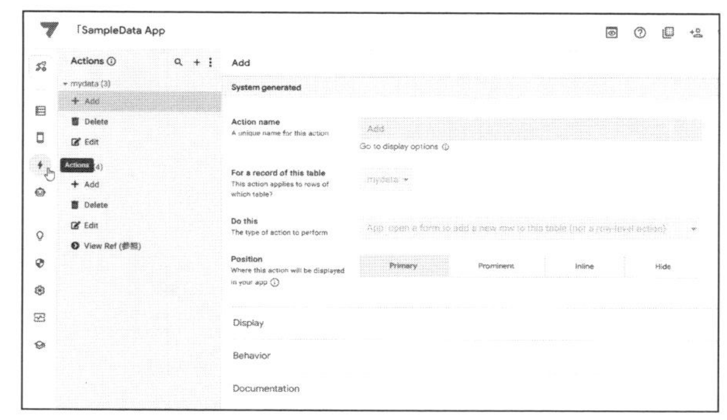

図6-1：「Actions」画面。アクションを編集するためのもの。

デフォルトアクションについて

「Actions」の表示を見ると、「mydata」と「other」のテーブルには、デフォルトでいくつかのアクションが用意されていることがわかります。用意されているのは次のようなものになっているでしょう。

mydata	「Delete」「Edit」「Add」
other	「View Ref（参照）」「Delete」「Edit」「Add」

「Delete」「Edit」「Add」といったものは、テーブルのレコード操作を行うアクションです。mydataやotherといったテーブルでは、テーブルの設定にある「Are updates allowed?」というところで、テーブルに用意する動作（「Updates」「Adds」「Deletes」「Read-Only」といった項目）を設定していました。これらの設定により、対応するアクションが自動的に作成されていたのです。

これらはAppSheetのシステムによって作成されるものなので、私達が操作することはできません。ただし、「アクションというのがどういうものか」を知るサンプルとしては役に立つでしょう。

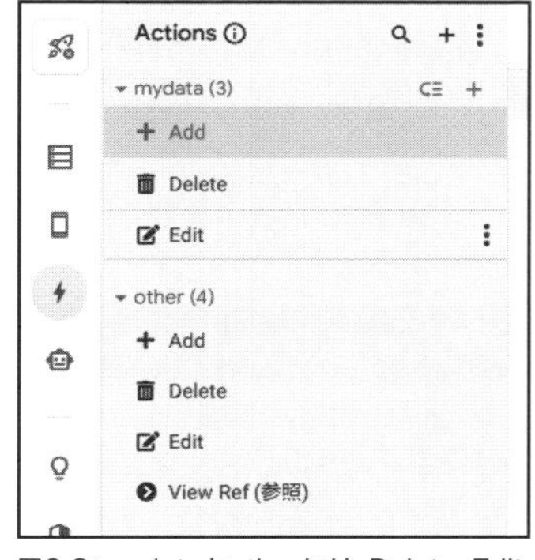

図6-2：mydataとotherには、Delete, Edit, Addといったアクションがデフォルトで用意されている。

Addアクションをチェックする

では、mydataテーブルの「Add」アクションをクリックして開いてみましょう。アクションの内容が表示されます。ただし、これはシステムによって作成されているものなので内容は固定であり、編集することはできません。

表示されている項目には以下のものがあります。

Action name	アクションの名前です。「Add」と指定されています。
For a record of this table	このアクションが使われるテーブルを指定します。
Do this	アクションで実行する動作を指定します。
Position	アクションのアイコンの表示場所を指定します。

Action nameとFor a record of this tableは、すぐにわかりますね。アクションの名前と、どのテーブルかを指定するものですね。

またPositionは、アクションをアプリのどの場面でどこに表示するかを指定するものです。これには以下の選択肢があります。

Primary	フローティングアクションボタンに表示します。
Prominent	画面左上にアイコンを表示します。
Inline	一覧表示の各項目に表示します。
Hide	表示しません。

問題はDo thisでしょう。ここで実行する動作を指定します。これはポップアップメニューになっており、利用可能なアクションのリストから実行させるものを選ぶようになっています（ただし、Addはシステムが生成しているので変更はできません）。

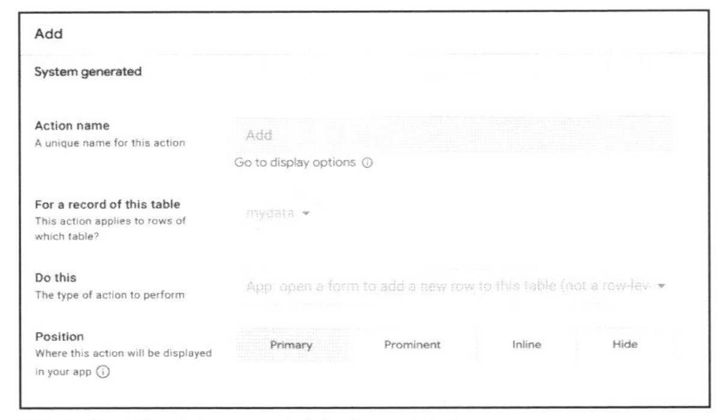

図6-3：「Add」アクションの内容をチェックする。

アクションを作成する

では、実際にアクションを作ってみましょう。左側にあるアクションのリスト表示エリアの上部にある「+」ボタン（Add Action）をクリックして下さい。画面に「Add a new action」というパネルが現れます。ここで、作成するアクションをフィールドに書いて作成を行えます。

ただし、今回は一から設定していきたいので、下部にある「Create a new action」ボタンをクリックして下さい。

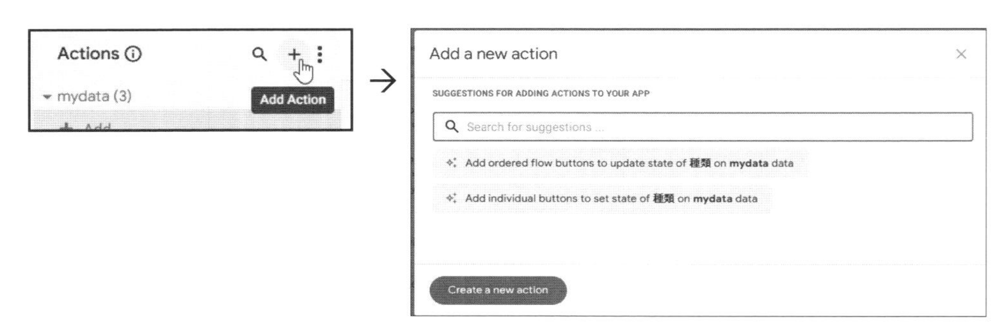

図6-4：「+」をクリックし、現れたパネルで「Create a new action」ボタンをクリックする。

名前とテーブルを指定する

新しいアクションの設定画面が現れます。まず、Action nameに「add other」と入力しましょう。これがアクションの名前になります。続いて、For a record of this tableのポップアップメニューから「mydata」を選んで下さい。mydataのレコード表示画面で、このアクションを実行するボタンが表示されるようになります。

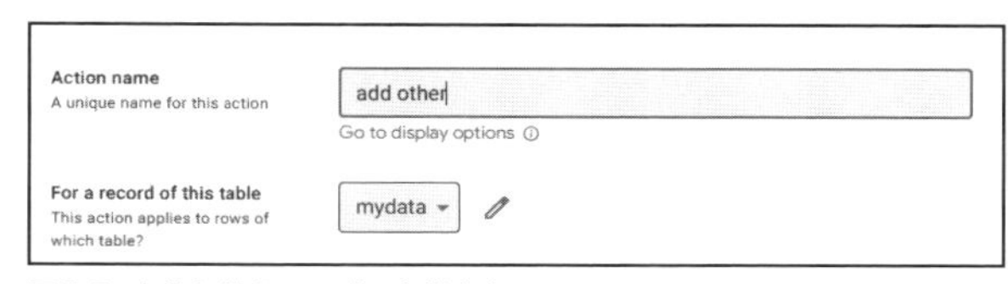

図6-5：名前と使うテーブルを指定する。

アクションを選択する

続いて、「Do this」の設定です。これが、このアクションで実行する動作になります。クリックするとメニューがポップアップして現れるので、その中から以下の項目を探し、選択して下さい。

```
Data: add a new row to another table using values from this row
```

これは、「このレコードの値を使って別のテーブルにレコードを追加する」という働きをするものです。

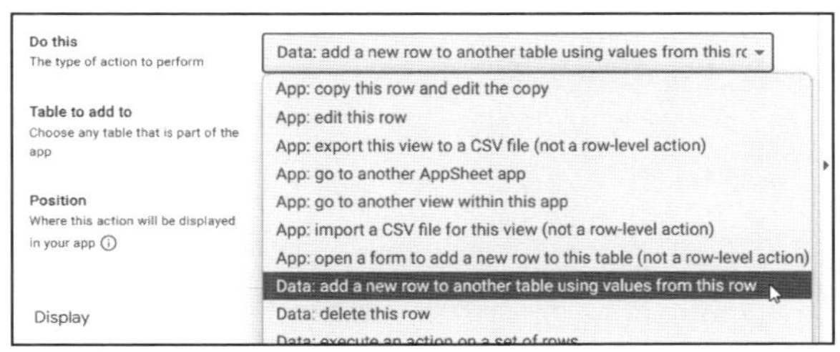

図6-6：Do tihsからメニューを選び、追加するテーブルに「other」を選ぶ。

この項目を選ぶと、その下に「Table to add to」という項目が追加されます。これで、どのテーブルにレコードを追加するかを指定します。ここでは「other」としましょう。

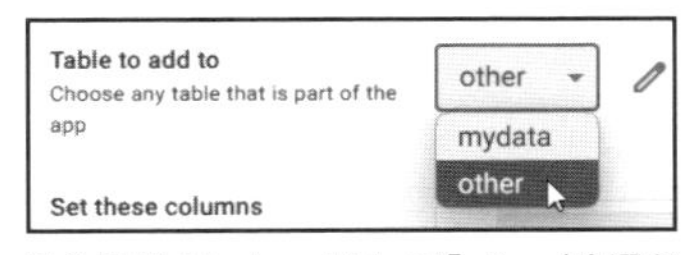

図6-7：Table to add toで「other」を選ぶ。

追加する列の値を用意する

これで、otherテーブルにレコードを追加するアクションが設定されました。が、どういうデータをレコードとして追加するのか、このままではわかりません。各列に設定する値を用意していきましょう。

列に設定する値は、その下にある「Set these columns」というところに項目を用意していきます。デフォルトでは「ID」という項目だけが用意されているはずです。ここに、必要な列の値をすべて用意していきます。

まずは、「項目」列を用意しましょう。用意されている項目の左側のフィールドをクリックし、ポップアップしたメニューから「項目」を選びます。そして、右側のフィールド(三角フラスコアイコンが付いているもの)をクリックして「Expression Assistant」パネルを呼び出し、次のように内容を記述します。

▼リスト6-1

```
CONCATENATE([項目], "の", [種類], "のデータ")
```

記述したら、「Save」ボタンで保存しておきましょう。ここでは、mydataテーブルの[項目]と[種類]の値を元にotherの[項目]の値を設定しています。少し混乱しそうですが、この「add other」アクションはmydataテーブルに表示されますが、レコードが保存されるのはotherテーブルです。つまり、このアクションで保存するレコードはotherテーブルに追加されますが、ここで利用している[項目]や[種類]は選択しているmydataのレコードの値なのです。

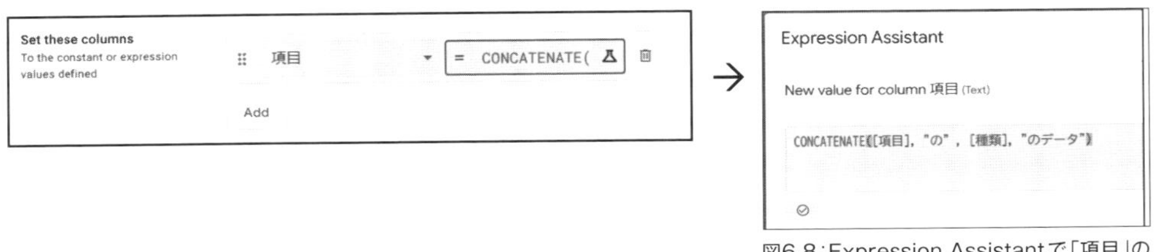

図6-8:Expression Assistantで「項目」の値を設定する。

「参照」を追加する

続いて、「参照」列の値の設定です。「Add」ボタンをクリックして新しい設定を用意し、左側のフィールドで「参照」を選択します。右側のフィールドは、クリックして[Row ID]と値を入力しておきましょう。これで、mydataのRow IDが参照に設定されます。

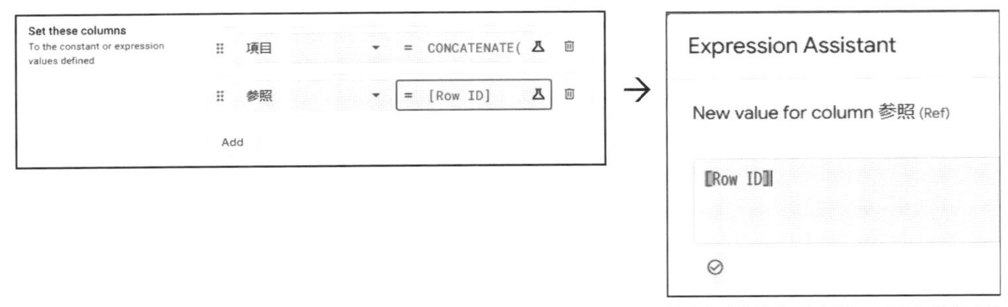

図6-9:「参照」に値を[Row ID]と設定する。

「値」に乱数を設定する

最後の「値」列を設定します。「Add」ボタンで新しい設定を用意し、左側のフィールドから[値]を選びます。そして右側のフィールドをクリックし、次のように値を記入しましょう。

▼リスト6-2

```
RANDBETWEEN(0, 100)
```

ここで使っている「RANDBETWEEN」という関数は、乱数を返すものです。これは次のような形で呼び出します。

▼乱数を得る

```
RANDBETWEEN( 最小値 , 最大値 )
```

これで、ランダムに得た値を[値]列に設定していたのですね。乱数はけっこう使うことがあるでしょうから、ここで覚えておくとよいでしょう。

これで、otherレコードのすべての項目が用意できました。「add other」アクションにより、これら用意された列の値が新しいレコードとしてotherテーブルに追加されるわけです。

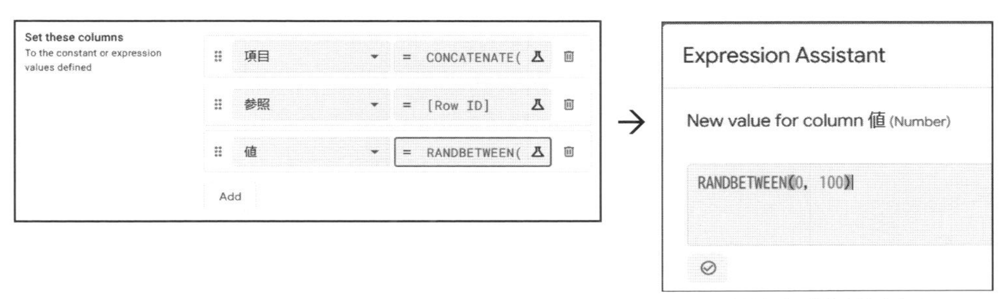

図6-10：「値」列に乱数を設定する。

Positionで表示を設定する

最後に、「Position」で、アクションの表示を設定しましょう。アクションは、基本的に「アイコンを表示したボタン」として画面に追加されます。このPositionで、どこに表示するかを指定します。

ここでは「Prominent」にしておきましょう。デフォルトで選択されているはずですね。これで、mydataの詳細画面で左上にボタンが表示されるようになります。

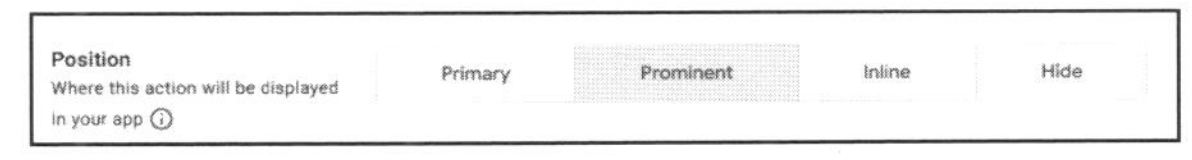

図6-11：Positionで表示場所を指定する。

Displayで表示名とアイコンを指定する

その下には、「Display」という設定が用意されています。これは、ボタンを表示する際に使う表示名とアイコンを指定するものです。ここに用意されている設定を次のように行いましょう。

Display name	「ADD!!」としておきます。
Action icon	これは好きなものを選択しておきましょう。

これらを設定すれば、今回のadd otherアクションは完成です。

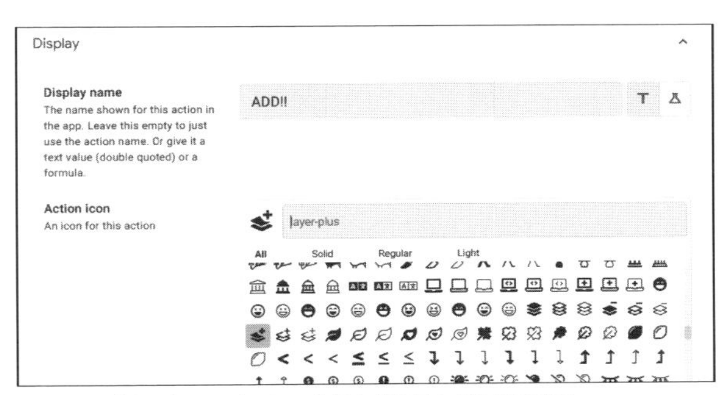

図6-12：ボタン名、アイコン、表示方式をそれぞれ指定する。

「add other」アクションを使う

作成したアクションを使ってみましょう。アプリを実行し、「mydata」アイコンをクリックしてmydataの一覧リストを表示して下さい。そこから適当なレコードをクリックします。

図6-13：mydataのリストから項目をクリックする。

そのレコードの詳細表示の画面に移動します。ここで、詳細情報の上部に「ADD!!」と表示されたアイコンが追加されているのがわかるでしょう。このボタンをタップすると、otherにデータが追加されるのです。

図6-14：mydataのレコード詳細画面。「ADD!!」とアイコンが追加されている。

実際にボタンをタップしたら、「other」アイコンをタップして表示を切り替えましょう。すると、otherテーブルの最後に追加したレコードが表示されます。このようにアクションは、作成すると自動的にボタンがレコードの画面に追加され、タップするだけで実行できるようになります。

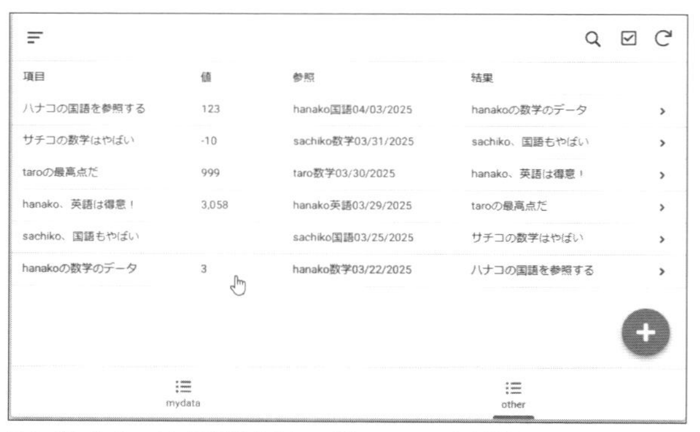

図6-15：「other」に切り替えると、新しいレコードが追加されている。

では、追加されたレコードをタップして選択してみましょう。レコードの内容が表示されます。「参照」の右側にある▶アイコンをタップすると、先ほど「ADD!!」ボタンをタップしたときのmydataのレコードが表示されます。「参照」で、mydataのレコードと正しく関連付けられていることがわかるでしょう。

図6-16：参照のアイコンをタップすると、参照先のmydataのレコードが表示される。

データを操作するアクション

基本的なアクションの使い方はこれでわかりました。後はアクションで実行できる処理について、どのようなものがあるのか頭に入れていくことになります。

まずは、レコードの内容を操作するものを以下にまとめておきましょう。

▼この列のデータを使って別のテーブルにレコードを追加する

```
Data: add a new row to another table using values from this row
```

▼このレコードを削除する

```
Data: delete this row
```

▼いくつかの列に対しアクションを実行する

```
Data: execute an action on a set of rows
```

▼このレコードのいくつかの列の値を変更する

```
Data: set the values of some columns in this row
```

最初の項目はすでに使いましたね。レコードの追加、削除、他のアクションの実行、更新といったもので、レコードをどのように書き換えるかを考え、これらのアクションを選ぶことになるでしょう。

レコードの値を変更するアクション

比較的よく利用するものとしては、4番目のレコードの内容を変更するアクションでしょう。これも利用例を挙げておきましょう。

左側にあるアクションのリスト上部にある「+」ボタンをクリックして、新しいアクションを作成して下さい。そして、次のように設定を行います。

Action name	change 項目
For a record of this table	other
Do this	Data: set the values of some columns in this row

これで、otherテーブルにレコードの内容を更新するアクションが追加されます。Action nameは、それぞれで自由に名前を付けてもかまいません。

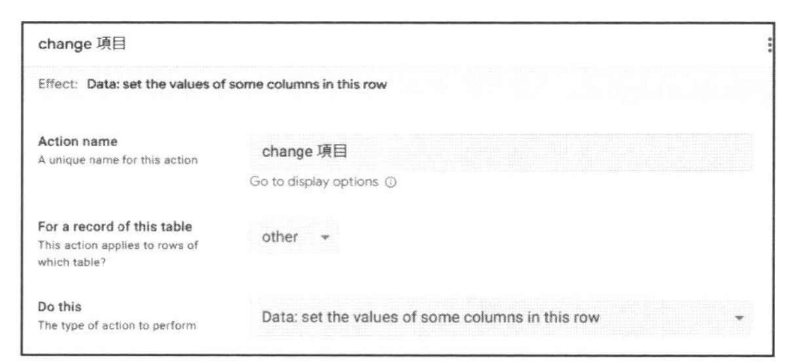

図6-17：新しいアクションを作成し、設定を行う。

Set these columnsを設定する

Do thisを選択すると、その対象となる設定内容が下に追加されます。今回も、「Set these columns」という設定が表示されていますね。これで操作する列を指定します。

では、左側のフィールドで「項目」を選び、右側のフィールドをクリックしてExpression Assistantを呼び出し、次のように記述をしておきましょう。

▼リスト6-3

```
CONCATENATE("* ", [項目], " *")
```

ここでは、CONCATENATEで[項目]の値を変更しています。見ればわかるように、[項目]の前後にアスタリスク(*)を付け足していますね。

これが、今回の操作内容です。Set these columnsでは「Add」ボタンで設定を追加し、複数の列の値を操作できますが、今回はこれ1つだけにしておきましょう。

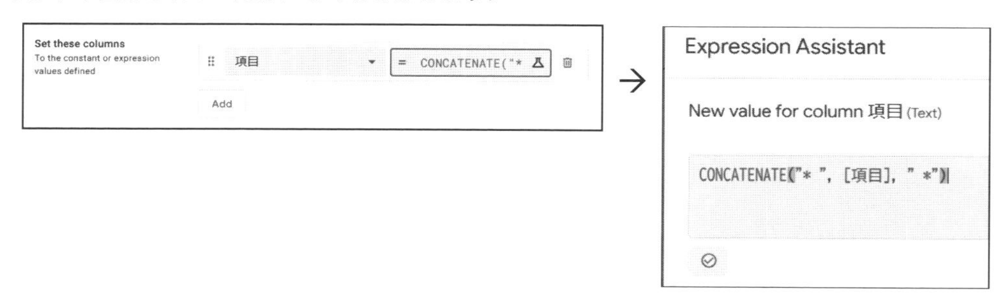

図6-18：Expression Assistantで「項目」の値に式を記入する。

表示名とアイコンを設定する

その下のPositionは、デフォルトの「Prominent」のままでよいでしょう。さらにその下にある「Display」で、Display nameとアイコンを設定します。Display nameは「CHANGE!!」としておきました。アイコンはそれぞれで自由に選んで下さい。

これでアクションは完成です。右上の「SAVE」ボタンで保存しておきましょう。

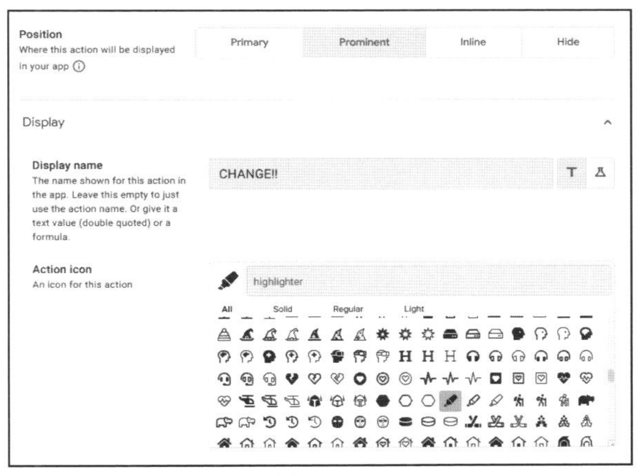

図6-19：表示名とアイコンを設定する。

アクションを実行する

では、アプリでアクションの動作を確認しましょう。「other」アイコンをタップしてotherテーブルのレコードを一覧表示し、その中から適当な項目をタップして下さい。レコードの詳細が表示され、そこに「CHANGE!!」アイコンが表示されます。

これをタップすると、「項目」の値の前後にアスタリスクが追加されます。アクションによってレコードの値が変更されているのがわかるでしょう。

図6-20：otherレコードの詳細画面で「CHANGE!!」をタップすると、項目の前後に*記号が追加される。

Chapter 6

6.2.

さまざまなアクションの利用

アプリの移動

アクションの基本的な作り方がわかったところで、AppSheetに用意されているさまざまなアクションの使い方を見ていくことにしましょう。

アクションの「Do this」設定には、移動に関するアクションも多数用意されています。これは大きく2つに分かれています。以下にまとめておきましょう。

App: go to another Appsheet app	Appsheetの他のアプリに移動します。
App: go to another view within this app	このアプリ内の他のビューに移動します。

これらを利用する場合、注意すべきは「移動先の指定」です。まず、App: go to another Appsheet appによるアプリの移動を考えてみましょう。例えば、「MyToDo」アプリに移動したいと考えたとしましょう。このとき、移動先の値は「MyToDo」ではありません。これは、実はAppSheet内で扱われているアプリ名ではないのです。

MyToDoアプリがAppSheet内でどういう名前で扱われているのか確かめてみましょう。Googleドライブの「appsheet」フォルダを開き、その中の「data」フォルダの中を見て下さい。そこに「MyToDo-番号」という名前のフォルダがあるはずです。これが、appsheet内でのMyToDoの名前なのです。AppSheetのアプリ名は、このように作成したアプリ名の後にハイフンを付け、整数の値を付けた形になっています。この名前を指定しないといけないのです。

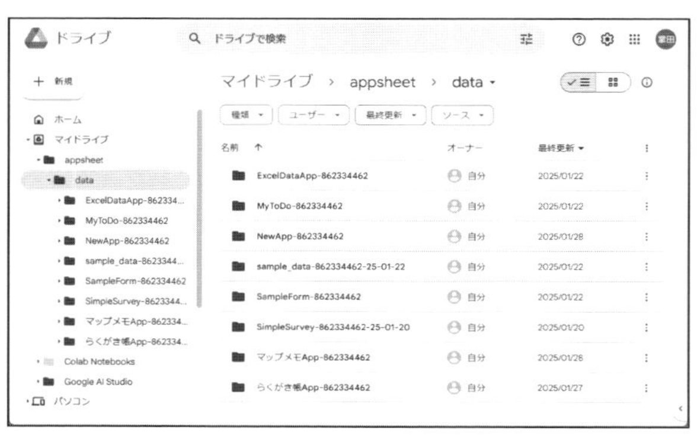

図6-21：Googleドライブの「appsheet」「data」内を見ると、アプリ名のフォルダが並んでいる。

MyToDoアプリを起動する

実際に簡単なサンプルを作成してみましょう。アクションのリストエリア上部にある「＋」ボタンをクリックして新しいアクションを作成して下さい。そして、次のように設定をします。

Action name	action sample
For a record of this table	mydata
Do this	App: go to another Appsheet app
Target	"MyToDo-xxx"（xxxには各自のアプリの番号を指定）
Position	Prominent
Display name	「ACTION!!」に設定
Action icon	（好きなものを選択）

Targetは、クリックしてExpression Assistantを呼び出して記入をします。アプリ名はそれぞれ異なる番号が付けられているので、各自の番号を指定して下さい。

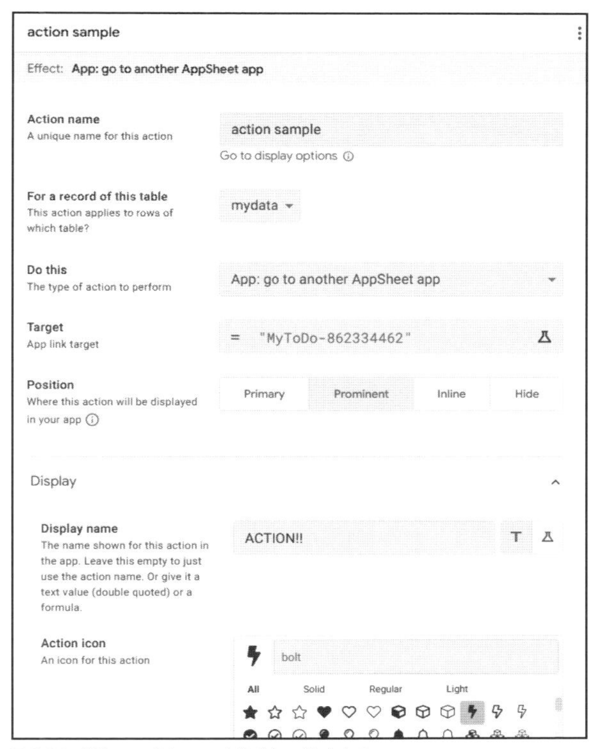

図6-22：新しいアクションを作成し、設定する。

右上の「SAVE」ボタンをクリックして保存し、アプリを実行しましょう。「mydata」アイコンでmydataテーブルを表示し、その項目をクリックして詳細表示を行うと、そこに「ACTION!!」というアイコンが追加表示されます。これが、新たに作成したアクションです。これをクリックすると、先に作ったMyToDoアプリが起動します。

このように、アプリの正確な名前さえわかれば、比較的簡単にアプリ間の移動は行えます。

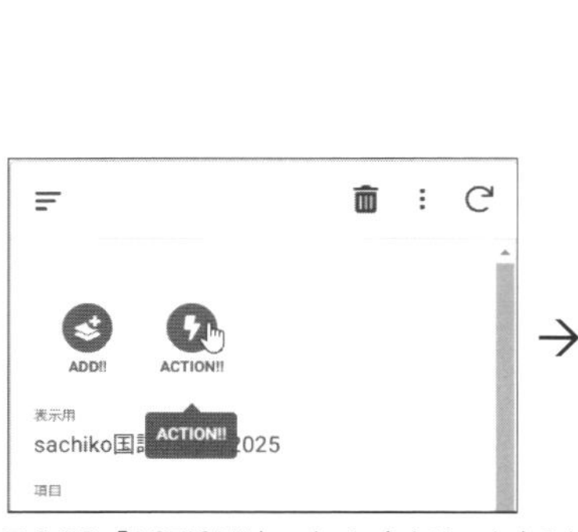

図6-23：「ACTION!!」アイコンをクリックすると、MyToDoアプリに移動する。

ビューの移動

別のアプリではなく、アプリ内の別のビューに移動するためのアクションが「App: go to another view within this app」です。実を言えば、こちらのほうが扱いはちょっと面倒です。なぜなら、アクセスするテーブルとビューの情報を正確に指定する必要があるからです。

ビューの移動を行うアクションでは、Targetで移動先を指定します。これは、テキストの値として用意します。このテキストは次のような形になっています。

```
"キー = 値 & キー & 値……"
```

#の後に、「キー＝値」という形でキーと値を&で必要なだけつなげて記述をします。キーというのは、アクセスに必要となる情報の名前です。ビューを移動するとき、移動先に関するいくつかの情報をキーとして用意する必要があるのです。

では、どのようなキーを用意する必要があるのでしょうか。以下に基本的なキーをまとめておきましょう。

table	テーブル名
view	ビュー名
page	ページ名
row	レコードID

tableは、使用するテーブル名です。AppSheetのアプリではまずテーブルを用意し、それぞれのテーブルについてビューが作成されていきます。したがって、「どのテーブルの情報にアクセスするか」をまず指定します。

そして、表示するビューの情報をviewまたはpageで指定します。ここまで表示される画面を「ビュー」と言ってきましたが、アプリの内部では「ビュー」と「ページ」に分かれています。

●ビューについて

ビューは、「Views」に作成されているビューのことです。テーブル全体を表示する画面が「ビュー」だ、と理解するとよいでしょう。ビューは、viewキーで表示するビュー名を指定するだけで表示できます。

●ページについて

このビューからリストにあるレコードをクリックすると、そのレコードの詳細表示画面になりますね。これは「ページ」です。

詳細画面はビューとして用意はされていますが、表示するレコードごとに異なる表示になります。つまり、ただ表示するだけでなく、「ビューにどのレコードの情報を表示するか」という表示内容に関する情報も必要となるのです。指定したコンテンツをビューで表示したものが「ページ」になります。

ページの表示はviewではなく、「page」と「row」のキーを使います。これにより、どのページにどのレコードを表示するかを指定するのです。

詳細画面だけでなく、新規作成や編集のフォームもページとして用意されています。新規作成のフォームの場合はrowは不要です。

フォームを開く

では、実際にビューを移動するサンプルを作成してみましょう。まず簡単なところから、「新規作成フォーム」を開いてみます。

先ほどの「action sample」アクションを修正して利用することにしましょう。アクションのFor a record of this tableを「other」に変更して下さい。これで、otherテーブルでアクションが使われるようになります。Do thisは「App: go to another view within this app」にしておきます。

そして、Targetの値をクリックしてExpression Assistantを開き、次のように書き換えましょう。

▼リスト6-4

```
"#table=other&page=form"
```

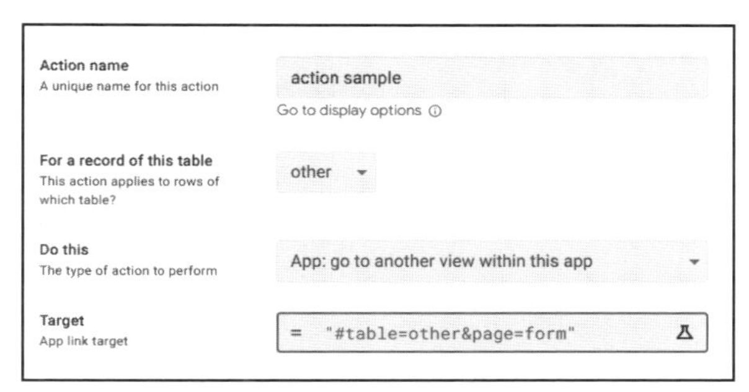

図6-24：For a record of this tableを「other」に変更し、Targetを書き換える。

修正できたら、保存してアプリを実行しましょう。「other」アイコンをクリックしてotherテーブルのリストを表示し、その中からレコードをクリックして詳細画面を開くと、そこに「ACTION!!」ボタンが表示されるようになります。これをクリックすると、otherレコードの作成フォームが開きます。

ここでは、"#table=other&page=form"という値でアクションを実行していますね。これで、otherテーブルを使ったformビューが開かれます。viewではなく、pageを指定するというのを忘れないようにしましょう。

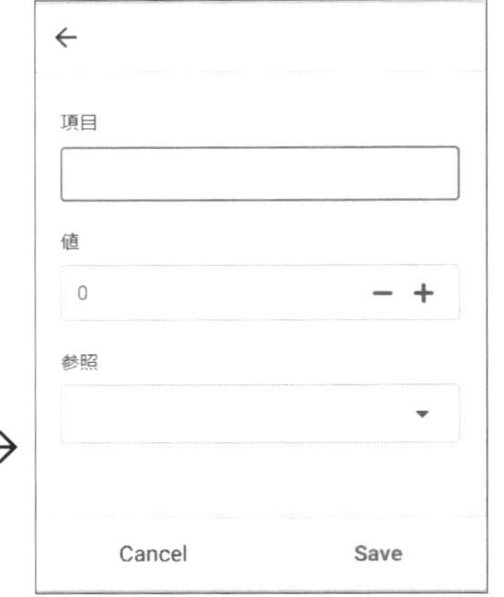

図6-25：「ACTION!!」アイコンをクリックすると新規作成のフォームが開かれる。

otherから関連するmydataを開く

今度は、別のテーブルにある関連レコードの詳細画面を開いてみましょう。otherテーブルでは、「参照」列に関連するmydataレコードのIDを設定していましたね。それを使って、関連するmydataレコードの詳細画面に移動させてみます。

では、Targetの値をクリックしてExpression Assistantを開いて下さい。そして、次のように内容を書き換えましょう。

▼リスト6-5

```
CONCATENATE(
  "#table=mydata&page=detail&row=",
  [参照].[Row ID]
)
```

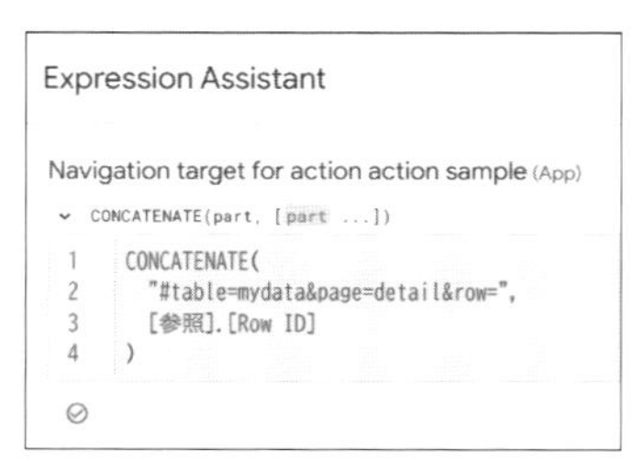

図6-26：Expression AssistantでTargetの値を変更する。

修正したら保存し、アプリで動作を確認しましょう。otherテーブルのレコードの詳細画面でアイコンをクリックすると、その「参照」に設定してあるmydataテーブルのレコード詳細画面に移動します。今回は、次のような形でTargetを設定していますね。

```
#table=mydata&page=detail&row=[参照].[id]
```

[参照]では、IDを設定しているmydataレコードが取り出されます。その[Row ID]を取り出してrowキーの値に設定することで、指定したIDのレコード詳細画面にアクセスされます。

まぁ、実際には「参照」にある「>」アイコンで参照先に移動できるのですが、「こうやって参照先に移動できる」ということは知っておくとよいでしょう。

図6-27：other詳細画面で「ACTION!!」をクリックすると参照先のmydataに移動する。

「View Ref(参照)」はどうなっている?

今回はotherのレコードから、参照するmydataレコードに移動させました。が、実際には「参照」にある「>」アイコンをクリックすれば参照先に移動できます。このアイコンの仕組みはどうなっているのでしょう。

実は、この「>」アイコンもアクションなのです。これは、「Actions」リンクの表示から「Other」というところを見ると見つかります。「View Ref(参照)」というアクションがそれです。

このアクションでは次のようにTargetを指定しています。

▼リスト6-6

```
CONCATENATE("#page=detail&table=mydata&row=", ENCODEURL([参照]) )
```

先ほどのリストとは若干内容が違いますが、やっていることは同じです。ENCODEURLというのは、テキストをURL用にエンコードしたものを作成する関数で、次のように使います。

```
ENCODEURL( テキスト )
```

これで、エンコードされたテキストが得られます。参照の値に記号などが含まれている場合でも問題なく移動先を指定できるようにするため、この関数を使用しています。

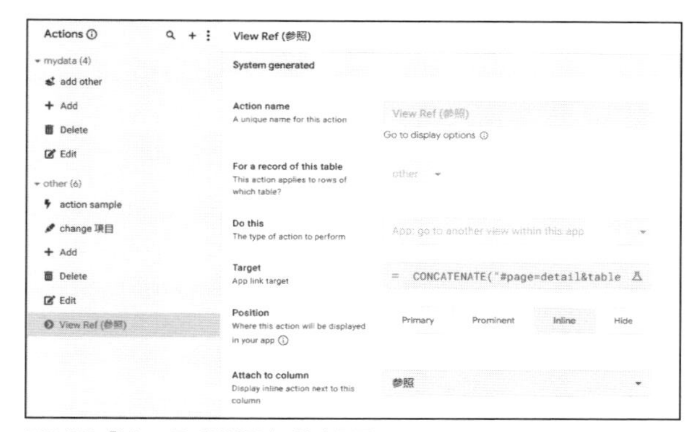

図6-28：「View Ref(参照)」の設定画面。

mydataから関連するotherに移動する

では、逆をやってみましょう。mydataのレコード詳細画面から、そのレコードを「参照」に設定しているotherレコードの詳細画面に移動させてみます。

これには、アイコンをmydata側に表示させる必要があります。「action sample」アクションのFor a record of this tableの値を「mydata」に変更して下さい。Do thisは「App: go to view within this app」にしておきます。

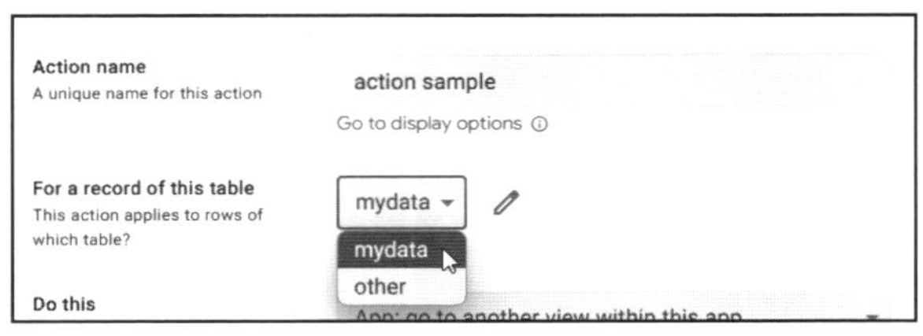

図6-29:「action sample」のFor a record of this tableを「mydata」にする。

修正したら、Targetの値をクリックしてExpression Assistantを開いて次のように書き換えます。今回はけっこう長いので間違えないように記述しましょう。

▼リスト6-7

```
If(
  ISNOTBLANK(
    TEXT(
      LOOKUP(
        [_THISROW].[Row ID],
        "other",
        "参照",
        "Row ID"
      )
    )
  ),
  CONCATENATE(
    "#table=other&page=detail&row=",
    LOOKUP(
      [_THISROW].[Row ID],
      "other",
      "参照",
      "Row ID"
    )
  ),
  "#table=other&view=other"
)
```

作成した式はちょっと複雑なので、説明は後回しにしましょう。まず保存してアプリを実行し、動作を確認しましょう。「mydata」アイコンをクリックしてレコードの一覧を表示し、そこからレコードを選択して詳細画面に移動します。ここに「ACTION!!」アイコンが表示されます。

図6-30：Expression Assistantで式を書き換える。

これをクリックすると、もしotherのレコードのどれかにこのmydataレコードが参照されていたなら、そのレコードの詳細画面に移動します。このレコードがotherのどこからも参照されていないなら、otherテーブルのビューに移動します。

図6-31：mydataレコードの詳細画面からアイコンをクリックすると、関連するotherレコードの詳細画面に移動する。

If関数の内容

今回はいくつもの関数が入れ子状態で書かれているため、かなりわかりにくくなっているでしょう。少し整理して説明をしましょう。まず大きなくくりとして、次のようなIf関数が使われています。

```
If(
  ISNOTBLANK(……),
  CONCATENATE(……),
  "#table=other&view=other"
)
```

条件、trueのときの値、falseのときの値がそれぞれ用意されています。falseのときは、"#table=other&view=other"というようにして、otherテーブルのビューに移動させています。これはわかりますね。

後は、「条件」と「true時の値」がどうなっているか調べてみましょう。

値が空白かどうかを調べる

Ifの条件には、ISNOTBLANKという関数が使われています。これは引数の値がブランク（空白）の値かどうかを調べるもので、次のような関数が用意されています。

▼引数が空白ならtrue

```
ISBLANK( 値 )
```

▼引数が空白でないならtrue

```
ISNOTBLANK( 値 )
```

ISNOTBLANKの引数にはLOOKUP関数が設定されています。LOOKUPは前章で説明しましたが、テーブル内から特定のレコードを検索し値を取得する関数でしたね。

これは、検索する値が見つからないと空白が返されます。それをこのISNOTBLANKでチェックし、値が見つかった場合と見つからなかった場合で異なるテキストを返すようにしていたのですね。

LOOKUPでIDを検索する

ISNOTBLANKで行っているのは、このmydataレコードのidをotherテーブルの「参照」列から検索し、もし見つかったらそのotherレコードの「id」を返す、という作業です。これは、次のようなLOOKUPを用意しています。

```
LOOKUP(
   [_THISROW].[Row ID],
   "other",
   "参照",
   "Row ID"
)
```

検索する値は、[_THISROW].[Row ID]としています。[_THISROW]は、現在のレコードを示す特別な値でしたね。そして検索対象となるテーブルは"other"、検索する列は"参照"、取り出す値は"Row ID"と指定しています。

これで、[_THISROW].[Row ID]の値をotherテーブルの[参照]列から検索し、見つけたらその[Row ID]を返す、という処理ができました。

このLOOKUPは、その後の「Ifの条件がtrueのときの値」でも使われています。これで得られた値を使って、次のようなテキストを作成していたのですね。

```
#table=other&page=detail&row=《LOOKUPの値》
```

これで、検索したIDのレコード詳細画面に移動することができます。前章でLOOKUPのところで、「実際に使う必要が生じたら復習すればよい」と言いましたが、まさに今回、LOOKUPが必要となりました。

LOOKUPは、このように「別のテーブル内からピンポイントで値を検索し必要な情報を取得する」というときに使います。実際に使ってみると、その便利さを実感できますね！

他のWebサイトを開く

AppSheetのアクションには、「他のWebサイトを開く」という機能も用意されています。これは、AppSheetのアプリからそのサイトに移動するのではなく、Webブラウザを開いてアクセスする形になります。

このアクションは、「External: go to a website」というものです。Targetにアクセスする Webサイトのアドレスを指定することで、Webブラウザでそのアドレスを開くことができます。

これはそれほど複雑ではないので、実際に試してみましょう。「action sample」アクションの設定を開き、For a record of this tableの値を「other」に変更して下さい。そして、Do thisから「External: go to a website」を選びます。これで、otherテーブルのレコードにWebサイトを開くアイコンが表示されるようになります。

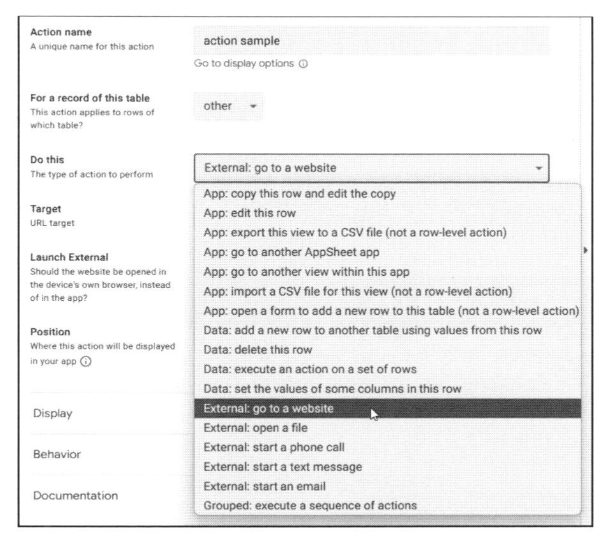

図6-32：For a record of this tableをotherにし、Do thisをExternal: go to a websiteにする。

続いて、Targetの値をクリックしてExpression Assistantを開き、次のように式の内容を書き換えましょう。

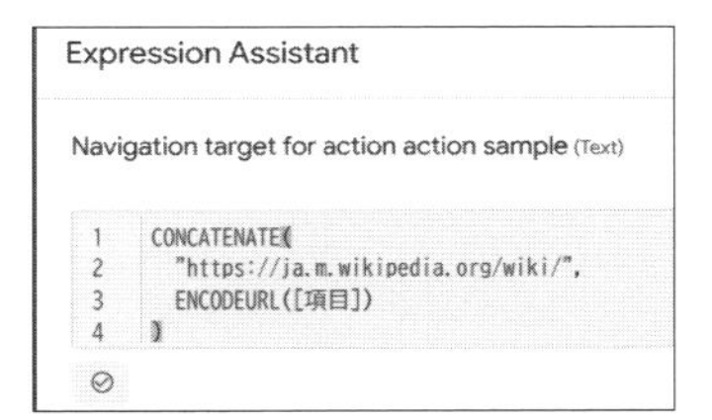

図6-33：Expression Assistantで式の内容を書き換える。

▼リスト6-8

```
CONCATENATE(
  "https://ja.m.wikipedia.org/wiki/",
  ENCODEURL([項目])
)
```

修正できたら保存し、アプリで動作を確認して下さい。今回は、「other」テーブルのレコード詳細画面にアイコンが表示されます。アイコンをクリックするとWikipediaにアクセスして、レコードの「項目」に書いたテキストを検索します。

→

図6-34：アイコンをクリックすると、Wikipediaで[項目]を開く。

ここでは、CONCATENATE関数を使って次のようなテキストを作成し、それをTargetとして返しています。

```
https://ja.m.wikipedia.org/wiki/[項目]
```

最後に[項目]の値を付け足してWikipediaの表示ページを指定しています。Wikipediaは/wiki/の後に値を指定すると、その値のページにアクセスするようになっているのです。

電話・SMS・Eメール

この他、スマートフォンから電話、ショートメッセージ、電子メールといったものを送信するためのアクションも用意されています。

▼電話をかける

```
External: start a phone call
```

▼ショートメッセージを送る

```
External; start a text message
```

▼電子メールを送る

```
External: start an email
```

ただし、これらは自動的に行ってくれるわけではなくて、そのためのアプリを起動して実行できる状態にする、というものです。例えば電話ならば、電話番号が設定された状態で電話アプリが起動しますが、電話をかける動作自体は自分で行う必要があります。

アクションを作成する

例として、これらを利用したアクションを作ってみましょう。先ほどまで使っていた「action sample」の設定画面を開いて下さい。そして、次のように設定します。

電話をかけるアクション

Do this	External: start a phone call
To	(電話番号をテキストで指定)

最後のToは、かける電話番号をテキストで指定して下さい。"09012341234"というように、ハイフンなど付けず数字だけ記述すればOKです。

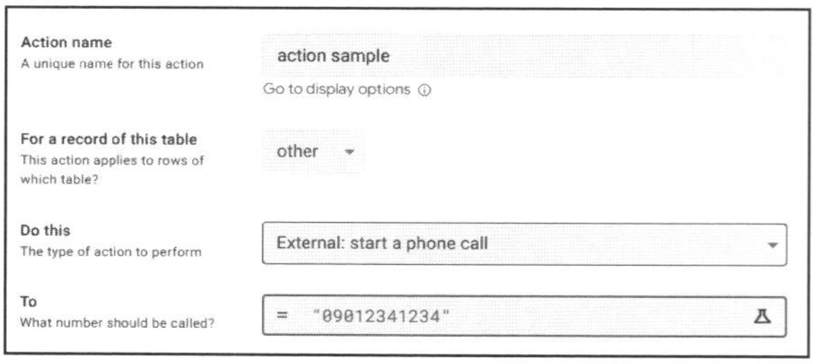

図6-35:電話番号をかけるアクションの設定例。

ショートメッセージを送るアクション

Do this	External: start a text message
To	(電話番号をテキストで指定)
Message	(送るメッセージをテキストで指定)

ショートメッセージの場合、設定する項目がToとMessageに変わります。Toは電話と同様に、電話番号を指定すればOKです。

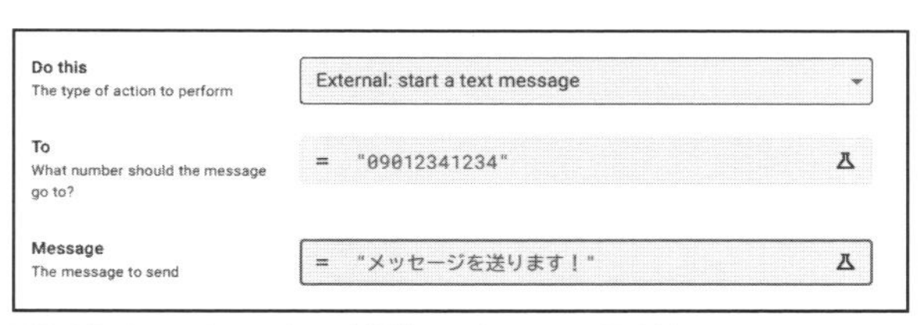

図6-36:ショートメッセージを送るアクションの設定例。

電子メールを送るアクション

Do this	External: start a text message
To	(送信先のメールアドレスをテキストで指定)
Subject	(タイトルをテキストで指定)
Body	(メールの内容をテキストで指定)

メールの場合、To、Subject、Bodyの3つの設定が用意されます。これらすべてにテキストで値を指定します。

図6-37:メールを送るアクションの設定例。

複数アクションを実行する

アクションは、基本的に単機能です。ボタンをタップすれば指定したアクションを実行する、というだけです。しかし、「メッセージを送信してからこのビューに移動する」というように、複数のアクションを実行したい場合もあります。

このような場合に用意されているのが、「Grouped: execute a sequence of actions」というアクションです。これは、用意したアクションを順に実行するアクションです。要するに、複数のアクションをグループ化して実行できるようにするものと言ってよいでしょう。

Do thisでこのアクションを選択すると、その下に「Actions」という項目が用意されます。ここで、実行するアクションを追加していきます。

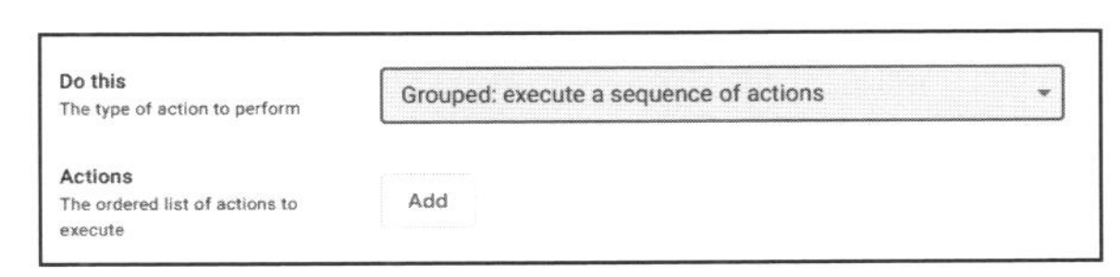

図6-38:execute a sequence of actionsを選ぶと、Actionsという項目が追加される。

このActionsにある「Add」ボタンをクリックすると、項目が追加されます。この項目の値をクリックすると、利用可能なアクションがプルダウンメニューで現れます。ここから、実行したいアクションを選択します。

「Add」ボタンで必要なだけ項目を追加し、アクションを選べば、それらを順に実行していくアクションが作成できます。

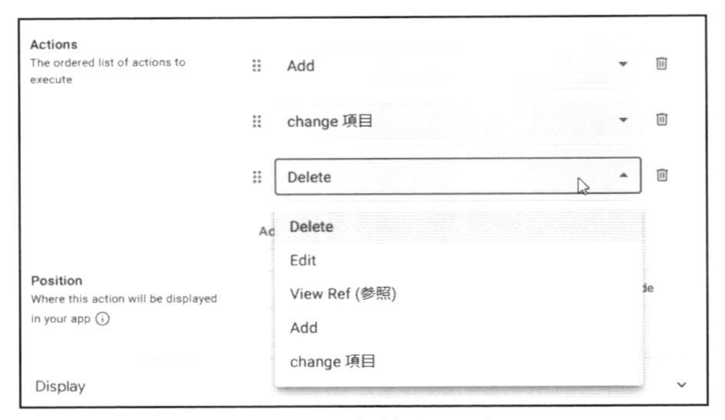

図6-39:「Add」ボタンでアクションを追加していく。

Chapter 6

6.3. オートメーション

オートメーションとは？

ここまでさまざまなアクションについて説明をしてきました。これら「アクション」は、ただ「実行する動作」を設定するもので、それは必要に応じてビュー内にアイコンとして表示させることができ、それをクリックすれば実行できました。

このアクション以外にも、必要に応じて何らかの動作を行わせるための仕組みがAppSheetには用意されています。それは、「オートメーション」と呼ばれる機能です。

オートメーションは統合された自動化機能

「アクション」では実行できる機能は限定されていますが、ただ「ボタンをクリックして実行する」というだけでは広がりがありません。アプリの状況に応じて自動的に処理が実行されるようになれば、さらにアプリを強化することができるでしょう。例えば「レコードが更新されたら自動的にSMSでメッセージを送って知らせる」といったことができたら、「ボタンをクリックしてメッセージを送る」というよりもさらに応用の幅が広がりますね。こうした自動化のための機能を柔軟に構築できるように用意されたのが「オートメーション」です。

オートメーションは「統合化されたアクションの自動処理機能」とも言えるものです。オートメーションは次のようなものを組み合わせて作成されます。

ボット	これが、オートメーションの本体となるものです。この中でイベントとプロセスを使い、トリガーイベントによってプロセスを実行できる仕組みを提供します。
イベント	トリガー（実行するきっかけ）となるイベントを定義します。
プロセス	状況に応じてタスクを実行するための処理の流れを定義します。
ステップ	プロセス内に用意し、処理の流れを構築していきます。
タスク	メール送信やファイル保存など、各種の処理を実行します。

これらの機能を組み合わせることで、さまざまなアクションを必要に応じて実行されるようにしていくのです（次ページの図6-40）。

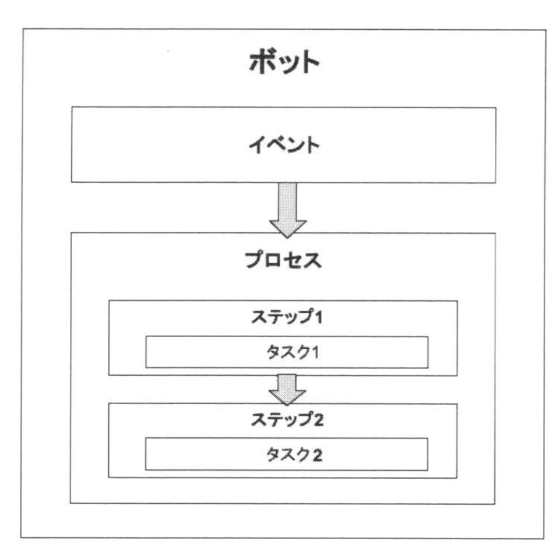

図6-40：ボットにはイベントとプロセスが用意される。プロセスには実行するタスクが用意される。

オートメーションを開く

では、オートメーションを使っていきましょう。左側のアイコンバーから「Automation」(ロボットのアイコン)を選択して下さい。オートメーションの画面に切り替わります。

オートメーションは3つのエリアで構成されます。左側に、作成したボットの一覧リストを表示するところがあります。中央の広いエリアは、選択したボットの内容を編集するためのものです。そして右側には、細かな設定を行うためのエリアが用意されます。アプリの編集画面では、右側はアプリのプレビュー表示となっていましたが、オートメーションではこのように設定を行うための表示になります（上部のアイコンを使って表示を切り替えれば、プレビューを表示することも可能です)。

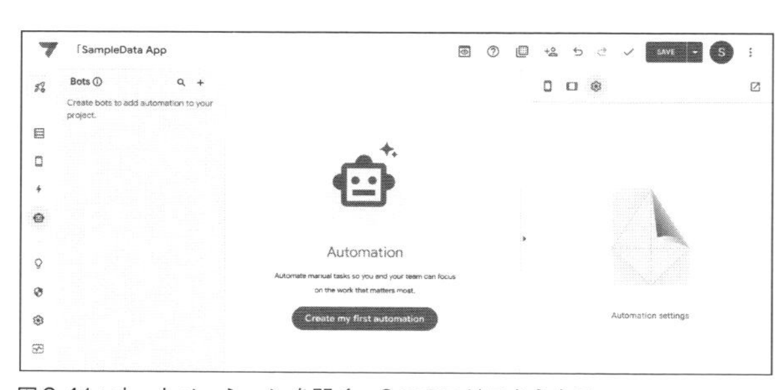

図6-41：オートメーションを開く。3つのエリアからなる。

ボットについて

オートメーション利用で最初に行うことは、「ボット」の作成です。ボットはイベントとプロセスを組み合わせ、「どのイベントでどのプロセスを実行するか」を設定するものです。

では、上部にある「Bots」のところにある「+」ボタン（Create a new bot）をクリックして下さい。画面に「Add a new bot」というパネルが現れます。ここで、作成したいボットを記述して作ることができます。今回は一から作成するので、下部にある「Create a new Bot」ボタンをクリックして下さい。

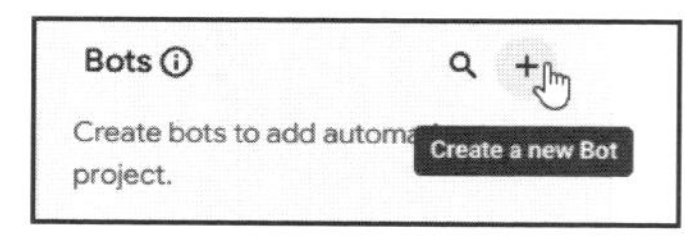

図6-42：「Bots」を作成する。

新しいボットが作成されます。中央の編集エリアには、「New Bot」という表示の下に次のようなものが用意されています。

When this EVENT occurs:	イベントを設定するところです。
Run this PROCESS:	実行するプロセスを作成するところです。

これらにイベントとプロセスを作成して、ボットを作ります。今回は、mydataの「値1」の値が更新されたらメールで知らせるボットを作成してみましょう。

図6-43：ボットの編集画面。

では、ボットの設定を行っていきます。まずは、名前を設定しておきましょう。左側のボットの一覧が表示されているところにある「New Bot」の右端の「⋮」をクリックしてメニューを呼び出して下さい。そして「Rename」メニューを選んで、ボットの名前を「メール送信」と入力しましょう。

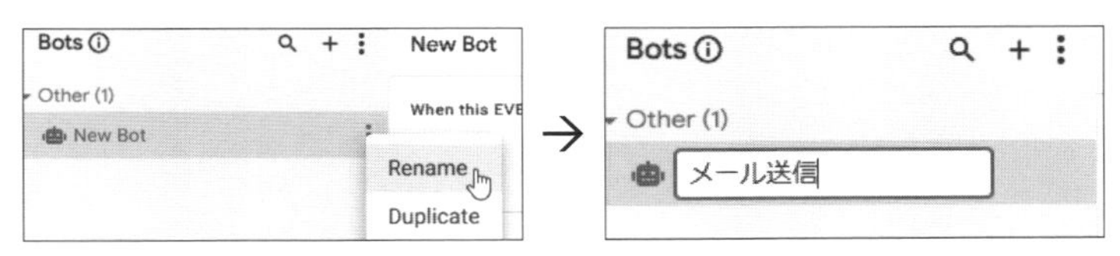

図6-44：ボットの名前を設定しておく。

イベントの作成

では、イベントから設定をしていきましょう。編集画面にある「Configure event」というボタンをクリックして下さい。「Event name」というイベントを設定するためのフィールドが現れ、選択肢がプルダウン表示されます。今回は一から作成していくので、一番下にある「Create a new event」というボタンをクリックして下さい。

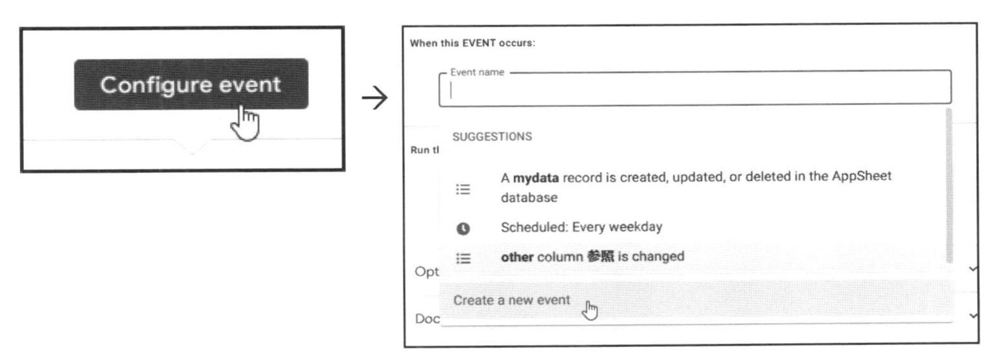

図6-45：「Configure event」ボタンをクリックし、プルダウンしたリストから「Create a new event」を選択する。

「New event」と表示されたイベントが追加されます。これに、使用するイベントの設定などを行っていくのです。

図6-46：新たに作成されたイベント。

イベントの設定

イベントが選択されると、右側のエリアにイベントの設定項目が表示されます。ここで、イベントの内容を設定していきます。イベントの利用には、「どのテーブルで、どういうときに発生するか」を指定しないといけません。そのための設定がここにまとめられています。

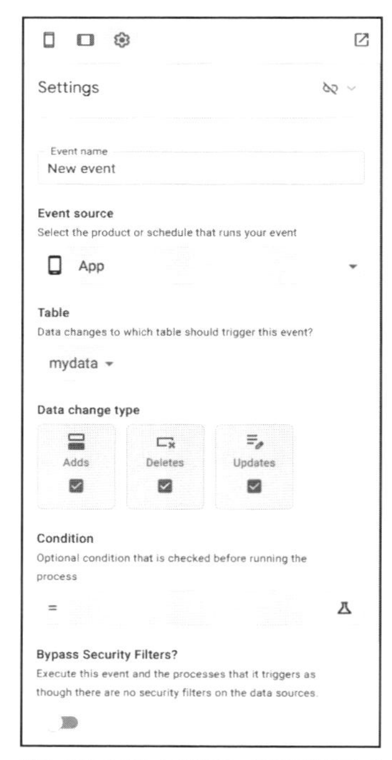

図6-47：イベントの設定。ここで細かなイベントの内容を設定する。

では、順にイベントの設定を行っていきましょう。まず、一番上の「Event name」のところにイベント名を記入します。ここでは「値1の更新」としておきます。

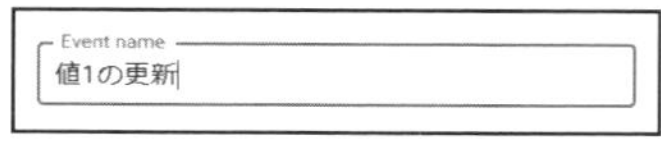

図6-48：イベント名を「値1の更新」と記入する。

データソースを設定する

下の「Event source」は、イベントの発生源を指定するものです。これをクリックすると、ソースを選択するメニューが現れます。今回は「App」(アプリケーション本体) のままでよいでしょう。

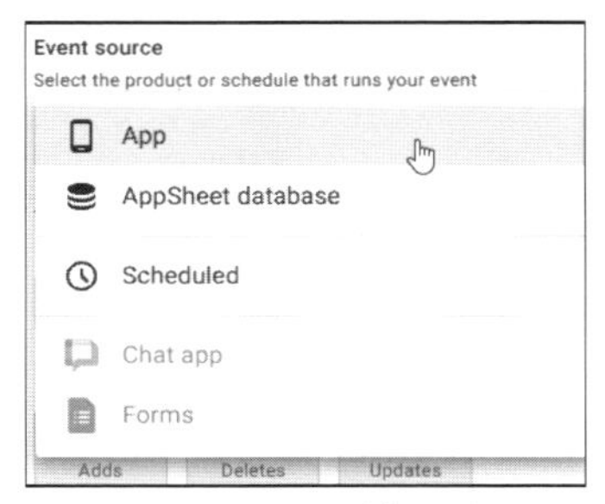

図6-49:Event sourceを「App」にする。

下にある「Table」で、イベントを割り当てるテーブルを選択します。ここでは「mydata」にしておきます。

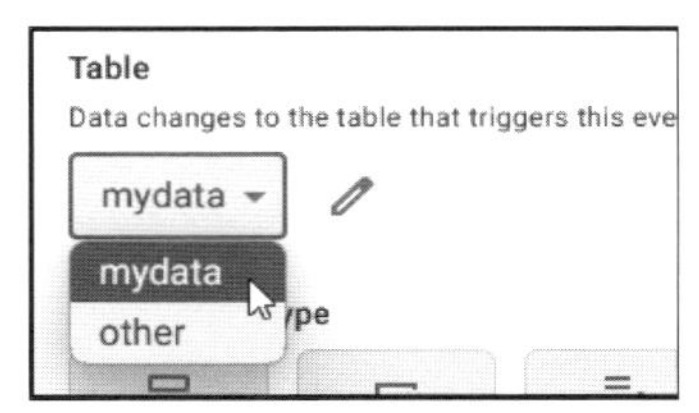

図6-50:テーブルを選択する。

その下には、「Data change type」という設定があります。これは、テーブルのデータにどういう変更が加えられたらイベントが発生するかを指定するものです。

ここには「Adds(追加)」「Deletes(削除)」「Updates(更新)」といった項目が用意されていますね。とりあえず、全部ONのままにしておきましょう。これで、作成・削除・更新のすべてでイベントが発生するようになります。

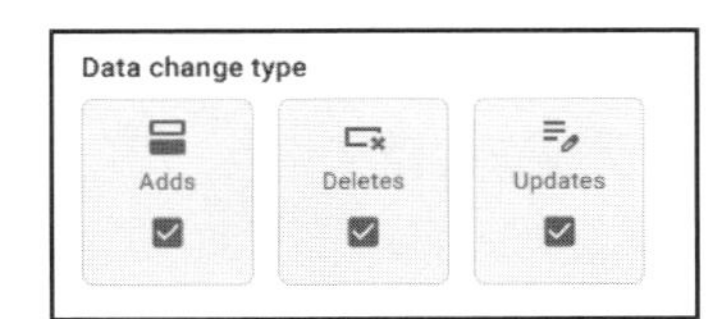

図6-51:Data change typeでデータの操作を指定する。

Conditionの設定

これで、イベント発生の基本的な設定はできました。最後に、「イベントが発生する状態」を指定します。

現段階では、アプリでmydataのデータを操作する処理を行ったら、すべてイベントが発生するようになっています。これに、「こういう状況のときだけ発生する」ということを指定できるのです。それを行うのが「Condition」です。

Conditionの値部分のフィールドをクリックすると、Expression Assistantのパネルが開かれます。ここに、次のように記入して下さい。

▼リスト6-9

```
[値1]  < AVERAGE(mydata[値1])
```

これで、mydataのレコードが更新されたとき、[値1]の値が平均未満ならばこのイベントが発生するようになります。

「イベントが発生したらどうなるか？」は、ここではわかりません。ここで作成するのは、あくまで「どういうときにイベントが発生するか」だけです。

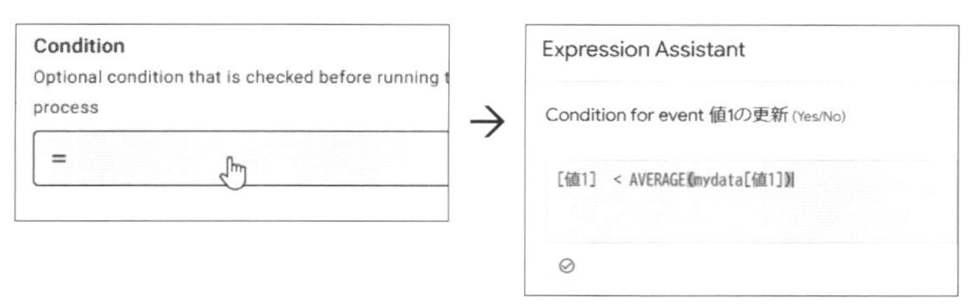

図6-52：イベントのConditionを作成する。

プロセスについて

これでイベントが用意できました。次に行うのは、「プロセス」の作成です。

プロセスは、いくつものタスクの実行を管理するものです。必要に応じていくつものタスクを実行させることができます。プロセスの編集部分には、「Add a step」というボタンがあります。これは、「ステップ」を作成するためのものです。

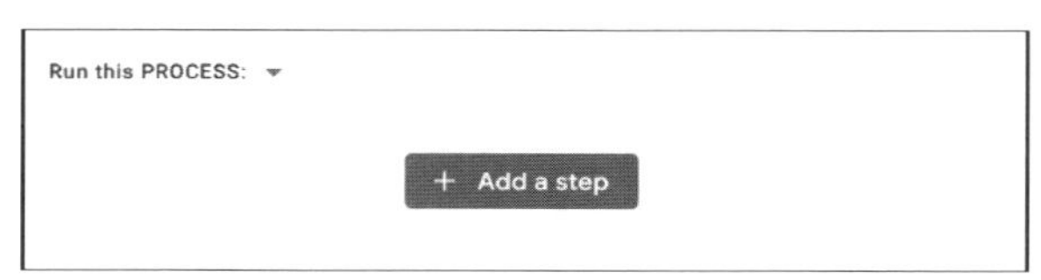

図6-53：プロセスの編集部分。ステップを作成するボタンがある。

ステップとは?

ステップとは、プロセスで実行する1つ1つのタスクを管理するものです。この「プロセスで実行するタスク」を管理するために用意されているのが「ステップ」です。ステップは、プロセスを構成する「実行単位」とも言えるものです。プロセスの中にはいくつものステップを用意し、それらを順に実行していきます。

ステップで行えることは、タスクの実行だけではありません。条件のチェックや、必要なだけ処理を一時停止したり、プロセスを終了して値を返したりすることもできます。これらを組み合わせて一連の処理の流れを作っていくのです。

では、実際にステップを作成しましょう。「Add a step」ボタンをクリックして下さい。画面に「Step name」というフィールドが現れ、そこにプルダウンしてステップの内容を示すリストが現れます。ここから使いたいものを選べば、そのステップを作成します。

今回は一から作るので、一番下の「Create a new step」を選択して下さい。

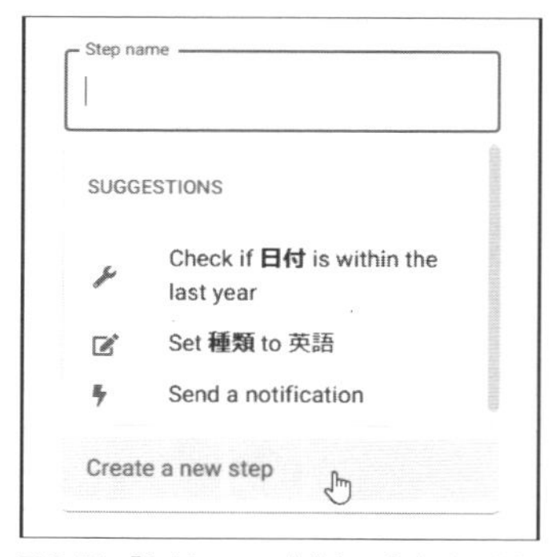

図6-54：「Add a step」ボタンをクリックしたら、リストから「Create a new step」を選ぶ。

これで、「New step」という新しいステップが作成されます。その下には、また「Add a step」ボタンが表示され、このボタンでステップを次々に作っていけるのがわかります。

また、ステップの上には「＋」アイコンが表示されていますね。これをクリックすることで、このステップの手前に新しいステップを追加することもできます。

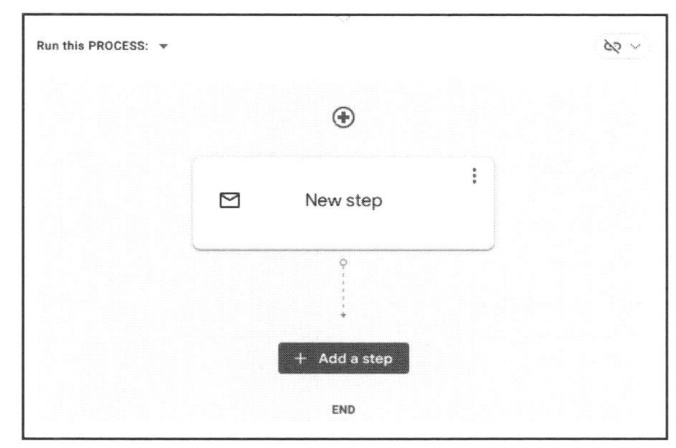

図6-55：新しいステップが作成された。

ステップの設定

作成されたステップをクリックして下さい。表示が展開され、ステップ名と「Run a task」「Custom task」といった表示が現れます。これは、ステップの中で実行する内容を指定するものです。ここ、「タスク」という特定の処理を実行するものを呼び出したり、あるいは別のことを行わせたりします。

デフォルトの「Run a task」というのは、タスクを実行するためのものです（後述）。その下に「Custom task」とありますが、これはいろいろと設定してカスタマイズしたタスクであることを示します。

まずは、タスク名を設定しておきましょう。ここでは「メール送信タスク」としておきましょう。

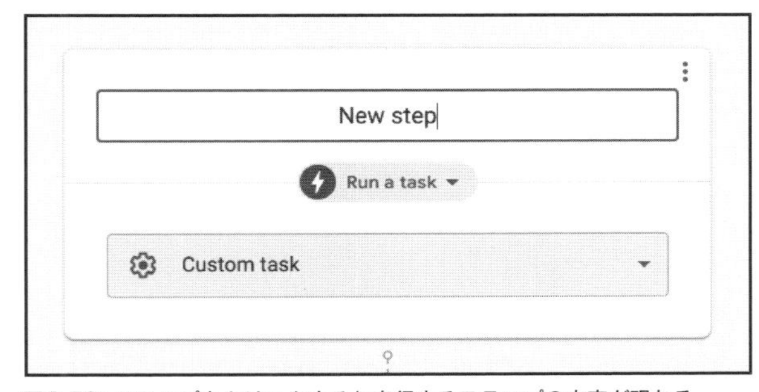

図6-56：ステップをクリックすると実行するステップの内容が現れる。

ステップで実行できるもの

ステップは基本的に「タスクを実行するもの」ですが、しかし、タスクの実行しかできないわけではありません。

ステップ名の下にある「Run a task」という項目をクリックしてみましょう。メニューがプルダウンして現れます。これは、このステップで実行する内容を示すものです。ここには次のような選択肢があります。

Run a task	タスクを実行します。
Run a data action	データ操作のアクションを実行します。
Branch on a condition	分岐を設定します。
Wait	一定時間、実行を一時停止します。
Call a process	別のプロセスを実行します。
Return values	値を返します。

デフォルトの「Run a task」が、タスクを実行するためのものになります。とりあえず、今はこのままにしておきましょう。

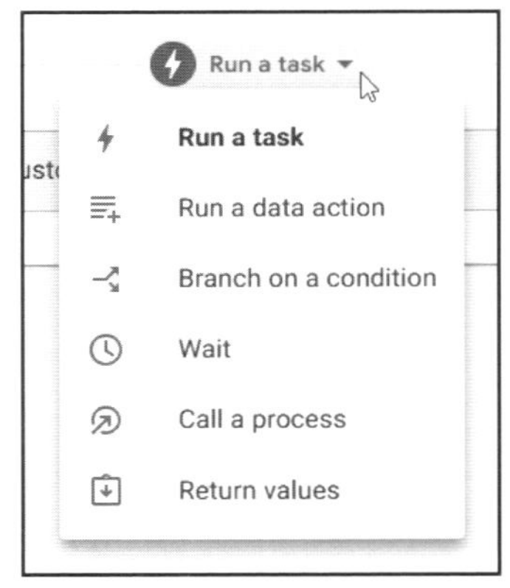

図6-57：「Run a task」をクリックするとステップで実行できる内容がプルダウンメニューで現れる。

ステップを設定する

では、「タスク」の内容を設定しましょう。エディタの右側には、ステップを設定するための項目が表示されています。ここで設定を行うことで、実行する内容を指定します。「Run a task」が選択されているときは、ここに実行するタスクの設定が表示されます。

一番上には、さまざまなタスクを示すボタンがズラッと並んでいます。ここで、実行するタスクの内容を選択します。デフォルトでは、「Send an email」というボタンが選択されているでしょう。これは、メールを送信するタスクになります。

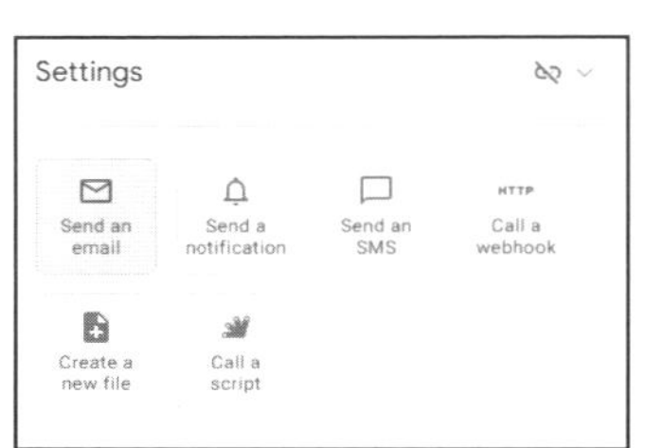

図6-58：実行するタスクの種類。「Send an email」を選択しておく。

「Send an email」タスク

デフォルトで選択されている「Send an email」タスクには、送信するメールに関する設定が用意されています。

まずは、「To」に送信先のメールアドレスを指定しておきましょう。「Add」ボタンをクリックすると、メールアドレスを入力するフィールドが追加されます。ここにメールを送りたいアドレスを指定します。これは、自分が普段利用しているものでかまいません。

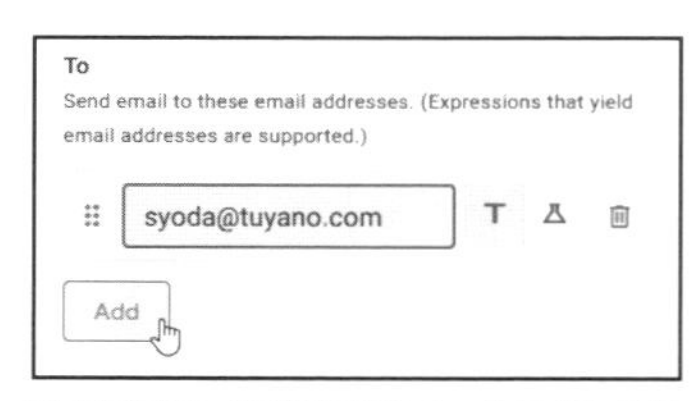

図6-59：「To」に送信先のメールアドレスを記述する。

Email Subjectでタイトルを指定する

続いて、「Email Subject」にメールのタイトルを記述します。ここでは<<_APPNAME>>という値が記述されていますが、これはアプリ名を示す特別な値です。とりあえず、これはデフォルトのままでよいでしょう。

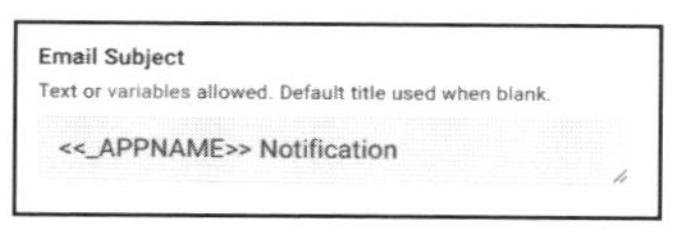

図6-60：Email Subjectにはメールのタイトルを記入する。

Email Bodyで本文を指定する

続いて、「Email Body」というところに送信するメールの内容を記述します。これは、レコードの各列の値を特殊な記号で埋め込み表示することができます。デフォルトでいろいろと書かれていますが、これを少し書き換えて次のようにしておきました。

▼リスト6-10

```
項目：<<[項目]>>
種類：<<[種類]>>
値1：<<[値1]>>
値2：<<[値2]>>
日付：<<[日付]>>
計：<<[計]>>
結果：<<[結果]>>
表示用：<<[表示用]>>
```

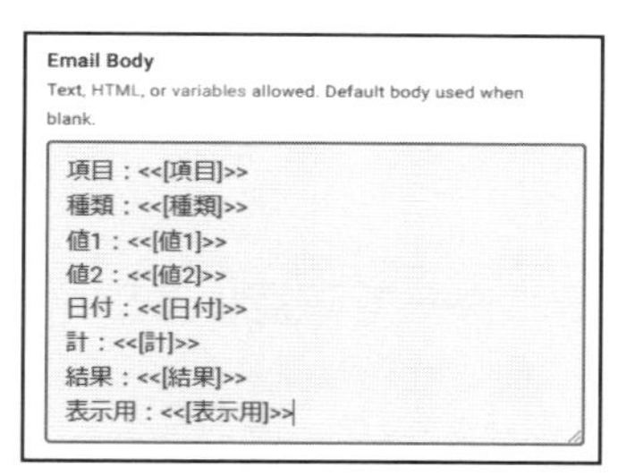

図6-61：Email Bodyにメールの内容を記述する。

記述したら、タスクは完成です。これで、メールを送信するボットも完成しました。上部の「SAVE」ボタンでアプリを保存しておきましょう。

ボットを試してみよう

では、実際にボットが動作するか試してみましょう。アプリからmydataの作成フォームを呼び出し、新しいデータを追加してみて下さい。レコードの値は、「値1」が平均以下になるよう小さな値にしておきましょう。

図6-62：mydataの作成フォームで新しいレコードを追加する。

追加するとボットが動作して、メールが送信されます。ただし、メールの送信はアプリをデプロイしていないと動作しません。デプロイしていない場合は、Googleドライブのアプリのフォルダー内に「Content」フォルダーが作成され、その中に送信されるデータが保存されます。

図6-63：送られてくるメールの内容。ただし、デプロイしないと送信されないので注意。

モニターで確認しよう

では、このボットがどのようにAppSheet内で動作しているか確認しましょう。ボットの編集画面では、上部に「Monitor」というボタンが用意されています。これをクリックして下さい。

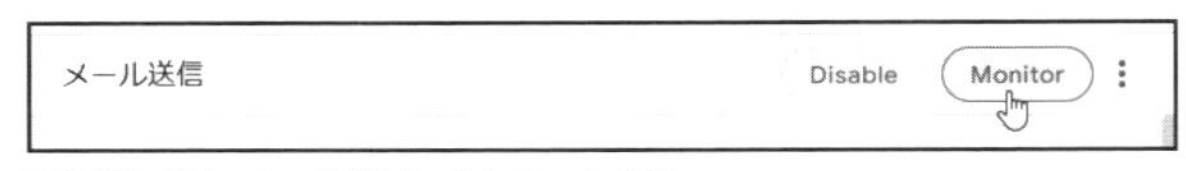

図6-64：「Monitor」ボタンをクリックする。

新しいタブが開かれ、モニターの画面が表示されます。たくさんの表示が並んでいてなんだかよくわからないかもしれませんが、発生したイベントや実行されたボット、プロセス、タスクなどの情報がまとめられています。

図6-65：モニターの画面。

左上のエリアには「SampleApp」というアプリ名が表示されているでしょう。これは、ボットが実行されたソースとなるものです。このアプリで実行されたことがわかります。

そして、その右隣には「Bots」という表示があります。これが、左側で選択したアプリで実行されたボットのリストです。ここに「メール送信」という表示があるのがわかるでしょう。これが、実行されたボットです。Statusが「Complete」になっていれば、実行完了しています。

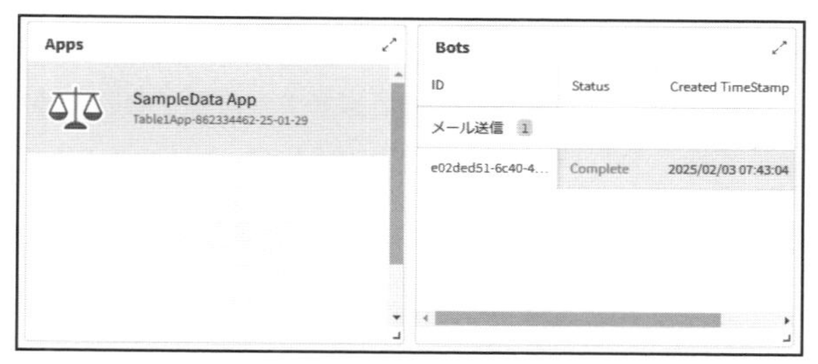

図6-66：ソースとなるアプリと、そこで実行されたボットの情報。

イベントの情報

ボットの右側には、「Events」という表示があります。これは、発生したイベントの情報です。Nameにイベント名、Created TimeStampに発生日時、そして下のDataにはイベントで送られたデータがまとめられています。イベントにより、編集したレコードの情報が送られていることがわかるでしょう。

図6-67：Eventsには発生したイベントの情報がまとめてある。

プロセスとステップの情報

左下には「Process」という表示があり、そこに実行されたプロセスがまとめられます。そして、その隣には「Process > Steps」という表示があり、プロセス内で実行されたステップに関する情報がまとめられています。

よく見ると、実行されたステップは1つだけではないことがわかります。「Input」「メール送信タスク」「Process for メール送信-ˆ -returnStep」というように複数の項目が並んでいるでしょう。「Input」はステップに渡される情報に関するもので、「メール送信タスク」がステップに設定したタスク、最後の「Process for メール送信-1-returnStep」はステップ完了後の戻り値（呼び出し元に返される値）に関するものになります。

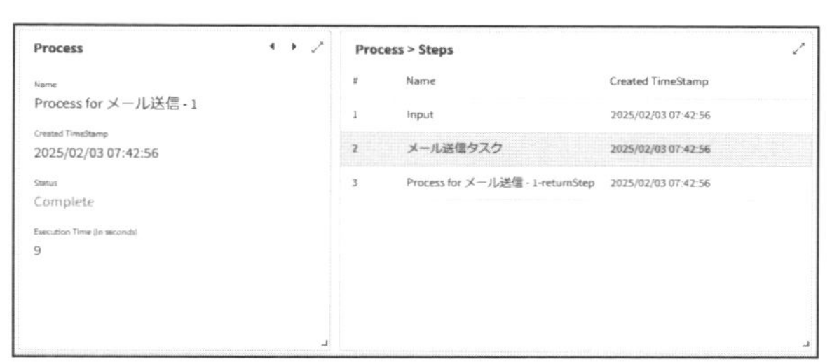

図6-68：プロセスとステップの情報。

では、ステップにある「メール送信タスク」をクリックして選択してみましょう。すると右側のエリアに、このステップで実行されたタスクの情報が表示されます。ここで、Output dataやTask Propertiesにタスクで出力されるデータやタスクの実行に関連した設定情報などがまとめられています。

このモニターの情報を見ていくと、「イベントが発生し、プロセスが呼び出され、各ステップでタスクが実行されていく」というボットの処理の流れが次第に見えてきます。また、実行結果が思ったようにいかない場合も、ここでどのような情報がやり取りされているのかを調べていけば、どこに原因があるのかを見つけやすくなるでしょう。

図6-69：実行されたタスクの情報。

さまざまなタスクについて

これでボットを作成し、その中でタスクを実行するという基本がわかりました。実際にやってみるとわかりますが、「何を実行させるか」というもっとも重要な部分は、「作成するタスク」次第であることがわかります。

今回はメールの送信タスクを使いましたが、AppSheetには他にもさまざまなタスクが用意されています。どのようなものがあるのか、簡単にまとめておきましょう。

「Send a notification」タスク

「Send a notification」は、スマートフォンに通知を送るためのものです。「To」という項目で送信するアカウントのメールアドレスを指定します。「Add」ボタンをクリックしてメールアドレスを設定すれば、そのアカウントのスマートフォンに通知が送られます。

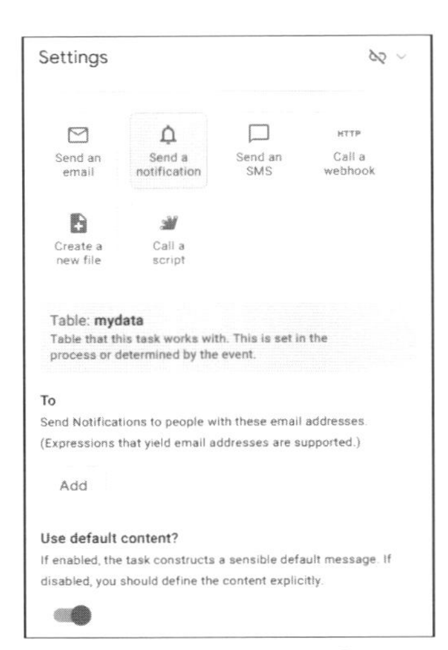

図6-70：Task Categoryで「Send a notification」を選択したときの設定。

ここには「Use default content?」という項目が用意されています。これは送信するメッセージの内容を決めるものです。これをONにしておくと、デフォルトのメッセージが設定されます。OFFにすると、「Title」「Body」「DeepLink」といった項目が現れ、送信する通知の内容を設定できます(図-71)。

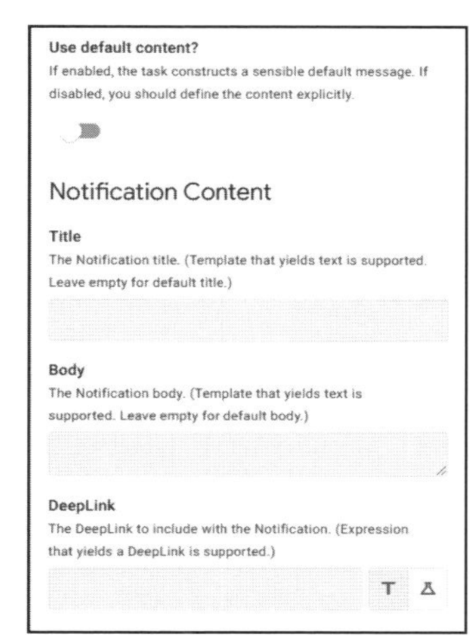

図6-71：Use default content?にするとメッセージの設定が表示される。

「Send an SMS」タスク

ショートメッセージを送信するためのものです(図-72)。これには、次のような設定が用意されています。

Body	ボディの表示
Body Template	ボディ用のテンプレート
Body Template Data Source	テンプレートで使うデータソース
Media URLs	使用するメディアデータのアドレス

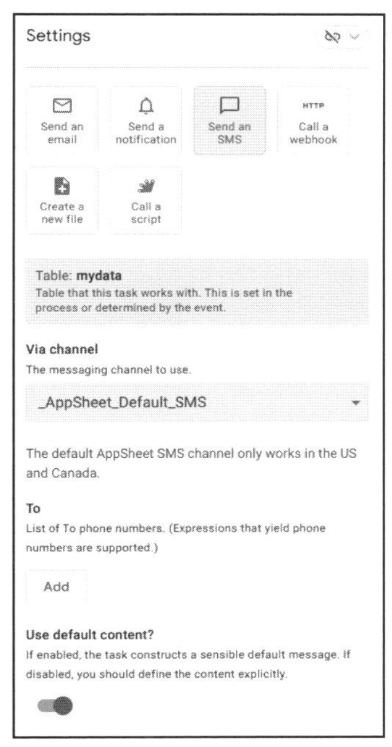

図6-72：Send an SMSの設定。

Use default content?をOFFにすると以下の項目が現れ、自分で内容を設定できるようになります(図-73)。

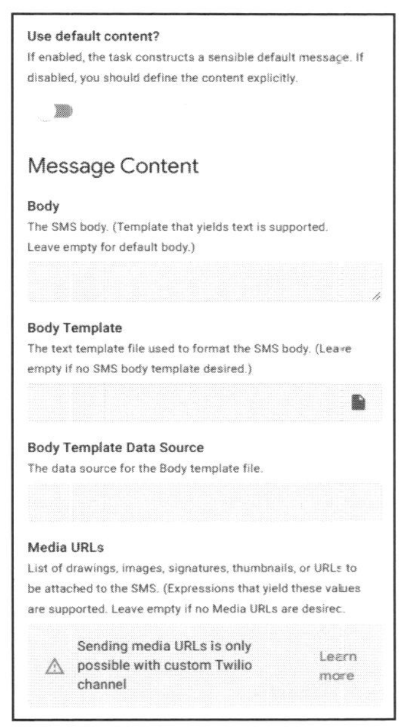

図6-73：Use default content?をOFFにするとショートメッセージの設定が現れる。

「Call a webhook」タスク

タスクには外部のWebサイトにアクセスし、データを送信する機能も用意されています。それが「Call a webhook」です。これは一般に「Webフック」と呼ばれる機能で、特定のアドレスに必要な情報を付加してアクセスすることで外部サイトと連携できるようになります。

「Call a webhook」を選択すると、Webフックのための設定項目が表示されます。ざっと内容を整理しておきましょう。

Preset	デフォルトオプションのプリセット。これは「Custom」しかありません。
Url	アクセスするWebサイトのURLを指定します。
HTTP Verb	実行するHTTPコマンドの種類を選びます。
HTTP Content Type	送信するコンテンツの種類を選びます。
Body	送信内容を指定します。空の場合はテンプレートをベースに作成します。
HTTPHeaders	送信時にHTTPのヘッダー情報を追加します。
Body Template	コンテンツのテンプレートを設定します。
Body Template Data Source	テンプレートファイルのデータソースを指定します。
Return Value	アクセス完了後の戻り値を用意するためのものです。

Execution optionsの設定

Time out	タイムアウト(一定時間経過したらキャンセルする)の時間を指定します。
Max number of retries on failure	再実行の最大数を指定します。

これらは、Webフックで外部にアクセスする際の基本設定と言えるものです。Body Templateより後は、必要に応じて設定を行う項目になります。実際に利用するWeb APIなどの仕様に応じて使うことになるでしょう。

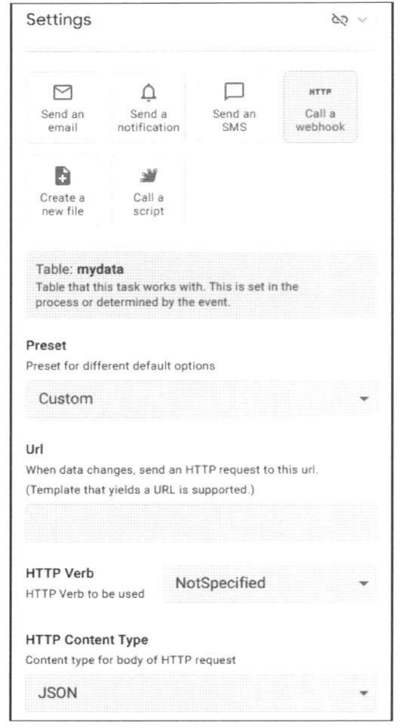

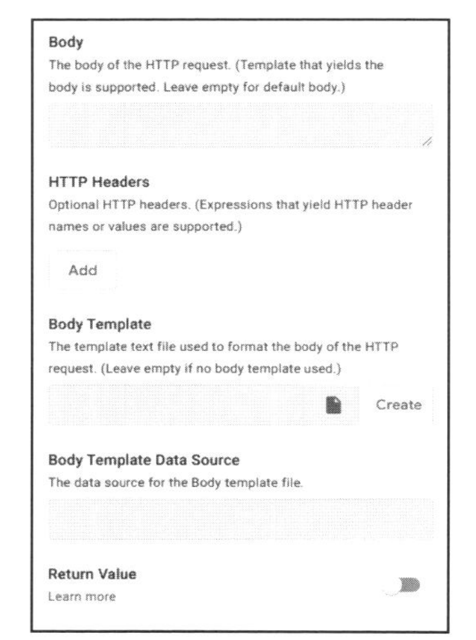

図6-74：Call a webhookの設定。PresetとUrlは必須。それ移行は必要に応じて設定する。

「Create a new file」タスク

更新したレコードの内容をファイルとして書き出すためのものです。これを選ぶと、作成するファイルに関する細かな設定が以下に表示されます。

HTTP Content Type	作成するファイルの種類を選択します。
Template	データの保存に使うテンプレートを指定します。
File Store	ファイルの保存場所です。defaultはGoogleドライブです。
File Folder Path	ファイルを保存するフォルダを指定できます。
File Name Prefix	ファイル名の冒頭に付けるプレフィクスを指定します。
Dsiable Timestamp?	ファイル名にタイムスタンプを付けなくします。

ファイルの作成を行うには、まず作成するファイルの種類（HTTP Content Type）を選び、テンプレート（Template）を用意します。それ以降のものはオプションであり、必要に応じて設定すればよいでしょう。

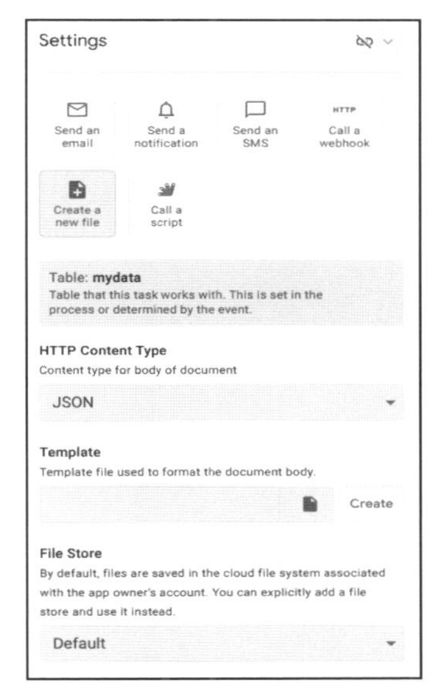

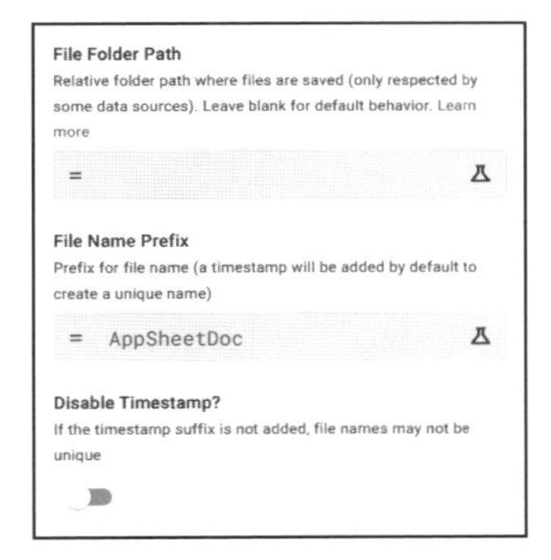

図6-75：Create a new fileの設定。

データのJSON出力タスクの作成

これらのタスクは非常に細かい設定が多いため、ただ「これらを設定して使って下さい」だけでは使い方がよくわからないでしょう。そこで、主なものについて実際の利用例を挙げておきましょう。

メールの送信は試しましたから、続いて「Create a new file」を使ったファイル作成タスクを作ってみましょう。

Create a new fileは、更新したレコードの内容をファイルとして書き出すためのものです。

タスクのSettingsで「Create a new file」を選択し、「HTTP Content Type」で「JSON」をメニューから選びます。HTTP Content Typeはコンテンツの種類を指定するものですが、ここではJSONを選んでおきました。JSONはもっとも汎用性の高いフォーマットですから、これでファイルを保存すればさまざまに利用できます。

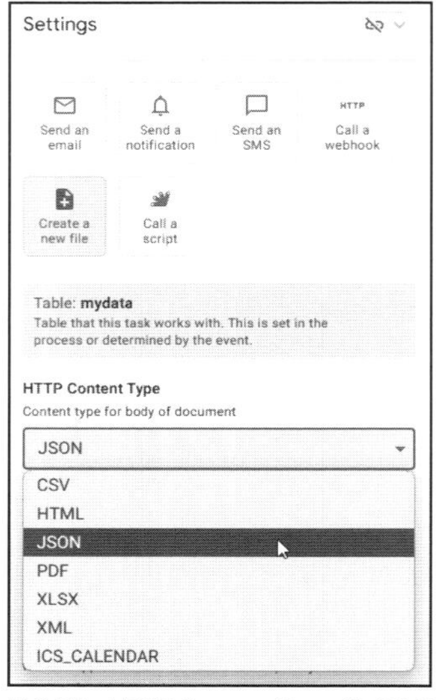

図6-76：HTTP Content TypeはJSONを指定しておく。

テンプレートの作成

続いて、テンプレートファイルの作成を行います。その下にある「Template」というところの「Create」ボタンをクリックして下さい。選択されたテーブル（ここではmydata）の内容を下に、値を出力するためのテンプレートファイルを自動生成します。

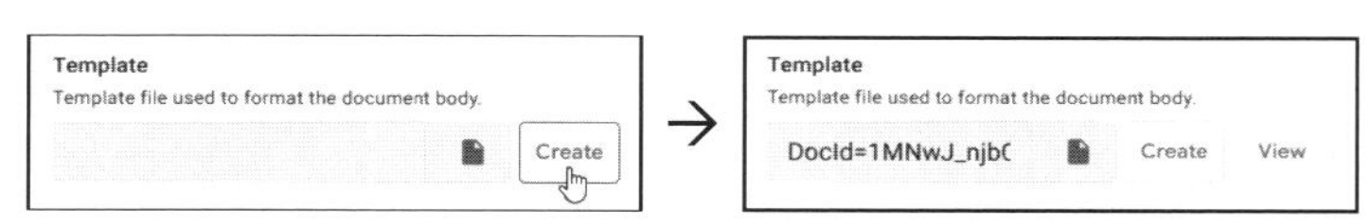

図6-77：「Create」ボタンをクリックすると、テンプレートファイルを自動生成する。

作成されたら、「View」ボタンをクリックしてテンプレートファイルの内容を見てみましょう。すると、次のようなものが記述されていることがわかります。

▼リスト6-11
```
{
    "項目": "<<[項目]>>",
    "種類": "<<[種類]>>",
    "値1": "<<[値1]>>",
    "値2": "<<[値2]>>",
    "日付": "<<[日付]>>",
    "計": "<<[計]>>",
    "結果": "<<[結果]>>",
    "表示用": "<<[表示用]>>",
    "other": [
        <<Start: [Related others]>>
        {
            "項目": "<<[項目]>>",
            "値": "<<[値]>>",
            "参照": "<<[参照]>>",
            "結果": "<<[結果]>>"
        },
        <<End>>
    ]
}
```

レコード内の各列の値が、<<[列名]>>という形で記述されているのがわかるでしょう。また、参照されている他テーブルのレコードは、<<Start: [Related テーブル名]>> ~ <<End>>という文に挟まれた中に記述されているのがわかります。

このようにして、取り出したレコードの中から必要な値をテンプレートの特定部分にはめ込み、出力する内容を作成するのです。

このテンプレートファイルの内容を変更することで、出力する内容を自分でカスタマイズすることも可能です。基本的には列の指定と、<<Start :[Related ○○]>>という参照テーブルのレコード指定だけですから、それほど難しいものではありません。

その後にある「File Store」「File Folder Path」「FileNamePrefix」「Disable Timestamp?」といった項目は、デフォルトのままにしておきます。これで、Googleドライブのアプリのデータ保管場所にファイルが作成されるようになります。

タスクの働き

このタスクはイベントが発生すると、Googleドライブの「appsheet」内の「data」フォルダ内にあるアプリのフォルダ内に、操作したレコード内容をJSONファイルとして保存します。このフォルダの中に「File」というフォルダが作られ、ここにファイルが保存されるようになっています。

タスクの実行には、まだこれから先に説明するイベントやボットなどを設定する必要がありますから、今の段階で作ったタスクを実行することはできません。が、実際にこのタスクが実行されると、Googleドライブにファイルが作成されます。

保存されているファイルは「AppSheetDoc_番号.json」というような名前になっているはずです。番号のところには、作成したタイムスタンプの情報が入ります。このファイルを開くと、データがJSON形式で保存されていることが確認できるでしょう。

{"項目": "sachiko","種類": "数学","値1": "15","値2": "28","日付":
"2/3/2025","計": "43","結果": "LO9OKgPAZ74BM_DJxvhPE7 ,
U3T9PWD8or4ee9YLK2FUYe , JLxwwfN4pv4TEKrAQ9EOse ,
OFxr7YJ4Gm4zuTG4n7gPU4 , spNZeybn2T4f6FzlInwGM1 ,
wuMWPIq4Bh4ci7BebQsjS9 , rrAsuqlsPU4biiLV0PPUM9 ,
d6YoBpXRxd4ie7oypKtQV9 , nCzJ62CSCl4XmcdCz9HSN4 ,
N7_E_klgPl4ua8irPI8Jq6 , cK_K-sjvfE44EgVPSPHIC5 ,
v27kcrfrsS4umFoEcu-aU1 , XEPCNXgBNS49mExlr_NjCc ,
mI3EOpFoMc4emqfYxoRMZ5 , 4M0Ff0usgk4keiWdFHWUQ5 ,
m5mbDq2RB94zAk3ifsa_Y5 , YaWhD9um4e4i6gJ9K-bb_e ,
FyRqMA3_MU4WMbctLgzrbe , VVufVqPszyQIq4OrZn0BCN","表示用":
"sachiko数学02/03/2025","other": []}

図6-78：タスクが実行されると、Googleドライブのアプリのフォルダー内にファイルが保存される。

Call a webhookによるWebフックの利用

タスクには、外部のWebサイトにアクセスしデータを送信する機能も用意されています。それが「Call a webhook」です。これは一般に「Webフック」と呼ばれる機能で、特定のアドレスに必要な情報を付加してアクセスすることで、外部サイトと連携できるようになります。これも作ってみましょう。

ここではWebフックの利用例として、FirebaseのRealtime Databaseにデータを送信するタスクを考えてみます。Firebaseというのは、Googleが提供するモバイル・Webアプリ開発プラットフォームです。データベースやソーシャルログインなど多数のサービスをWebで提供します。Firebaseは以下のアドレスで公開されています。

https://firebase.google.com/

Realtime Databaseについて

Firebaseには2つのデータベース機能があります。その1つが、「Realtime Database」です。このデータベースの特徴の1つに「JSON形式でデータをやりとりできる」ということが挙げられます。データをJSON形式で取り出すだけでなく、JSONデータをサーバーに送信することでデータベースに保存したりすることもできるのです。

WebフックではJSONデータを送信できますから、このRealtime Databaseを使えばアプリのデータをFirebaseに送って管理することもできるようになるでしょう。

このRealtime Databaseは各自でFirebaseプロジェクトを作成し、Realtime Databaseサービスを開始する必要があります。それぞれでFirebaseにアクセスし、プロジェクトを作成して下さい。なおRealtime Databaseのルールは、外部からのRead/Writeが可能な状態にしておいて下さい。

※本書はFirebaseの解説書ではないので、プロジェクトとRealtime Databaseに関する詳しい説明は省略します。まだ利用したことがない場合は、それぞれで別途学習して下さい。

図6-79：Realtime Databaseのルールを読み書き可能に設定しておく。

Webフックの設定を行う

では、「Task1」の「Task category」から「Call al webhook」を選んでタスクの種類を変更しましょう。そして、次のように項目を設定していきます。

Preset	「Custom」
Url	https://プロジェクト.firebaseio.com/app_data.json
HTTP Verb	「PUT」（または「POST」）
HTTP Content Type	「JSON」
Body	（空のまま）
HTTPHeaders	（空のまま）
Body Template	Create a new fileで作成したテンプレートを使う

Urlは、それぞれで作成したプロジェクト名を指定して下さい。ここではプロジェクト内に「dataapp_sample」という項目を設け、そこにデータを保存することにします。またデータの送信は、HTTP Verbを「Put」にしておきます（「POST」でも動作します）。HTTP Content Typeは「JSON」です。その他の設定は、デフォルトのままにしておきましょう。

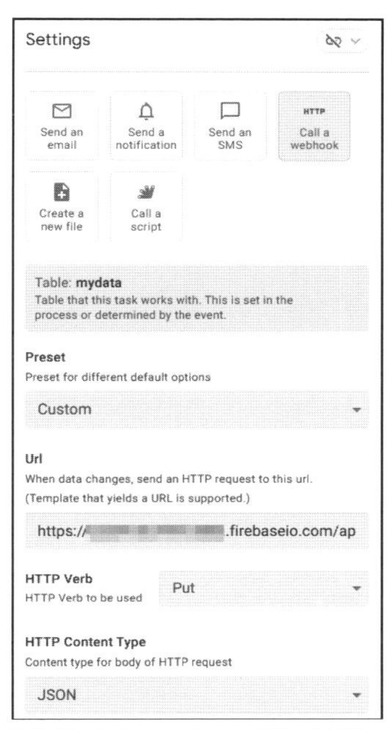

図6-80：Call a webhookの設定を行う。

Firebaseに保存されるデータ

これで、タスクは完成です。まだタスクの実行の仕方はわかりませんが、実際にmydataレコードを操作した際にこのタスクが実行されるようにすると、FirebaseのRealtime Databaseに「app_data」という項目が追加され、ここにデータが記録されるようになります。実際に試してみればWebフックにより、簡単にデータを外部に送信できることがわかるでしょう。

ただしWebフックは万能ではない、ということも頭に入れておきましょう。例えば、「外部からデータを取得して利用する」というのにWebフックは使えません。外部からJSONでデータを受け取り、それをテーブルに保存する、といったような使い方はできないのです。あくまで、「アプリから外部に送る」だけです。

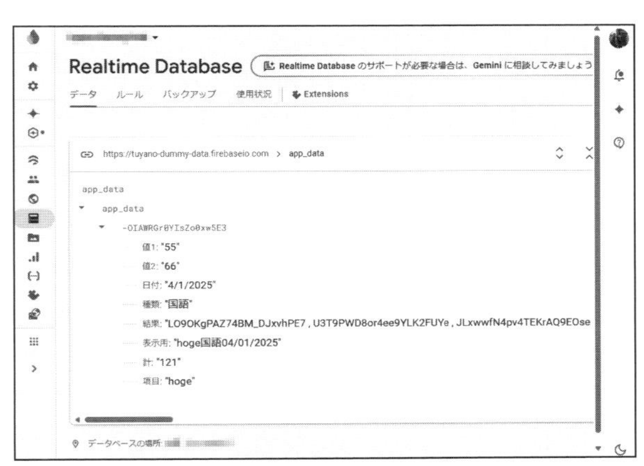

図6-81：FirebaseのRealtime Databaseに送信したデータが保存される。

Webフックは Webサービス次第

このWebフックは、利用するサービス次第でさまざまな応用が可能になります。逆に言えば、「外部から利用可能なWebサービスがなければ、使えない」ということにもなります。

世の中にはJSONやXMLを利用したWebサービスが多数あります。そうしたものから、AppSheetと連携できそうなサービスを探してみるとよいでしょう。

ここで利用したFirebaseは、AppSheetと非常に相性がいいサービスです。すでに利用したいサービスがあるなら別ですが、そうしたものがなく漠然と「外部のサービスと連携したい」と考えているのであれば、まずはFirebaseについて調べてみましょう。

条件分岐ステップを作る

一応、これでプロセスはできましたが、ただタスクを1つ実行するだけではプロセスの役割がよくわからないかもしれませんね。そこで、もう少し機能を付け加えることにしましょう。条件チェックを追加し、特定の条件のときのみタスクが実行されるようにします。

作成したステップの上には「+」アイコンが表示されています。これをクリックすると、ステップの上(手前)に新しいステップを挿入します。ステップの後に追加したければ、「Add」ボタンを使います。

では、作成したステップの上にある「+」をクリックして、新しいステップを挿入しましょう。名前は「条件をチェック」としておき、「Create a new step」を選択してステップを作成して下さい。

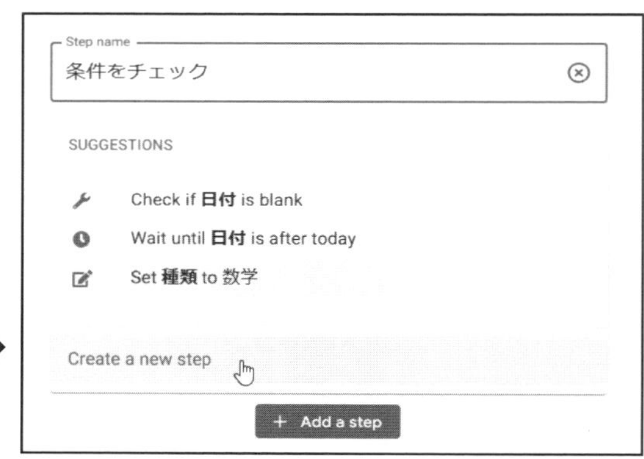

図6-82:「+」をクリックすると、作ったステップの上に新しいステップを挿入する。

作成されたタスクの「Run a task」をクリックし、「Branch on a condition」を選択して下さい。これが、条件に応じた分岐を行うためのものです。

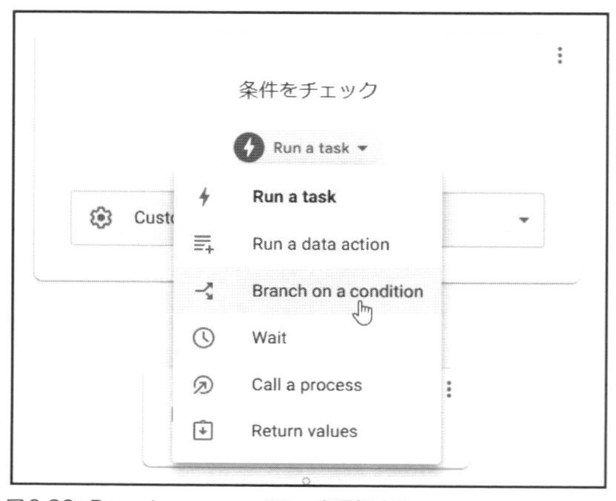

図6-83:Branch on a conditionを選択する。

下に条件の式を入力するフィールドが追加されます。これをクリックし、Expression Assistantパネルで以下の式を記入し保存して下さい。

図6-84：条件となる式を設定する。

▼リスト6-12

```
[ 種類 ] = " 数学 "
```

これで、レコードの[種類]が"数学"かどうかをチェックします。「Branch on a condition」アインを選ぶとCondition to checkという条件チェックの項目が追加されるので、ここで条件となる式を入力します。

パネルを見ると、作成した「条件をチェック」の下に「YES」「NO」という分岐が表示されるようになります。そして、それぞれに「＋」が用意され、条件がYESのときとNOのときでステップを実行できるようになっています。

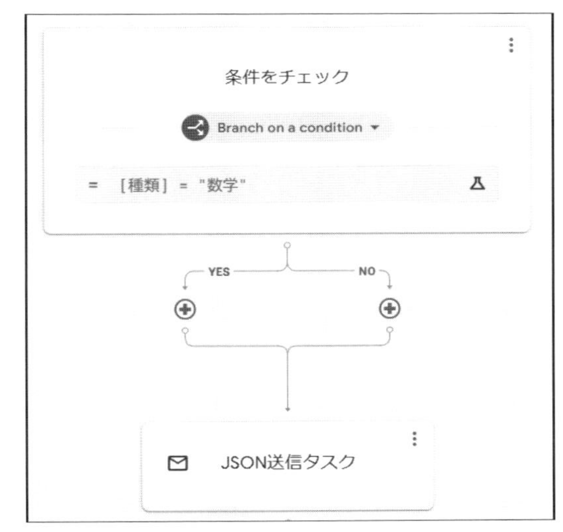

図6-85：条件による分岐が追加された。

「YES」なら日付を更新する

では、この条件分岐のところに処理を追加しましょう。「YES」のところにある「＋」をクリックして新しいステップを追加します。Step nameに「日付を更新」と入力し、「Run a task」の表示をクリックして「Run a data action」を選びます。

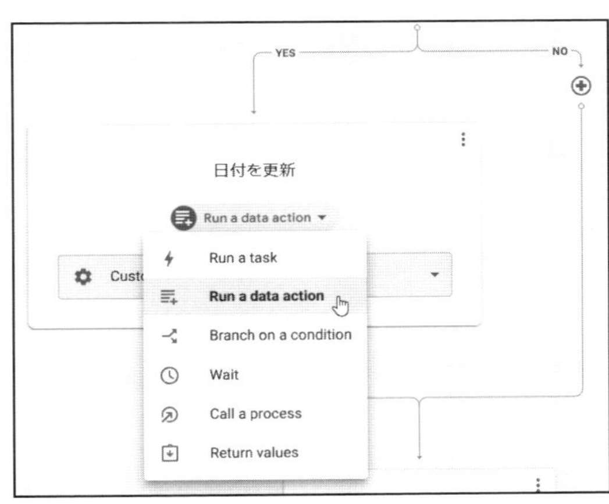

図6-86：「Run a data action」を選択する。

日付を更新するタスクを作る

今回選択した「Run a data action」は、データ操作のためのアクションを実行するものです。右側の設定画面で次のように設定を行いましょう。

- 「Set row values」アイコンを選択。
- Set these column(s)のところにある項目で、「日付」を選択。
- 右側の値フィールドをクリックし、「NOW()」と入力する。

これで、[日付]列の値をNOW関数の値（現在の日時）に書き換えるアクションができました。プロセスで条件にYESのときに実行するステップもようやく完成です。

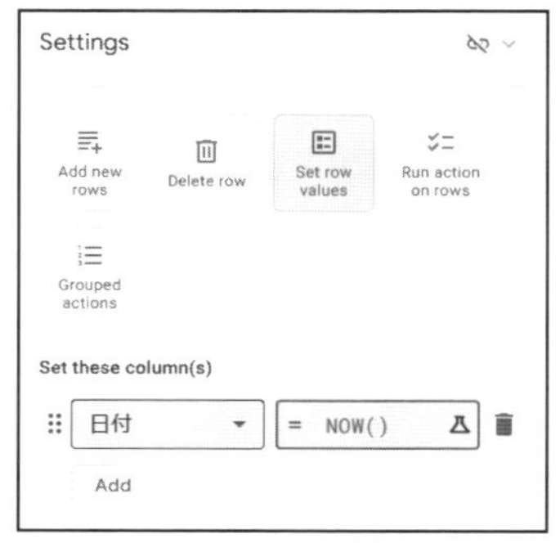

図6-87：新しいアクションで、[日付]の値をNOW関数に書き換えている。

プロセスの完成

これでプロセスも完成です。パネルからプロセスで実行しているステップを見てみましょう。「条件をチェック」ステップを実行し、結果がYESなら「日付を更新」タスクを実行します（NOなら何もしません）。

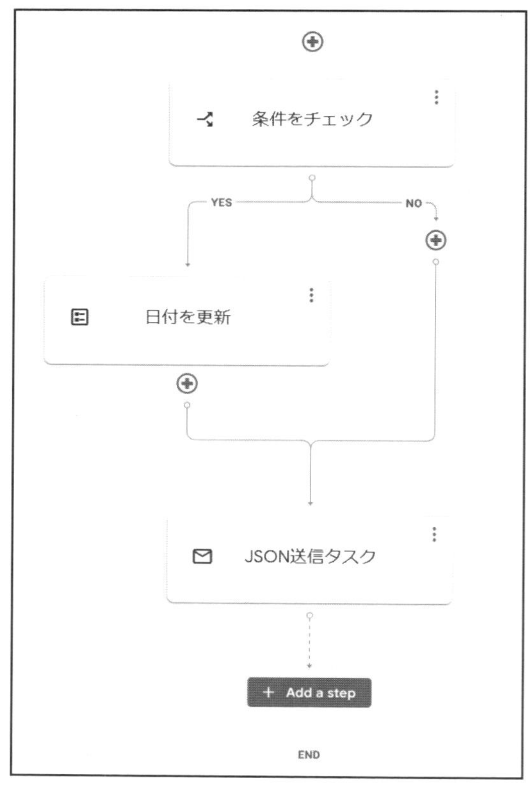

図6-88：完成したプロセス。

アクションを実行する

これで、「用意されている機能を実行する」「レコードのデータを操作する」ということができるようになりました。この他にも、タスクには重要な機能があります。それは「プロセスの実行」「アクションの実行」です。

例えばあるプロセスを何度も使うような場合、複数のプロセスを用意しておいて、プロセスから別のプロセスを呼び出すことができます。また、すでに作成したアクションをタスク内から呼び出すこともできます。

では、アクションの実行から行ってみましょう。「条件をチェック」の分岐の「NO」にある「＋」をクリックして新しいステップを作成して下さい。名前は「アクションの実行」とし、「Create a new step」を選択します。

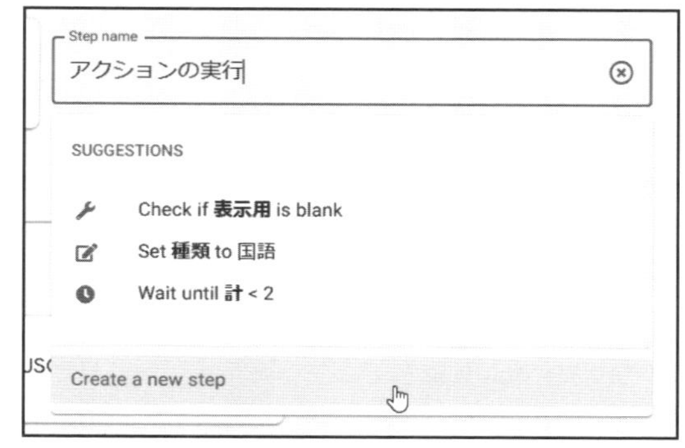

図6-89：「NO」に新しいステップを作る。

作成したステップの「Run a task」をクリックし、「Run a data action」を選びます。

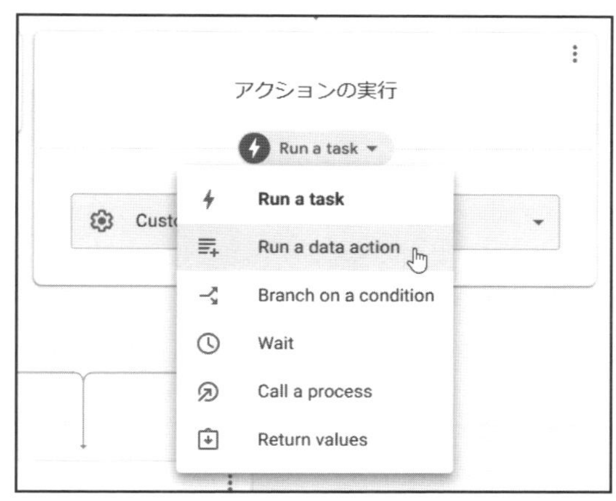

図6-90：「Run a data action」に変更する。

右側の設定パネルから「Run action on rows」をクリックします。アクションを実行するためのものです。これで、下に次のような項目が追加されます。

Referenced Table	参照するテーブルを選択します。
Referenced Rows	参照するレコード（行）を指定します。
Referenced Action	参照するアクションを指定します。

これらを設定することで、どのテーブルのどのレコードからどのアクションが呼び出されるかを指定します。では、Referenced Tableで「other」を選択して下さい。Referenced Actionは、値をクリックするとmydataにあるアクションがポップアップして選択できるようになります。ここから「change 項目」を選択しておきます。

そして、Referenced Rowsの値部分をクリックしてExpression Assistantパネルを呼び出し、次のように記述をして下さい。

▼リスト6-13

```
[Related others]
```

この[Related others]という値は、参照しているotherテーブルのレコードを示す特別な値です。あるレコード内から別のテーブルのレコードが参照されている場合、このように[Related テーブル名]というようにして参照先のレコードを指定できるようになっています。

これでプロセスのCondition to checkがNOの場合(つまり、種類が数学でない場合)、参照するotherテーブルのレコードの「change項目」アクションが呼び出されるようになります。このアクションは、項目の値の前後に「*」を付ける、というものでしたね。実際に試してみて動作するか確認してみましょう。

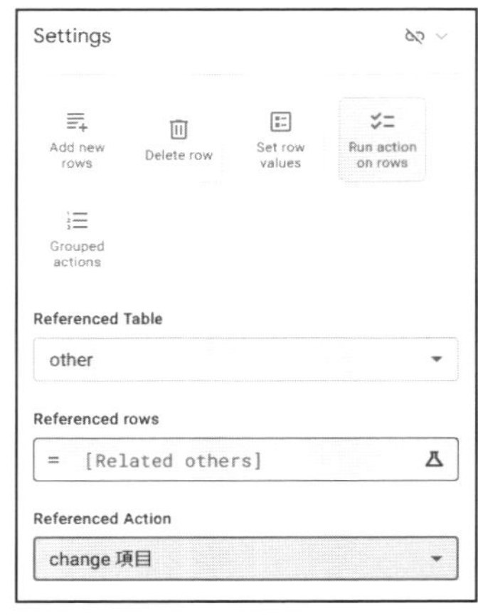

図6-91:実行するアクションの設定を行う。

プロセスの実行

もう1つ、「プロセスの実行」についても説明しましょう。タスクでは別プロセスを呼び出すことができます。ただし、そのためには、あらかじめプロセスを準備しておかないといけません。

まず、プロセスの編集部分の右上に見える「Linking」というスイッチをクリックして、リンクの設定を表示して下さい。

そして、スイッチをONにしてリンクをONにします。これで、このプロセスは「Process for メール送信-1」という名前でこのボットにリンクされます。

これは何を行っているのかというと、ボットにプロセスを接続しているのです。通常、1つしかプロセスがない場合は、ただボットにプロセスを作成しておけば問題なく動作します。

しかし、複数のプロセスを作成する場合、「このプロセスはどのボットに接続されているか」を指定しておかないといけません。そうしないと、作ったプロセスがどのボットから呼び出されるのかが不明確になってしまうのです。

リンクをONにすると、プロセスの上部の「Run this PROCESS:」というところにプロセス名が表示されます。これは、自分で編集して変更できます。ここではデフォルトのままでよいでしょう。

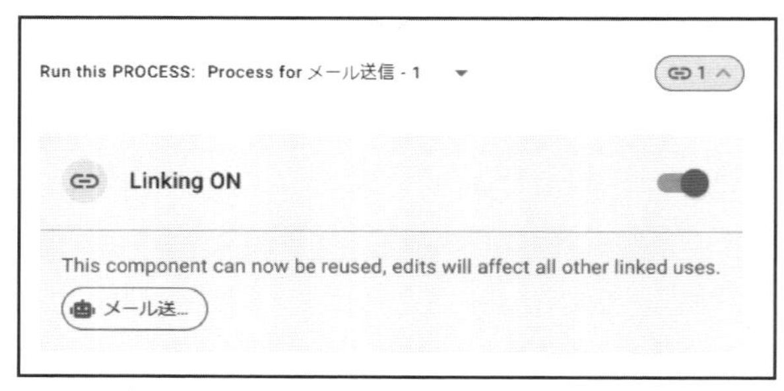

図6-92:プロセスのリンクをONにする。

新しいプロセスを作る

では、新しいプロセスを作りましょう。プロセス名の右にある▼をクリックすると、リンクされたプロセスがポップアップして現れます。ここから「Create new process」を選んで下さい(図6-93)。

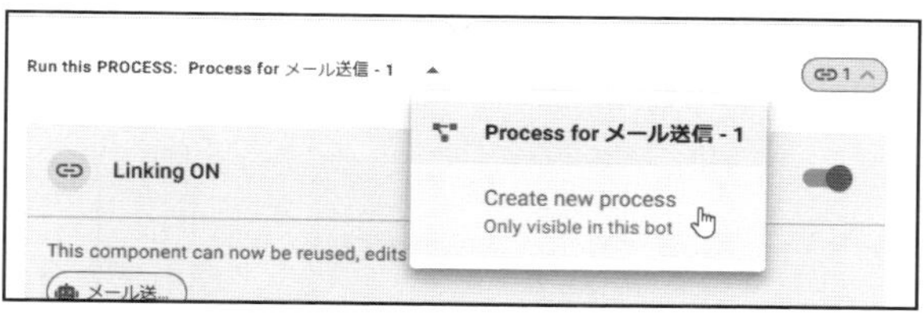

図6-93:新しいプロセスを作成する。

新しいプロセスが作成されます。これもLinkingをクリックし、現れたスイッチをONにしてリンクしておきましょう(図6-94)。

プロセス名はデフォルトで「Process for メール送信-2」となります。これも、とりあえずデフォルトのままにしておきます。

では、「Add a step」ボタンをクリックして新しいステップを作りましょう。ステップ名は「サンプルアクション」としておきます。

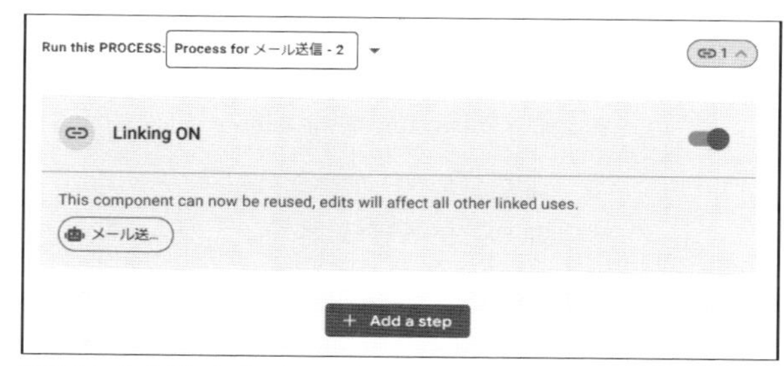

図6-94:作成されたプロセス。リンクをONにしておく。

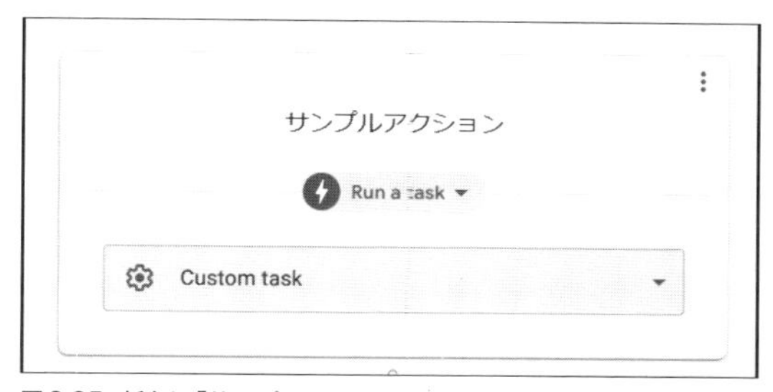

図6-95:新たに「サンプルアクション」という名前でステップを作る。

右側の「Settings」で適当にタスクを選択しておきましょう。これはダミーとして実行させるだけなので、何でもかまいません。ここでは「Send a notification」を指定しておきました。

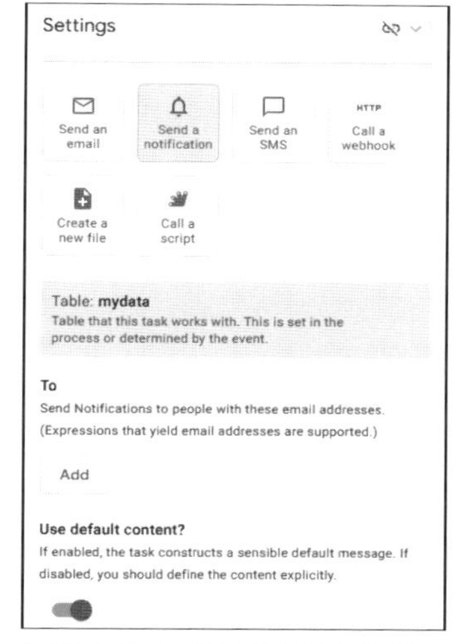

図6-96:Settingsで実行するタスクの内容を設定しておく。

プロセスからプロセスを呼び出す

では、最初に作ったプロセスから、新たに作ったプロセスを呼び出しましょう。

まず、上部のプロセス名の▼をクリックして「Process for メール送信-1」を選んで下さい。これで、最初に作ったプロセスが表示されます。

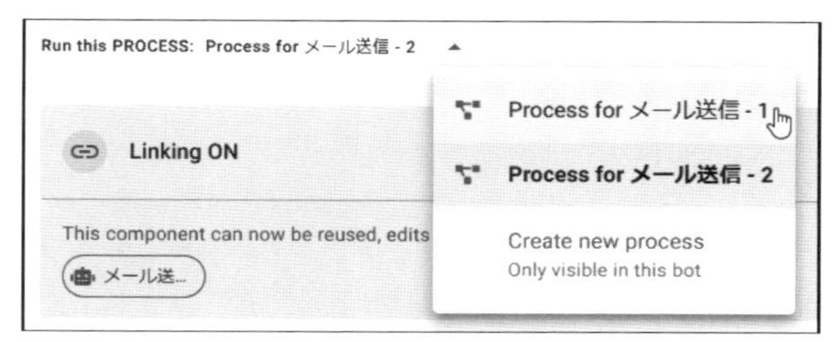

図6-97:「Process for メール送信-1」に表示を切り替える。

プロセスの編集エリアの下部にある「Add a step」ボタンをクリックして新しいステップを追加します。名前は「プロセス呼び出し」としておきましょう。

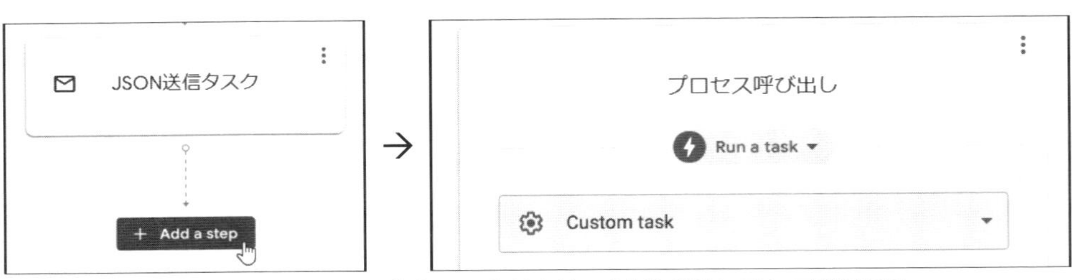

図6-98：「Add a step」ボタンをクリックし、「プロセス呼び出し」という名前で新しいステップを追加する。

作成したステップの「Run a task」をクリックし、「Call a process」を選択します。その下にプロセスを選択する項目が追加されるので、作成した「Process for メール送信-2」を選びます。

これで最初のプロセスを実行すると、最後に「Process for メール送信-2」が呼び出されるようになりました！

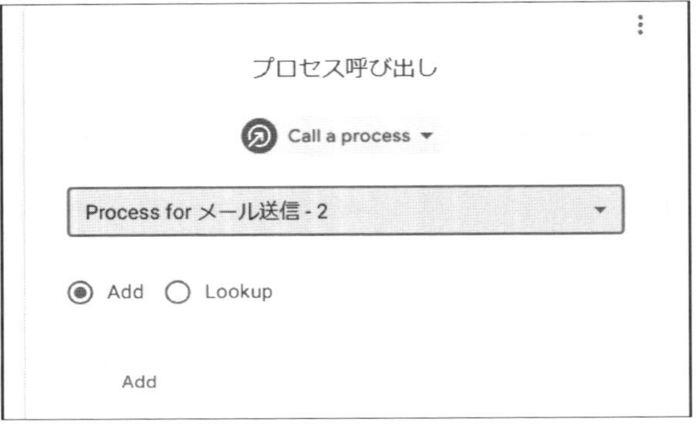

図6-99：「Call a process」を選び、実行するプロセスを選択する。

ボットの動作を確認する

実際にオートメーションがちゃんと機能するかどうか確かめましょう。すべて保存したら、アプリを実行して下さい。

ここでは「mydata」テーブルの「数学」の項目で、「値1」が平均点以下の場合にイベントが発生し、メールが送信されるようになっています。そういう条件に見合う項目を探して開き、編集してみましょう。点数を書き換えるなどして保存するとイベントが発生するはずです。

保存したレコードを確認すると、日付の値が現在の日時に更新されているのがわかります。これは、数学の値を変更した場合のみです。国語や英語の場合は更新されず、代わりに「change 項目」アクションが実行されて関連するotherテーブルのレコードが更新されます。Branch on a conditionの条件分岐が機能していることがわかるでしょう。そして、最後に「Process for メール送信-2」に用意したタスクが実行されます。ここまで一通り動作したら、ボットは正常に働いていることがわかります。

オートメーションは「慣れ」が必要

以上、オートメーションとボット作成の基本について一通り説明をしました。オートメーションを使ってみるとわかりますが、これはイベント、プロセス、タスクとさまざまな部品を作ります。特にタスクは、1つ1つにわかりやすい名前を付けるなどして管理していかないと混乱してしまいます。いくつものタスクをBranch on a conditionなどで分岐しながら処理させるようになると、「どういう状況のときに何が実行されるか」が把握しきれなくなります。オートメーションはAppSheetの中でもっとも複雑な機能です。これを使いこなすには「慣れ」が必要でしょう。ボット、イベント、プロセス、タスクがどのように関連して動くのか、実際にいろいろと試して慣れていきましょう。

Chapter 7

アプリ開発を実践しよう！

最後に、アプリ開発に必要な作業を一通り学び、
実際にアプリ作成を体験しましょう。
ここでは取引先・商品・在庫・発注といった基本的な業務を管理するアプリを作成します。
また、外部データをブラウズするツール例として株式チェックのアプリを、
さらにはGoogle Apps Scriptと連携して動くAIチャットアプリを作ります。

Chapter 7

7.1. 完成から利用までの流れ

アプリ開発の流れを整理する

ここまでの説明で、AppSheetのアプリ作成に必要となる基本的な知識はだいたい身についたはずです。後は実際にアプリを作って使ってみることで、少しずつAppSheetの活用法がわかってくることでしょう。そこで最後にアプリ開発全般について、いくつか覚えておきたいことを補足しておくことにしましょう。

まず、アプリ開発はどのような流れで進めていくことになるのか、簡単に整理していきましょう。AppSheetのアプリ開発は、一般的なアプリの開発とはだいぶ感じが違います。全体の流れは、だいたいこのようになるでしょう。

1. エンティティ（データの実体）を定義する。
2. スプレッドシートを設計する。
3. アプリを生成し、テーブルを設定する。
4. ユーザーエクスペリエンス（UX）を設定する。
5. アプリを動かしながらブラッシュアップしていく。
6. アプリのユーザーとセキュリティを設定する。
7. デプロイする。

作成するアプリの内容によっては変わってくるところもあるでしょうが、だいたいこのような流れでアプリ開発は進められていくことになります。では、それぞれの手順について簡単に説明しましょう。

1 エンティティを定義する

最初に行うのは、アプリ化するデータの構造を定義することです。「エンティティ」というのはAppSheetの編集ツール内ではほとんどテーブルと同義語として捉えていますが、厳密に言えばこれは「データの実体となるもの」です。

例えば、本書では4章で日用品の買い物を記録するアプリを作成しました。このアプリでは、「買い物の内容（種類）」と「買い物した情報」を扱います。これらが「エンティティ」です。

AppSheetは、データをアプリ化するものです。アプリを作成するときは、まず「どんなデータをアプリ化したいのか」をよく考えなければいけません。それはつまり、「エンティティ」を定義するということです。データの実体としてどのような情報を保管するものが必要か、それが決まらなければアプリ開発はスタートできません。

2 テーブルを設計する

エンティティが固まったら、それを具体的なデータの形に落とし込んでいきます。AppSheet DatabaseやGoogleスプレッドシートなどを使い、それぞれのエンティティを具体的な形にしていきます。

「どういう項目が必要か」「それらはどういう種類の値か」といったことをきっちりと定義していく必要があります。ここまでできれば、実を言えばアプリの土台部分はできたも同然です。

3 アプリを生成し、テーブルを設定する

実際のアプリ作成に入ります。データベースやスプレッドシートを読み込んでアプリを作成します。この段階で、データベースの内容は「テーブル」として生成されているはずです。

アプリが用意できたら、テーブルの内容をきちんと詰めていきます。用意されている列の内容（どんな列があり、それぞれどういう種類の値か）を正確に設定します。

この段階で、「元になるテーブルをもとに、アプリ独自のデータを抽出する」必要があるかもしれません。そう、「スライス」です。また、場合によっては「仮想列」を作成して、テーブルに列を追加することもあるでしょう。こうした「データ部分の定義」を最初にきちんと行っておく必要があります。

4 ビューを設定する

データ部分が完成したら、画面表示と操作に関する部分を設定していきます。テーブルの設定に応じて多くのビューが生成されていることでしょう。これらの内容をきちんと確認し、すべてを表示する必要があるのか、また表示するビューはどのように呼び出されるか（画面下部のバーにアイコンとして配置するか、サイドバーにメニューとして用意するか、など）を細かく検討していきます。

ここまで完了したら、アプリの基本的な部分はほぼ完成していることでしょう。

5 ブラッシュアップする

実際に使いながら、細かな使い勝手を調整していきます。ここで活躍するのがビヘイビアやオートメーションでしょう。これらを活用することで、より便利なアプリに仕立てていくことができます。AppSheetの表示は基本的に英語ですから、ローカライズの作業が必要になる場合もあるでしょう。

また、ここで3に戻り、さらにスライスや仮想列を追加する必要が生ずるかもしれません。手順3～5は、必要に応じて何度も繰り返すことになるでしょう。

6 ユーザーとセキュリティを設定する

ほぼ完成に近づいたら、利用するユーザーの設定や、セキュリティの設定などを確認していきます。また利用するユーザーの設定などもこの段階で行っておくことになります。

この他、アプリのブランディング（起動時のイメージやアイコンなど）についてもこの段階で考えておく必要があるでしょう。

7 デプロイする

すべての作業が完了したら、アプリをデプロイして公開します。これで開発は終了……ではありませんよ！　最初のリリースが終わっただけです。

後は利用者のフィードバックを元に、よりよいものへと少しずつアップデートしていく作業が待っています。これはアプリが利用されている限り、永遠に続く作業です。アプリが存在する限り、開発に「終わり」はないのですから。

ThemeとBrandについて

これらの作業について、いくつかまだ触れていない項目がありました。ここで簡単に説明をしておきましょう。

まずは、アプリのブランディングに関するものからです。アプリは、スマートフォンのAppSheetアプリの中に追加され表示されます。そのアプリらしさを引き出すために、細かなブランディングを行うことができます。

ブランディングのための設定は、「Settings」に用意されています。左側のアイコンバーから「Settings」のアイコン（歯車のアイコン）をクリックして表示を切り替えて下さい。その横に、設定項目のリストが表示されます。その中にある「Brand」リンクをクリックしましょう。ブランディングのための設定画面が表示されます。以下にその内容を整理しましょう。

●Theme

テーマの指定です。AppSheetでは、アプリのテーマを設定できます。用意されているのは「light」と「dark」です。darkテーマにすると、黒背景に白い文字で表示されます。

●Primary color

主要要素で使われるカラーの指定です。例えばフローティングアクションボタンのカラーや、ヘッダー／フッターなどをカラー表示する際の色などに使われます。

●App logo

アプリのロゴです。AppSheetアプリに表示されるアイコンのことだ、と考えて下さい。用意されているサンプルから選ぶだけでなく、「CUSTOM」を選択してファイルを選ぶことでオリジナルのロゴも使えます。ロゴは196x196ドットの大きさのイメージファイルとして用意します。

●Launch image

起動時に表示されるイメージです。これも用意されているものから選ぶだけでなく、「CUSTOM」を選択して独自に用意したイメージファイルを指定できます。

●Background image

アプリ画面の背景として使われるイメージです。用意されているものの他、「CUSTOM」を選んで独自のイメージを指定できます。

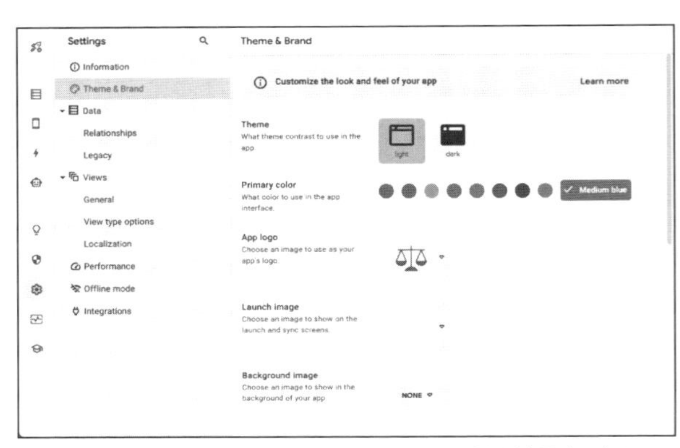

図7-1：「Brand」の設定画面。テーマやカラー、ロゴなどを設定できる。

Header & Footer

これらアプリの主要なブランディングに関する設定の下には、「Header & Footer」という項目が用意されています。これらは、ヘッダー（画面上部に表示されるバー）とフッター（画面下部に表示されるバー）に関するものです。次のような項目が用意されています。

Show view name in header	ヘッダー部分に、現在表示しているビュー名を表示します。
Show logo in header	ヘッダー部分にロゴを縮小表示します。
Hide menu and search buttons	ヘッダーにあるメニューと検索のボタンを非表示にします。
Style	ヘッダー／フッターのスタイルを指定します。デフォルトではモノクロの状態ですが、Primary colorを使ったカラー表示にしたり、フッターを選択した項目だけカラーに表示したりできます。

これらの「Brand」の設定を一通り行えば、よりアプリらしい表示にしていくことができるでしょう。

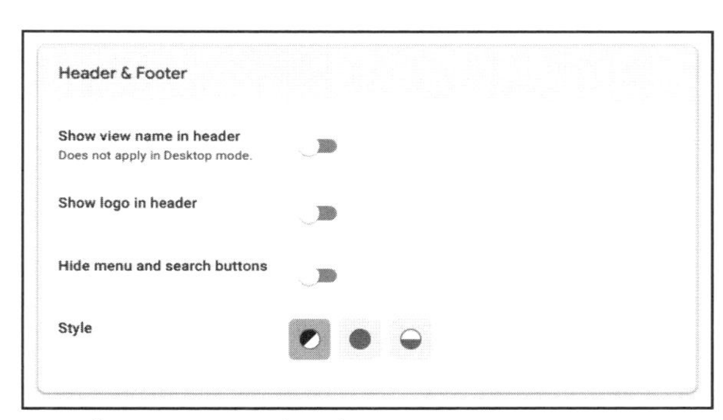

図7-2：「Header & Footer」の設定。

フォントの設定

その下には、「Font」という項目があります。これは、使用するフォントとテキストサイズに関するものです。以下の2つの項目が用意されています。

Font style	使用するフォントスタイルを選びます。あらかじめ用意されている選択肢の中から選ぶだけです。
Text size	表示テキストサイズを設定します。

意外と重要なのが、Text sizeによるテキストの大きさ指定です。サイズを少し大きくするだけで見やすさは格段に変わります。ただし、表示する項目が多いとテーブルなどは横スクロールしないといけなくなり、操作が煩わしくなるでしょう。ちょうどよいバランスで表示されるように調整しましょう。

Fonts

Font style
The style of text in the app.
Roboto

Text size
How big text is in the app.
− 18 +

図7-3：「Fonts」の画面。

金額のフォーマット設定

設定のリストには、他にもさまざまな項目があります。この中で、アプリを作成する上で知っておきたいものをいくつかピックアップして触れておくことにしましょう。

まずは、「Views」というところにある「General」です。これをクリックすると、ビューの表示に関する細かなオプション設定が現れます。ここで、ビューの表示などに関する調整を行うことができます。

一番上には、「Data Input」という項目があります。ここには、「Use accounting format」という設定が1つだけ用意されています。

これは金額の値を表示する際、会計フォーマットを使用するためのものです。これをONにすると数値は右揃え、通貨記号（¥など）は左揃えとなり、マイナスの値には()が付くようになります。

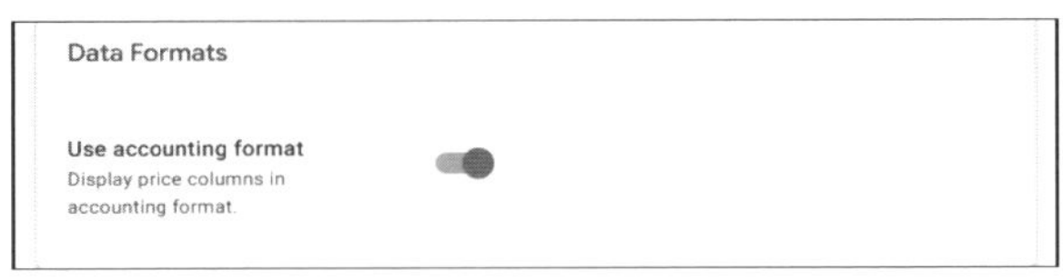

図7-4：Use accounting formatで金額表示を設定する。

金額のフォーマットについて

そういえば、ここまで金額の値を特に使わずにきたため、金額のフォーマットについて特に説明していませんでした。よい機会ですから、金額のフォーマットについても触れておきましょう。

AppSheetではテーブルの項目で「Price」というタイプを選択すると、その値は金額を示す数値として扱われるようになります。これは単純な数値とは扱いが変わり、金額を表すフォーマットで表示されるようになるのです。

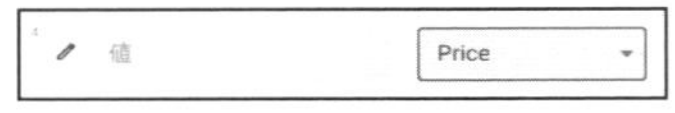

図7-5：テーブルの列のタイプを「Price」にすると金額として扱われる。

フォーマットの設定は、列の設定パネルで行います。「Data」でテーブルの列情報を表示したとき、列の左端にある「Edit」アイコンをクリックすると、列の設定パネルが開かれます。列のTYPEが「Price」に設定されていると、ここにフォーマットの設定として次のような項目が用意されます。

Decimal digits	小数点以下の桁数
Numeric digits	整数部分の桁数
Show thousands separator	3桁ごとの区切り記号の表示
Currency symbol	単位を表す記号（$や¥など）の指定

これらを指定することで、金額表示のフォーマットを設定することができます。

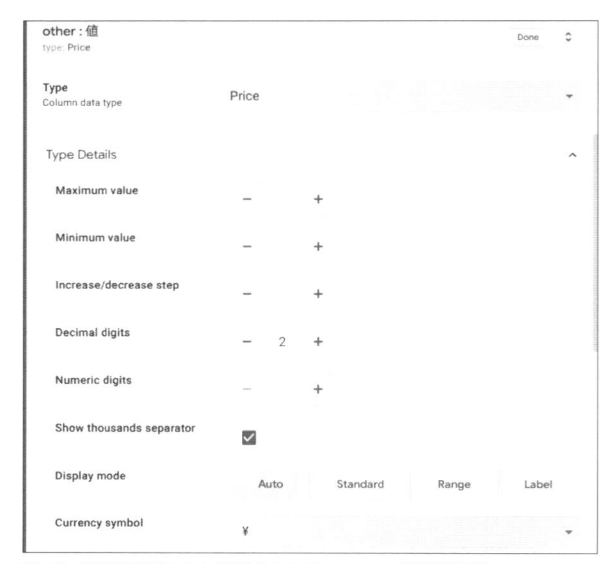

図7-6：列の設定パネルに用意されるフォーマット関連の項目。

Views/Generalの設定

再び、「Settings」の「Views」内の「General」に戻りましょう。「Format」の下には、「General」としてアプリ全般に関する項目が次のように用意されています。

Starting View	アプリ起動時にどのビューから開始するかを選びます。
Start with About	アプリのAbout画面を用意し、このビューからアプリをスタートします。
Show name and email in the side menu	サイドバーにユーザーの名前とメールアドレスを表示します。
Pull to refresh	テーブルのリスト表示画面などで下にドラッグすると動機を開始します。
Preview new features	AppSheetでまだプレビュー段階にある機能を使えるようにします（これをONにすると動作が不安定になる可能性があるので注意して下さい）。
Desktop design	PCなどのブラウザから利用した際、デスクトップ版のデザインを利用するようにします。

もっとも重要なのは、「Starting View」でしょう。これにより、アプリ起動時にどのビューからスタートするかが決まります。どの画面がメイン画面として表示されるのかが決まる、と言ってよいでしょう。

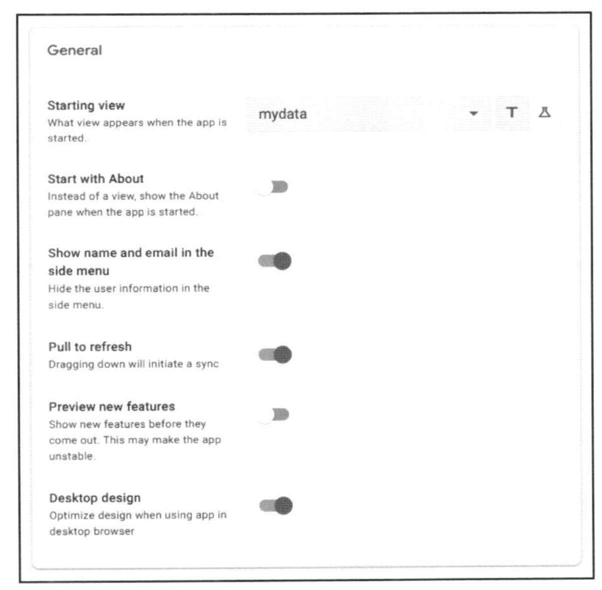

図7-7：Viewsの「General」の設定。

「Inputs」について

その下には、主にイメージ関係の入力に関する設定が「Inputs」にまとめられています。以下に簡単にまとめておきましょう。

Image upload size	アップロードする画像サイズ。アプリ内でどのぐらいイメージを縮小するかを指定します。
Save images to gallery	ギャラリーに画像を保存するかどうか。ONにするとデバイス内にイメージファイルを保存します。
Allow image input from gallery	ユーザーがデバイスからイメージをアップロードできるようにします。
Allow scan input override	キャプチャーされたイメージを上書きできるようにします。

これらは、基本的にデフォルトのままで問題ありません。ただ、「もうちょっと画像を大きめで保管されるようにしたい」と思ったらImage upload sizeを調整したり、「デバイスのイメージにはアクセスできないようにしたい」というときにはAllow image input from galleryをOFFにしたりして調整することができます。

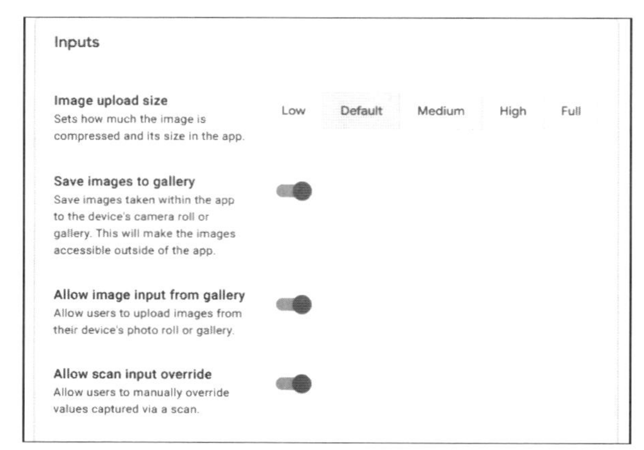

図7-8:「Inputs」の設定。

「System Buttons」について

その下にある「System Buttons」は、システムによって自動生成されるボタンに関する設定です。ここには以下の項目があります。

Allow five views in the bottom navigation bar	同期と共有のためのボタンをヘッダーに移動します。OFFにすると、これらはフッターにアイコンで表示されます。
Disable share button	共有ボタンを非表示にします。
Allow users to provide feedback	ユーザーからのフィードバックをONにします。具体的には、サイドバーに「Feedback」リンクを追加して使えるようにします。

最初の「Allow five views in the bottom navigation bar」は、ON/OFFでヘッダーとフッターの表示がかなり変わります。どちらが使いやすいか考えて設定して下さい。残る2つは、共有とフィードバックの表示をON/OFFするものです。これらはONにしておくのが基本です。OFFにするときは、「それらを表示しなくてよい」ではなく、「表示すべきでない」ときに限る、と考えたほうがよいでしょう。

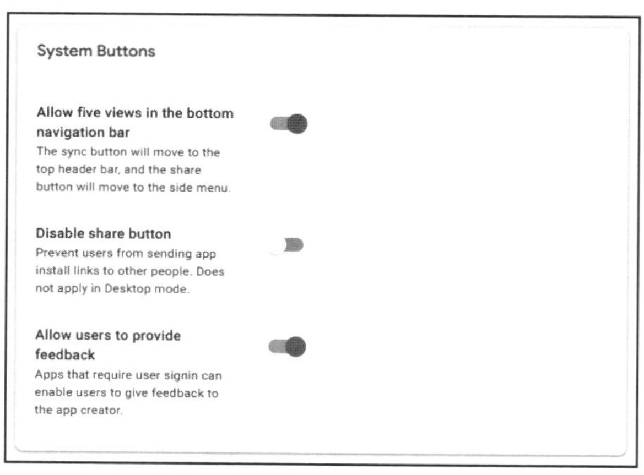

図7-9:「System Buttons」の設定。

View type optionsについて

項目のリストにある「Views」には、「View type options」というものも用意されています。これはビューに用意されている各種のタイプに関する設定で、タイプごとにがまとめられています。順に説明しましょう。

「Dashboard View」「Data Formats」について

最初に用意されているのは「Dashboard View」の設定です。これはビューのタイプに「dashboard」を指定したときの設定で、以下の項目が1つだけ用意されています。

●Show overlay actions in dashboards

View typeに「Dashboard」を指定した際に、ビューの各表示にアクションを表示させるかどうかを指定します。

Dashboardはまだ使ったことがありませんが、複数のテーブル表示を1つのビュー内にまとめて表示するためのものです。また、Use accounting formatは金額表示に関するものです。

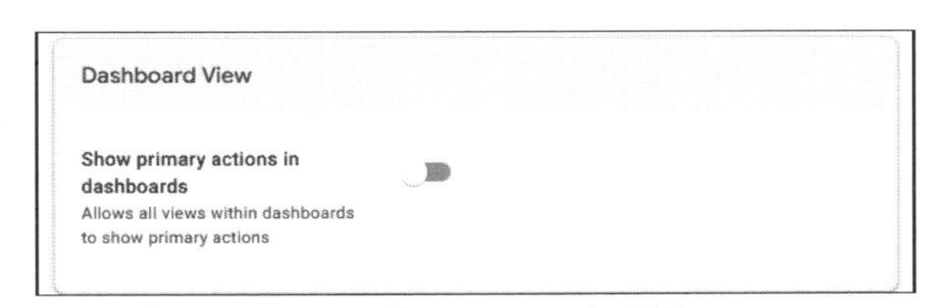

図7-10：「Dashboard View」「Data Formats」の画面。

「Detail View」について

「Detail View」は、詳細表示のビューに関する設定です。詳細表示のビューはシステムによって自動生成されるため、ユーザーが表示を変更できません。ここでの設定が、ユーザーがタッチ可能な唯一の設定内容と言えます。

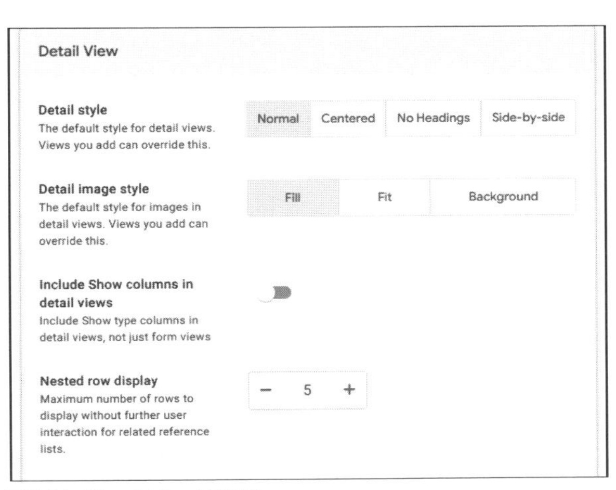

図7-11：「Detail View」の画面。

Detail style	詳細表示のスタイルを指定します。各項目名と値をどのようなスタイルで表示するかを選択肢から選びます。
Detail image style	イメージの表示スタイルを指定します。エリア内にフィットして表示したり、背景として表示させたりできます。
Include Show columns in detail views	種類に「Show」を指定した列を含めるかどうかを指定します。これはマルチページフォームで使われるものです。
Nested row display	Refで関連付けられた別テーブルのレコードを下部に表示できますが、その際の最大列数を指定します。

Detail Viewの設定は、ビューが生成される際のデフォルトに使われるものです。作成された各ビューにも同等の設定が用意されており、そこで各ビューごとに設定が可能です。

「Forms」について

「Forms」は、レコードの新規作成や編集のために表示されるフォームに関する設定です。フォームの表示のスタイルに関するものの他、イメージアップロードの設定などが用意されています。

Form page style	マルチページフォーム（複数ページに分けて入力するフォーム）における表示の設定です。ページを順に表示する方式、タブで表示する方式が選択できます。
Form style	フォームのスタイルです。デフォルト（項目名の下に入力フィールドが表示される）と、Side-by-side（項目名の横に入力フィールドが表示される）スタイルが選べます。
Hide form numbering	フォームの項目にナンバリングするか指定します。
Advance forms automatically	入力後、次のフィールドに自動的に移動するものです。
Apply show-if constraints universally	「Show-if」による制約をフォームのみに限定するか、すべてのビューに適用するかを指定します。

これらの中でわかりにくいのはマルチページフォームの指定でしょう。AppSheetでは、複数ページに分けて入力をするフォームが作成できます。Form page styleはそのためのものです。これは、通常の入力フォームでは特に影響を与えません。

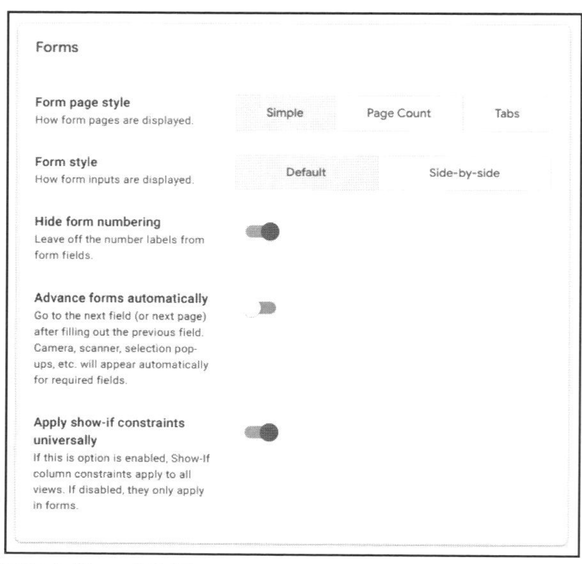

図7-12 「Forms」の画面。

「Map View」について

View typeで「maps」を選択することでマップビューを作成できますが、これはそのための設定です。

Use my Google Maps integration	ジオコーディングに、アカウントで設定してあるGoogleマップキーを使います。
Map pin limit	マップに表示されるピンの最大数を指定します。
Hide points of interest	Googleマップに追加されるショップなどのアイコンを非表示にします。

マップキーの使用やピンの最大数など、マップを利用する上で重要な設定が用意されています。これらはマップ利用の際は必ずチェックしておくようにしましょう。

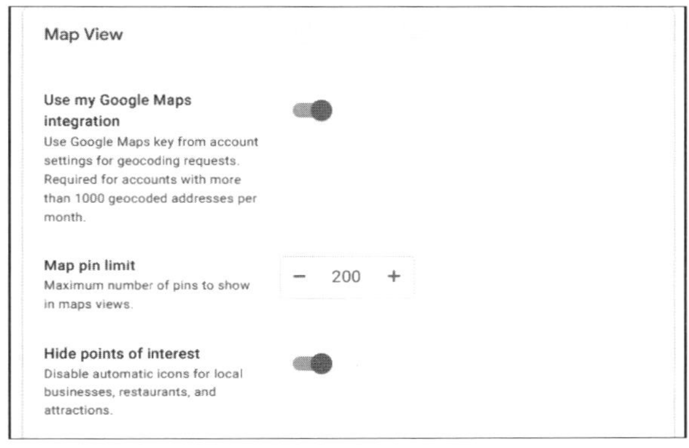

図7-13：「Map View」の画面。

「Table View」について

「Table View」とはテーブルのレコードを表示するときに用いられる、View typeを「tables」に設定したときのビューのことです。このビューの設定が次のように用意されています。

Show column headers	列のヘッダーを表示します。
Keep original column order	データソースの列の並びを保持します。
Right-align numeric columns	数値の場合は右揃えで表示します。
Disable user sorting	ヘッダーをクリックしてソートする機能をON/OFFします。

これらはテーブルの一覧表示のためのもので、他の表示には一切影響を与えません。なお、この設定はビュー作成時にデフォルトで指定されるものであり、作成された各ビューには個別に同等の設定が用意されています。それを使って、各ビューごとに設定を行えます。

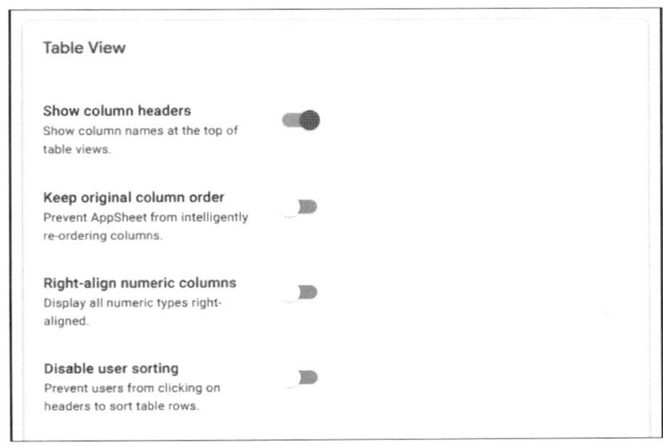

図7-14：「Table View」の画面。.

Localizationについて

Viewsに残る最後の項目が、「Localization」です。これは、ローカライズのための設定です。ここには「Customize System Text」という設定が用意されています。これは、システムで使われるテキストの一覧で、これらの値をすべて書き換えることで、アプリの表示の多くをそれぞれの母語に置き換えることができます。

用意されている項目の多くは、「Yes」「No」「Save」「Delete」というようにシンプルな単語が中心です（後半、簡単なメッセージ文も登場します）。これらをすべて日本語化すれば、アプリの表示をほぼ日本語にできます。

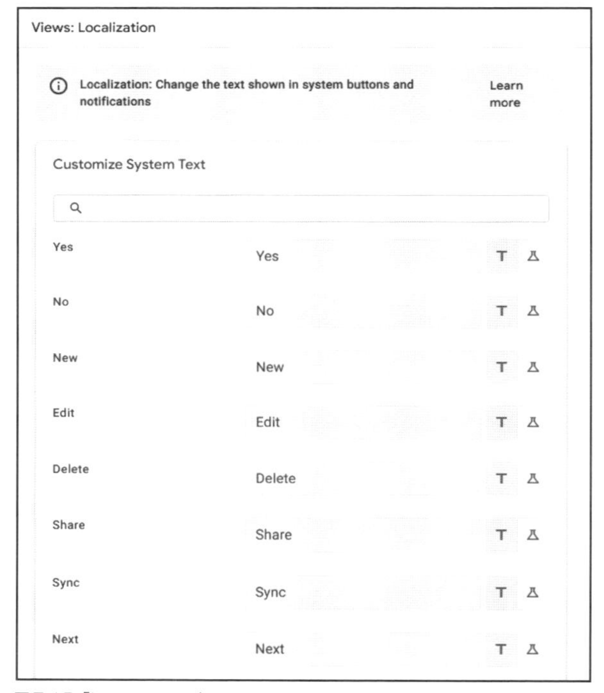

図7-15:「Localization」では、システムが使うテキストを他の表示に置き換えることができる。

Chapter 7

7.2. 業務用アプリを作る

業務の定番を考える

AppSheetの使い方が一通りわかったら、後は実際にアプリを作るだけです。アプリをいくつか作りながら、「アプリ作りの実践」を行うことにしましょう。

一般的な業務でアプリ化したいと思うものとしてぱっと思い浮かぶのは、「製品・商品・在庫などの管理」ではないでしょうか。これらは、いくつものデータが組み合わされて処理されていきます。こうした面倒な部分がアプリ化できたらずいぶんと助かるでしょう。

一般的な「取引先への商品発注の情報を元に在庫を管理する」といった業務を考えてみましょう。すると、ざっとこんなデータが用意されることになるでしょう。

取引先データ	商品を扱っている取引先の情報
商品管理データ	各取引先が扱っている商品情報
在庫管理データ	現在の在庫数の情報
発注管理データ	取引先への発注情報

「取引先に商品を発注し、商品の在庫をチェックする」といった業務を考えると、これぐらいは必要でしょう。さらに販売も行っているなら、「顧客からの注文を受けて在庫から商品を出荷する」といった業務の管理も必要になりそうです。が、とりあえず上記の4つのデータを管理できるようになれば、販売する側の管理も同じやり方で作れるようになるでしょう。というわけで、この4つのデータを扱うアプリについて考えていきましょう。

これらの4つのデータは、1つのスプレッドシートにまとめて保管できます。スプレッドシートには複数のシートを用意できますから、4枚のシートにそれぞれのデータを記録していけばよいわけですね。

では、アプリはどうでしょうか。これは、2通りの考え方ができます。1つは、すべてを1つのアプリにまとめるという方法。もう1つは、各機能ごとに別々のアプリを作成するという方法です。

今回はわかりやすく、「すべて1つのアプリにまとめる」という方法を取ります。が、業務によっては「管理する側と発注する側は別」ということもあるでしょう。そうした場合は、複数のアプリに分割して作成する方法も考えられます。

データベースを用意する

では、データベースを作成しましょう。AppSheetのホーム画面にある「Create」ボタンから「Database」内の「New database」メニューを選び、新しいデータベースを作成しましょう。作成後、名前を「業務管理 database」としておきます。

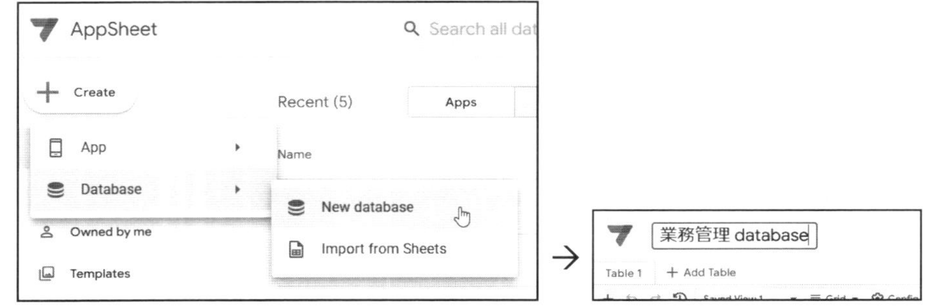

図7-16：「New database」メニューで新しいデータベースを作成し、名前を変更しておく。

無料アカウントでは、作成できるデータベースは5つまで！

ここまでいくつかのデータベースを作成していきましたが、そろそろ上限に達した人もいるかもしれません。AppSheetでは、無料で利用する場合、データベースは最大5つまでと決まっています（Google Workspaceユーザーで Coreプラン利用の場合は最大10まで）。このため、それ以上作ろうとするとエラーになります。

このような場合は、Googleスプレッドシートを利用するか、あるいは別のGoogleアカウントでログインして作業して下さい。

取引先テーブルの作成

では、テーブルを作っていきましょう。まずは、取引先の管理テーブルからです。これはデフォルトで作成されているテーブルを利用します。テーブルの名前を「取引先」と変更し、次のように列を作成しましょう。

企業名	Text
住所	Text
担当者	Name
メールアドレス	Email
電話番号	Phone

図7-17：「取引先」テーブルを作成する。

ざっとこれぐらいあればよいでしょう。作成したら、ダミーとしていくつか簡単なレコードを作成しておくとよいでしょう。

商品テーブルの作成

続いて、商品情報の管理テーブルです。テーブル名のタグ部分にある「＋」(Add a table) ボタンをクリックして新しいテーブルを作成して下さい。テーブル名を「商品」とし、次のように列を作成します。

商品名	Text
価格	Price
イメージ	Image (Attachment)
取引先	Ref (「取引先」テーブル)
メモ	LongText

「取引先」は、Link to tableに用意されている「Reference」を選択します。そして、Table of referenceで「取引先」テーブルを選択しておきます。

これも、いくつかダミーレコードを用意しておくとよいでしょう。ただし、イメージはここでは正しく設定できないので、用意する必要はありません。

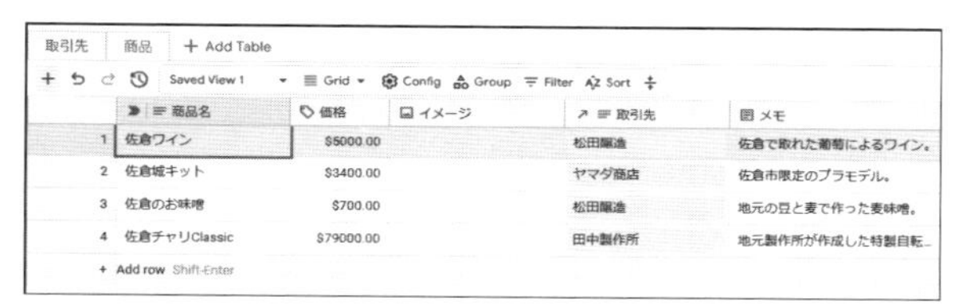

図7-18：「商品」テーブルを作成する。

在庫テーブルの作成

次は、在庫管理です。これは「在庫」という名前でテーブルを作成します。そして、次のように列を用意しておきます。

不使用	Text
商品	Ref (「商品」テーブル)
在庫数	Number

商品は商品テーブルへの参照を設定するためのもので、実質的に「在庫数」の値だけしかデータはありません。また、最初の項目が「*不使用*」となっていますが、この項目は使いません。AppSheetのデータベースの場合、ラベル設定用に必ずText型の列を1つ用意する必要があります。このため、1つ目は「使わない列」としてそのままにしておきました。Googleスプレッドシートなどを利用している場合は、この列は不要です。

作成したら、「商品」テーブルに用意したダミーレコードを「在庫」にも用意しておきましょう。

図7-19：「在庫」テーブルを作成する。

発注テーブルの作成

残るは発注管理のテーブルですね。これも新しいテーブルを作成し、名前を「発注」と設定しておきます。そして、以下の列を作成しましょう。

発注日時	Text
商品	Ref（「商品」テーブル）
個数	Number
メモ	LongText
済	Yes/No
flag	Yes/No

「済」は、発注した商品が届いたときに「処理は終わった」ということを示すのに使うものです。また「flag」は、アクションで処理するレコードにチェックを入れておくのに使うもので、実際のデータとして特に利用はしません。

図7-20：「発注」テーブルを作成する。

業務管理アプリを作る

テーブルが一通りできたところで、アプリを作成しましょう。画面右側上部にある「Apps」ボタンをクリックし、現れたサイドパネルから「New AppSheet app」ボタンをクリックして新しいアプリを作成して下さい（図7-21）。

アプリが作成されたら、左側のアイコンバーから「Data」を選択してテーブルの管理画面を開いて下さい。デフォルトでは、「取引先」テーブルが1つだけ作成されているでしょう。

右側のプレビューを見ても、「取引先」というビューが1つあるだけなのがわかります（図7-22）。その他のテーブルは、手動で追加していくことになります。

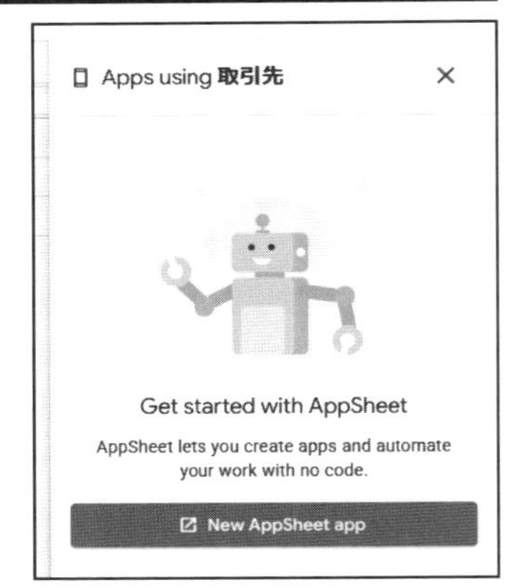

図7-21：「New AppSheet app」ボタンでアプリを作成する。

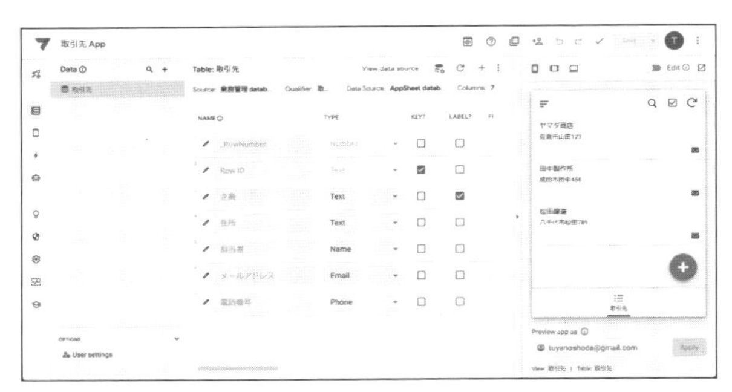

図7-22：作成されたアプリ。「取引先」テーブルが1つだけある。

テーブルを追加する

では、残りのテーブルを追加しましょう。左側のテーブルの一覧が表示されているエリアの上部にある「+」(Add new Data) アイコンをクリックし、現れたAdd dataパネルから「AppSheet Database」を選択します。

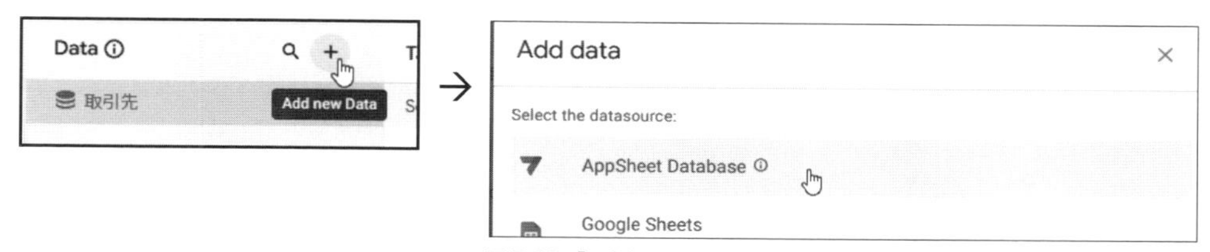

図7-23：「+」をクリックし、パネルから「AppSheet Database」を選ぶ。

「Select database」というパネルが現れます。作成した「業務管理 database」を選択します。すると、データベースにあるテーブルの一覧が表示されます。ここで、すべてのテーブルのチェックをONにした状態で「Add 3 tables」ボタンをクリックしましょう。これで、残りの3つのテーブルもアプリに追加されます。

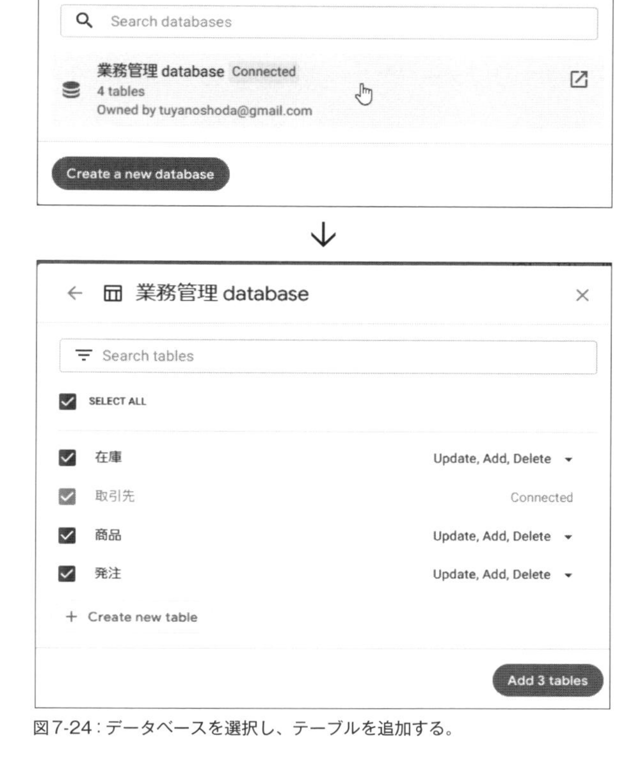

図7-24：データベースを選択し、テーブルを追加する。

エラーが表示されたら?

実際に試してみると、左側のテーブルの一覧部分に赤い「×」が表示され、テーブルのいくつかに赤い小さな点が表示されるかもしれません。これは、そのテーブルで問題が発生していることを示します。

今回のように、テーブル間で参照をしあっているような複雑なデータベースの場合、AppSheetに組み込む際に参照の状況が正しく設定できずにエラーとなることがあります。このような場合はエラーが発生しているテーブルを選択し、その上部にある「Regenerate schema」アイコンをクリックして下さい。そして確認のアラートが現れたら、「Regenerate」ボタンをクリックします。これで、データベースからテーブルが再生成されます。

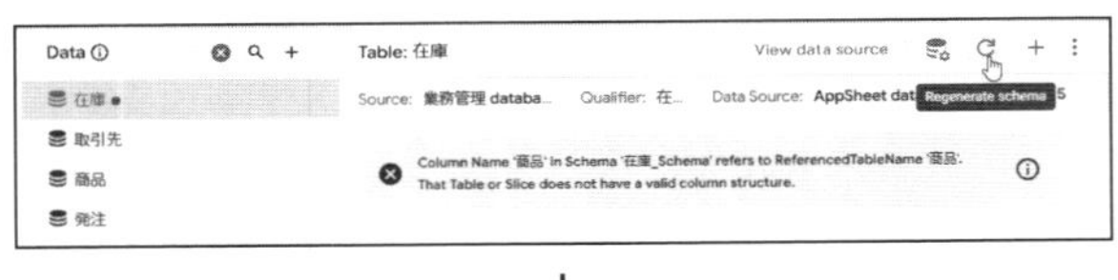

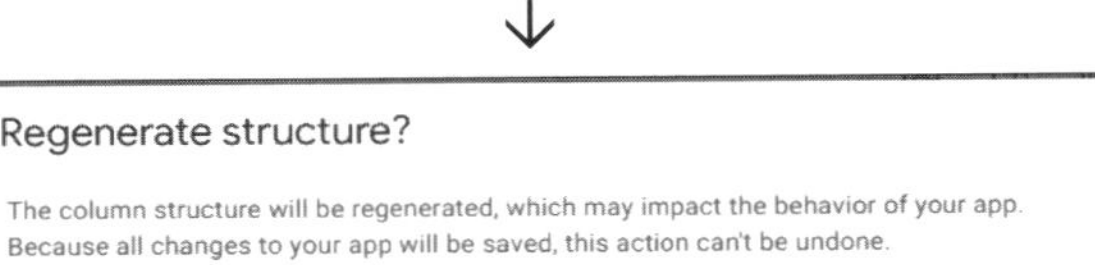

図7-25：エラーになったら「Regenerate schema」をクリックし、アラートで「Regenerate」を選ぶ。

テーブルを調整する

作成されたテーブルは、基本的に正しく設定されているため、修正などをしなくとも使うことができます。ただし、細かい点でいくつか調整をしておく必要があるでしょう。

Priceのフォーマットを設定する

まずは、「商品」テーブルにある「Price」列です。これは金額を設定するものですが、デフォルトでは通貨記号がドルになっています。これを円に変更しましょう。

「商品」テーブルの「Price」列の左端にある「Edit」アイコンをクリックして下さい。これで、列の設定パネルが開かれます（図7-26）。

パネルから「Type Detail」というところにある設定を調整します。まず、Decimal digitsの値をゼロにして、小数点以下を表示しないようにします。そして、Currency symbolで「¥」を選択します。これで、金額が円で表示されるようになります（図7-27）。

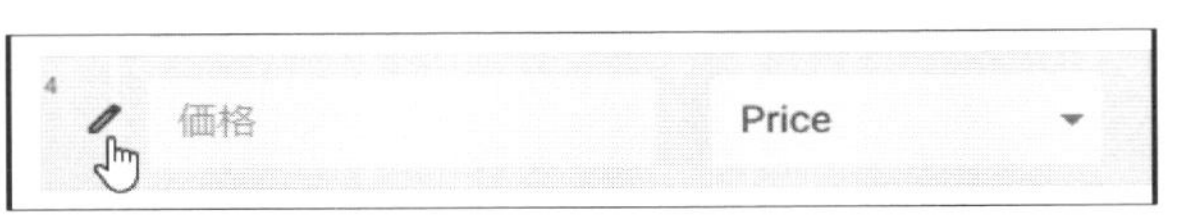

図7-26：Priceの「Edit」アイコンをクリックする。

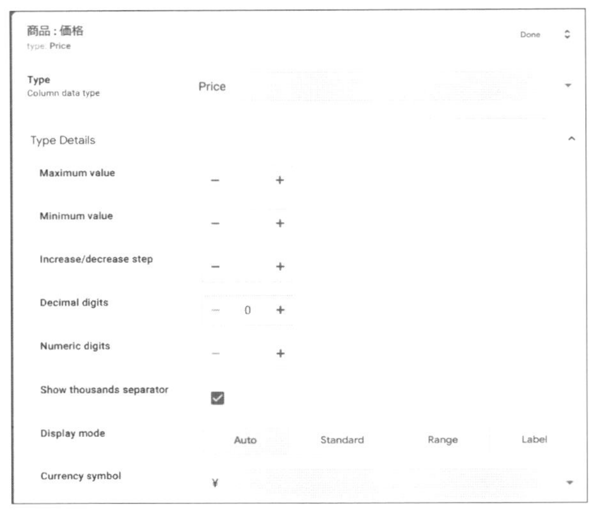

図7-27：Type Detailsで金額のフォーマットを調整する。

発注テーブルの初期値を指定する

続いて、データの作成をもっとも頻繁に行うだろう「発注」テーブルに少し手を加えましょう。これは簡単にフォームを入力できるように、いくつかの列に初期値を設定しておきます。初期値は、「INITIAL VALUE」という項目で式を使って設定できましたね。ではまず「発注日時」のINITIAL VALUEをクリックし、以下の式を記入して下さい。

▼リスト7-1

```
TEXT(NOW(), "YYYY-MM-DD HH:MM:SS")
```

続いて、「済」と「flag」にそれぞれ「FALSE」を記入しておきます。これで、初期値に「NO」の値が選択されるようになります。

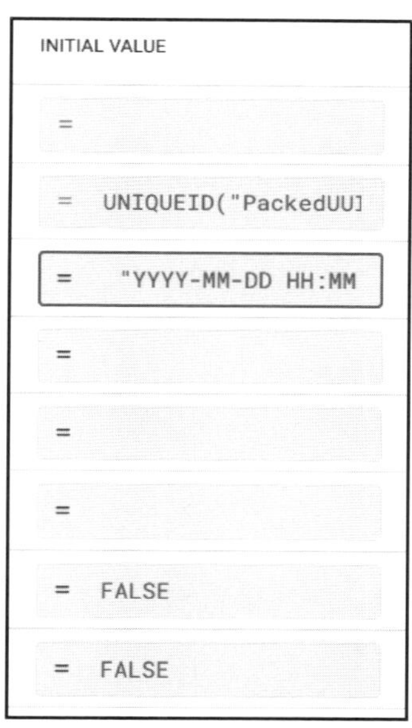

図7-28：発注のINITIAL VALUEに式を設定しておく。

「合計」仮想列を追加する

続いて、テーブルを少し拡張しましょう。まず、発注テーブルに合計金額を表示する仮想列を追加しましょう。「発注」テーブルを選択し、列の内容を表示しているエリアの上部にある「＋」(Add virtual column) アイコンをクリックして下さい。

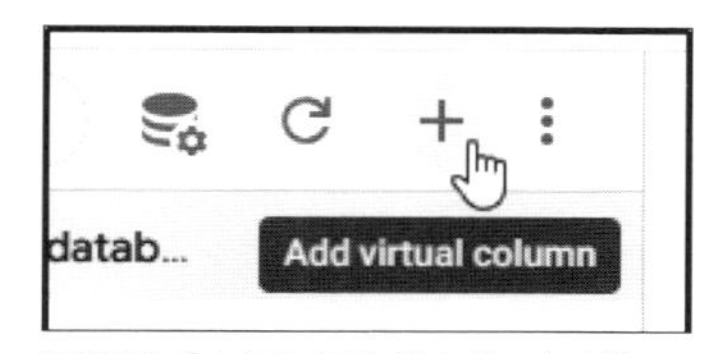

図7-29：「＋」アイコンをクリックする。

仮想列の設定パネルが現れます。ここで、Column nameを「合計」とし、その下の「App formula」のフィールドをクリックしてExpression Assistantパネルを呼び出し、次のように記述します。

▼リスト7-2

```
[商品].[価格] * [個数]
```

これで、参照する商品テーブルから価格を取得し、合計金額を計算して表示するようになります。

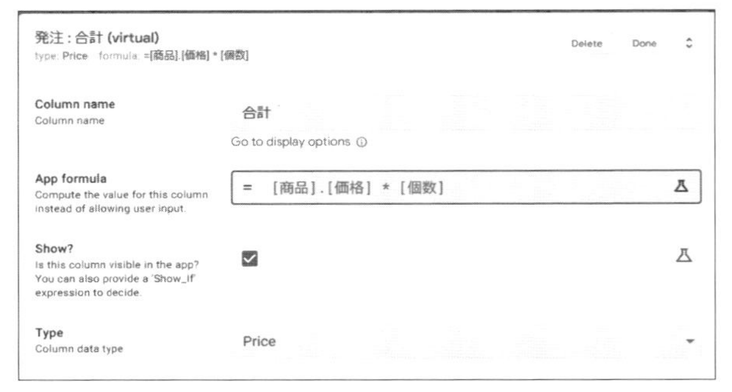

図7-30：仮想列のパネルでColumn nameとApp formulaを設定する。

スライスの作成

続いて、発注の処理がまだ完了していないレコードだけを集めたスライスを作成します。「Data」のテーブル名の一覧表示エリアから「発注」の「＋」(Add slice to filter data) アイコンをクリックし、現れたパネルにある「Create a new slice for 発注」ボタンをクリックしてスライスを作成して下さい。

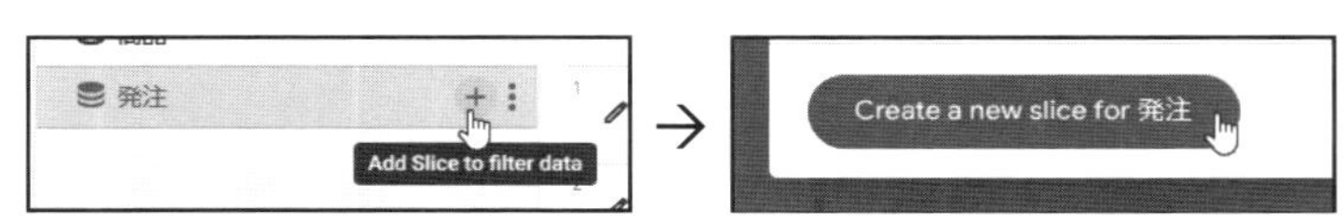

図7-31：「＋」をクリックし、「Create a new slice for 発注」ボタンをクリックする。

スライスが作成されたら、設定を行います。以下の項目について設定を行って下さい。

Slice Name	発注未完了
Source Table	発注
Row filter condition	[済] = FALSE

これで、発注テーブルから「済」がNOになっているレコードだけをピックアップしたスライスが作成できました。

図7-32：作成したスライスの設定を行う。

ビューを設定する

テーブルの設定がだいたいできたら、次はビューの設定を行いましょう。左端のアイコンバーから「Views」を選んで表示を切り替えて下さい。

まず、デフォルトでPRIMARY NAVIGATIONに用意されている「取引先」ビューからです。View nameとFor this dataは、それぞれ「取引先」となっていますね。では、その下のView typeを「table」に変更して下さい。

これで、テーブルが一覧表示されるようになります。また、Positionは「first」にして一番左側に表示されるようにしておきます。

図7-33：テーブルのタイプとーを調整する。

続いて、View Optionsの「Sort by」で並び順を設定します。「Add」ボタンで項目を追加し、「企業」「Ascending」を選択します。これで、企業の名前順にソートされるようになりました。

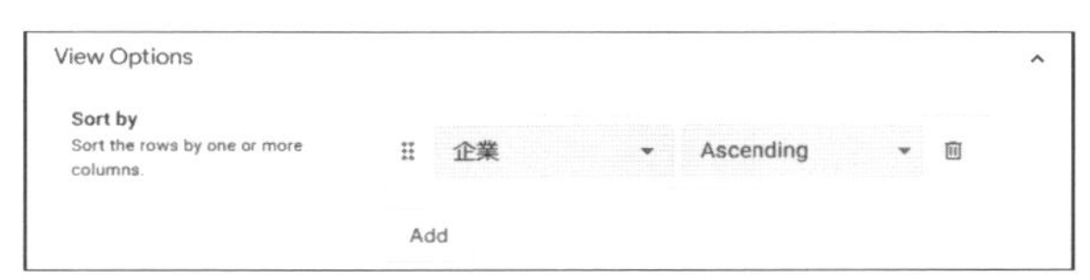

図7-34：Sort byで並び順を設定する。

さらに、その下にある「Column order」で「Manual」を選択して、列の並び順を調整できるようにします。以下の順に列を並べておきます。

- 企業
- 担当者
- メールアドレス
- 電話番号

それ以外の項目は削除してかまいません。これで、必要な項目だけをすっきりまとめて表示するようになりました。

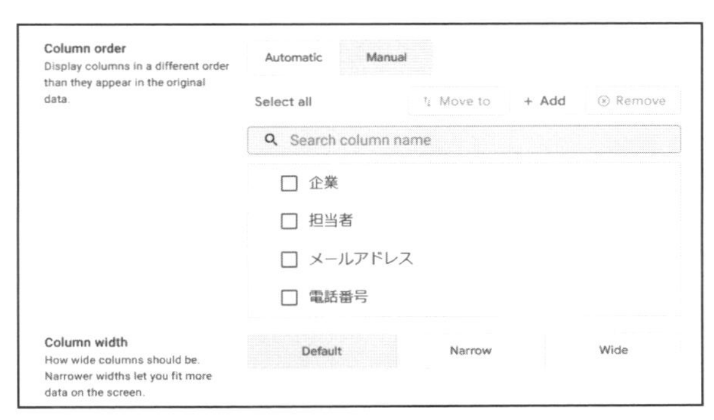

図7-35：Column orderで表示する列を並べる。

「商品」ビューの作成

次は、商品テーブルを表示するビューを作りましょう。ビューの一覧エリアからPRIMARY NAVIGATIONの「+」(Add view)アイコンをクリックし、現れたパネルで「Create a new view」ボタンをクリックして新しいビューを作成します。

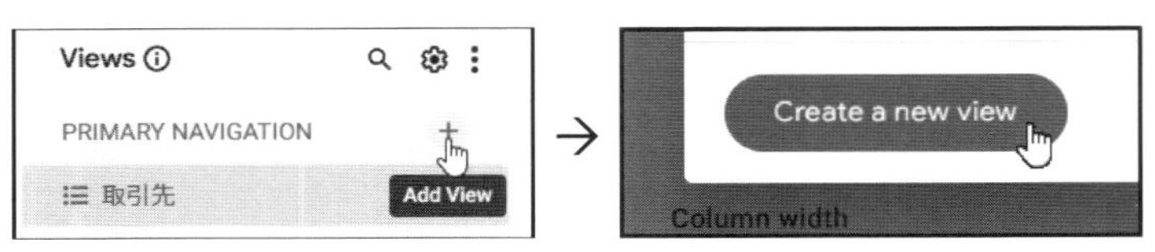

図7-36:「+」をクリックし、パネルの「Create a new view」をクリックする。

ビューが作成されたら、基本的な設定として以下のものを設定しておきます。これで、商品テーブルの一覧を表示するビューになります。

View name	商品
For this data	商品
View type	table
Position	next

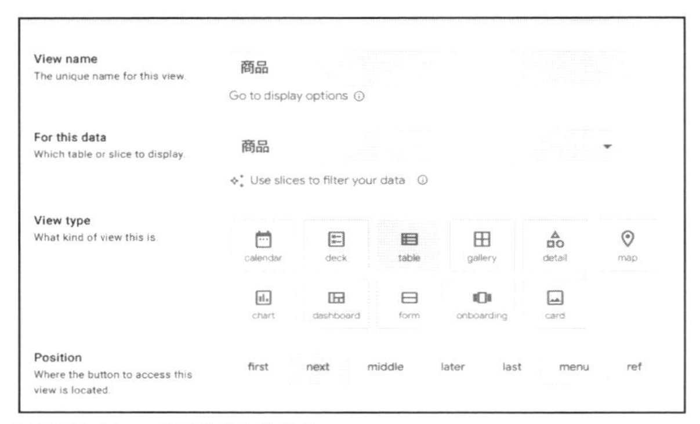

図7-37:ビューの基本設定を行う。

続いて、並び順を調整するSort byとGroup byを設定します。それぞれ「Add」ボタンで項目を追加し、次のように設定して下さい。

Sort by	「商品名「Ascending」
Group by	「取引先」「Ascending」

図7-38:Sort byとGroup byを設定する。

最後に、表示する列の設定を行います。「Column order」で「Manual」を選択し、次のように列を並べて下さい。

- イメージ
- 商品名
- 価格

それ以外の項目は、とりあえず一覧表示画面に表示する必要はないので削除しておきましょう。これで、「商品」Viewの基本設定は完了です。

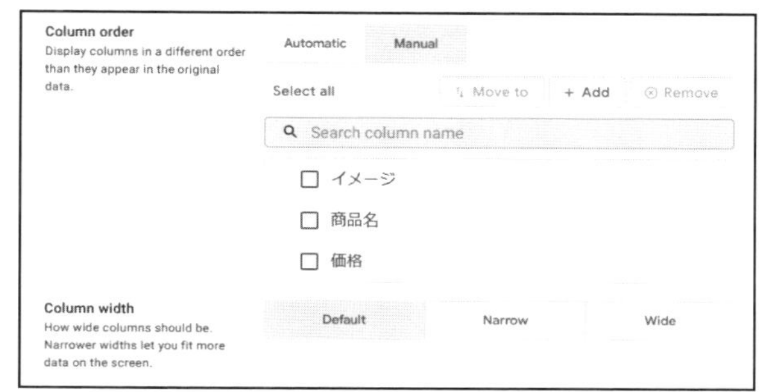

図7-39：Column orderで表示する列を設定する。

「在庫」ビューの作成

次は、在庫テーブルを表示するビューです。ViewsのPRIMARY NAVIGATIONの「＋」で新しいビューを作成して下さい。そして、次のように基本設定を行います。

View name	在庫
For this data	在庫
View type	table
Position	middle

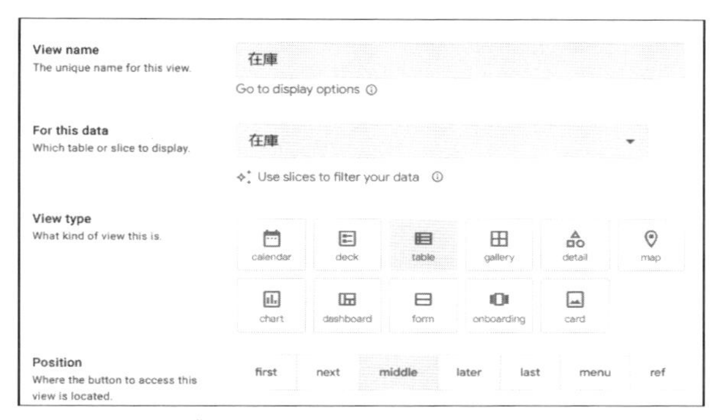

図7-40：在庫テーブルを表示するビューを設定する。

続いて、ビューの並び順を設定します。Sort byの「Add」ボタンをクリックして項目を追加し、次のように設定しておきましょう。

```
「商品」「Ascending」
```

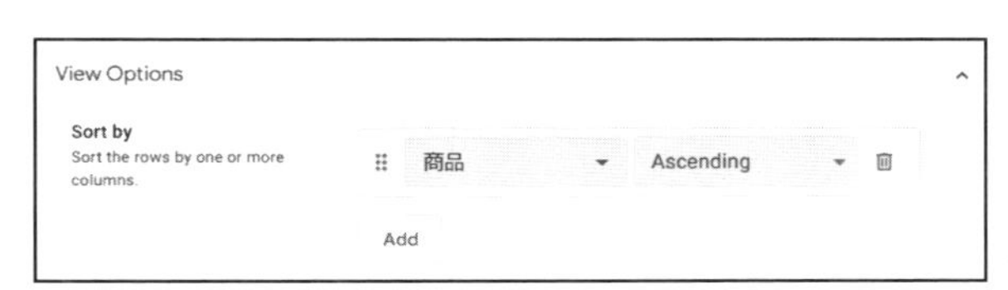

図7-41：Sort byで並び順を調整する。

最後に、表示する列の設定をします。「Column order」で「Manual」を選択し、以下の列を並べて下さい。

- 商品
- 在庫数

「*不使用*」は使わないので削除しておきましょう。これで、このビューは完成です。

図7-42：Column orderで表示する列を設定する。

「発注」ビューの作成

残るは、発注テーブルを表示するビューですね。これもPRIMARY NAVIGATIONの「＋」で新しいビューを作成しましょう。基本設定は次のようになります。

View name	発注
For this data	発注未完了
View type	table
Position	later

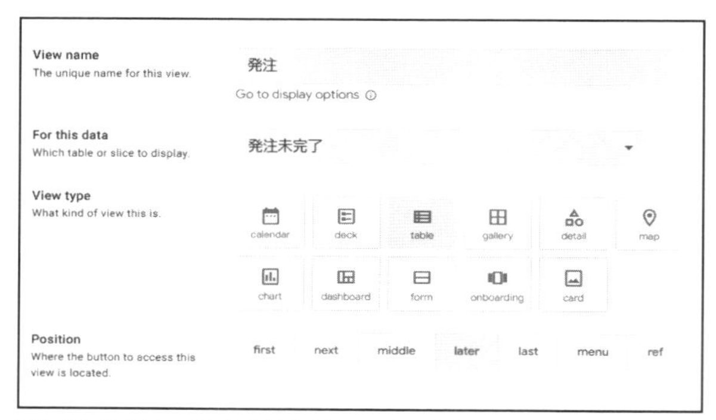

図7-43：発注テーブルを表示するビューを用意する。

続いて、Sort byで並び順の調整をします。「Add」ボタンで項目を追加し、次のように設定を行いましょう。

```
「発注日時」「Descending」
```

これで、最新の発注から順に並べて表示されるようになりました。

図7-44：Sort byで並び順の調整を行う。

最後に、表示する項目を調整します。「Column order」で「Manual」を選択し、以下の列を順に並べて下さい。

- 発注日時
- 商品
- 個数
- 合計

とりあえず、各テーブルごとに一覧表示するビューが用意できました。これで、基本となるビューは完成です。ただ、より使いやすくするため、もう少しビューを用意しておくことにします。

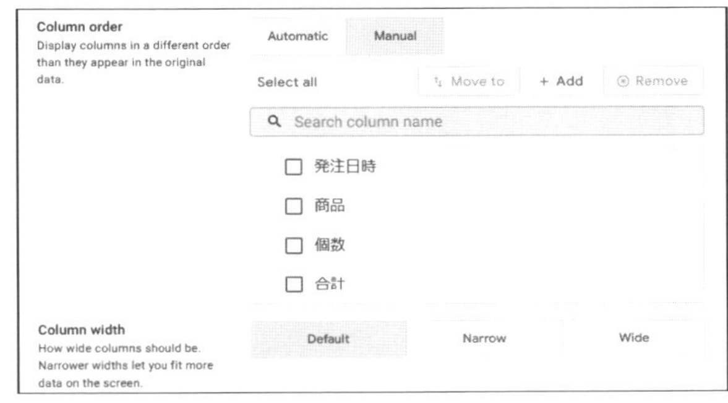

図7-45：Column orderで表示する列の設定をする。

表示を確認する

基本のビューが用意できたら、右側にあるプレビューで一通り表示を確認しておきましょう。画面の下部には4つのアイコンが表示されていて、これらで各ビューを切り替え表示できます。なお、表示の確認には、いくつかダミーでデータを用意しておくとよいでしょう。

●「取引先」ビュー

社名と担当者名が表示されています。その右にはメールや電話、メッセージのアイコンが用意されていて、これらをクリックして連絡を取れます。

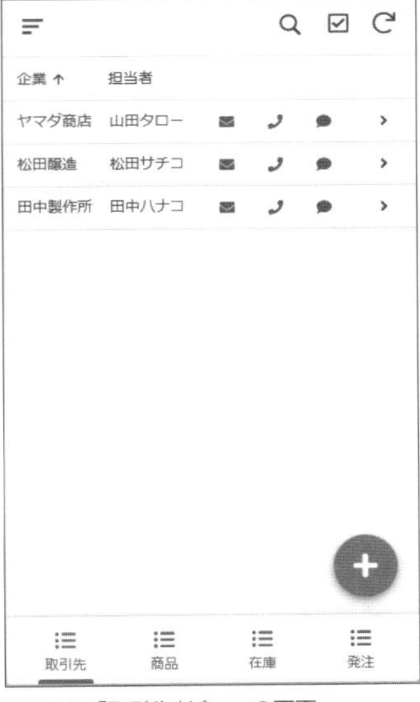

図7-46：「取引先」ビューの画面。

●「商品」ビュー

商品の一覧が、会社ごとにグループ分けされて表示されます。View typeに「table」を指定していますが、縮小されているとはいえイメージもちゃんと表示でき、商品の内容もわかりやすく表示できているでしょう（図7-47）。

●「在庫」ビュー

在庫の一覧は、商品名と在庫数のみです。在庫をざっと一覧で確認する目的ですので、これで十分でしょう（図7-48）。

●「発注」ビュー

「発注」では「発注」テーブルではなく、「発注未完了」スライスを使っています。これにより、まだ発注した商品の処理が完了していないものだけが表示されます。つまり、ここに項目がなければ、すべての処理が完了しているとわかるわけです（図7-49）。全発注の表示は、この後で作成します。

図7-47：「商品」ビューの画面。

図7-48：「在庫」ビューの画面。

図7-49：「発注」ビューの画面。

メニュー用のビュー

ここまで作成したビューは、すべてPRIMARY NAVIGATIONに用意していました。これは画面の下部にアイコンとして表示され、クリックしていつでも切り替えることができます。もっともよく使う基本のビューですね。

この他に、ときどき利用するようなビューは、メニューに追加しておくことができます。これは、MENU NAVIGATIONに用意します。この「メニューに用意するビュー」もいくつか作成しておくことにしましょう。

商品のギャラリー

まず用意したいのは、商品のイメージを大きく表示して見やすくしたビューです。やはり、商品はイメージが重要です。

MENU NAVIGATIONの「＋」を使ってビューを作成し、次のように設定を行いましょう。

View name	商品一覧
For this data	商品
View type	gallery
Position	menu
Sort by	「商品名」「Ascending」
Image size	Large

図7-50：商品一覧のビューを設定する。

これで、メニューに「商品一覧」ビューが追加されました。実際に表示してみましょう。商品のイメージが大きく表示されます。

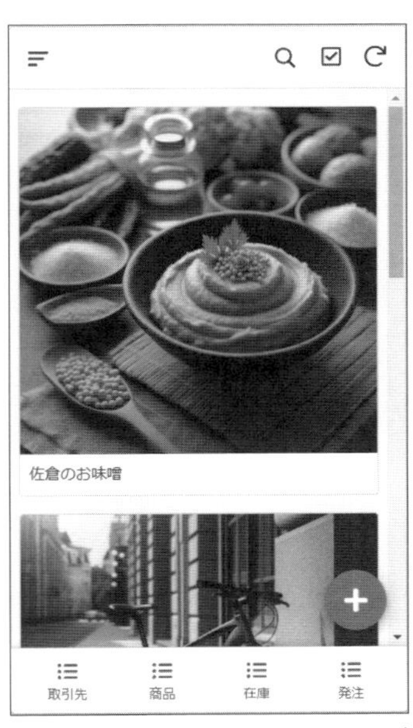

図7-51：「商品一覧」ビュー。商品イメージが大きく表示される。

すべての発注リスト

続いて、もう1つMENU NAVIGATIONにビューを用意しましょう。それは、発注の一覧表示を行うビューです。先ほど作った「発注」ビューは、発注の処理が完了していないものだけをまとめて表示しました。こちらは、すべての発注情報をまとめて表示するものです。

MENU NAVIGATIONに新しいビューを作成したら、次のように設定を行っておきましょう。

View name	発注一覧
For this data	発注
View type	table
Position	menu
Sort by	「発注日時」「Descending」
Group by	「済」「Descending」

図7-52：すべての発注を表示する「発注一覧」ビューを設定する。

設定できたら、実際にメニューから「発注一覧」を選んで表示を確認しましょう。発注データが、「済」のYesとNoに分けて表示されます。これで、すべての発注情報が確認できます。

図7-53：「発注一覧」ビューの表示。

SYSTEM GENERATEDビューの調整

これで基本的なビューは用意できましたが、実はまだ手つかずのビューがあります。それは「システムが作成したビュー」です。

ビューの一覧を表示しているエリアの株には「SYSTEM GENERATED」という表示があります。ここに、システムによって自動生成されたビューがまとめられています。システムによって作成されるビューとは、次のようなものです。

- レコードの詳細表示。「○○_Detail」という名前で作成される。
- レコードの作成編集用フォーム。「○○_Form」という名前で作成される。
- レコード内に別テーブルのレコードを組み込む場合のビュー。「○○_Inline」という名前で作成される。

これらも、必要に応じて調整しておくことで、より使いやすいアプリになります。では、必要な調整を行っていきましょう。

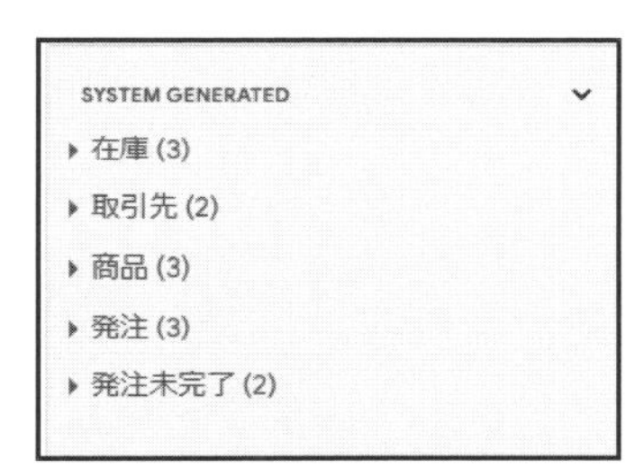

図7-54：SYSTEM GENERATEDには各テーブルとスライスごとに複数のビューが作成されている。

発注/発注未完了のフォーム

「発注」と「発注未完了」には、それぞれ発注レコードの作成編集のためのフォーム用ビューが用意されています（「○○_Form」という名前のもの）。これらをクリックすると、フォーム表示の設定が現れます。以下に簡単に説明しておきましょう。

Page style	ページの表示方式です。マルチページフォーム（複数ページに渡るフォーム）を作成する場合に使います。通常は必要ありません。
Form style	フォームの表示スタイルです。Defaultではラベル名の下に入力フィールドが用意されます。Side-by-sideではラベルの横にフィールドが用意されます。
Column order	フォームに表示される列を設定します。
Save/Cancel position	「Save」「Cancel」ボタンの位置（ページの上か下か）を指定します。

ここでは、「Column order」で表示する列の設定だけ行っておきましょう。このフォームでは、以下の列だけ表示させせます。

- 商品
- 個数
- メモ
- 合計

それ以外の列は、初期値が自動設定されるので入力する必要はありません。「合計」は入力の必要がないのでなくてもよいのですが、合計金額がわかったほうが使いやすいでしょうから入れておきました。

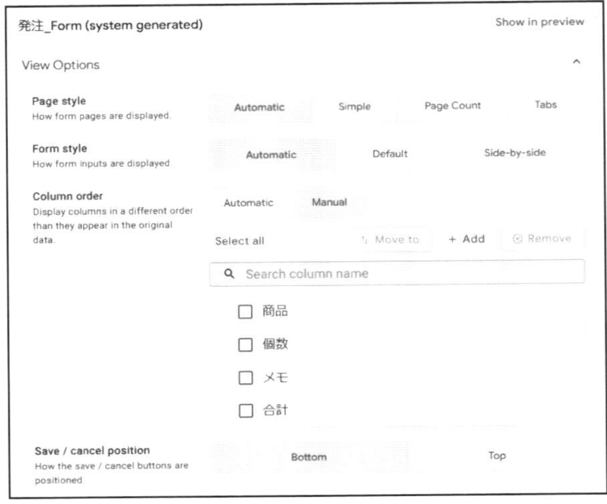

図7-55：発注／発注未完了のフォーム設定。

C O L U M N

マルチページフォームとは？

ここで「マルチページフォーム」というものが登場しました。列数が多いテーブルなどで、複数のページに分けて入力を行うフォームのことです。
これは、テーブルの設計によって自動的に作成されます。テーブルにページの区切りとなる列を用意し、その列のTYPEを「SHOW」に変更します。これにより、その列は「ページの区切りを示すもの」とみなされるようになり、フォームはそこでページ分けして表示されるようになります。TYPEをSHOWにした列には値の入力は行えなくなりますから、「ページ区切り専用の列」として用意しておく必要があります。

「発注_Inline」ビューの調整

もう1つ、調整しておきたいのが「発注」にある「発注_Inline」ビューの表示です。

「〇〇_Inline」というビューは、別のビュー内に組み込まれて表示される際に使われるものです。「発注_Inline」は、商品の詳細表示ビュー内に自動的に組み込まれます。これにより、商品の発注状況がわかるようになります。

ただし、デフォルトでは発注の全列が一覧表示されているため、不要なものを削除して調整したほうがよいでしょう。View typeを「table」にし、次のように設定を行って下さい。

Sort by	「発注日時」「Descending」を追加。
Column order	「Manual」を選択し、以下の項目を用意。 • 発注日時 • 商品 • 個数 • 合計

これで、不要な項目が表示されなくなります。また、発注日時の新しいものから表示されるようになり、発注を確認しやすくなるでしょう。

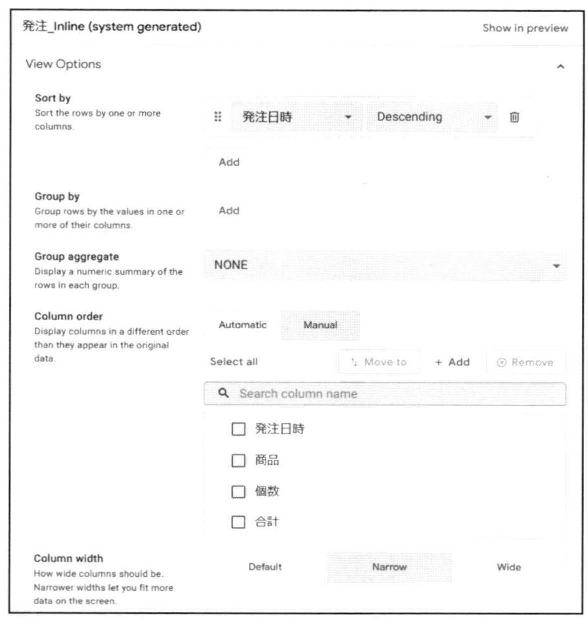

図7-56：発注_Inlineの表示を調整する。

これで、一応はアプリとして使えるようになりました。もちろん、まだ問題はいろいろとあります。特に大きいのが発注関係です。発注のフォームでは「済」を表示しないようにしたため、処理済みの設定変更ができません。が、とりあえずそれ以外の機能は一通り使えるようになっています。

Chapter 7

7.3. オートメーションとアクションで自動化

必要な機能を考える

一応、基本的な操作は一通りできるようになりましたが、まだアプリとして実用となるには足りない機能がいろいろとありそうですね。実際に使う場合、必要となるのは以下の2つでしょう。

●商品と在庫のシンクロ

商品と在庫のテーブルは常に同期する必要があります。例えば新しい商品を追加したら、在庫にも同じ項目が追加されないといけません。

常にシンクロするのはAppSheetでは難しいので、在庫の作成ボタンを使えないようにして、商品を追加したら自動的に在庫にも追加されるようにしましょう。

●処理完了の処理

発注した商品が届いたら、発注処理の完了を行います。これは、発注テーブルのレコードの「済」をONにし、在庫テーブルの承認の個数を発注した数だけ増やす、という作業です。これを自動化できれば間違いもなくなります。

オートメーションで在庫レコードを作成する

では、順に作成しましょう。まずは、「商品を追加したら在庫にも追加する」という作業です。これはオートメーションを使い、ボットとして作成をします。

左側のアイコンバーから「Automation」を選択し、ボットの編集画面に切り替えて下さい。そして、ボットの一覧表示エリアの上部にある「+」で新しいボットを作成します。作成したら、名前を「在庫の作成」としておきましょう。

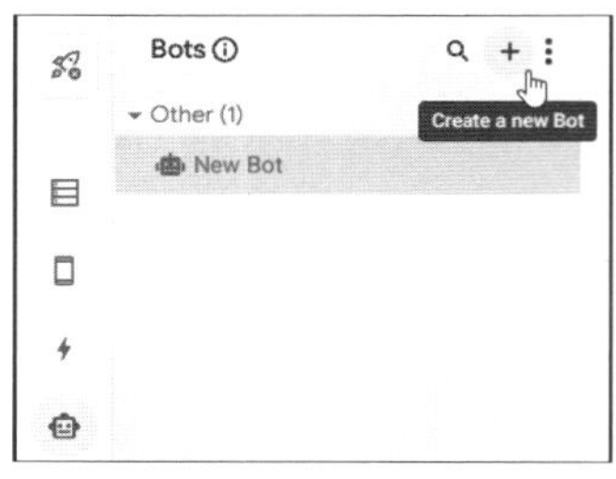

図7-57：新しいボットを作る。

イベントを設定する

イベントを設定します。「When this EVENT occurs:」のところにある「Configure event」ボタンをクリックしてイベントを設定し、右側に表示される設定内容を次のように入力して下さい。

Event name	商品が追加された
Event source	App
Table	商品
Data change type	「Add」のみONにする

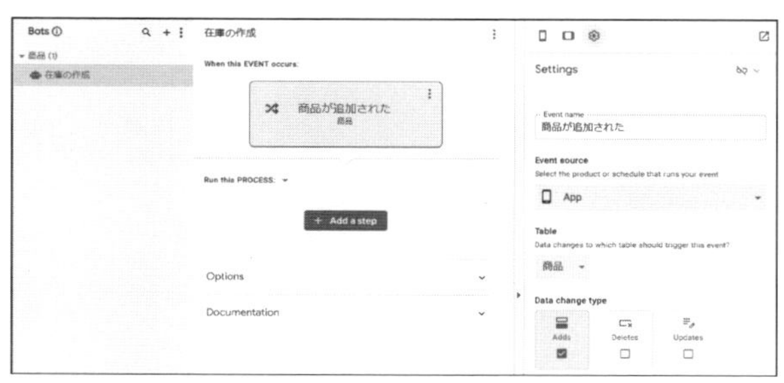

図7-58：イベントの設定を行う。

タスクを作成する

続いて、プロセスに新しいタスクを作成します。「Add a step」ボタンでステップを作成し、「Run a task」を「Run a data action」に変更します。タスク名は「在庫を作成」としておきましょう。

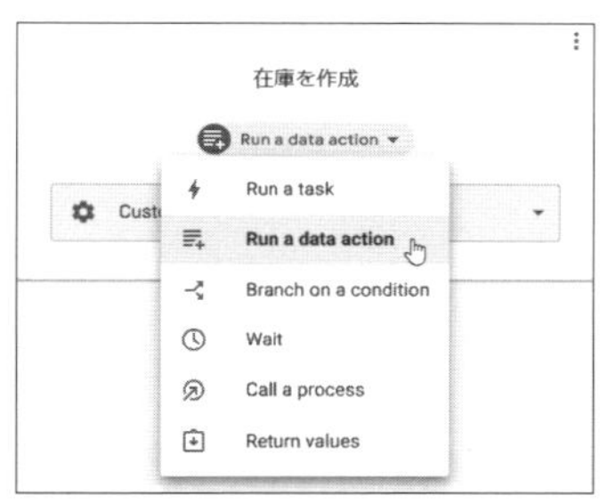

図7-59：新しいタスクを作り、「Run a data action」を選択する。

作成された「在庫を作成_タスクを選択し、右側のサイドパネルから設定を行います。まず、「Add new rows」ボタンを選択して下さい。そして、次のように設定を行います。

Add row to this table	在庫
With these values	「Add」ボタンで項目を2つに増やし、次のように設定する。 「商品」：[_THISROW] 「在庫数」：0

これで、新しい在庫テーブルのレコードを作成します。商品の列には[_THISROW]という値が設定されていますが、これは現在のレコードを示す特殊な値です。このタスクは「商品」テーブルで動作しますね。したがって、[_THISROW]を指定することで、「現在の商品レコード」を割り当てることができるようになるのです。

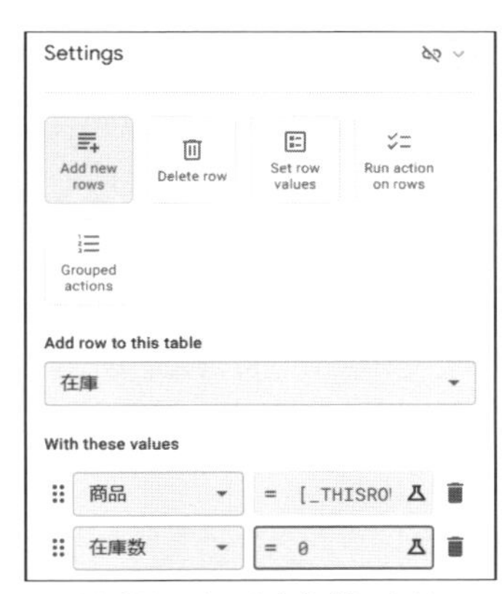

図7-60：新しいタスクを作成し、Add new rowsで新しい行データを追加する。

在庫のAddをHideに変更

これで、商品テーブルにレコードが追加されたら、自動的に在庫テーブルにもその商品のレコードが追加されるようになります。が、「在庫」ビューには「＋」フローティングアクションボタンもありますから、これで追加されたら両テーブルをシンクロさせることができません。そこで、この「＋」ボタンを非表示にしておきましょう。

左側のアイコンバーから「Actions」を選択し、アクションの一覧を表示します。その中から、「在庫」内の「Add」を選択します。

図7-61：在庫の「Add」を選択する。

画面に表示される設定の中から「Position」という項目を探し、「Hide」ボタンを選択して下さい。これで、「Add」ボタンが非表示に変わります。

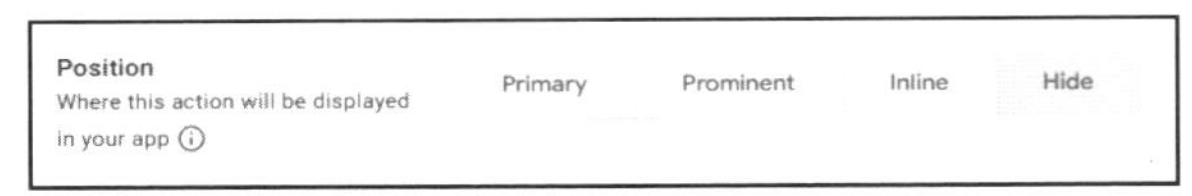

図7-62：「Position」の値を「Hide」に変更する。

完了処理のアクションを作成する

続いて、発注処理の完了を行うための処理を作成しましょう。これは、アクションを使って作成できます。ただし、いくつものアクションを作成していく必要があるので、注意して作っていかないといけません。

では、どのようなアクションを用意する必要があるのか、簡単にまとめておきましょう。

「在庫」テーブル	在庫のレコードを探して在庫数を増やす。
「発注」テーブル	• 済・flagをONにする。 • 在庫を更新するアクションを呼び出す。 • flagをOFFに戻す。

全部で4つ（これらを1つにまとめるアクションも必要なので計5つ）のアクションを作成する必要があります。やっていることを整理するなら、「済とflagをONにして在庫のレコードを更新し、flagをOFFに戻す」という作業になります。

なぜflagをONにして作業し、またOFFに戻しているのか？　それは、「在庫のレコードを探して在庫数を増やす」のに必要なためです。在庫の更新では、発注の完了処理を行う商品の在庫に、発注した個数を追加します。

ということは、在庫レコードで「どの発注レコードの個数を追加したらよいか」がわかっていないといけません。そこでflagを使い、「flagがONになっている発注レコード」を検索して値を取り出すのです。こうした処理のためにflagを操作しています。

「在庫数の更新」アクション

では、順に作成をしていきましょう。まずは、もっともわかりにくい「在庫数を更新するアクション」からです。

左側のアイコンバーから「Actions」を選択して表示を切り替えて下さい。そして、アクションの一覧表示にある「在庫」の「+」(Add Action) アイコンで新しいアクションを作成し、次のように設定を行って下さい。

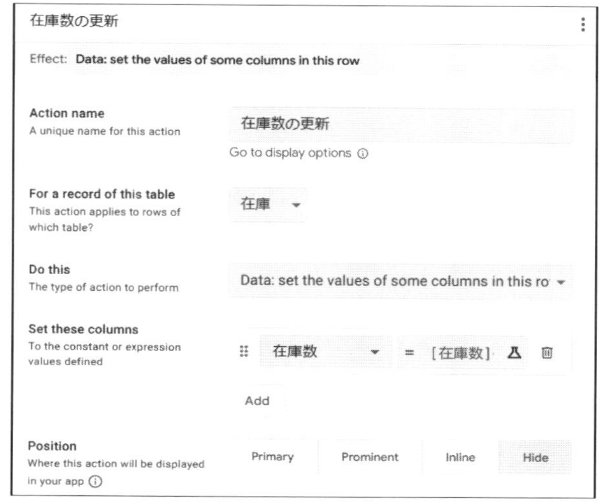

図7-63：新しいアクションを作成し、設定を行う。

Action name	在庫数の更新
For a record of this table	在庫
Do this	Data:set the values of some columns in this row
Set these columns	「在庫数」を追加（値は後述）
Position	Hide

Set these columnsの式について

このアクションの最大のポイントは、Set these columnsです。ここで、指定した列の値を更新します。今回は在庫数の値を更新します。この値フィールドをクリックしてExpression Assistantパネルを開き、次のように記述をして下さい。

▼リスト7-3

```
[在庫数] + SUM(
  SELECT(発注[個数], [flag]=TRUE)
)
```

ここでは、在庫数にSUM関数で得られた合計を加算しています。SUMは、引数に指定したリストの値を合計するものです。この引数には、SELECT関数が用意されています。

SELECTは5章で簡単に説明しましたね（p251「SELECTによるデータの取得」参照）。引数にリストと条件となる式を指定すると、リストからその式が成立するものだけを取り出す、というものでした。

ここではリストに「発注[個数]」と値を指定し、発注テーブルの「個数」列の値をリストとして取り出しています。そして条件には「[flag]=TRUE」と指定し、発注テーブルからflagがTRUEのものだけを取り出しています。

つまり、ここでは「発注テーブルのflagがONになっているレコードの個数の合計を在庫数に加算していた、というわけです。これが正しく機能するためには、「発注テーブルで、処理するレコードのflagだけがONになっていて、他はすべてOFFになっている」ことが重要になります。

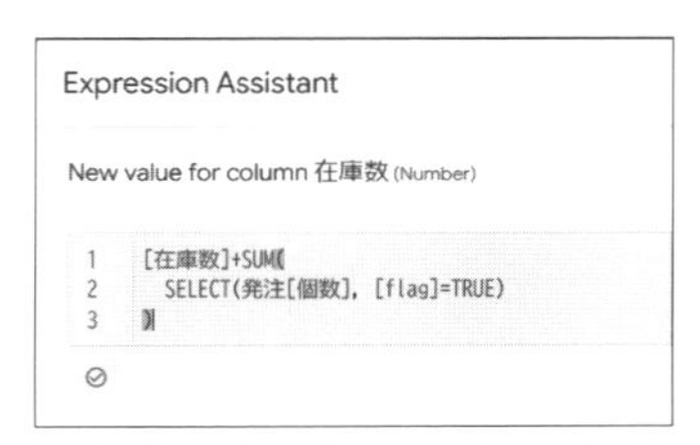

図7-64：在庫数を更新するための式を入力する。

「済・flagをONにする」アクション

続いて、発注テーブル関係のアクションを作成します。これは、いくつも作っていくので間違えないようにしましょう。

1つ目は、「済」と「flag」をONに変更するアクションです。「Actions」にある「発注」の「＋」をクリックして新しいアクションを作成し、次のように設定を行って下さい。

Action name	済・flagをONにする
For a record of this table	発注
Do this	Data:set the values of some columns in this row
Set these columns	「Add」ボタンで2つの列を作成し、以下を設定 「済」：TRUE 「flag」：TRUE
Position	Hide

ここでは、Set these columnsに2つの項目を用意し、「済」「flag」列にそれぞれ「TRUE」を設定しています。これにより、2つの列の値がONになります。

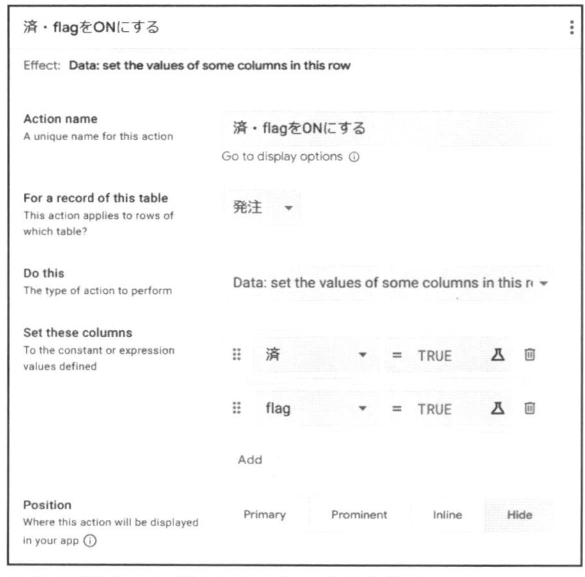

図7-65：「済・flagをONにする」アクションを作成する。

「flagをOFFにする」アクション

flagをONにするアクションを作ったら、OFFに戻すアクションも作りましょう。「発注」に新しいアクションを作成し、次のように設定して下さい。基本的な考え方は先ほどと同じで、ただflagに設定する値が違うだけです。

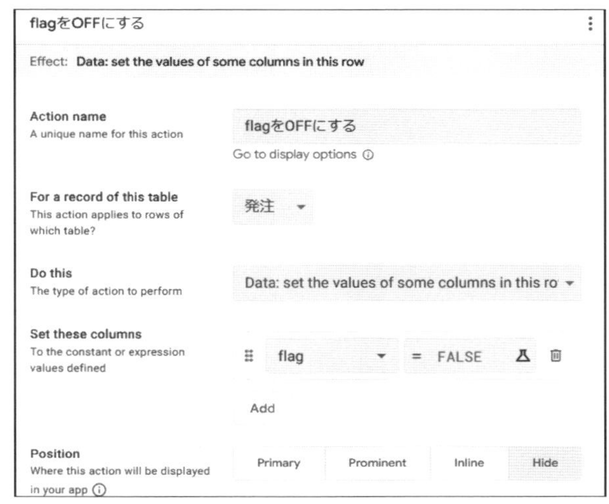

図7-66：「flagをOFFにする」アクションを作成する。

Action name	flagをOFFにする
For a record of this table	発注
Do this	Data:set the values of some columns in this row
Set these columns	「flag」: FALSE
Position	Hide

「在庫数の更新を呼び出す」アクション

次は、先に作成した在庫テーブルの「在庫数の更新」アクションを呼び出すアクションです。アクションは、複数のものを連続して実行させることができますが、その場合、すべて同じテーブルのアクションでないといけません。

今回、1つだけ在庫テーブルを操作するアクションがあるため、複数アクションを実行する際はそれを直接呼び出すことができません。そこで、「別テーブルのアクションを呼び出すアクション」を作成しておきます。

では、「在庫」の「＋」でアクションを作成し、以下に設定して下さい。

Action name	在庫数の更新を呼び出す
For a record of this table	発注
Do this	Data:execute an action on a set of rows
Referenced Table	在庫
Referenced Rows	[商品].[Related 在庫s]
Referenced Action	在庫数の更新
Position	Hide

今回は、Do thisに「Data:execute an action on a set of rows」を選択します。これは、指定したテーブルの指定したレコードに対して指定のアクションを実行させる、というものです。テーブル、列、アクションは、それぞれ「Referenced ～」という項目で指定します。

ここでは、発注テーブルで選択しているレコードから参照されている在庫テーブルのレコードに対し、「在庫数の更新」アクションを実行しています。レコードの指定は、「[商品].[Related 在庫s]」という値を指定していますね。

[Related ○○]というのは、Refで参照しているテーブルのレコードを逆側から参照するためのものです。これは、Refで他のテーブルを参照すると、システムによって自動的に列が作成されます。[Related 在庫s]も、商品テーブルに自動生成された列です。

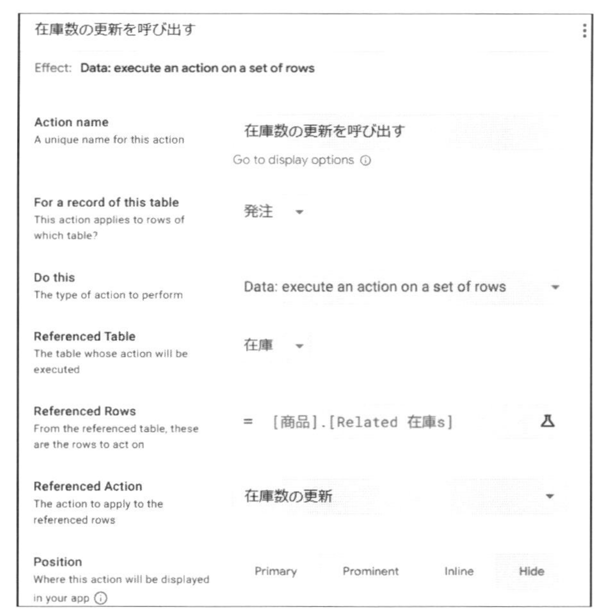

図7-67：「在庫数の更新を呼び出す」アクションを作成する。

「完了！」アクション

これで、必要なアクションは一通り用意できました。最後に、これらのアクションをまとめて実行するためのアクションを作成します。Actionsの「発注」の「＋」で新しいアクションを作成し、次のように設定して下さい。

Action name	完了！
For a record of this table	発注
Do this	Grouped: execute a sequence of actions
Actions	「Add」を使い、以下のアクションを追加 • 済・flagをONにする • 在庫数の更新を呼び出す • flagをONにする
Position	Prominent

「Actions」に、実行するアクションを追加していきます。これで、「済・flagをONにし、在庫数の更新アクションを実行し、flagをOFFに戻す」という処理が完成しました。

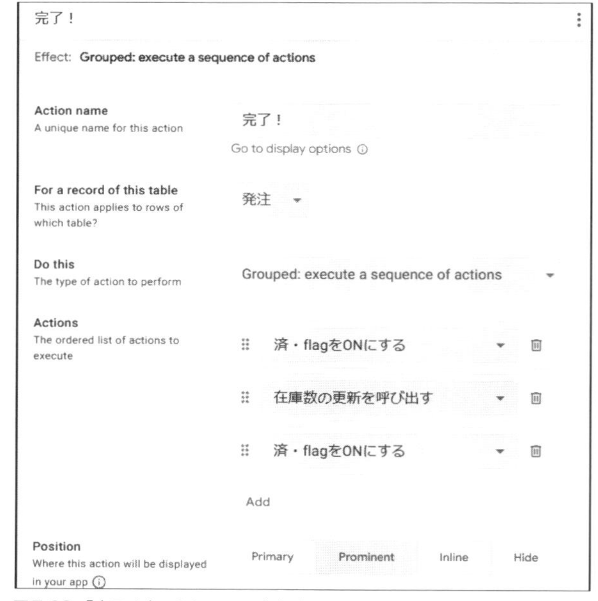

図7-68：「完了！」アクションで実行するアクションをまとめる。

Behaviorで確認アラートを設定する

これでアクションそのものは完成ですが、もう1つやっておくことがあります。それは、「確認アラート」の設定です。

アクションは、アイコンをタップするだけで実行されます。しかしデータを更新するようなアクションは、誤って実行することがないようにに確認のためのアラートを表示するように設定できるのです。

設定の下のほうに「Behavior」という項目があります。ここで次のように設定を行って下さい。

Only if this condition is true	TRUE
Needs confirmation?	ONにする
Confirmation Message	発注を完了しますか？

Only if this condition is trueは、このアクションを実行するレコードの条件を設定するものです。

ここでは「TRUE」にして、すべてのレコードで実行するようにしています。そして、Needs confirmation?をONにして確認アラートを呼び出すようにし、アラートのメッセージに「発注を完了しますか？」と指定をしておきます。

これで、アクションが完成しました！

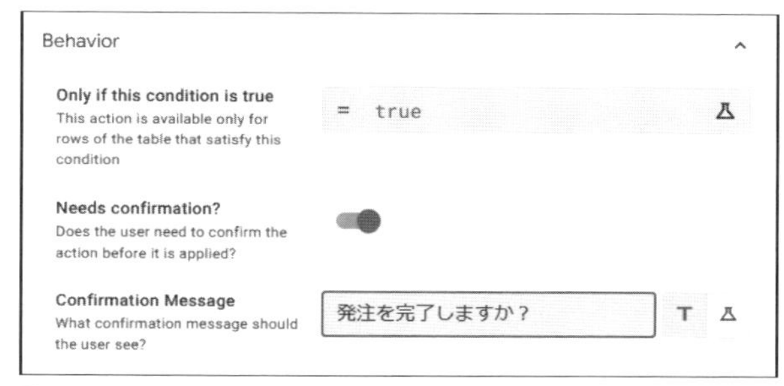

図7-69：アクションに確認のアラートを設定する。

動作をチェックしよう

では、作成したボットとアクションの動作を確かめましょう。まずは、在庫作成のボットからです。「商品」画面で「+」フローティングアクションボタンをクリックし、商品追加のフォームを呼び出します。そして情報を記入し、「SAVE」ボタンで保存して下さい。

商品が追加できたら、「在庫」アイコンで在庫の表示を見てみましょう。すると、追加した商品の在庫が追加されているのが確認できます。

図7-70：商品の追加フォームに記入し保存すると、在庫にその項目が追加されている。

もう１つは、完了処理のアクションです。「発注」の「＋」ボタンで発注のレコードを作成して下さい。そのレコードをタップして表示すると、「完了！」アイコンが表示されるようになります。

このアイコンをタップし、アラートで「完了！」ボタンを選択するとレコードが完了となり、「発注」の一覧から消えます。そして「在庫」で在庫をチェックすると、発注した個数だけ商品在庫が増えているのがわかります。

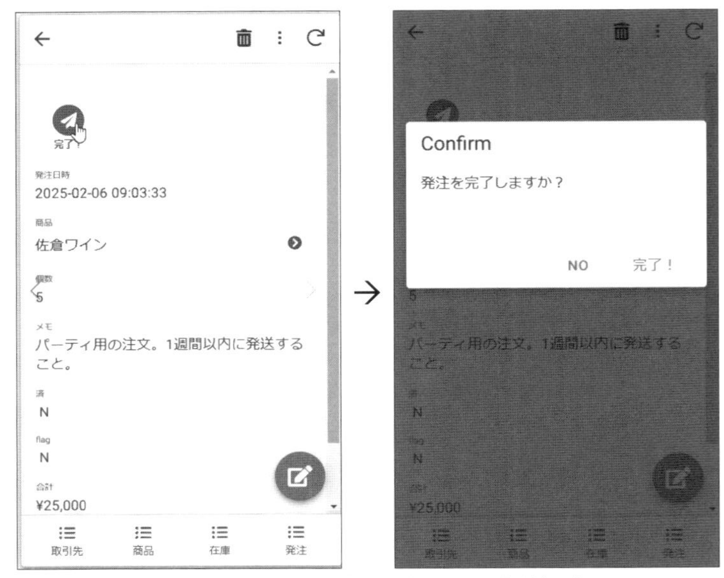

図7-71：「完了！」をタップし、アラートで「完了！」を選ぶと発注が完了する。

Chapter 7

7.4. データをブラウズするアプリ

データのブラウザとしてのAppSheet

AppSheetはデータにアクセスする一般的な業務のアプリ化だけでなく、それ以外のさまざまな用途に利用できます。

比較的作成が簡単で、さまざまな応用が可能なものとして、「データのブラウザ」があります。すなわち、収集したデータをブラウズするためのアプリです。「ただデータを見るだけのアプリなんて何の役に立つんだ？」と思うかもしれません。

が、実は「データのブラウザ」は、非常に幅広い分野で使われています。例えば「天気予報」のアプリ。このアプリはデータを見るだけのものですが、大勢が利用していますね？　それから「ニュース」アプリ。これも同じです。「データのブラウザ」というのは、実は一大ジャンルを構成していることがわかるでしょう。

こうしたアプリの特徴は、「刻々と変化するデータの現時点の情報をチェックする」というものです。業務用のデータなどは業務の内容に応じて更新はされますが、勝手に変化することはありません。しかし、天気や株式相場などは常に変化します。こうしたものは、「ただデータを見るだけ」の機能でも大きな価値があるのです。

データソース側でデータを更新する

ただし、AppSheetで膨大なデータを頻繁に更新するというのは現実的ではありません。が、データソースとして使われるスプレッドシートならそれは可能です。

Googleスプレッドシートの場合、関数やGoogle Apps Scriptのスクリプトを使って外部サイトから必要なデータを取得することができます。これを定期的に実行し更新すれば、「常に更新されるデータソース」が用意できます。

後は、このデータソースを使ってアプリを作成すれば、常にデータが更新されるデータブラウザアプリが作成できる、というわけです。

「株価チェック」アプリについて

簡単なサンプルとして、TOPIXと日経平均のデータを表示する「株価チェック」アプリを作ってみましょう。このアプリは、TOPIXと日経平均のデータを表示する簡単なサンプルです。

Date ↓	Close	
2025/02/05 15:00:00	¥2,745	›
2025/02/04 15:00:00	¥2,738	›
2025/02/03 15:00:00	¥2,720	›
2025/01/31 15:00:00	¥2,789	›
2025/01/30 15:00:00	¥2,782	›
2025/01/29 15:00:00	¥2,776	›
2025/01/28 15:00:00	¥2,757	›
2025/01/27 15:00:00	¥2,758	›
2025/01/24 15:00:00	¥2,751	›
2025/01/23 15:00:00	¥2,752	›
2025/01/22 15:00:00	¥2,737	›
2025/01/21 15:00:00	¥2,714	›
2025/01/20 15:00:00	¥2,711	›

TOPIX　日経平均　グラフTOPIX　グラフ日経

図7-72：「TOPIX」「日経平均」では、それぞれTOPIXと日経平均の直近30日間のデータが表示される。

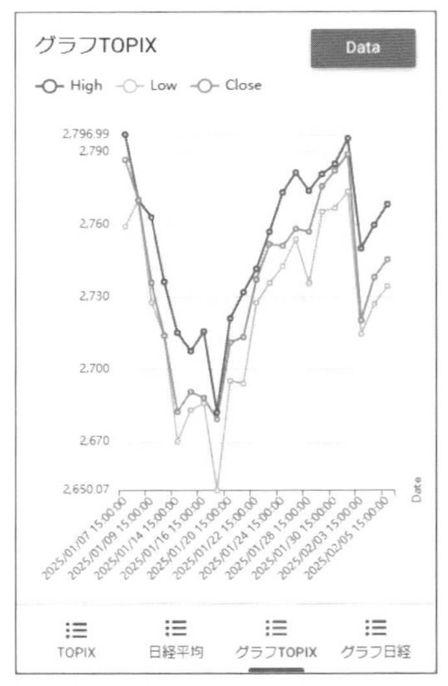

図7-73：「グラフTOPIX」「グラフ日経」では、TOPIXと日経平均のデータがグラフ表示される。

Googleスプレッドシートでソースを作る

データソースとなる、Googleスプレッドシートから作成しましょう。Googleスプレッドシートのサイト（https://docs.google.com/spreadsheets/）にアクセスし、新しいスプレッドシートを作成して下さい。ファイル名は「株式チェック」としておきましょう。

1枚目のシートは、「TOPIX」という名前にしておきます。そして、A1セルに以下の式を記述します。

▼リスト7-4

```
=ARRAYFORMULA(IFERROR(GOOGLEFINANCE("TOPIX", "all", TODAY()-30, TODAY(), "DAILY"),
ERROR!A1:F2))
```

これで、シートにTOPIXの直近30日間のデータ（始値・高値・安値・終値）が書き出されます。

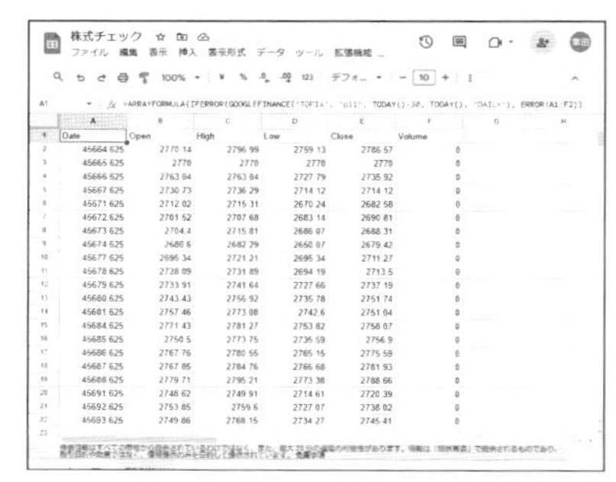

図7-74：新しいスプレッドシートを作り、「TOPIX」シートを作成する。

もう１枚シートを追加し、「日経平均」と名前を設定します。そして、A1セルに以下の式を記入します。これで、日経平均データがシートに出力されます。

▼リスト7-5

```
=ARRAYFORMULA(IFERROR(GOOGLEFINANCE("INDEXNIKKEI:NI225", "all", TODAY()-30, TODAY(),
"DAILY"), ERROR!A1:F2))
```

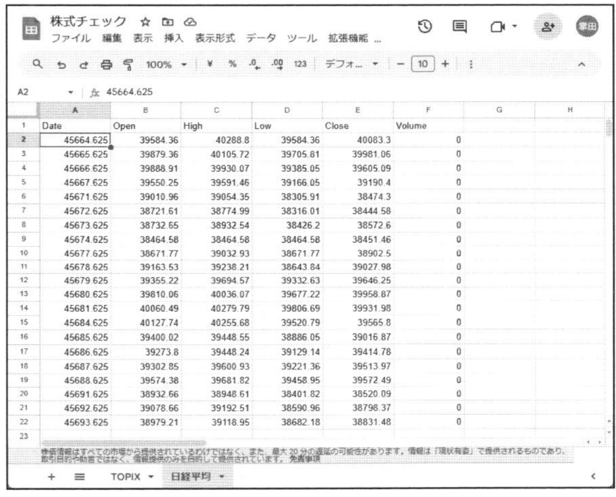

図7-75：「日経平均」シートを作成する。

最後に、エラー用のシートを作成します。新しいシートに「ERROR」と名前を設定し、以下のデータを記述して下さい。

Date	Open	High	Low	Close	Volume
2025/02/06 16:41:53	0	0	0	0	0

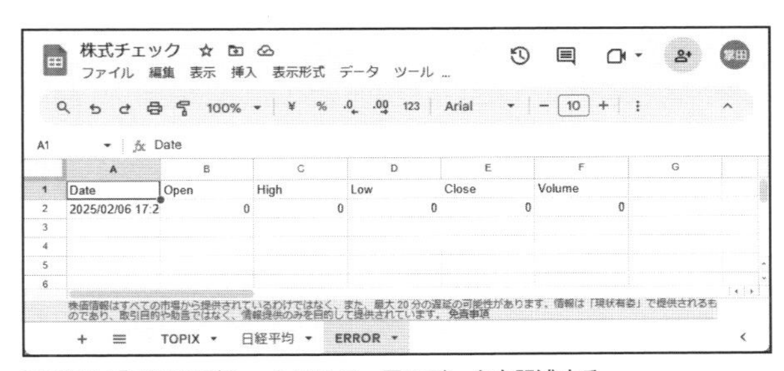

図7-76：「ERROR」シートにエラー用のデータを記述する。

式の働き

では、ここで実行している式について簡単に説明しておきましょう。ここでは「GOOGLEFINANCE」という関数を使い、株式データを取得しています。GOOGLEFINANCE関数はさまざまなファイナンス関係のデータを取得するもので、株式データの場合は次のようにしてデータを取得できます。

```
GOOGLEFINANCE(ティッカーシンボル, 項目, 開始日, 終了日, 間隔 )
```

始値・高値・安値・終値といったデータをすべて取得する場合、項目には"all"を指定します。また、毎日のデータを取り出すなら、間隔(データの取得頻度)には"DAILY"を指定し、1日ごとに取得するようにします。直近30日間の株式データを取得するなら、こんな感じになるでしょう。

```
GOOGLEFINANCE(ティッカーシンボル, "all", TODAY() - 30, TODAY(), "DAILY")
```

30日前をデータの開始日にするにはTODAY() - 30というようにして、今日のDate値から30を引くだけです。これで一応、データをシートに書き出せます。

ただし、GOOGLEFINANCEはネットワーク経由でGoogleのクラウドからデータを取得するため、場合によってはエラーになることもあります。こうした場合のため、エラー処理の関数を次のようにラップしています。

```
IFERROR(式, ERROR!A1:F2)
```

IFERRORは式を実行してエラーになった場合、第2引数のデータを代わりに返します。ここでは「ERROR」シートのデータを返すようにしてあります。ただし、IFERRORで式が返されると、そのままではシートに割り当てることができないため、ARRAYFORMULAという関数でラップして式をセルに展開して適用します。

```
ARRAYFORMULA( 式 )
```

これで、GOOGLEFINANCEで取得した株式データを表示する(エラー時はERRORのデータを表示する)という式が完成します。Googleスプレッドシートには便利な関数が多数揃っているので、興味のある人は調べてみましょう。

こうした関数を駆使したスプレッドシートを使ってアプリを作ると、思った以上にパワフルなアプリを作成できますよ。

アプリを作成する

では、アプリを作成しましょう。Googleスプレッドシートの「機能拡張」メニューから、「AppSheet」内の「アプリを作成」を選んで下さい。

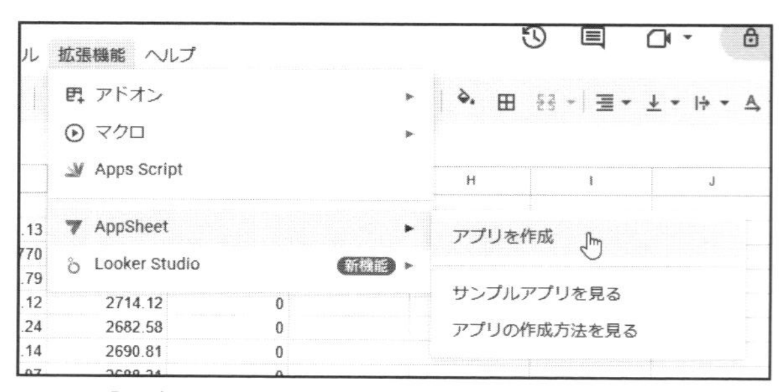

図7-77:「アプリを作成」メニューを選ぶ。

「株式チェック」アプリが作成されます。左側のアイコンバーから「Data」を選んでテーブルを確認しましょう。おそらく、「TOPIX」のみが作成されていることがわかるでしょう（図7-78）。

では、日経平均のテーブルも作成しましょう。Dataの「＋」をクリックし、現れたパネルから「Google Sheets」を選択します（図7-79）。

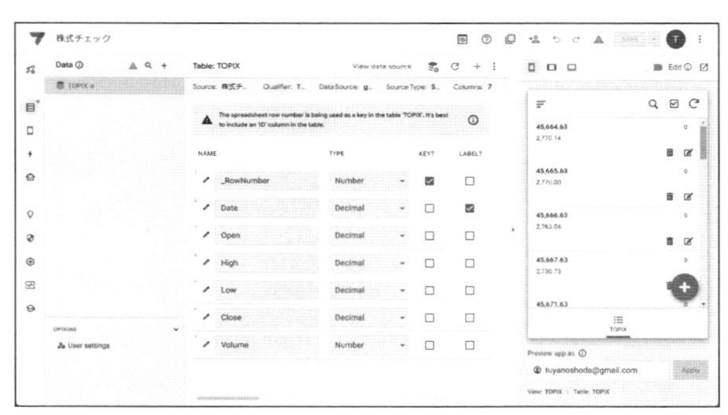

図7-78：作成されたアプリ。「TOPIX」テーブルだけがある。

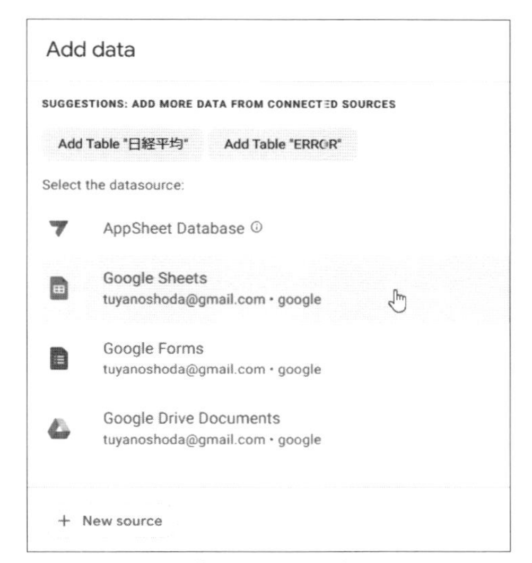

図7-79：パネルから「Google Sheets」を選ぶ。

Googleスプレッドシートのファイルを選択するパネルが開かれます。先ほど作成した「株式チェック」ファイルを選択し、さらに現れるシートの選択パネルで「日経平均」をONにしてアプリに追加します。「ERROR」をONにしないように注意して下さい（図7-80）。

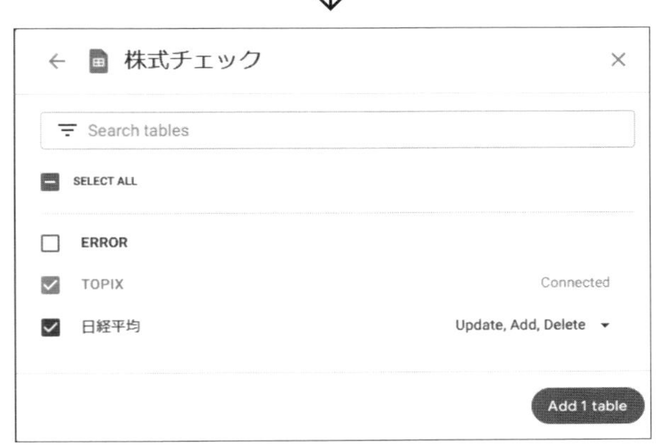

図7-80：スプレッドシートから「日経平均」シートを選択し、追加する。

これで、「Data」に「TOPIX」と「日経平均」の2つのテーブルが作成されます。皆さんの中には、テーブルの内容表示のところに次のようなメッセージが表示されている人もいることでしょう。

```
The spreadsheet row number is being used as a key in the table 'TOPIX'. It's best
to include an 'ID' column in the table.
```

これはエラーではなく、注意喚起のメッセージです。「テーブルにID列がないから行番号をキーにしているけど、できればID列を用意したほうがいいよ」というメッセージですね。

今回は、GOOGLEFINANCE関数で取得したデータをそのまま使っているので、ID列を追加することができません。ですので、このまま利用することにしましょう。

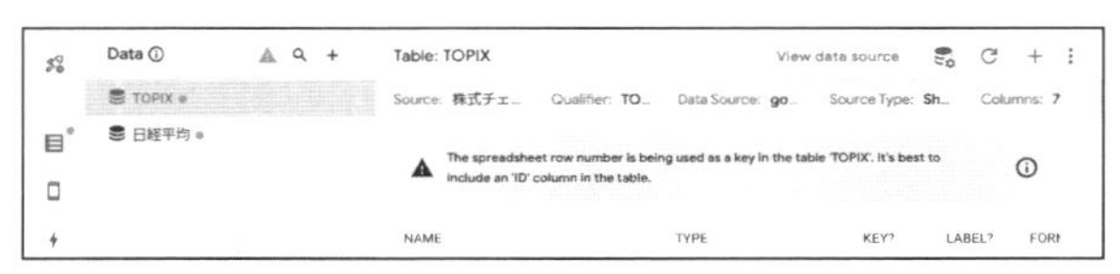

図7-81：注意のメッセージが表示されるが、気にしない。

テーブルを調整する

作成されたアプリを調整していきましょう。まずは、テーブルからです。ここでは2つのテーブルが作成されており、どちらも列は同じ内容が用意されています。この列のタイプを、次のように修正しましょう。2つのテーブルの両方を調整して下さい。

Date	DateTIme
Open	Price
High	Price
Low	Price
Close	Price

NAME	TYPE	KEY?	LABEL?
_RowNumber	Number	☑	☐
Date	DateTime	☐	☑
Open	Price	☐	☐
High	Price	☐	☐
Low	Price	☐	☐
Close	Price	☐	☐
Volume	Number	☐	☐

図7-82：テーブルの列のTYPEを修正する。

Priceのフォーマットを設定する

続いて、タイプにPriceを設定した列の表示フォーマットを調整します。列の左端にある「Edit」アイコンをクリックして設定パネルを呼び出して下さい。そして、Type Detailにある項目を次のように調整します。

Decimal digits	0
Currency symbol	「¥」記号

それ以外の項目はデフォルトのままにしておきます。これで、¥記号で金額が表示されるようになります。

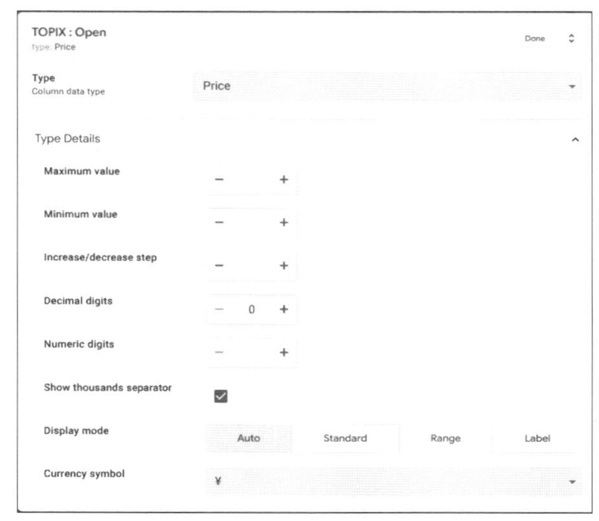

図7-83：Priceのフォーマットを設定する。

ビューを作成する

テーブルの設定を行ったら、次はビューに進みましょう。まずは、デフォルトで作成されている「TOPIX」ビューを調整します。

「TOPIX」ビューは、デフォルトでView typeが「deck」になっていますが、これを「table」に変更します。Positionは「first」にしておきます。

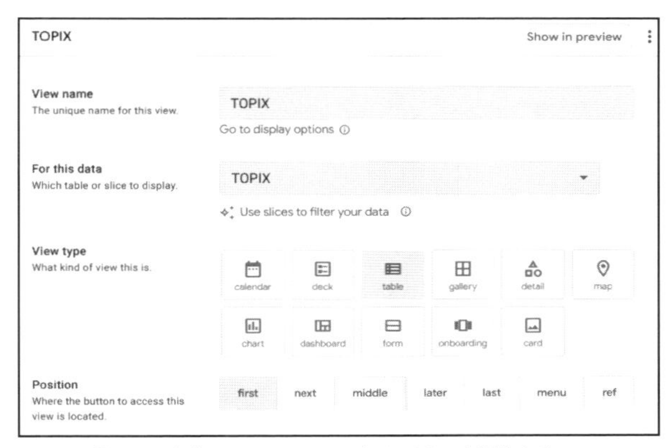

図7-84：「TOPIX」ビューのView typeとPositionを調整する。

続いて、「View Options」の設定を行います。Sort byで「Add」ボタンを使い項目を追加し、データの並び順を次のように設定しておきます。

```
「Date」「Descending」
```

続いて、その下にある「Column order」を「Manual」に変更し、以下の項目を用意します。

- Date
- Close

このビューは、1ヶ月の全体的な流れをざっと眺めるものなので、終値だけ表示しておくことにしました。このほうが、たくさんの値が一覧表示されるよりひと目で流れがわかるでしょう。

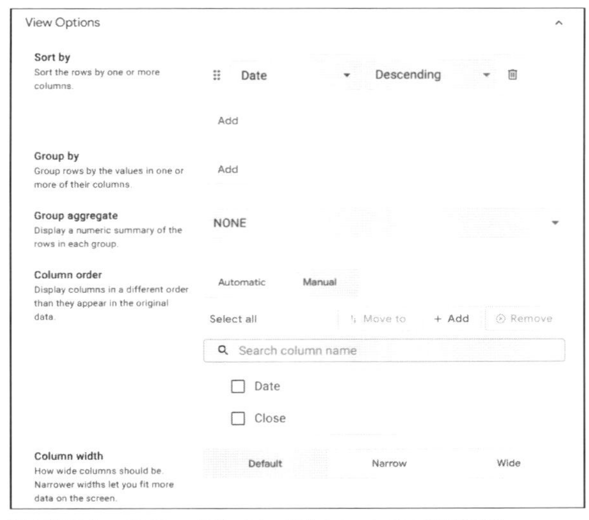

図7-85：View OptionsでSort byとColumn orderを設定する。

「日経平均」ビューの作成

続いて、日経平均テーブルのデータを一覧表示するビューを作成します。PRIMARY NAVIGATIONの「＋」を使って新たにビューを作成して下さい。そして、次のように設定しておきます。

View name	日経平均
For this data	日経平均
View type	table
Position	next

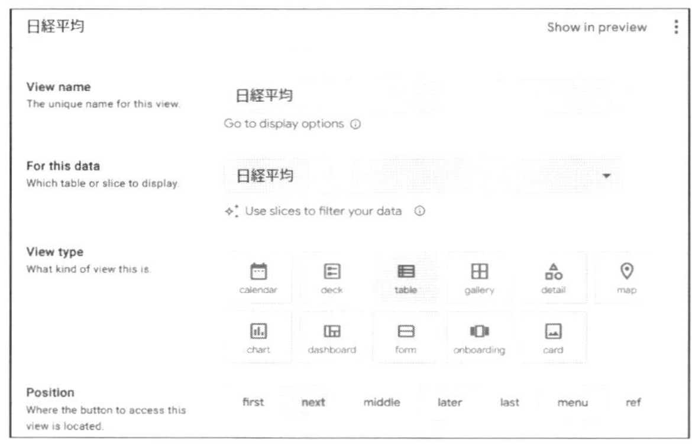

図7-86：「日経平均」ビューの基本設定を行う。

続いて、「View options」の設定です。先ほどの「TOPIX」と同様に、Sort byとColumn orderを設定して下さい。

▼Sort byの設定

```
「Date」「Descending」
```

▼Column orderの設定（「Manual」に変更）

- Date
- Close

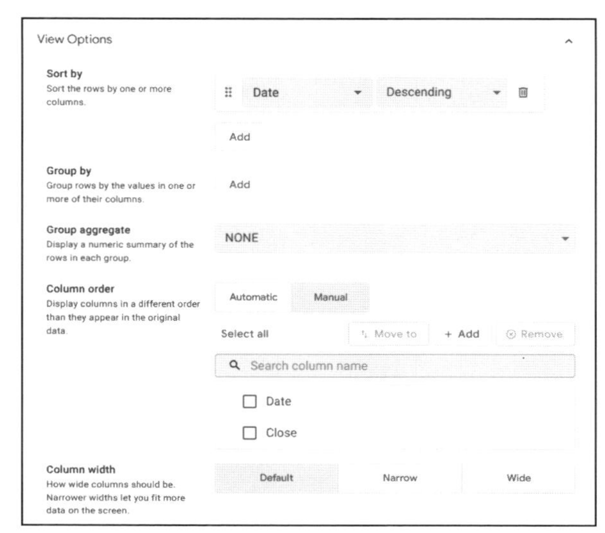

図7-87：「日経平均」ビューのSort byとColumn orderを設定する。

グラフTOPIXの作成

これで、データの閲覧自体はできるようになりました。しかし、ただデータの数字がズラッと表示されるだけでは全体の流れを把握しづらいですね。そこで、グラフで表示するビューも用意しましょう。

PRIMARY NAVIGATIONに新しいビューを追加し、次のように設定して下さい。

View name	グラフTOPIX
For this data	TOPIX
View type	chart
Position	middle

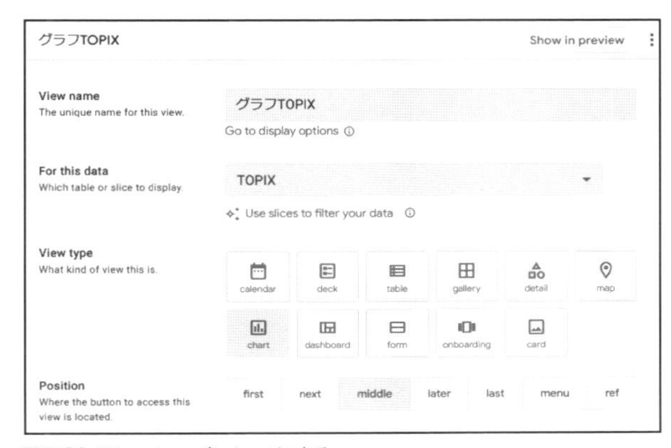

図7-88：View typeをchartにする。

これで、View optionsにチャートの設定が表示されるようになります。次のように設定を行って下さい。以下の項目以外はデフォルトのままにしておきます。

Chat type	col series [line]
Chat colums	「Add」で以下の項目を追加 • Open • High • Low • Close
Show legend	ONにする

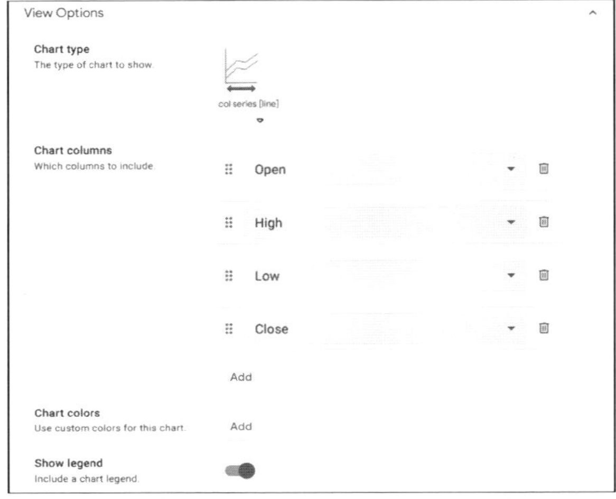

図7-89：View optionsでグラフの設定を行う。

グラフ日経の作成

TOPIXのグラフ表示が用意できたら、日経平均のグラフも作成しましょう。PRIMAY NAVIGATIONに新しいビューを作成し、次のように設定を行います。

View name	グラフ日経
For this data	日経平均
View type	chart
Position	later

図7-90：View typeをchartにする。

Chat type	col series [line]
Chat colums	「Add」で以下の項目を追加 • Open • High • Low • Close
Show legend	ONにする

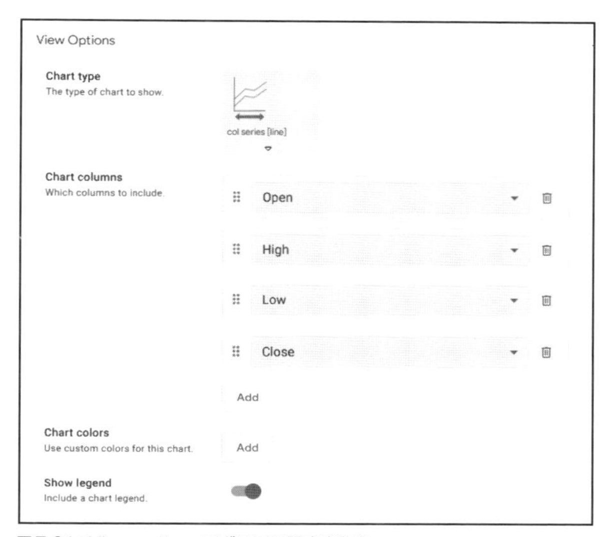

図7-91：View optionsでグラフの設定を行う。

データを見るだけ役に立つアプリ

これで、一通りのビューが完成です。今回は、アプリ側で特に難しいことはありません。グラフの表示（「chart」タイプ）はあまり使い慣れていないかもしれませんが、設定の仕方さえわかればすぐに使えるようになります。

作成したアプリを使って見ればわかりますが、ただ「用意したデータを見るだけ」のアプリでも、意外と役に立つものです。特に大きいのが、「データを簡単に視覚化（グラフ化）できる」という点です。ただ株式データをズラッと表示するだけでは便利さは実感できないでしょうが、それをグラフで視覚化し表示することでグッと便利になりますね。

こうしたことはよくあります。業務で必要となるさまざまなデータなども、グラフで視覚化すれば全体の流れが把握しやすくなります。こうしたものは、「ただデータを見るだけ」でも十分にアプリ化する意味があるのです。

グラフ化の仕方を考える

例えば商品の販売データなどがあったとして、それをグラフ化すれば簡単に流れがわかります。が、例えば販売数を曜日ごとに集計しグラフ化したら、「何曜日にどの商品がよく売れるか」がわかります。グラフ化は、ただ単に「生データをグラフで表示する」というだけでなく、データをどのように集計するかによってまた別の視点からデータ分析ができるようになります。

重要なのは、データをどう生成するか

そのためには、元のデータをどのように集計するかを考えることが重要です。月ごと、週ごとに集計するか、曜日ごとにするか。あるいは実数ではなく全体の割合でグラフ化するか。そうした「どう集計し、どうグラフ化するか」を考えることで、アプリの実用性は変わってきます。

「でも、AppSheetのテーブルで、そんなに複雑な集計ができるのか」と思った人。データは、AppSheetですべて処理する必要はありません。例えばGoogleスプレッドシートでデータを集計するなら、さまざまな関数やスクリプトが使えます。アプリは「データのブラウザ」でよいのです。

実用的なデータブラウザを作るためには、役に立つデータを用意する。それが重要です。アプリ以前に、「どうデータを扱うか」を考えることで、作るアプリの実用性も大きく変化するのです。

Chapter 7

7.5. スクリプト利用でAIアプリを作る

Apps Scriptで機能を拡張する

先ほどのサンプルで、Googleスプレッドシートの関数などを活用してデータを用意すれば、より高度な表現が可能になることがわかりました。AppSheetには、外部の機能と連携するための仕組みもいくつか用意されています。こうしたものを活用すれば、さらに高度なことも行えるようになります。

こうした外部との連携機能の中でも、もっとも大きな役割を果たすのが「Google Apps Scriptとの連携」でしょう。Google Apps Script（GAS）は、Googleが開発するサーバーサイドスクリプト言語です。これはJavaScriptをベースに独自のライブラリなどで機能を拡張したもので、Googleが提供するさまざまなビジネススイート（GmailやGoogleスプレッドシートなど）でマクロ言語として使われています。もちろん、GAS単体でもさまざまな処理を行うことができます。

このGASを使って、さまざまな処理を実行するスクリプトを用意しておき、これをAppSheetの中から呼び出すことで、AppSheetにはない機能を拡張することができるのです。

Geminiにアクセスする！

GASの利用例として、Googleが提供する生成AI「Gemini」にアクセスをするアプリを作成してみましょう。

これは、非常にシンプルな構造のアプリです。「AIチャット」というビューが1つあるだけで、ここにAIとやり取りした内容が表示されます。タップすれば、長い応答も読むことができます。

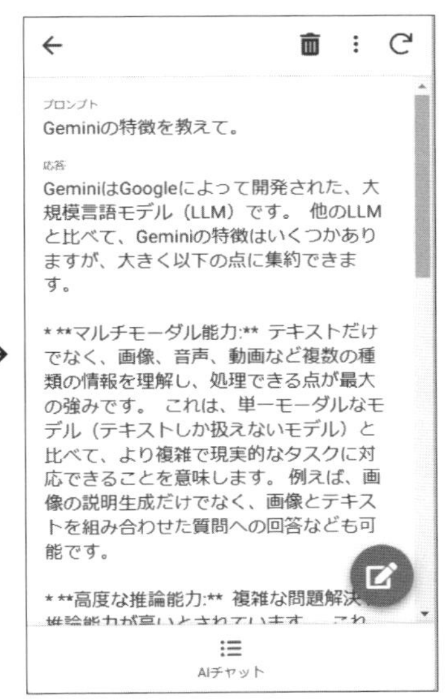

図7-92：ビューにはGeminiとのやり取りの一覧が表示される。項目をタップすると、その内容が表示される。

Geminiに質問するときは、「AIチャット」ビューにある「＋」フローティングアクションボタンをタップします。これで、レコードの追加フォームが開かれます。フォームには、プロンプトを記入するフィールドが1つあるだけです。ここに質問を書いて「SAVE」ボタンをクリックするとレコードの詳細画面が開かれ、GASのスクリプトによるGeminiへのアクセスが実行されます。少し待つと、Geminiから得られた応答が表示されます。

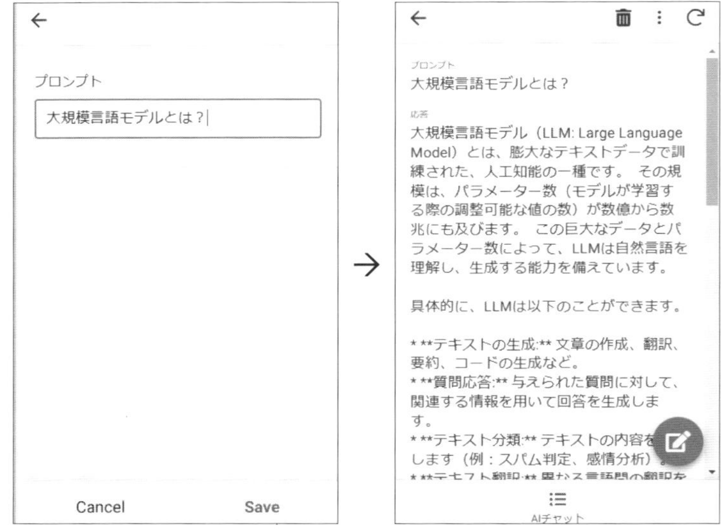

図7-93：プロンプトを書いて保存すると、詳細表示に移り、Geminiからの応答が表示される。

Google AI StudioでAPIキーを用意する

では、実際にアプリを作成しましょう。今回のサンプルでは、アプリの作成に入る前に用意するものがあります。それは、「Gemini利用のためのAPIキー」と「GASのスクリプト」です。

まずは、APIキーから作成しましょう。Geminiをプログラム内などから利用するには「API」と呼ばれるものを使います。これは、プログラムなどからネットワーク経由で特定のURL（エンドポイントと呼ばれます）に情報を送信することでGeminiにプロンプトを送り、応答を受け取れるようにする仕組みです。Geminiでは専用のライブラリなども用意されていますが、GASでAPIを利用する場合にはエンドポイントにネットワークアクセスする方式を利用します。

APIへのアクセスには、必ず「APIキー」というものを送信します。これは、APIを利用するユーザーに割り当てられる特殊な値です。これをAPIに送信することで、「このアクセスは誰が行っているか」を識別するようになっています。したがって、Geminiを使うにはまずAPIキーを取得しないといけません。

Google AI Studioにアクセスする

では、APIキーを取得しましょう。まずは、「Google AI Studio」というサイトにアクセスをして下さい。以下がURLです。

https://aistudio.google.com/

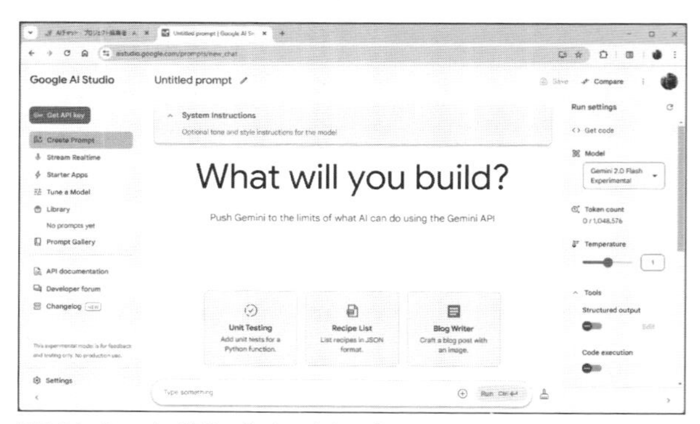

図7-94：Google AI Studioにアクセスする。

Google AI Studioは、Googleが提供する大規模言語モデル（Large Language Model、略称LLM）を利用するための機能を提供するサービスです。ここで実際にGoogleのLLMにアクセスしチャットすることができます。

一般ユーザーが利用するGeminiだと、ただプロンプトを送るだけですが、ここではLLMの挙動を調整するための各種パラメータを設定し、動作を確認できます。単にAIを使うのではなく、プログラム内からAIを利用したい人のためのプレイグラウンドと考えればよいでしょう。

APIを利用する場合も、ここでAPIキーを発行することができます。画面の左上あたりに「Get API key」というボタンがあります。これをクリックして下さい。

図7-95：「Get API key」をクリックする。

「APIキーを取得」というページに移動します。ここで、APIキーに関する説明（利用の仕方など）が用意されています。

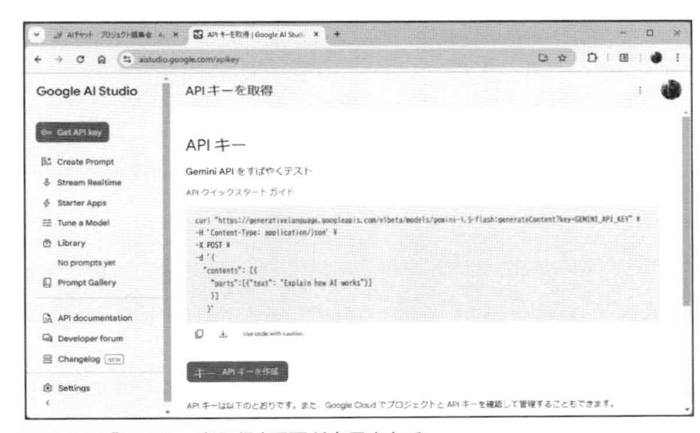

図7-96：「APIキーを取得」画面が表示される。

このページにある「キー APIキーを作成」ボタンをクリックして下さい。画面に「APIキーを作成」というパネルが現れます。

ここでは、Google Cloudプロジェクトというものを指定するようになっています。Google CloudとはGoogleが運営するクラウドサービスで、Google AI StudioもこのGoogle Cloudを利用しています。APIキーを使うには、このGoogle Cloudにプロジェクトを作成する必要があります。

このフィールド部分をクリックすると、現在利用可能なプロジェクトの一覧が表示されます。まだGoogle Cloudを利用したことがない人でも、ここに「Generative Language Client」という項目が表示されるでしょう。これは、Google AI Studioによって作成されたプロジェクトです。これを選択して下さい。

→

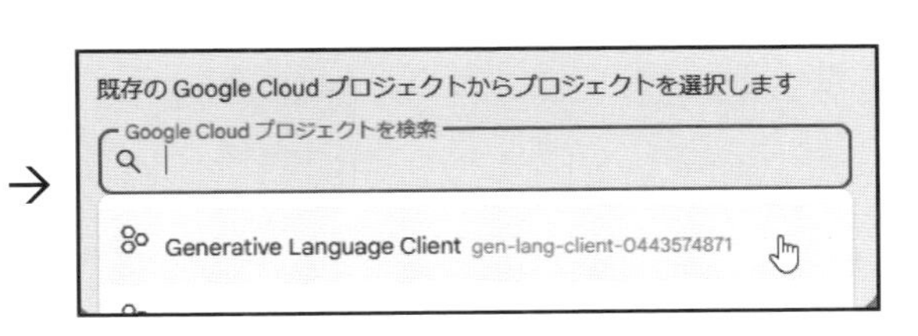

図7-97：「APIキーを作成」パネルでプロジェクトを選択する。

プロジェクトを指定すると、下に「キー 既存のプロジェクトでAPIキーを作成」というボタンが選択できるようになります。これをクリックして下さい。

図7-98：「キー 既存のプロジェクトでAPIキーを作成」ボタンをクリックする。

「APIキーが生成されました」というパネルが表示され、そこに生成されたAPIキーが表示されます。「コピー」ボタンをクリックしてAPIキーをコピーし、どこかに保管して下さい。これは後で必要となります。

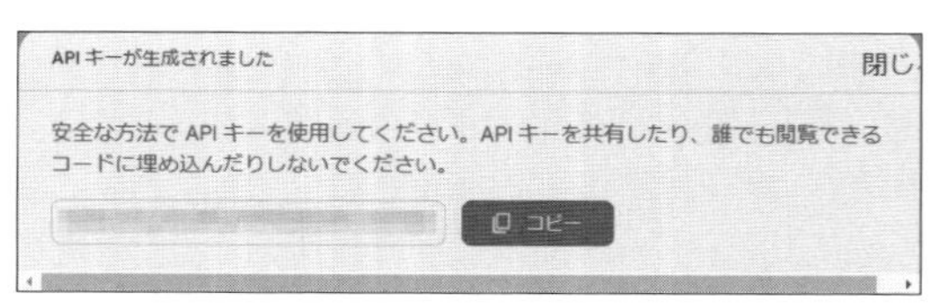

図7-99：APIキーが生成されたらコピーする。

GASスクリプトを作成する

APIキーが用意できたら、次に行うのはGASのスクリプト作成です。まず、GASのホームを開いて下さい。URLは以下になります。

https://script.google.com/

これは、GASのファイルを管理するサイトです。「プロジェクト」と呼ばれるGASのファイルがまとめられており、いつでも開いて編集したり実行することができます。プロジェクトの作成もここで行えます。

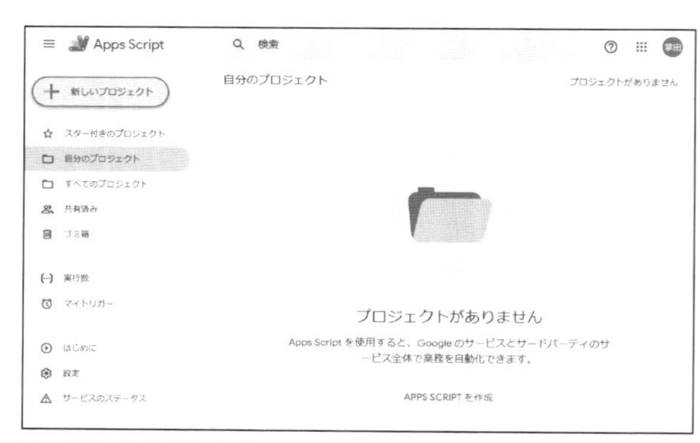

図7-100：GASのサイトにアクセスする。

プロジェクトを作成する

　では、新しいプロジェクトを作成しましょう。画面の左上にある「新しいプロジェクト」ボタンをクリックして下さい。新しいプロジェクトが作成され、編集用のエディタ画面が開かれます。
　この画面は「ファイル」というところにファイルの一覧が表示され、そこでファイルを選択すると、右側に専用のエディタが現れて編集できるようになっています。デフォルトでは、「コード.gs」というGASのスクリプトファイルが1つだけ用意されています。

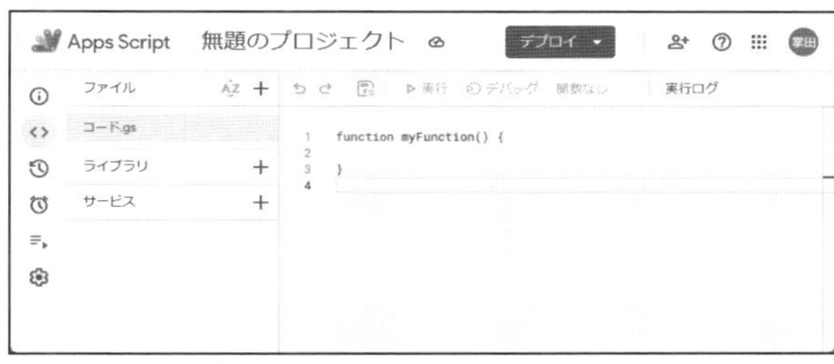

図7-101：新しいプロジェクトを開く。

　スクリプトの記述を行う前に、プロジェクトの名前を設定しておきましょう。左上に表示されているプロジェクト名の部分をクリックすると、名前を設定するパネルが開かれます。ここに「AIチャット」と記入して「名前を変更」ボタンをクリックして下さい。

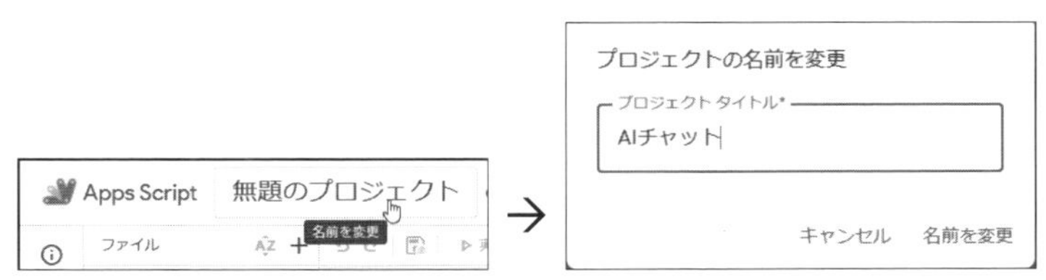

図7-102：名前部分をクリックし、新しい名前を記入する。

スクリプトを作成する

　では、プロジェクトにスクリプトを記述しましょう。デフォルトでは、エディタには次のようなものが記述されています。

```
function myFunction() {

}
```

　JavaScriptを使った経験があればわかりますが、これは「myFunction」という関数を定義するものです。GASのスクリプトは、このように「JavaScriptの関数」として定義をします。
　では、このエディタに書かれている内容をすべて削除し、次のスクリプトを新たに記述して下さい。

▼リスト7-6

```
// テスト用関数
function myFunction() {
  const prompt = 'こんにちは！';
  const response = callGeminiAPI(prompt);
  Logger.log(response);
}

function callGeminiAPI(prompt) {
  // APIキーを設定
  const apiKey = '《APIキー》';
 const model = 'gemini-1.5-flash';

  // Gemini APIのエンドポイント
  const endpoint = `https://generativelanguage.googleapis.com/v1beta/models/${model}:↩
    generateContent?key=${apiKey}`;

  // リクエストボディ
  const data = {
    "contents": [{
    "parts":[{"text": prompt}]
    }]
  }

  // オプション
  const options = {
    'method': 'post',
    'contentType': 'application/json',
    'payload': JSON.stringify(data)
  };

  // API呼び出し
  const response = UrlFetchApp.fetch(endpoint, options);

  // レスポンスを解析
  const content = JSON.parse(response.getContentText());

  // 応答テキストを抽出
  return content.candidates[0].content.parts[0].text;
}
```

ここでは、「callGeminiAPI」という関数を定義しています。これが、GeminiのAPIにアクセスして応答を取得する関数です。この関数を見ると、その中に次のような記述がありますね。

```
《APIキー》
```

この部分を、自分が取得したAPIキーの値に置き換えて下さい。これで、取得したAPIキーを使ってGeminiにアクセスできるようになります。

もう1つ、「myFunction」という関数も用意してあります。これは、callGeminiAPI関数の挙動をチェックするための実験用関数です。これを呼び出すことで、callGeminiAPI関数が正常に動作するか確認できます。

動作をチェックする

では、実際にスクリプトを動かして動作を確認しましょう。スクリプトエディタの上部にある「デバッグ」という表示の右側に、関数を選択する項目があります。これをクリックして、「myFunction」を選んで下さい。そして、「実行」ボタンをクリックして下さい。これで、myFunctionが実行されます。

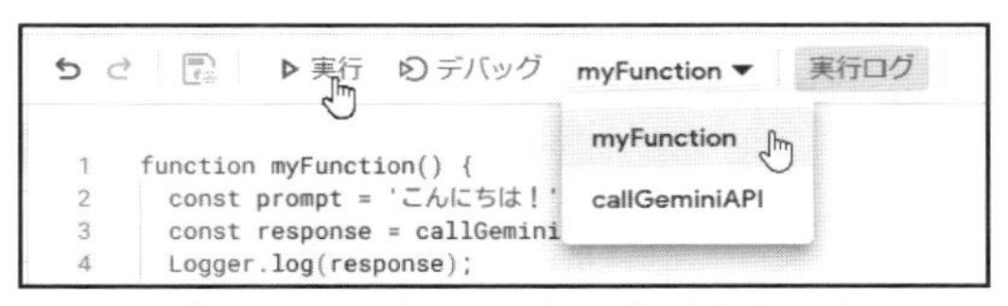

図7-103：「myFunction」関数を選択し、「実行」ボタンをクリックする。

初めてスクリプトを実行する際は、おそらく画面に「承認が必要です」というアラートが現れたことでしょう。これは、このスクリプトからGoogleのサービスにアクセスするための権限を割り当てないと動きませんよ、という警告です。ここにある「権限を承認」ボタンをクリックして下さい。

図7-104：「承認が必要です」という表示が現れる。

GASのスクリプトの場合、「このアプリはGoogleで確認されていません」というウィンドウが表示されます。自作のプログラムですから、Googleはどういうものかわからないけどいいの？　と確認しているのですね。下部にある「詳細」をクリックし、現れた「AIチャット（安全ではないページ）に移動」をクリックして下さい。

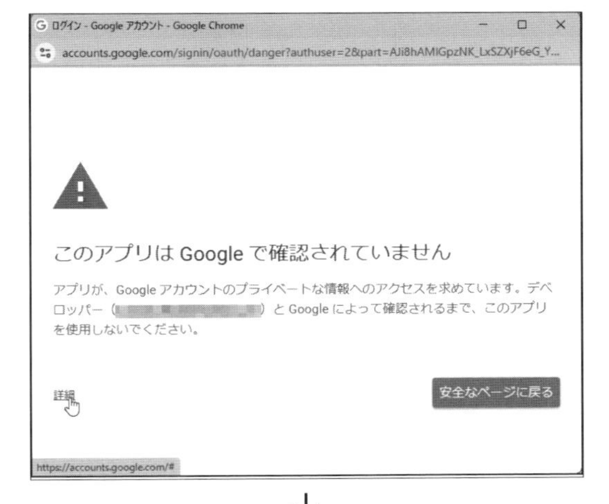

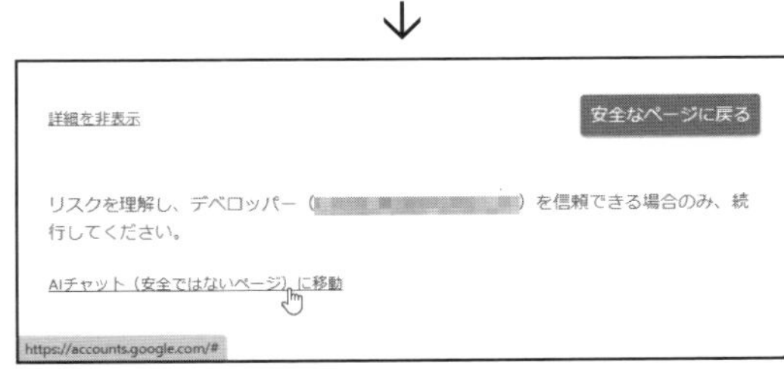

図7-105：「詳細」をクリックし、「AIチャット（安全ではないページ）に移動」をクリックする。

画面に、おなじみのGoogleアカウントでログインする際の表示が現れます。後は、そのまま進めてアクセスを許可するだけです。

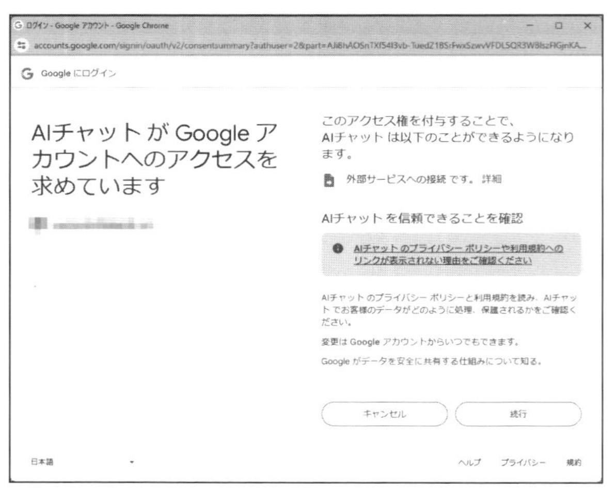

図7-106：アクセスを許可する表示が現れる。

これでスクリプトからGoogleアカウントの機能利用が承認され、スクリプトが実行できるようになりました。改めて、myFunctionを実行してみましょう。画面の下部に「実行ログ」という表示が現れ、そこにGeminiからの応答が表示されます。特にエラーもなく表示されれば、スクリプトは正常に動作しています。

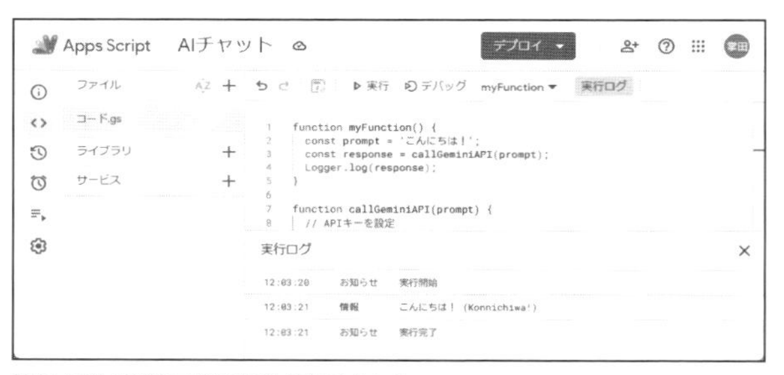

図7-107：実行ログに応答が表示される。

アプリを作成する

これで、Geminiを利用するための部分は用意できました。後は通常のアプリ作成と同様に、データベースを作り、アプリを作成していきます。

では、AppSheetのホーム画面から、新しくデータベースを作成しましょう。データベースは「AIチャット database」としておきます。そして、次のようにテーブルの列を用意しましょう。

プロンプト	Text
応答	LongText
日時	DateTime

テーブル名は「AIチャット」にしておきます。デフォルトでは4つの列が用意されていますから、不要なものを1つ削除し、上記のように列を設定して下さい。

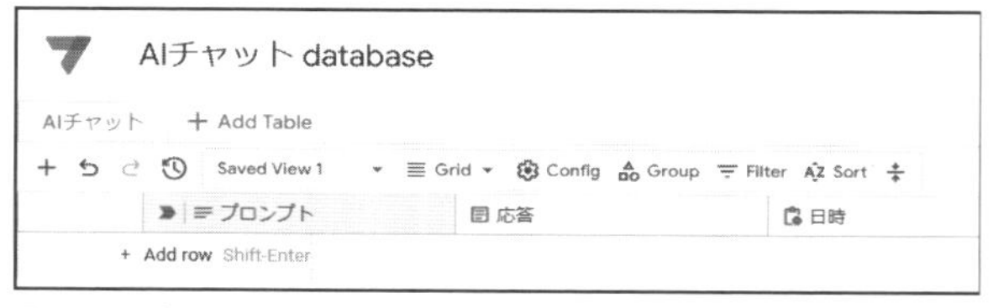

図7-108：新しいデータベースを作り、テーブルを設定する。

テーブルができたら、アプリを作ります。右側の「Apps」ボタンからサイドパネルを呼び出し、「New AppSheet app」ボタンで新しいアプリを作成しましょう。

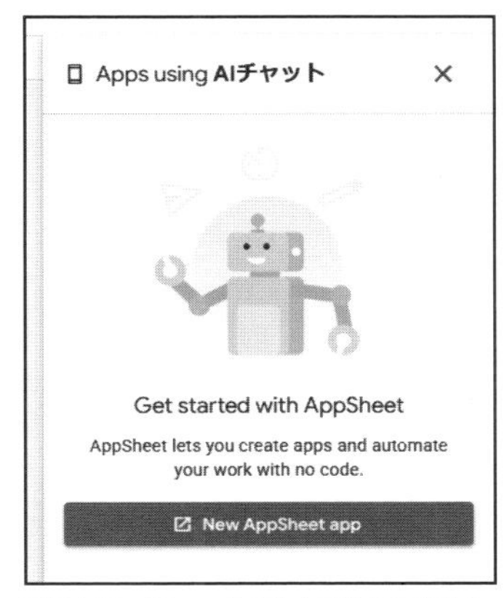

図7-109：「Apps」でサイドパネルを開き、「New AppSheet app」ボタンでアプリを作る。

ビューを調整する

アプリが作成されたら、調整をします。テーブルは、デフォルトで作成された状態のままでよいでしょう。調整が必要なのはビューです。

まず、デフォルトの「AIチャット」ビューを確認しておきましょう。View typeは「dock」になっています。これは、そのままでよいでしょう。Positionはmiddleのままにしておきます。

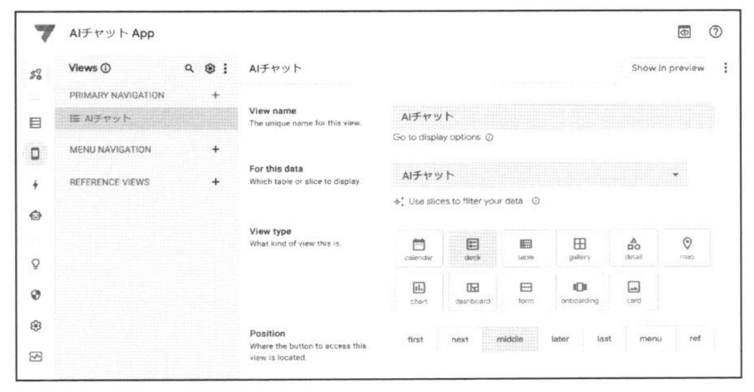

図7-110：ビューの調整をする。

「Sort by」は「Add」ボタンで項目を追加し、「日時」「Ascending」を設定しておきます。これで、作成した順に表示されるようになります。「最新のものから表示されたほうがよい」という場合は、「Descending」を選択しておいて下さい。

図7-111：Sort byで日時順に並べる。

続いて、SYSTEM GENERATEDにある「AIチャット_Form」ビューの調整をします。これは、AIチャットの作成や編集のフォームになります。

フォームの「Column order」を「Manual」に変更し、表示する項目を「プロンプト」だけにして下さい。これで、他の日時や応答が表示されなくなり、プロンプトだけを入力できるようになります。

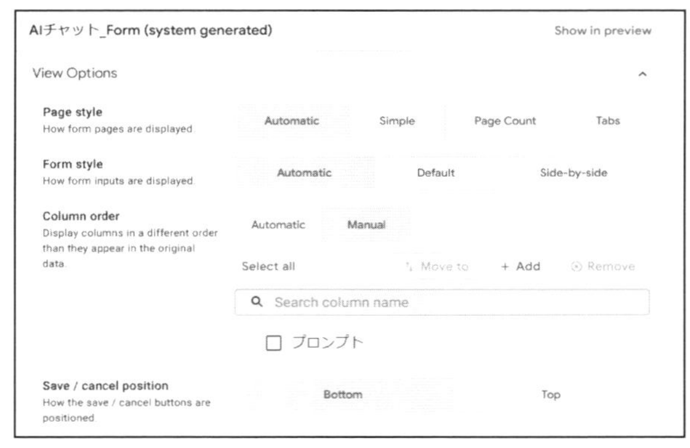

図7-112：AIチャット_FormのColumn orderを調整する。

もう1つ、「Finish view」も設定しておきましょう。これはフォームを送信した後、どのビューに移動するかを指定するものです。ここで「AIチャット_Detail」を選択し、レコードの詳細画面に移動するようにします。

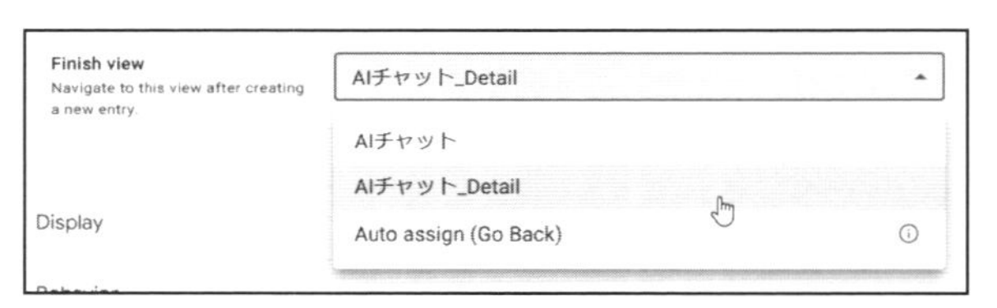

図7-113：Finish viewを変更する。

アクションを調整する

続いて、アクションの調整をします。まず、「AIチャット」の更新アクションを非表示にします。左側のアイコンバーから「Actions」をクリックして表示を切り替え、「Edit」アクションを選択して下さい。

図7-114：Actionsから「Edit」アクションを選択する。

Positionの値を「Hide」に変更します。これで、テーブルの更新アクションのボタンが表示されなくなります。プロンプトと応答は後で編集するようなものではないので、表示されないようにしておきます。

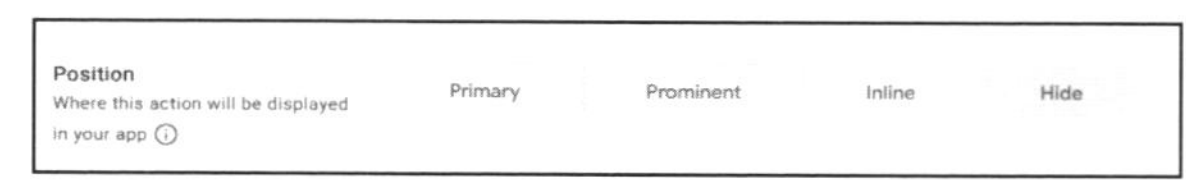

図7-115：EditアクションのPositionを「Hide」に変更する。

アクションを作成する

もう1つ、レコードの詳細表示の画面に、レコードを追加するアクションボタンを表示させましょう。新しいアクションを作り、そこから「Add」アクションを呼び出して行います。

では、Actionsの「+」をクリックして新しいアクションを作成して下さい。そして、次のように設定をしておきます。

Action name	Add!
For a record of this table	AIチャット
Do this	Grouped:execute a sequence of actions
Actions	「Add」ボタンで項目を追加し、「Add」を選択
Position	Primary

「Grouped:execute a sequence of actions」は先に使いましたが、アクションを実行するためのものでしたね。ここではActionsに項目を用意し、「Add」アクションを実行しています。このアクションはレコードの詳細表示画面で表示されるため、そこから直接レコード追加のフォームを呼び出せるようになります。

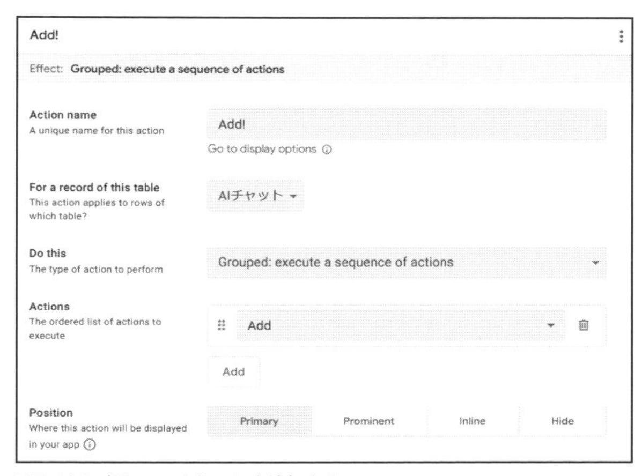

図7-116：新しいアクションを追加する。

オートメーションを作成する

これで、Gemini利用の機能以外はだいたいできました。では、いよいよGeminiにアクセスする処理を作りましょう。

これはオートメーションを使い、ボットとして作成をします。左側のアイコンバーから「Automation」を選び、表示を切り替えます。そして、「Bots」上部にある「+」で新しいボットを作成して下さい。

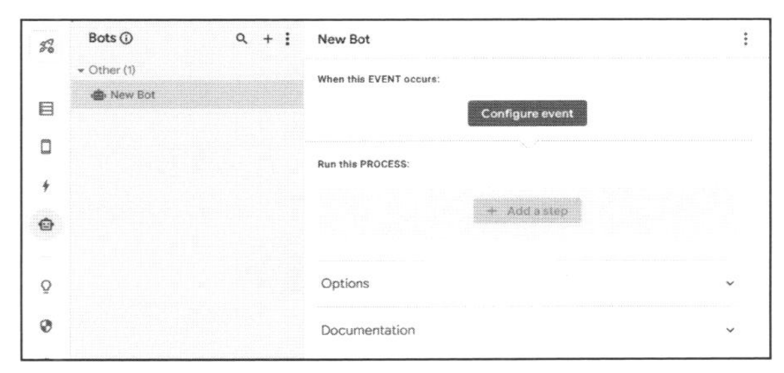

図7-117：新しいボットを1つ作成する。

イベントの「Configure event」ボタンをクリックし、イベントの設定を追加します。

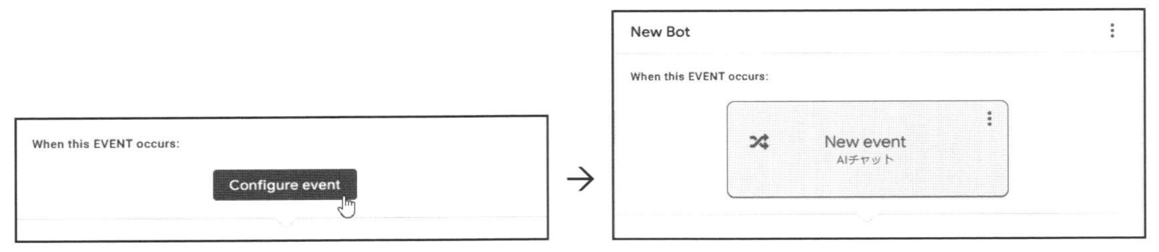

図7-118：「Configure event」でイベント設定を追加する。

作成したイベントを選択し、右側の設定部分から次のように設定を行っていきましょう。

Event name	新しいチャットを送信
Event source	App
Table	AIチャット
Data change type	「Adds」のみONにする
Condition	デフォルトのまま

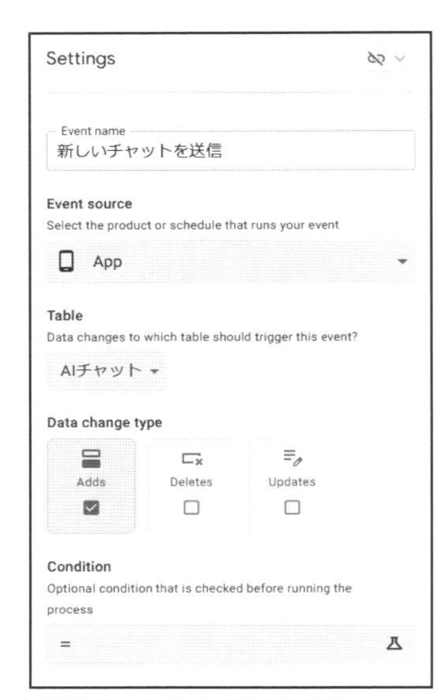

図7-119：イベントの設定を行う。

タスクを作る

続いて、実行する処理を作っていきます。「Add a step」ボタンをクリックし、新しいステップを作成して下さい。

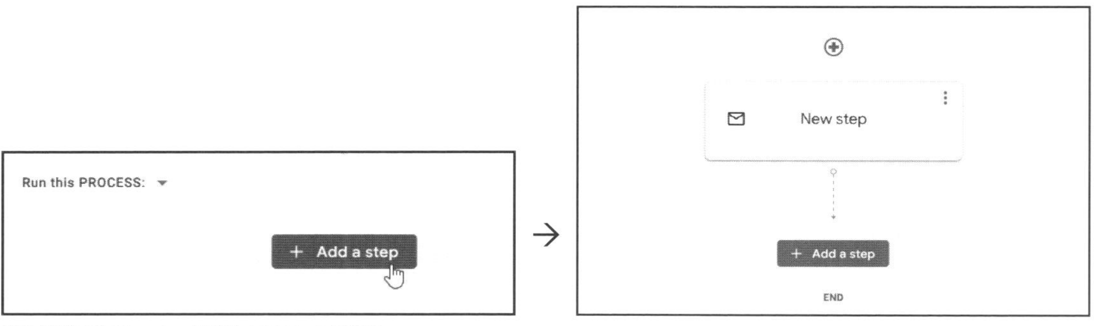

図7-120：「Add a step」で新しいステップを作る。

Settingsの最初にある実行内容を選ぶ欄から、「Call a script」のボタンを選択します。これで、スクリプトを実行するタスクが用意されます。

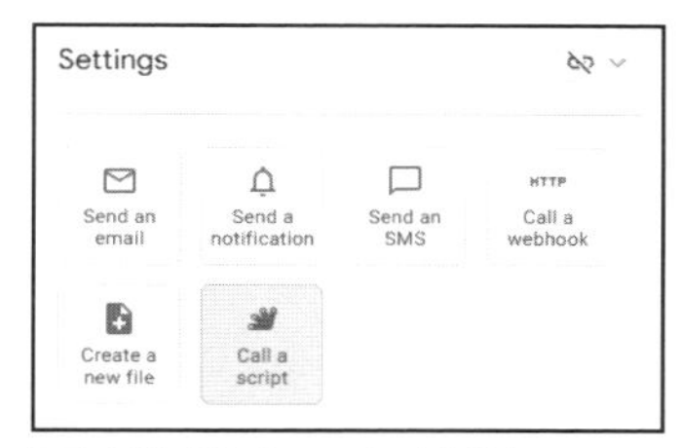

図7-121：「Call a script」を選ぶ。

Call a scriptを選ぶと、下に「Apps Script Project」という項目が追加されます。この値部分をクリックし、作成したGASのプロジェクト（「AIチャット」ファイル）を選択して下さい。

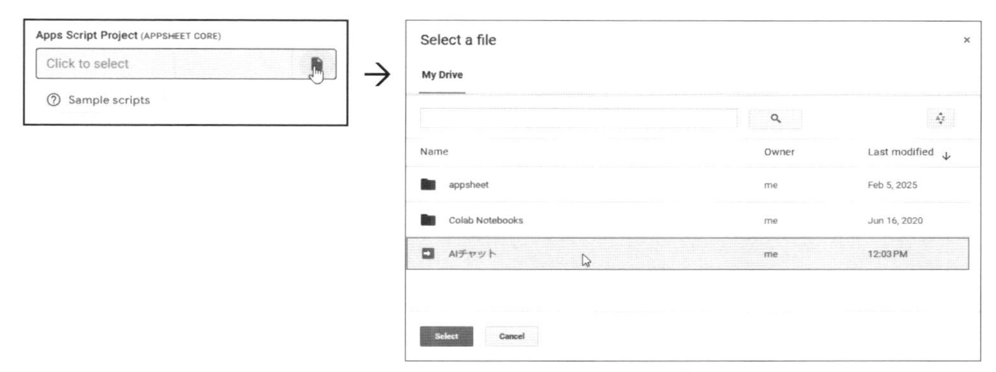

図7-122：Apps Script Projectに「AIチャット」を設定する。

その下に、スクリプトの実行に関する設定が表示されます。それぞれ次のように設定を行いましょう。

Function name	「callGeminiApi (prompt)」を選択
Function parameters	[プロンプト]
Return value	ONにし、「String」を選択
Specific type	「Text」を選択

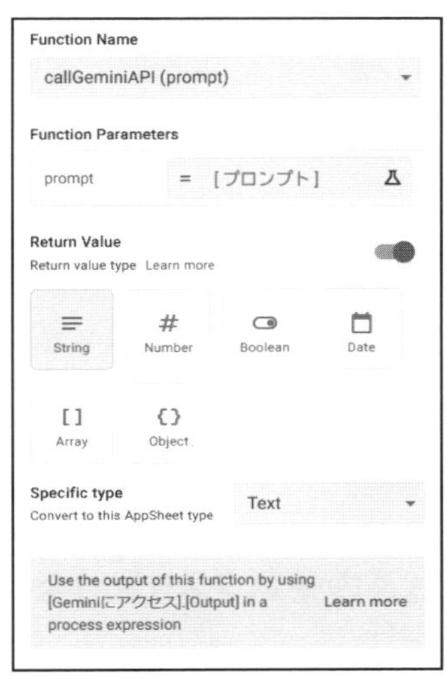

図7-123：スクリプトの設定を行う。

戻り値の値は?

ところで、Apps Scriptの設定の一番下に、次のようなメッセージが表示されているのに気がついた人もいることでしょう。

```
Use the output of this function by using [Gemini にアクセス].[Output] in a process
expression
```

これは、実行結果についての説明文です。これを日本語に訳するとこのようになります。

```
プロセス式で [Gemini にアクセス].[Output] を使用して、この関数の出力を使用します。
```

わかりますか?　ここではReturn valueをONにして、実行結果が返されるようにしていました。この値がどう扱われるかを説明しているのですね。これ以降のタスクで、Expression Assistantで次のように記述すれば、返された値(戻り値)を得ることができます。

```
[Gemini にアクセス].[Output]
```

これは、この後で実際に使いますが、「スクリプトの実行結果はどうやって受け取るのか?」は、ここに表示されるメッセージでわかるようになっているのです。

C O L U M N

承認が必要なときは?

GASのプロジェクトを設定したとき、その下に「Authorize」というボタンが表示される場合があります。これは、スクリプトの実行に必要な承認がされていない場合です。GASのエディタでスクリプトを実行する際に承認の作業を行いましたが、これができていない場合、この表示が現れます。この場合は、「Authorize」ボタンをクリックして承認を行って下さい。

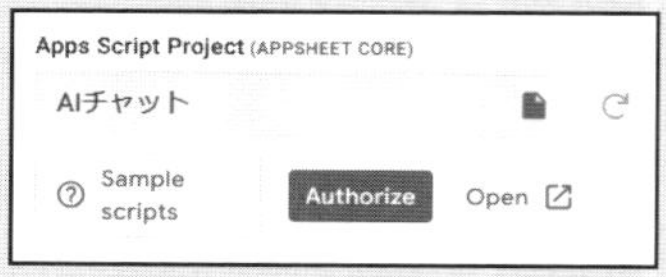

Apps Script Project (APPSHEET CORE)
AIチャット
Sample scripts　Authorize　Open

図7-124:「Authorize」ボタンが表示されたら、まだスクリプトが承認されていない。

応答の更新タスクを作る

これで、スクリプトを実行する処理はできました。この後にもう1つステップを作成して下さい。ここに、スクリプトから受け取った値をレコードに設定し更新する処理を用意します。

ステップを追加したら、「Run a data action」を選択して下さい。そして右側の設定パネルで「Set row values」を選択し、「Set these column(s)」に項目を追加して「応答」列を選択します。

値の部分はExpression Assistantパネルを開き、次のように記述して下さい。

▼リスト7-7
```
[Geminiにアクセス].[Output]
```

この[Geminiにアクセス]という値は、その前に実行したステップでGASスクリプトからの戻り値を示す値で、ここにスクリプトからのレンポンス情報がまとめられています。その中にある[Output]が、実際に返された値になります。これで、スクリプトから得られた値をレコードの応答に設定できました！

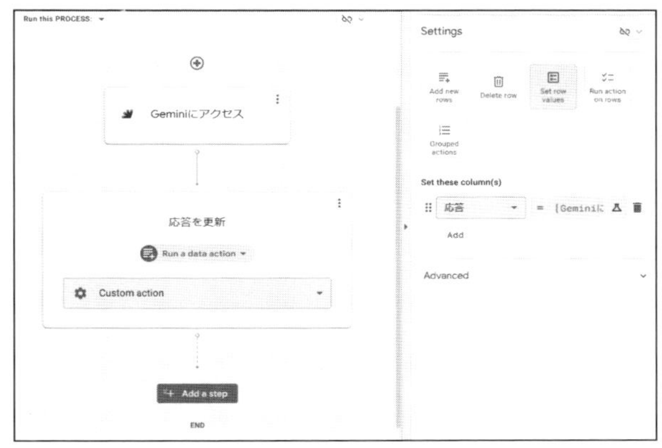

図7-125：新しいステップを作り、Run a data actionで応答の値を更新する。

スクリプトはアイデア次第！

ここでは「スクリプトに値を渡して実行し、その結果を受取表示する」という、スクリプト利用のもっとも基本的な部分を作成しました。これができるようになると、GASのスクリプトを使ったさまざまな応用が可能になります。

GASはJavaScriptベースで比較的わかりやすい言語ですが、独自のライブラリが実装されているため、それらの使い方を学ぶ必要があります。GmailやGoogleカレンダーなど、Googleが提供する各種サービスを利用するためのライブラリが一通り揃っているので、それらを活用すればGoogleのサービスを利用した機能をいろいろと作ることができます。例えば、GmailやGoogleカレンダーと連携したアプリなども作れるようになるのです。

AppSheetの最大の魅力は、「ノーコード」という点にあります。まったくコードを書くことなく簡単にアプリを作成できるという利点は何ものにも代えがたいでしょう。しかし、GASで簡単なスクリプトを書けるようになれば、そのパワーは何倍にもなります。興味のある人は、ぜひGASについても学んでみて下さい。

Index

●記号 / 英語

掌田津耶乃（しょうだ つやの）
日本初のMac専門月刊誌「Mac+」の頃から主にMac系雑誌に寄稿する。ハイパーカードの登場により「ビギナーのためのプログラミング」に開眼。以後、Mac、Windows、Web、Android、iPhoneとあらゆるプラットフォームのプログラミングビギナーに向けて書籍を執筆し続ける。

最近の著作本：
「プログラミング知識ゼロでもわかるプロンプトエンジニアリング 第2版」（秀和システム）
「みてわかるUnity6超入門」（秀和システム）
「次世代AI モデル プログラミング入門」（ラトルズ）
「作りながら学ぶ Webプログラミング実践入門」（マイナビ）
「React.js 超入門」（秀和システム）
「ChatGPTで学ぶNode.js&Webアプリ開発」（秀和システム）
「Python in Excelではじめるデータ分析入門」（ラトルズ）

Webプロフィール：
https://gravatar.com/stuyano

ご意見・ご感想：
syoda@tuyano.com

本書のサポートサイト：
https://www.rutles.co.jp/download/555/index.html

装丁　石原優子（ラトルズ）
編集　うすや

Google AppSheetではじめるノーコード開発入門　新装改訂版

2025年3月25日　　初版第1刷発行

著　者　掌田津耶乃
発行者　山本正豊
発行所　株式会社ラトルズ
〒115-0055　東京都北区赤羽西4-52-6
電話 03-5901-0220　FAX 03-5901-0221
https://www.rutles.co.jp

印刷・製本　株式会社ルナテック

ISBN978-4-89977-555-3　